U0235890

Cocos2d-x in Action: for Cocos2d-JS

Cocos2d-x实战

JS卷——Cocos2d-JS开发

关东升◎著

清華大學出版社
北京

内 容 简 介

本书是介绍Cocos2d-x游戏编程和开发技术的书籍，其中介绍了使用Cocos2d-JS中核心类、瓦片地图、物理引擎、音乐音效、数据持久化、网络通信、性能优化、多平台移植、程序代码管理、两大应用商店发布产品等内容。

全书分为基础篇、进阶篇、数据与网络篇、优化篇、多平台移植篇和实战篇。其中，基础篇包括第2～8章，即Cocos2d-JS介绍、环境搭建、标签、菜单、精灵、场景、层、动作、特效、动画和Cocos2d-JS用户事件；进阶篇包括第9～12章，即游戏音乐与音效、粒子系统、瓦片地图和物理引擎；数据与网络篇包括第13～15章，即Cocos2d-JS中的数据持久化、基于HTTP网络通信和基于Node.js的Socket.IO网络通信；优化篇包括第16章，即性能优化；多平台移植篇包括第17～19章，即移植到Web平台、移植到本地iOS平台和移植到本地Android平台；实战篇包括第20～24章，即使用Git管理程序代码、项目实战——迷失航线手机游戏、为迷失航线游戏添加广告、发布到Google play应用商店和发布到苹果App Store。

图书在版编目(CIP)数据

Cocos2d-x实战.JS卷：Cocos2d-JS开发/关东升著.--北京：清华大学出版社，2015
(清华游戏开发丛书)
ISBN 978-7-302-38743-5

Ⅰ.①C… Ⅱ.①关… Ⅲ.①移动电话机－游戏程序－程序设计 ②便携式计算机－游戏程序－程序设计 ③JAVA语言－程序设计 Ⅳ.①TN929.53 ②TP368.32

中国版本图书馆CIP数据核字(2014)第286323号

责任编辑：盛东亮
封面设计：李召霞
责任校对：时翠兰
责任印制：李红英

出版发行：清华大学出版社
网　　址：http://www.tup.com.cn，http://www.wqbook.com
地　　址：北京清华大学学研大厦A座　　邮　　编：100084
社 总 机：010-62770175　　邮　　购：010-62786544
投稿与读者服务：010-62776969，c-service@tup.tsinghua.edu.cn
质 量 反 馈：010-62772015，zhiliang@tup.tsinghua.edu.cn
课 件 下 载：http://www.tup.com.cn,010-62795954
印 刷 者：北京鑫丰华彩印有限公司
装 订 者：北京市密云县京文制本装订厂
经　　销：全国新华书店
开　　本：186mm×240mm　　印　张：31　　字　　数：688千字
版　　次：2015年4月第1版　　印　　次：2015年4月第1次印刷
印　　数：1～3000
定　　价：89.00元

产品编号：062127-01

序

FOREWORD

Cocos 引擎已经步入第五个年头。我非常高兴地看到，市面上高质量的 Cocos 引擎相关书籍越来越多。其中，关东升老师及其团队创作的“Cocos2d-x 实战”系列图书涵盖了 C++卷、JS 卷、Lua 卷、工具卷、CocoStudio 卷，组成了一个较为完整的系统，极具特色。此前，《Cocos2d-x 实战：C++卷》已经发行，并在开发者中反响热烈。如今，关老师再次创作的《Cocos2d-x 实战：JS 卷——Cocos2d-JS 开发》，是国内第一本 JS 相关图书，非常值得一读。

Cocos2d-JS 是 Cocos 的一个重要分支，它无缝融合了 Cocos2d-HTML5 快速原型能力和 Cocos2d-x 原生高性能、简单、易用的 API，配合完整的工具链支持，让开发更加高效，实现一次开发跨全平台部署在网页和原生应用平台上。

经过两年多的发展，Cocos2d-JS 已经非常成熟、值得信赖。现在，市面上有许多大家耳熟能详的优秀作品就是采用 Cocos2d-JS 打造的，比如新上线的微信游戏《仙侠道》、DeNA 的《变形金刚：崛起》和《航海王：启航》、EA 的《FIFA 2014 巴西世界杯》、美国大鱼游戏的《Big Fish Casino》、边锋的《三国杀传奇》、KöoGame 的《狂斩三国 2》，以及流行的途游棋牌游戏系列，等等。此外，Cocos2d-JS 也是目前 Qzone 玩吧网页游戏使用最广泛的游戏引擎，并且是 Facebook 官方推荐的跨平台游戏引擎。

手机游戏行业风云变幻，HTML5 游戏及应用因为自由开放的分发方式、多样的流量获取方式、更高的转化率等，获得越来越多的青睐。对于有兴趣在手游和 HTML5 领域进行耕耘的开发者朋友们，关东升老师这本《Cocos2d-x 实战：JS 卷——Cocos2d-JS 开发》是很好的参考图书。此外，该书系统地论述了 Cocos2d-JS 游戏开发的理论与实践，涵盖了最新版本的 Cocos2d-JS v3.x 核心类、瓦片地图、物理引擎、数据持久化、性能优化、数据通信、跨网页和原生平台游戏发布等多个方面。全书内容循序渐进，结构完整，并结合多个游戏实例详解，非常适合入门者学习。

非常感谢关老师，这套 Cocos 引擎系列图书必将为大量想要进入移动游戏开发与 HTML5 游戏开发的朋友提供极大的帮助。

祝广大读者在跨原生与 HTML5 的游戏开发世界里自由遨游，实现自己的梦想！

林顺

序

FOREWORD

欢迎来到 Cocos 的开发世界。

Cocos2d-x 自发布第一个版本以来，历经 4 年的成长，到如今使用者已遍布全球，数不清的采用 Cocos 引擎开发的游戏横扫各个畅销榜单，我自己也成了其中很多游戏的忠实玩家。Cocos 引擎能一步一步走到今天，我很欣慰，感谢许多业界朋友的帮助，也感谢广大开发者的鼎力支持。

近两年，手机游戏行业在移动互联网世界的崛起是大家有目共睹的。行业格局在变化，Cocos2d-x 不改初衷，开源免费始终如一，便捷高效步步提升，跨平台特性也日益完善。我们的引擎团队不断地努力改进，尽可能降低游戏开发的门槛，让更多有想法、有创意的朋友，不管是专业还是非专业出身的开发者，都能着手去实现。

关东升老师是国内著名的移动开发专家，精通多种开发技术，也有多年的开发经验，是一位不可多得的良师益友。这次关老师携手赵大羽先生倾力创作这套“Cocos2d-x 实战”，共包括 5 册，分别是 C++卷、JS 卷、Lua 卷、工具卷和 CocoStudio 卷，其中 Lua 卷与 Cocos2d-JS 卷更是填补了国内市场的空白。

这套图书系统地论述了 Cocos2d-x 游戏开发理论与实践，涵盖了 Cocos2d-x 开发的几乎所有方面的知识领域。全部内容深入浅出，全面系统，对 Cocos2d-x 开发入门者和提高者都大有裨益，非常值得阅读，我在这里郑重推荐给大家。

除了撰写图书，关老师还开设了超过 400 课时的 Cocos 引擎在线课程，我很敬佩他的专业精神，也非常感谢他一直以来对 Cocos2d-x 的支持。关老师的书籍和在线课程在业内有相当高的人气，相信能为许多想要进入 Cocos 开发世界的朋友提供极大的帮助。

希望大家能从关老师的书籍和在线课程中学到更多知识与技能，我也期待能有更多的开发者加入 Cocos2d-x 开发的大家庭。最后祝愿各位都能马到成功！

前言

PREFACE

手机游戏市场越来越火爆，Cocos2d 团队推出了 Cocos2d-x 游戏引擎，它的优势在于在一个平台下开发，多平台发布。目前很多开发团体都转型使用 Cocos2d-x 开发游戏。基于这样的一个背景，智捷课堂与清华大学出版社策划了 5 本有关 Cocos2d-x 游戏引擎丛书：

- 《Cocos2d-x 实战：C++卷》
- 《Cocos2d-x 实战：Lua 卷》
- 《Cocos2d-x 实战：工具卷》
- 《Cocos2d-x 实战：CocoStudio 卷》
- 《Cocos2d-x 实战：JS 卷——Cocos2d-JS 开发》

本书是 Cocos2d-x 游戏引擎 JS 卷——Cocos2d-JS 开发，就是使用 Cocos2d-x 的 JavaScript 语言 API。

本书的编写历经 5 个月的时间，从 Cocos2d-JS 3.0alpha0 到 Cocos2d-JS 3.0 最终版本经历了多个版本的变化，而且 Cocos2d-JS 3 各个版本之间有很多的变化，每次都重新修改案例、修改书中内容。

经过几个月努力，终于在 2014 年 9 月完成初稿，几个月来智捷课堂团队夜以继日，几乎推掉一切社交活动，推掉很多企业邀请去讲课的机会，每天工作 12 小时，不敢有任何的松懈，不敢有任何的模棱两可，只做一件事情——编写此书。每一个文字、每一张图片、每一个实例都是编者的呕心之作。

关于本丛书具体进展请读者关注智捷课堂官方网站 http://www.51work6.com。

关于本书网站

为了更好地为广大读者提供服务，专门为本书建立了一个网站 http://www.cocoagame.net，大家可以查看相关出版进度，并对书中内容发表评论，提出宝贵意见。

关于源代码

书中包括了 100 多个完整的案例项目源代码，大家可以到本书网站 http://www.cocoagame.net 下载。

勘误与支持

我们在网站 http://www.cocoagame.net 中建立了一个勘误专区，及时地把书中的问题、失误和纠正反馈给广大读者，您发现了什么问题或有什么问题，可以在网上留言，也可以发送电子邮件到 eorient@sina.com，我们会在第一时间回复您。也可以在新浪微博中与我们联系：@tony_关东升。

本书主要由关东升撰写。此外，智捷课堂团队的贾云龙、赵大羽、李玉超、赵志荣、关珊和李政刚也参与了本书的编写工作。感谢赵大羽老师手绘了书中的全部草图，并从专业的角度修改完善，力求完美地呈现给广大读者。感谢清华大学出版社的盛东亮先生，他为本书的策划出版做了大量工作。感谢我的家人给予了我鼎力的支持，使我能投入全部精力，专心编写此书。

由于手机游戏发展迅猛，编写时间仓促，书中难免存在不妥之处，敬请读者提出宝贵意见。

关东升

2015年2月于北京

目录

CONTENTS

第二篇 进 阶 篇

第四篇　优　化　篇

第五篇 多平台移植篇

第六篇　实　战　篇

第1章 准备开始

当你拿到这本书的时候，你会说："哇！这么厚！我应该怎么开始呢？"这一章不讨论技术，而是介绍本书的结构、书中的一些约定，以及如何使用本书的案例。

1.1 本书学习路线图

图1-1所示是本书学习路线图，也是本书的内容结构。

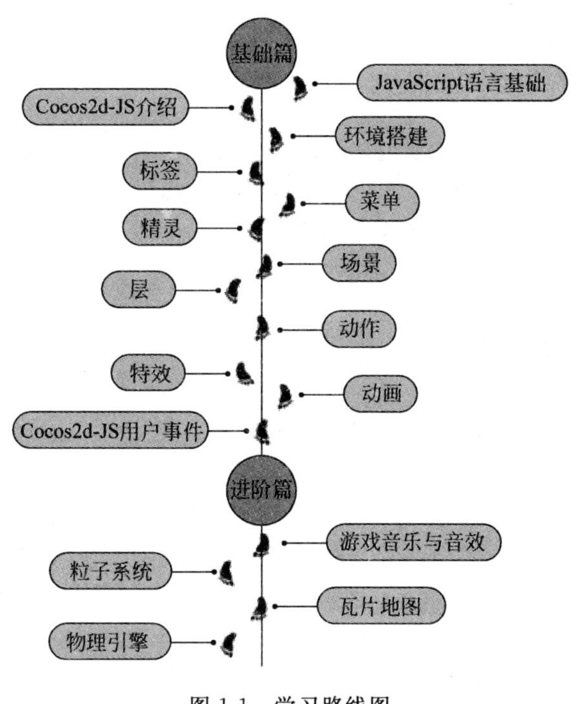

图1-1 学习路线图

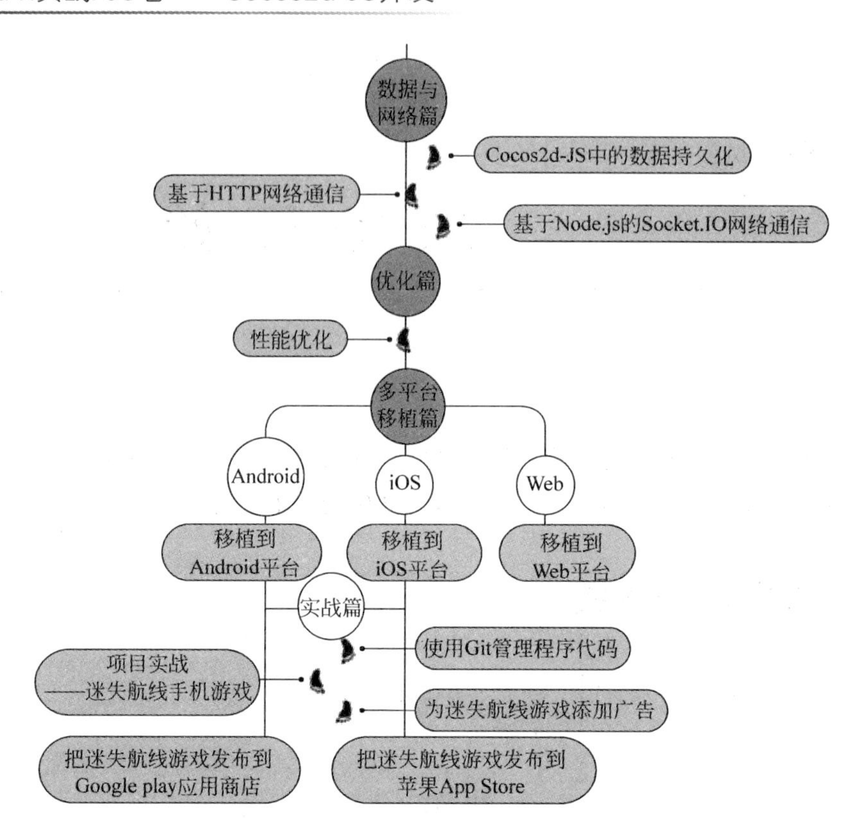

图 1-1 （续）

本书分为 6 篇：基础篇、进阶篇、数据与网络篇、优化篇、多平台移植篇和实战篇。为了降低广大读者学习成本和减少学习曲线，在平台移植之前都是使用 Cocos Code IDE 和 Webstorm 等工具开发。这样当基本上完成学习 Cocos2d-JS 大部分知识点后，再介绍多平台移植篇，然后再介绍实战篇。

1.2 使用实例代码

本书作为一本介绍编程方面的书，书中有很多实例代码。下载本书代码并解压代码，会看到图 1-2 所示的目录结构。

图 1-2 中的 ch8 表示第 8 章代码，在 ch 目录下一般是各个小节的内容。例如，8.4 表示第 8.4 节，8.2.3 表示第 8.2.3 节。在小节目录下一般是 src 和 res 等目录，这就是程序代码。由于每一个实例就是一个完整的 Cocos2d-JS 工程，但整个由 Cocos2d-JS 模板生成工程内容多达几百兆，这里给出的只是其中核心的代码和资源文件。使用的时候，通过 Cocos Code IDE 等工具（下一章介绍）创建一个工程，然后把代码中的目录内容复制到生成工程中。如图 1-3 所示，使用鼠标把 8.4（表示第 8.4 节的实例）目录中的所有内容拖曳到 Cocos Code IDE 的工程名上，然后松开鼠标，这时会提示是否覆盖文件（如图 1-4 所示），单击 Yes 或 Yes To All 按钮确定覆盖即可。

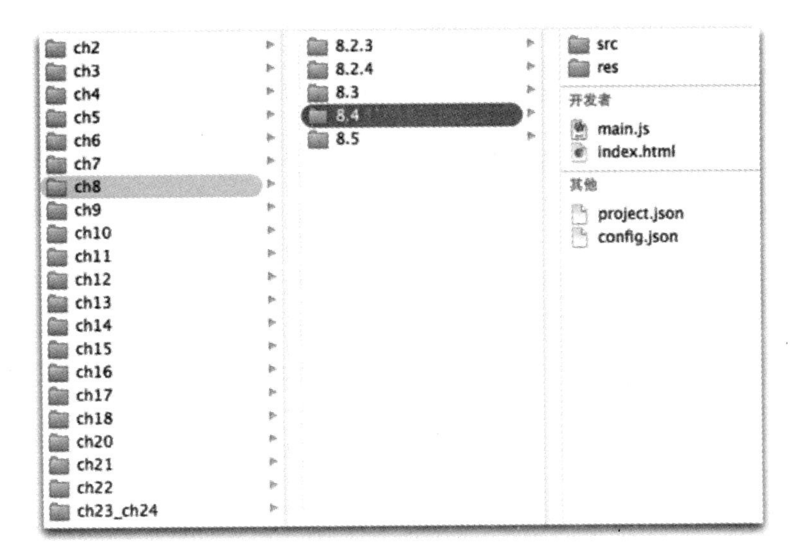

图 1-2　实例代码目录结构

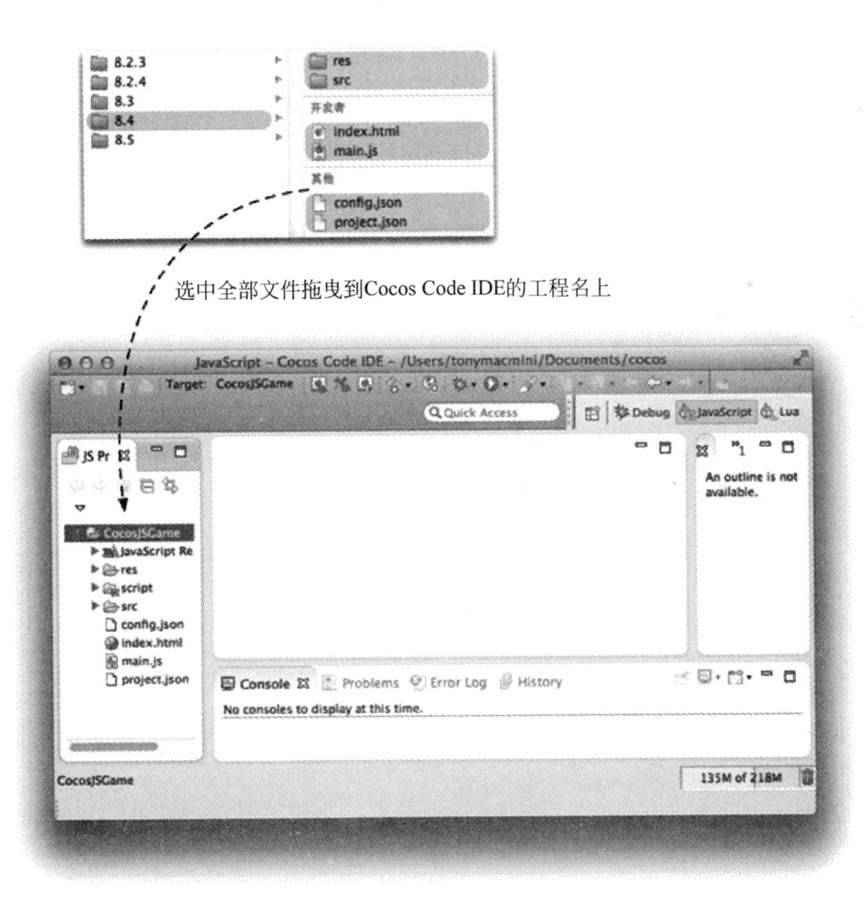

图 1-3　使用实例代码

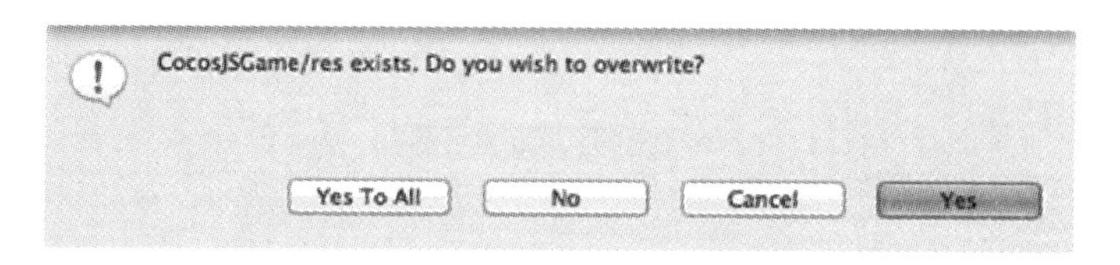

图 1-4 覆盖文件提示

如果在这个过程中有错误发生，则应在工程中先删除文件和文件夹，如图 1-5 所示，选中工程中的文件夹（res 和 src），以及文件（config. json、index. html、main. js、project. json），从右击弹出的快捷菜单中选择 Delete 命令删除它们。删除成功之后再重复上面的操作。

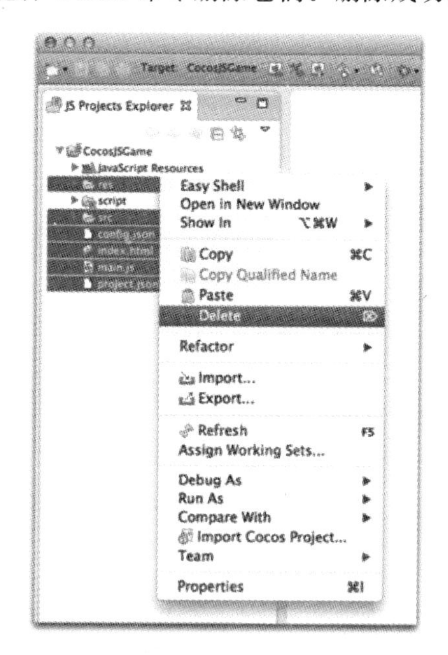

图 1-5 删除文件和文件夹

此外，不同的开发环境还会需要不同的配置环境，这些细节问题会在对应章节介绍。

第一篇 基 础 篇

第 2 章 JavaScript 语言基础

即将学习的 Cocos2d-JS 游戏引擎进行游戏开发，采用的是 JavaScript 脚本语言[①]。JavaScript 是由 Netscape 公司发明的，它被设计用来在 Web 浏览器上运行，与 HTML 结合起来，用于增强功能，并提高与最终用户之间的交互性能。虽然设计之初是在浏览器端运行，但是现在的 JavaScript 用途已经超过了这一限制，要学习 Cocos2d-JS 游戏引擎可以通过 Cocos2d-x JSB(JS-binding，JavaScript 绑定)技术使得 JavaScript 程序脱离浏览器环境运行。此外，还有 Node.js[②] 技术可以使用 JavaScript 程序在 Web 服务器端运行，编写服务器端程序。

JavaScript 是一种描述性语言，Netscape 公司虽然给其起名为 JavaScript 但是与 Java 语言没有什么关系，只是在结构和语法上与 Java 类似。

1997 年，JavaScript 1.1 作为一个草案提交给欧洲计算机制造商协会(ECMA)，从此 JavaScript 走上了中立于厂商的、通用的和跨平台标准化之路，该协会发布了名为 ECMAScript 的全新脚本语言。从此 Web 浏览器就开始努力将 ECMAScript 作为 JavaScript 实现的基础。

2.1 环境搭建

要想编写和运行 JavaScript 脚本，则需要 JavaScript 编辑工具和 JavaScript 运行测试环境。下面分别介绍一下。

2.1.1 JavaScript 编辑工具

JavaScript 编辑工具最简单的可以使用一些文本编辑工具，但是它们往往缺少语法提

---

① 脚本语言又被称为扩建的语言，或者动态语言，是一种编程语言，用来控制软件应用程序，脚本通常以文本(如 ASCII)保存，只在被调用时进行解释或编译。——引自于百度百科 http://baike.baidu.com/view/76320.htm。

② 2009 年 2 月，Ryan Dahl 在博客上宣布准备编写一个基于 Google V8 JavaScript 引擎 2，轻量级的 Web 服务器并提供配套库。2009 年 5 月，Ryan Dahl 在 GitHub 上发布了最初版本的部分 Node.js 包。Node.js 使用 V8 引擎，并且对 V8 引擎进行优化，提高 Node.js 程序的执行速度。

示，有的语法关键字还没有高亮显示，最重要的是它们大部分不支持调试。考虑到易用性，以及与 Cocos2d-JS 游戏引擎接轨，推荐使用付费的 JavaScript 开发工具——WebStorm。WebStorm 是 Jetbrains 公司研发的一款 JavaScript 开发工具，可以编写 HTML5 和 JavaScript 代码，并且可以调试。Jetbrains 公司开发的很多工具都好评如潮，其中 Java 开发工具 IntelliJ IDEA 被认为是最优秀的。WebStorm 与 IntelliJ IDEA 同源，继承了 IntelliJ IDEA 强大的 JavaScript 部分的语法提示和运行调试功能。WebStorm 也是 Cocos2d-JS 游戏的重要开发工具。

WebStorm 可以到网站 http://www.jetbrains.com/webstorm/download/下载，如图 2-1 所示。WebStorm 有多个不同的平台版本，可以根据需要下载特定平台版本文件。WebStorm 软件可以免费试用 15 天，如果超过 15 天，则需要输入软件许可(License key)，此时需要购买许可。

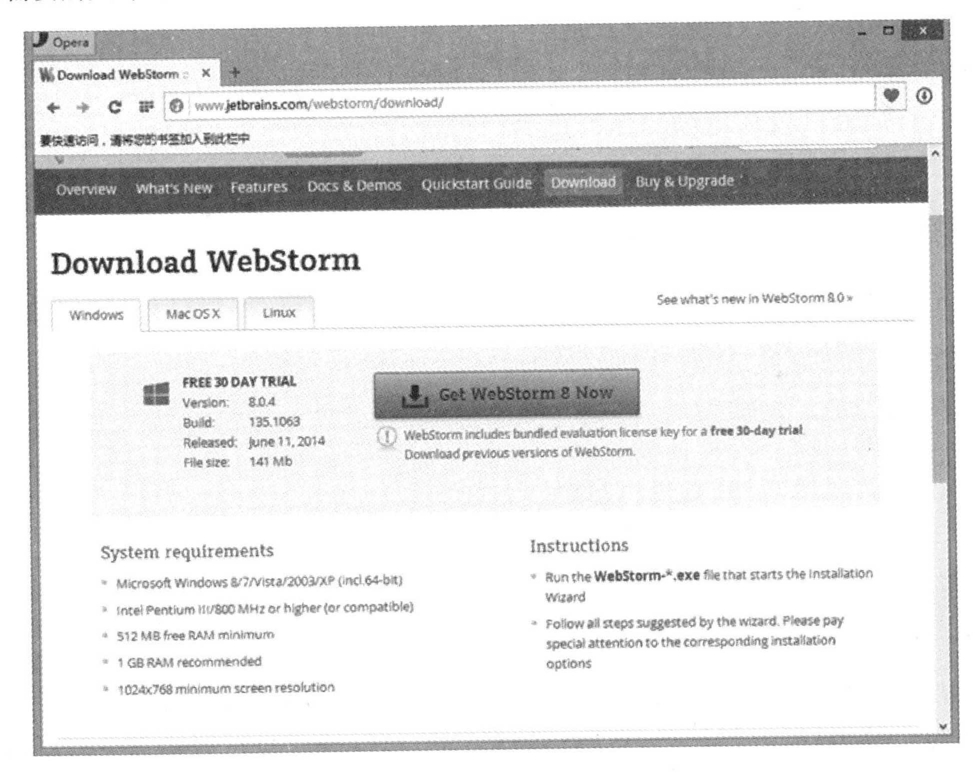

图 2-1　WebStorm 下载

2.1.2　JavaScript 运行测试环境

如果让编写好的 JavaScript 文件运行，还需要配置运行测试环境。这个环境主要包含一个 JavaScript 引擎，WebStorm 本身不包含这个运行环境。如果编写的 JavaScript 文件嵌入到 HTML 文件运行，则可以安装浏览器 Google Chrome、FireFox 或 Opera，注意，IE 浏览器对 JavaScript 支持不好。如果只是运行和测试 JavaScript 文件可以安装 Node.js。关于安装浏览器就不再介绍了，本节重点介绍安装 Node.js。

Node.js 安装包括 Node.js 运行环境安装和 Node.js 模块包管理。首先安装 Node.js 运行环境，该环境在不同的平台下安装文件也不同，可以在 http://nodejs.org/download/ 页面找到需要下载的安装文件，目前 Node.js 运行环境支持 Windows、Mac OS X、Linux 和 SunOS 等系统平台。由于笔者的计算机是 Windows 8 64 系统，所以下载的是 node-v0.10.26-x64.msi 文件，下载完成进行安装即可。

安装完成后需要确认 Node.js 的安装路径(C:\Program Files\nodejs\)是否添加到系统 Path 环境变量中，打开如图 2-2 所示的对话框，在系统变量 Path 中查找是否有这个路径。

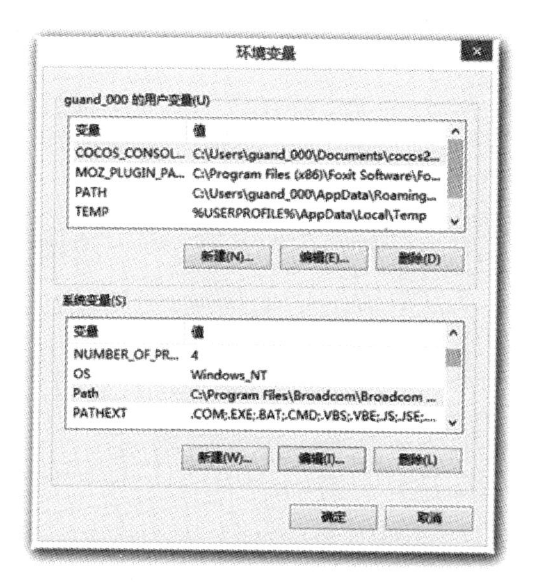

图 2-2　系统变量 Path 配置

2.1.3 HelloJS 实例测试

搭建好环境后，需要测试一下。首先需要使用 WebStorm 工具创建工程，选择 File→New Project 命令，弹出 Create New Project 对话框，如图 2-3 所示，在 Project name 文本框中输入工程名，Location 是工程文件保存位置，在 Project type 列表框中选择 Empty project。

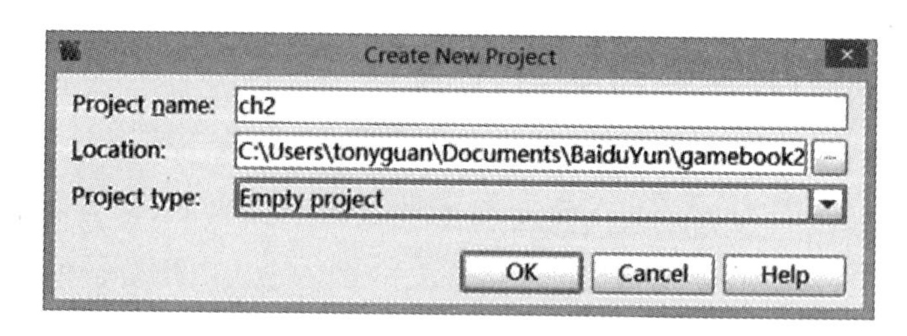

图 2-3　Create New Project 对话框

在 Create New Project 对话框中输入相关内容后，单击 OK 按钮创建工程。然后再选中工程，从右击弹出的快捷菜单中选择 New→JavaScript file 命令，弹出如图 2-4 所示 New JavaScript file 对话框，在 Name 文本框中输入 HelloJS，这是创建的 js 文件名，在 Kind 列表框中选择 JavaScript file。

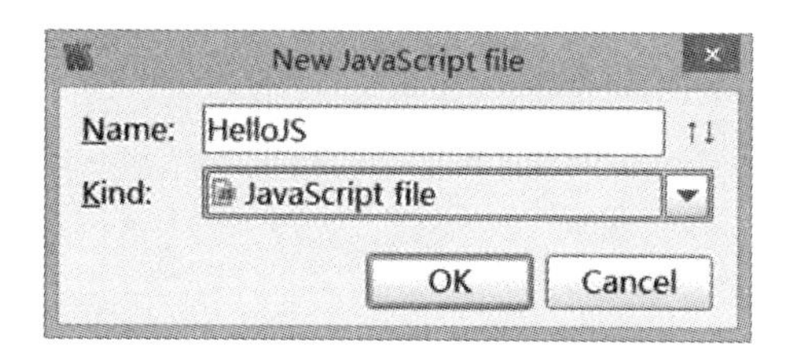

图 2-4 New JavaScript file 对话框

在 New JavaScript file 对话框中输入相关内容后，单击 OK 按钮创建 HelloJS. js 文件。创建成功 WebStorm 界面如图 2-5 所示。

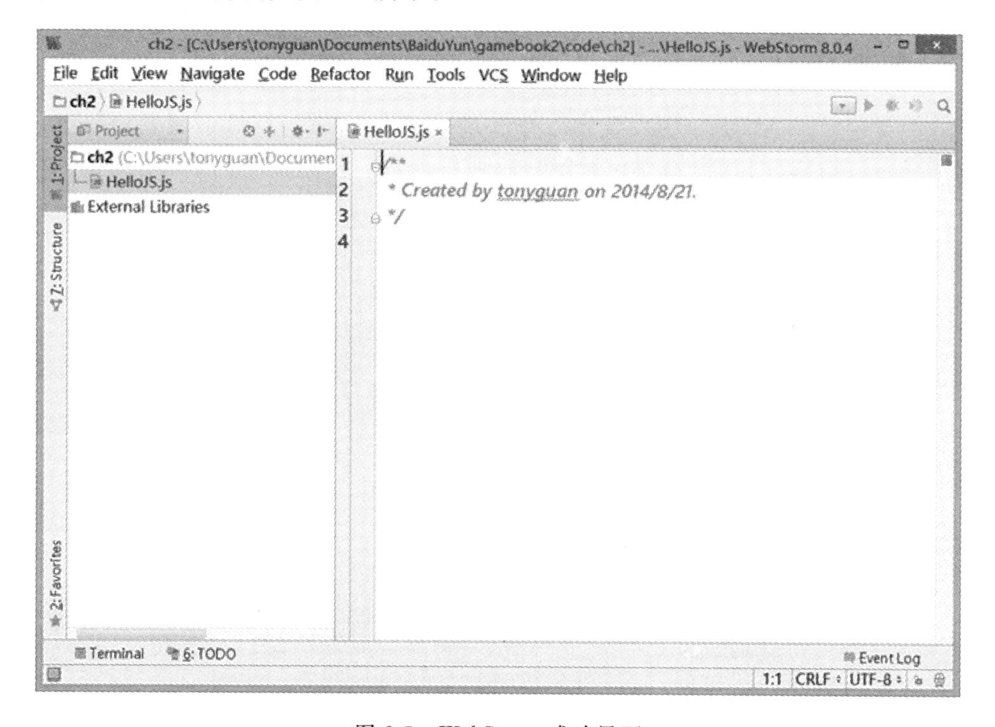

图 2-5 WebStorm 成功界面

在编辑界面中输入如下代码：

```
var msg = 'HelloJS!'
console.log(msg);
```

其中，代码 var msg='HelloJS!'是把字符串赋值给 msg 变量，console. log(msg)是将 msg 变量内容输出到控制台。如果要想运行 HelloJS. js 文件，选择 HelloJS. js 文件，右击，弹出如图 2-6 所示快捷菜单，选择 Run 'HelloJS.js'命令运行。运行结果输入到日志窗口，如图 2-7 所示。

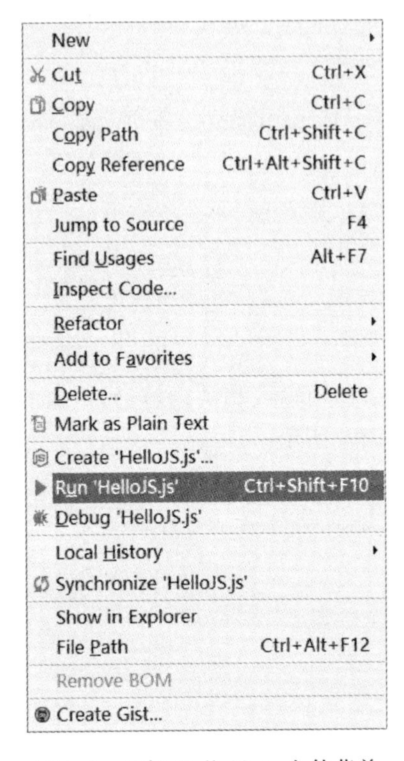

图 2-6 运行 HelloJS.js 文件菜单

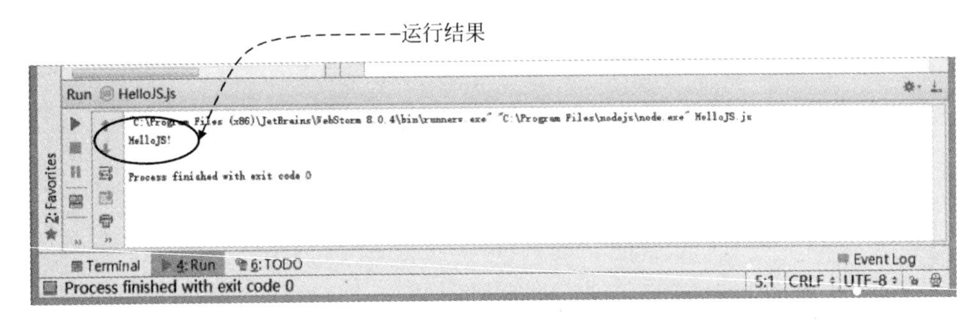

图 2-7 运行结果

如果想调试程序，可以设置断点，如图 2-8 所示，单击行号后面位置，设置断点。

调试运行过程，如图 2-6 所示，从右击弹出的快捷菜单中选择 Debug 'HelloJS.js'命令运行。如图 2-9 所示，程序运行到第 6 行挂起。

在 Debugger 选项卡的 Variables 中查看变量，从中可以看到 msg 变量的内容。在 Debugger 窗口中有很多调试工具栏按钮，这些按钮的含义说明如图 2-10 所示。

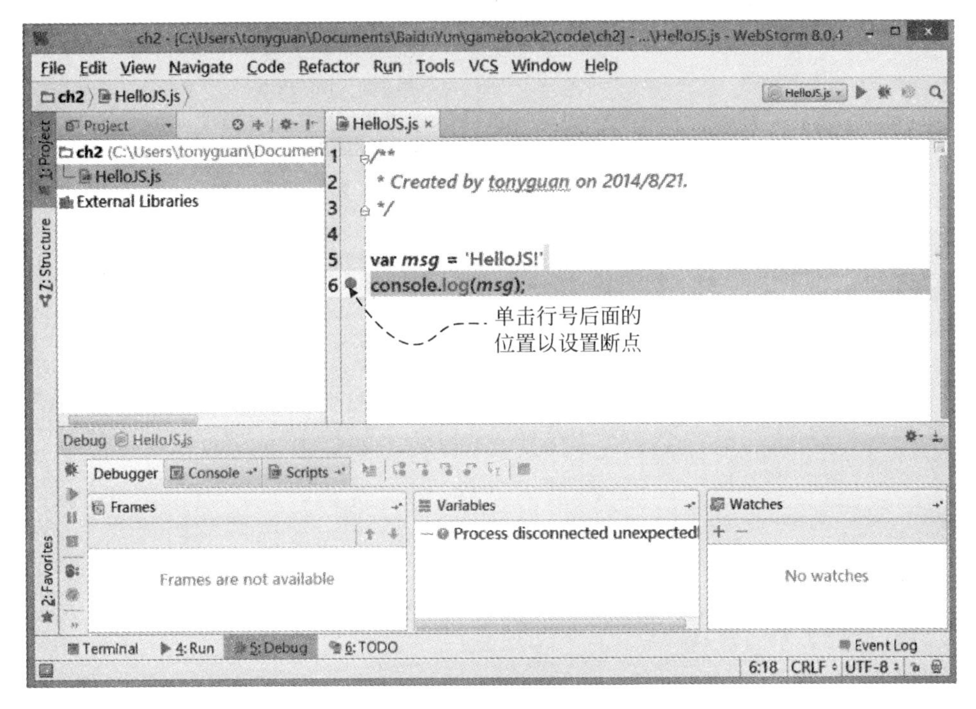

图 2-8 设置断点

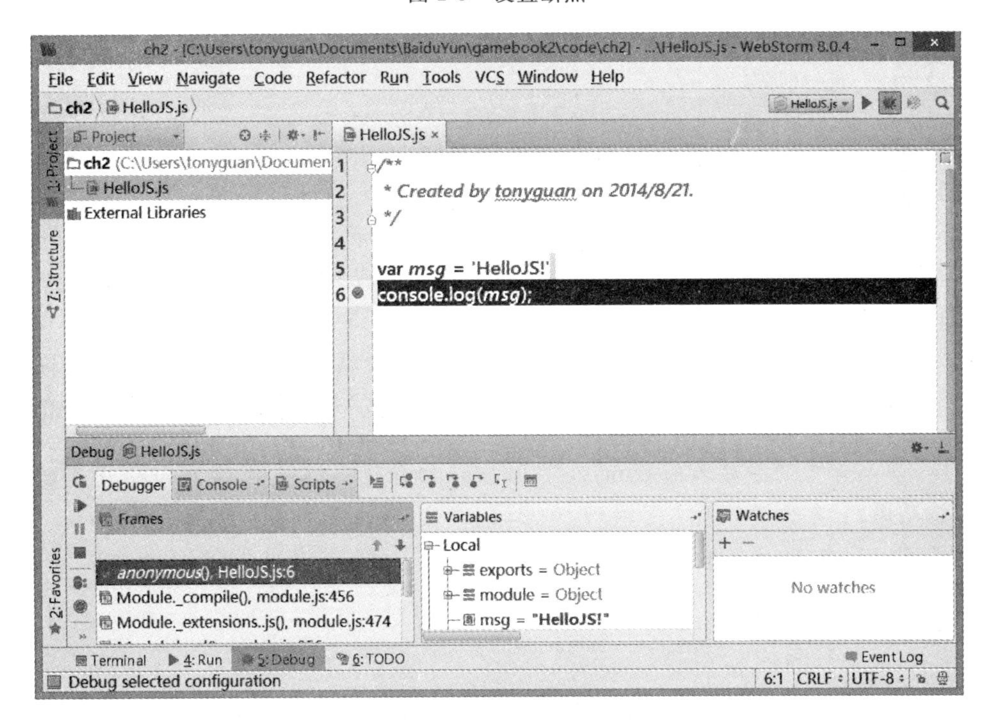

图 2-9 运行到断点挂起

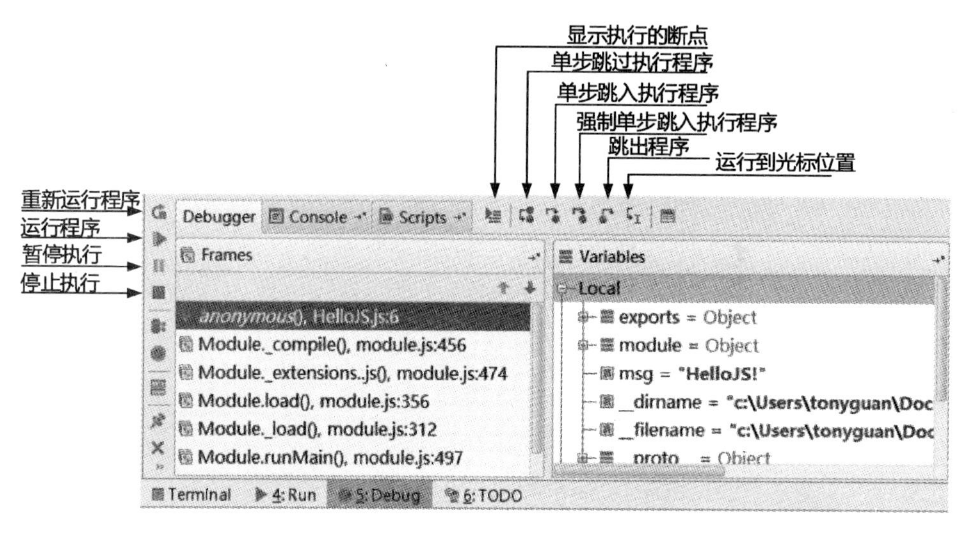

图 2-10 调试工具栏按钮

2.2 标识符和保留字

任何一种计算机语言都离不开标识符和保留字，下面将详细介绍 JavaScript 标识符和保留字。

2.2.1 标识符

标识符就是给变量、函数和对象等指定的名字。构成标识符的字母有一定的规范，JavaScript 语言中标识符的命名规则如下：

(1) 区分大小写，Myname 与 myname 是两个不同的标识符。

(2) 标识符首字符可以是以下划线(_)、美元符($)或者字母开始，不能是数字。

(3) 标识符中其他字符可以是由下划线(_)、美元符($)、字母或数字组成的。

例如，identifier、userName、User_Name、_sys_val、身高、$change 等为合法的标识符，而 2mail、room#、class 为非法的标识符。其中，使用中文"身高"命名的变量是合法的。

注意 JavaScript 中的字母采用 Unicode，Unicode 叫作统一编码制，是国际上通用的 16 位编码制，它包含了亚洲文字编码，如中文、日文、韩文等字符。所有 JavaScript 中的字母可以是中文、日文和韩文等亚洲字母。

2.2.2 保留字

保留字是语言中定义具有特殊含义的标识符，保留字不能作为标识符使用。JavaScript 语言中定义了一些具有专门意义和用途的保留字。这些保留字称为关键字，下面列出了

JavaScript 语言中的关键字：break、delete、function、return、typeof、case、do、if、switch、var、catch、else、in、this、void、continue、false、instanceof、throw、while、debugger、finally、new、true、const、with、default、for、null 和 try。

还有一些保留字在未来 JavaScript 版本使用，它们主要有 class、enum、export、extends、import 和 super。

目前没有必要上述保留字全部的含义。但是，在 JavaScript 中，关键字大小写敏感，因此 class 和 Class 是不同的，Class 也当然不是 JavaScript 的保留字。

2.3 常量和变量

在上一章中介绍使用 JavaScript 编写了一个 HelloJS 的小程序，其中就用到变量。常量和变量是构成表达式的重要组成部分。

2.3.1 常量

在声明和初始化变量时，在标识符的前面加上关键字 const，就可以把该标识符指定为一个常量。顾名思义，常量是其值在使用过程中不会发生变化。实例代码如下：

```
const NUM = 100;
```

NUM 标识符就是常量，只能在初始化的时候被赋值，不能再次给 NUM 赋值。

2.3.2 变量

在 JavaScript 中声明变量，是在标识符的前面加上关键字 var。实例代码如下：

```
var scoreForStudent = 0.0;
```

该语句声明 scoreForStudent 为变量，并且初始化为 0.0。如果在一个语句中声明和初始化了多个变量，那么所有的变量都具有相同的数据类型：

```
var x = 10, y = 20;
```

在多个变量的声明中，也能指定不同的数据类型：

```
var x = 10, y = true;
```

其中，x 为整型，y 为布尔型。

2.3.3 命名规范

在使用常量和变量时，它们的命名要规范，这样程序可读性好。这也是良好的编程习惯。

1. 常量名

基本数据类型的常量名为全大写，如果是由多个单词构成，可以用下划线隔开。例如：

```
var YEAR = 60;
var WEEK_OF_MONTH = 3;
```

2. 变量名

变量的命名有几种风格，主要以清楚易懂为主。有些程序员为了方便，使用一些单个字母来作为变量名称，如 j 和 i 等，这会造成日后程序维护的困难，命名变量时发生同名的情况也会增加。单个字母变量一般只用于循环变量，因为它们的作用只是在循环体内。

在过去，计算机语言对变量名称的长度会有所限制，但现在计算机语言已无这种限制，因此鼓励用清楚的名称来表明变量作用，通常会以小写字母作为开始，并在每个单字开始时第一个字母使用大写。例如：

```
var maximumNumberOfLoginAttempts = 10;
var currentLoginAttempt = 0;
```

像这样的名称可以让人一眼就看出这个变量的作用。

除了常量和变量命名要求命名要规范，其他的语言对象也是需要讲求命名要规范。其中对象等类型，它的命名规范通常是，大写字母作为开始，并在每个单字开始时第一个字母使用大写，如 HelloWorldApp。函数名，往往由多个单词合成，第一个单词通常为动词，通常会以小写字母作为开始，并在每个单字开始时第一个字母使用大写，如 balanceAccount 和 isButtonPressed。

2.4 注释

JavaScript 程序有两类注释：单行注释(//)和多行注释(/ * ... * /)，这些注释方法 C、C++ 和 Java 都是类似的。

1. 单行注释

单行注释可以注释掉整行或者一行中的一部分。它一般不用于连续多行的注释文本，然而，它也可以用来注释掉连续多行的代码段。以下是几种风格注释的例子：

```
if x > 1 {
    //注释 1
} else {
    return false;                   //注释 2
}

//if x > 1 {
//                                  //注释 1
//} else {
//     return false;                //注释 2
//}
```

2. 块注释

一般用于连续多行的注释文本，但它也可以对单行进行注释。以下是几种风格注释的例子：

```
if x > 1 {
    /* 注释 1 */
} else {
    return false;                      /* 注释 2 */
}

/*
if x > 1 {
    //注释 1
} else {
    return false;                      //注释 2
}
*/

/*
if x > 1 {
    /* 注释 1 */
} else {
    return false;                      /* 注释 2 */
}
*/
```

JavaScript 多行注释有一个其他语言没有的优点，就是它们可以嵌套。上述实例的最后一种情况是实现了多行注释嵌套。

在程序代码中使用注释，对容易引起误解的代码进行注释是必要的，但应避免对已清晰表达信息代码进行注释。需要注意的是：频繁的注释有时反映出代码的低质量。当觉得被迫要加注释的时候，考虑一下重写代码使其更清晰。

2.5 JavaScript 数据类型

数据类型在任何计算机语言中都比较重要，JavaScript 语言也是面向对象的。

2.5.1 数据类型

JavaScript 数据类型可以分为数值类型、布尔类型、字符串类型、对象类型和数组类型等。

1. 数值类型

数值类型包括整数和浮点数，整数可以是十进制、十六进制和八进制数，十进制数由一串数字序列组成，它的第一个数字不能为 0。如果第一个数字为 0，则表示它是一个八进制数。如果第一个数字为 0x，则表示它是一个十六进制数。

浮点数必须包含一个数字、一个小数点或"e"(或"E")。浮点数例子如下：3.1415、-3.1E12、0.1e12 和 2E-12。

2. 布尔类型

布尔类型有两种值：true 和 false。

3. 字符串类型

字符串是若干封装在双引号("")或单引号('')内的字符。字符串例子如下：

```
"fish"
'fish'
"5467"
"a line"
```

4. 对象类型

用 new 生成一个新的对象，例如：

```
var currentDay = new Date()
```

5. 数组类型

数组类型 Array 也是一个对象，可以通过 var arr＝new Array(3)语句创建，其中 3 是数组的长度，可以通过 arr.length 属性取得数组的长度。

2.5.2 数据类型字面量

数据类型字面量(literals)是在程序中使用的字符表示数据的方式。例如常见的数据类型字面量：

```
12                              //12 整数
1.2                             //1.2 浮点数
"hello world"                   //一个内容为 hello world 的字符串
true                            //表示"真"布尔类型值
false                           //表示"假"布尔类型值
{height:10,width:20}            //表示一个对象
[1,2,3,4,5]                     //表示数组对象
null                            //表示不存在的对象
```

2.5.3 数据类型转换

JavaScript 提供了类型转换函数，这些转换包括转换成字符串、转换成数字和强制类型转换。

1. 转换成字符串

可以将布尔类型和数值类型转换为字符串类型，布尔类型和数值类型它们都由 toString()函数实现转换。实例代码如下：

```
var found = false;
console.log(found.toString());          //输出 false

var num1 = 10;
var num2 = 10.0;
console.log(num1.toString());           //输出 "10"
```

```
console.log(num2.toString());          //输出 "10"

console.log(num2.toString(2));         //输出二进制形式"1010"
console.log(num2.toString(8));         //输出八进制形式"12"
console.log(num2.toString(16));        //输出十六进制形式"A"
```

提示　在面向对象分析和设计过程中，toString()应该叫作“方法”，而不是“函数”，方法要有主体，而函数没有主体。但是为了尊重 JavaScript，本书还是把类似 toString()的方法称为函数。

2. 转换成数字

把非数字的原始值转换成数字的函数：parseInt()和 parseFloat()。实例代码如下：

```
var num3 = parseInt("12345red");          //返回 12345
var num4 = parseInt("0xA");               //返回 10
var num5 = parseInt("56.9");              //返回 56
var num6 = parseInt("red");               //返回 NaN                ①

var num6 = parseInt("10", 2);             //返回二进制数 2          ②
var num7 = parseInt("10", 8);             //返回八进制数 8
var num8 = parseInt("10", 10);            //返回十进制数 10
var num9 = parseInt("AF", 16);            //返回十六进制数 175

var num10 = parseFloat("12345red");       //返回 12345
var num11 = parseFloat("0xA");            //返回 NaN                ③
var num12 = parseFloat("11.2");           //返回 11.2
var num13 = parseFloat("11.22.33");       //返回 11.22              ④
var num14 = parseFloat("0102");           //返回 102
var num15 = parseFloat("red");            //返回 NaN                ⑤
```

上述代码第①、③和⑤行返回 NaN 表示无法转换有效的数值。第②行代码的 parseInt 函数有两个参数，第二个参数是基数，基数表示数值的进制。

3. 强制类型转换

还可以使用强制类型转换来处理转换值的类型。JavaScript 提供了三种强制类型转换函数：

(1) Boolean(value)——把给定的值转换成布尔型。

(2) Number(value)——把给定的值转换成数值。

(3) String(value)——把给定的值转换成字符串。

使用 Boolean 函数的实例代码如下：

```
var b1 = Boolean("");                  //false - 空字符串           ①
var b1 = Boolean("hello");             //true - 非空字符串          ②
var b1 = Boolean(50);                  //true - 非零数字            ③
var b1 = Boolean(null);                //false - null               ④
```

```
var b1 = Boolean(0);                    //false - 零                    ⑤
var b1 = Boolean({name: 'tony'});       //true - 对象                   ⑥
```

Boolean 函数可以将任何类型转换为布尔类型，其中第①行的""值、第④行的 null 值和第⑤行的 0 值转换后为 false，第②行的"hello"值、第③行的 50 值和第⑥行的对象值转换后为 true。

使用 Number 函数的实例代码如下：

```
var n1 = Number(false);                 //0
var n1 = Number(true);                  //1
var n1 = Number(undefined);             //NaN                           ①
var n1 = Number(null);                  //0                             ②
var n1 = Number("1.2");                 //1.2
var n1 = Number("12");                  //12
var n1 = Number("1.2.3");               //NaN                           ③
var n1 = Number({name: 'tony'});        //NaN                           ④
var n1 = Number(50);                    //50
```

Number 函数可以将任何类型转换为数值类型，其中第①行的 undefined 值、第③行的"1.2.3"值和第④行的对象值转换后为 NaN，第②行的 null 值转换后为 0。

提示 null 表示无值，而 undefined 表示一个未声明的变量，或已声明但没有赋值的变量，或一个并不存在的对象。

使用 String 函数的实例代码如下：

```
var s1 = String(null);                  //"null"
var s1 = String({name: 'tony'});        //"[object Object]"
```

String 函数可以将任何类型转换为字符串类型，其中对象情况比较复杂。

2.6 运算符

运算符是进行科学计算的标识符，常量、变量和运算符组成表达式，表达式是组成程序的基本部分。

2.6.1 算术运算符

JavaScript 中的算术运算符用来进行整型和浮点型数据的算术运算，按照参加运算的操作数的不同可以分为一元运算符和二元运算符。

1. 一元运算符

一元运算符一共有三个，即－、＋＋和－－。－a 是对 a 取反运算，a＋＋或 a－－是指表达式运算完后，再给 a 加 1 或减 1。而＋＋a 或－－a 是先给 a 加 1 或减 1，然后进行表达式运算。一元运算符说明如表 2-1 所示。

表 2-1 一元运算符

运 算 符	名 称	说 明	例 子
－	取反符号	取反运算	b=－a
＋＋	自加 1	先取值再加 1,或先加 1 再取值	a＋＋或＋＋a
－－	自减 1	先取值再减 1,或先减 1 再取值	a－－或－－a

下面看一个一元算术运算符示例：

```
var a = 12;
console.log( - a);                                           ①

var b = a++;                                                 ②
console.log(b);

b = ++a;                                                     ③
console.log(b);
```

输出结果如下：

```
- 12
12
14
```

上述代码第①行－a 是把 a 变量取反,结果输出是－12。第②行代码是把 a＋＋赋值给 b 变量,a 是先赋值后＋＋,因此输出结果是 12。第③行代码是把＋＋a 赋值给 b 变量,a 是先＋＋后赋值,因此输出结果是 14。

2. 二元运算符

二元运算符包括＋、－、*、/和%,这些运算符对整型和浮点型数据都有效。二元运算符说明如表 2-2 所示。

表 2-2 二元运算符

运算符	名 称	说 明	实 例
＋	加	求 a 加 b 的和,还可用于 String 类型,进行字符串连接操作	a＋b
－	减	求 a 减 b 的差	a－b
*	乘	求 a 乘以 b 的积	a * b
/	除	求 a 除以 b 的商	a/b
%	取余	求 a 除以 b 的余数	a%b

下面看一个二元算术运算符示例：

```
//声明一个整型变量
var intResult = 1 + 2;
console.log(intResult);

intResult = intResult - 1;
console.log(intResult);
```

```
intResult = intResult * 2;
console.log(intResult);

intResult = intResult / 2;
console.log(intResult);

intResult = intResult + 8;
intResult = intResult % 7;
console.log(intResult);

console.log("-------");
//声明一个浮点型变量
var doubleResult = 10.0;
console.log(doubleResult);

doubleResult = doubleResult - 1;
console.log(doubleResult);

doubleResult = doubleResult * 2;
console.log(doubleResult);

doubleResult = doubleResult / 2;
console.log(doubleResult);

doubleResult = doubleResult + 8;
doubleResult = doubleResult % 7;
console.log(doubleResult);
```

输出结果如下：

```
3
2
4
2
3
-------
10.0
9.0
18.0
9.0
3.0
```

上述例子中分别对整型和浮点型进行二元运算，具体语句不再解释。

3. 算术赋值运算符

算术赋值运算符只是一种简写，一般用于变量自身的变化。算术赋值运算符说明如表 2-3 所示。

表 2-3 算术赋值运算符

运 算 符	名 称	实 例
+=	加赋值	a+=b,a+=b+3
-=	减赋值	a-=b
*=	乘赋值	a*=b
/=	除赋值	a/=b
%=	取余赋值	a%=b

下面看一个算术赋值运算符示例：

```
var a = 1;
var b = 2;
a += b;                                   //相当于 a = a + b
console.log(a);

a += b + 3;                               //相当于 a = a + b + 3
console.log(a);
a -= b;                                   //相当于 a = a - b
console.log(a);

a * = b;                                  //相当于 a = a * b
console.log(a);

a / = b;                                  //相当于 a = a/b
console.log(a);

a % = b;                                  //相当于 a = a % b
console.log(a);
```

输出结果如下：

```
3
8
6
12
6
0
```

上述例子中分别对整型进行+=、-=、*=、/=和%=运算，具体语句不再解释。

2.6.2 关系运算符

关系运算是比较两个表达式大小关系的运算，它的结果是真(true)或假(false)，即布尔型数据。如果表达式成立，则结果为“真”，否则为“假”。关系运算符有 8 种：==、!=、>、<、>=、<=、===和!==。关系运算符说明如表 2-4 所述。

表 2-4 关系运算符

运算符	名称	说明	实例
==	等于	a 等于 b 时返回真，否则假。“==”与“=”的含义不同，可以比较两个不同类型值	a==b
!=	不等于	与==恰恰相反	a!=b
>	大于	a 大于 b 时返回真，否则假	a>b
<	小于	a 小于 b 时返回真，否则假	a<b
>=	大于等于	a 大于等于 b 时返回真，否则假	a>=b
<=	小于等于	a 小于等于 b 时返回真，否则假	a<=b
===	严格等于	a 等于 b 返回真，否则假。“===”与“==”的含义不同。必须是比较两个相同类型值	a===b
!==	非严格等于	与===恰恰相反	a!==b

下面看一个关系运算符示例：

```
var value1 = 1;
var value2 = 2;
if (value1 == value2) {
    console.log("value1 == value2");
}

if (value1 != value2) {
    console.log("value1 != value2");
}

if (value1 > value2) {
    console.log("value1 > value2");
}

if (value1 < value2) {
    console.log("value1 < value2");
}

if (value1 <= value2) {
    console.log("value1 <= value2");
}

var a = 3;
var b = "3";                      //改为 3 表达式 a === b 为 true
if (a == b) {                                                              ①
    console.log("a == b");
}

if (a === b) {                                                             ②
    console.log("a === b");
}
```

输出结果如下：

```
value1 != value2
value1 < value2
value1 <= value2
a == b
```

上述例子重点解释有标号行代码，其中第①行是通过“==”比较数值 a 和字符串 b 是否相等，结果是相等的。同样使用“===”比较数值 a 和字符串 b 是否相等，如第②行代码所示，结果是不等的。

2.6.3 逻辑运算符

逻辑运算符是对布尔型变量进行运算，其结果也是布尔型。逻辑运算符说明如表 2-5 所示。

表 2-5　逻辑运算符

运 算 符	名 称	说 明	实 例
&	逻辑与	ab 全为真时，计算结果为真，否则为假	a&b
|	逻辑或	ab 全为假时，计算结果为假，否则为真	a|b
!	逻辑反	a 为真时，值为假；a 为假时，值为真	a! b
^	逻辑异或	ab 相反时，计算结果为真，否则为假	a^b
&&	短路与	ab 全为真时，计算结果为真，否则为假	a&&b
||	短路或	ab 全为假时，计算结果为假，否则为真	a||b

&& 和 || 都具有短路计算特点。例如：x && y，如果 x 为假，则不计算 y(因为不论 y 为何值，“与”操作的结果都为假)。例如：x || y，如果 x 为真，则不计算 y(因为不论 y 为何值，“或”操作的结果都为真)。

所以，把 && 称为短路与，|| 称为短路或，就是它们在计算的过程中就像电路短路一样，采用最优化的计算方式，从而提高了效率。

为了进一步理解它们的区别，看看下面的例子：

```
var i = 0;
var a = 10;
var b = 9;

if ((a > b) || (i++ == 1)) {            //换成 | 试一下                ①
    console.log("或运算为真");                                          ②
} else {
    console.log("或运算为假");                                          ③
}
console.log("i = " + i);                                                ④

i = 0;
if ((a < b) && (i++ == 1)) {            //换成 & 试一下                ⑤
```

```
    console.log("或运算为真");                                              ⑥
} else {
    console.log("或运算为假");                                              ⑦
}
console.log("i = " + i);                                                    ⑧
```

上述代码运行输出结果如下：

```
或运算为真
i = 0
与运算为假
i = 0
```

其中，第①行代码是进行短路或计算，由于(a > b)是真，后面的表达式(i++ ==1)不再计算，因此结果i不会加1，第④行输出的结果为i=0。如果把第①行短路或换成逻辑或，结果则是i=1。

类似地第⑤行代码是进行短路与计算，由于(a < b)是假，后面的表达式(i++ ==1)不再计算，因此结果i不会加1，第⑧行输出的结果为i=0。如果把第⑤行短路与换成逻辑与，结果则是i=1。

2.6.4 位运算符

位运算是以二进位(bit)为单位进行运算的，操作数和结果都是整型数据。位运算符有如下几个：&、|、^、~、>>、>>>、<<。位运算符说明如表2-6所示。

表2-6 位运算符

运算符	名称	说明	实例
~	位反	将x的值按位取反	~x
&	位与	x与y位进行位与运算	x&y
|	位或	x与y位进行位或运算	x|y
^	位异或	x与y位进行位异或运算	x^y
>>	右移	x有符号右移a位，有符号整数高位采用符号位补位	x>>a
>>>	无符号右移	x无符号右移a位，高位采用0补位	x>>>a
<<	左移	x左移a位，低位补0	x<<a

为了进一步理解它们，看看下面的例子：

```
var a = 178;                                        //二进制 10110010
var b = 94;                                         //二进制 01011110

console.log("a | b = " + (a | b));                  //二进制 11111110
console.log("a & b = " + (a & b));                  //二进制 00010010
console.log("a ^ b = " + (a ^ b));                  //二进制 11101100
console.log("~a = " + (~a)); //二进制 11111111 11111111 11111111 01001101,十进制 -179
                                                                            ①
```

```
console.log("a >> 2 = " + (a >> 2));           //二进制 00101100
console.log("a >>> 2 = " + (a >>> 2));         //二进制 00101100
console.log("a << 2 = " + (a << 2));           //二进制 11001000

var c = -12;                                   //二进制 -1100
console.log("c >> 2 = " + (c >> 2));           //二进制 -00000011
console.log("c >>> 2 = " + (c >>> 2));         //十进制 1073741821          ②
console.log("c << 2 = " + (c << 2));           //二进制 -00110000
```

输出结果如下：

```
a | b = 254
a & b = 18
a ^ b = 236
~a = -179
a >> 2 = 44
a >>> 2 = 44
a << 2 = 712
c >> 2 = -3
c >>> 2 = 1073741821
c << 2 = -48
```

上述代码第①行是对a变量取反，178(32位十进制)取反后的二进制表示为11111111 11111111 11111111 01001101。二进制11111111 11111111 11111111 01001101是－179(32位十进制)补码表示。

提示 十进制负数使用二进制补码表示时，补码＝反码＋1，但这些计算都是二进制位运算。例如－12(32位十进制)补码表示为11111111 11111111 11111111 11110100，计算过程是12(二进制1100)取反表示为11111111 11111111 11111111 11110011，然后＋1结果就是11111111 11111111 11111111 11110100。

第②行代码是－12无符号右移2位，－12的补码表示方式是11111111 11111111 11111111 11110100，无符号右移2位，高位采用0补位，结果是00111111 11111111 11111111 11111101，十进制表示为1073741821。

2.6.5 其他运算符

除了前面介绍的主要的运算符，还有其他一些运算符，它们包括：

(1) 三元运算符(?:)：例如，x? y: z;，其中x、y和z都为表达式。

(2) 括号：起到改变表达式运算顺序的作用，它的优先级最高。

(3) 引用号(.)：调用属性、函数等操作符console.log()。

(4) 赋值号(=)：赋值是用等号运算符(=)进行的。

(5) 下标运算符[]。

(6) 对象类型判断运算符instanceof。

(7) 内存分配运算符new。

三元运算符示例：

```
var score = 80;
var result = score > 60 ? "及格" : "不及格";
console.log(result);
```

输出结果：

```
及格
```

2.7 控制语句

结构化程序设计中的控制语句有三种，即顺序、分支和循环语句，而且只能用这三种结构来完成程序。JavaScript 程序通过控制语句来执行程序流，完成一定的任务。程序流是由若干个语句组成的，语句可以是单一的一条语句，也可以是用大括号{}括起来的多条语句。JavaScript 中的控制语句有以下几类：

(1) 分支语句：if-else、switch。

(2) 循环语句：while、do-while、for。

(3) 与程序转移有关的跳转语句：break、continue、return。

2.7.1 分支语句

分支语句提供了一种控制机制，使得程序具有了"判断能力"，能够像人类的大脑一样分析问题。分支语句又称条件语句，条件语句使部分程序可根据某些表达式的值被有选择地执行。

1. 条件语句 if-else

由 if 语句引导的选择结构有 if 结构、if-else 结构和 else if 结构三种。

如果条件表达式为"真"就执行语句组，否则就执行 if 结构后面的语句。语句组是单句时大括号可以省略。语法结构：

```
//if 结构
if(条件表达式){
      语句组;
}

//if … else 结构
if(条件表达式) {
    语句组 1;
} [else {
    语句组 2 }]                                    //中括号内容可以省略

//if … else 结构
if(条件表达式 1)
    语句组 1;
else if(条件表达式 2)
```

```
    语句组 2;
else if(条件表达式 3)
    语句组 3;
…
else if(条件表达式 n)
    语句组 n;
else
    语句组 n+1;
```

条件语句 if-else 实例代码如下：

```
var score = 95;

console.log('------ if 结构示例 -------');
if (score >= 85) {
    console.log("您真优秀!");
}

if (score < 60) {
    console.log("您需要加倍努力!");
}

if (score >= 60 && score < 85) {
    console.log("您的成绩还可以,仍需继续努力!");
}

console.log('------ if-else 结构示例 ------');
if (score < 60) {
    console.log("不及格");
} else {
    console.log("及格");
}

console.log('------else if 结构示例 ------');

var testscore = 76;
var grade;

if (testscore >= 90) {
    grade = 'A';
} else if (testscore >= 80) {
    grade = 'B';
} else if (testscore >= 70) {
    grade = 'C';
} else if (testscore >= 60) {
    grade = 'D';
} else {
    grade = 'F';
}
console.log("Grade = " + grade);
```

运行结果如下：

```
------ if结构示例 -------
您真优秀!
------ if-else结构示例 ------
及格
------else if结构示例 ------
Grade = C
```

2. 多分支语句 switch

switch 语句也称开关语句，它引导的选择结构也是一种多分支结构。具体内容如下：

```
switch(条件表达式){
    case 判断值 1: 语句组 1
    case 判断值 2: 语句组 2
    case 判断值 3: 语句组 3
    …
    case 判断值 n: 语句组 n
    default: 语句组 n + 1
}
```

当程序执行到 switch 语句时，先计算条件表达式的值，假设值为 A，然后拿 A 与第 1 个 case 语句中的判断值相比，如果相同则执行语句组 1，否则拿 A 与第 2 个 case 语句中的判断值相比，如果相同则执行语句组 2，以此类推，直到执行语句组 n。如果所有的 case 语句都没有执行就执行 default 的语句组 n+1，这时才跳出 switch 引导的选择结构。

switch 语句需要注意如下问题：

(1) case 子句中的值必须是常量，而且所有 case 子句中的值应是不同的。

(2) default 子句是可选的。

(3) break 语句用来在执行完一个 case 分支后，使程序跳出 switch 语句，即终止 switch 语句的执行(在一些特殊情况下，多个不同的 case 值要执行一组相同的操作，这时可以不用 break)。

实例代码如下：

```
var date = new Date();
var month = date.getMonth();

switch (month) {
    case 0:
        console.log("January");
        break;
    case 1:
        console.log("February");
        break;
    case 2:
        console.log("March");
        break;
```

```
    case 3:
        console.log("April");
        break;
    case 4:
        console.log("May");
        break;
    case 5:
        console.log("June");
        break;
    case 6:
        console.log("July");
        break;
    case 7:
        console.log("August");
        break;
    case 8:
        console.log("September");
        break;
    case 9:
        console.log("October");
        break;
    case 10:
        console.log("November");
        break;
    case 11:
        console.log("December");
        break;
    default:
        console.log("Invalid month.");
}
```

如果当前的月份是 7 月，则程序的运行结果如下：

```
July
```

但是，如果 case 7 没有 break 语句，程序又是什么结果呢？结果会是输出：

```
July
August
```

由于没有 break，程序会继续运行下去。不管有没有 case 语句，直到遇到一个 break 语句才跳出 switch 语句。

2.7.2 循环语句

循环语句使语句或代码块的执行得以重复进行。JavaScript 支持三种循环构造类型：for、while 和 do-while，for 和 while 循环是在执行循环体之前测试循环条件，而 do-while 是在执行完循环体之后测试循环条件。这就意味着 for 和 while 循环可能连一次循环体都未执行，而do-while将至少执行一次循环体。

1. while语句

while语句是一种先判断的循环结构。语句格式如下：

```
[initialization]
while (termination){
    body;
    [iteration;]
}
```

其中，中括号部分可以省略，后面不再特别说明。

下面的程序代码是通过while实现了查找平方小于100000的最大整数：

```
var i = 0;

while (i * i < 100000) {
    i++;
}
console.log(i + " " + i * i);
```

结果是输出317 100489。这段程序的目的是找到平方数小于100000的最大整数。使用while循环需要注意几点，while循环语句中只能写一个表示式，而且是一个布尔型表达式，那么如果循环体中需要循环变量，就必须在while语句之前做好处置的处理，如上例中先给i赋值为0，其次在循环体内部，必须通过语句更改循环变量的值，否则将会发生死循环。

2. do-while语句

do-while语句的使用与while语句的使用相似，不过do-while语句是后判断的循环结构。语句格式如下：

```
[initialization]
do {
    body;
    [iteration;]
} while (termination);
```

下面的程序代码是使用do-while实现了查找平方小于100000的最大整数：

```
var i = 0;
do{
    i++;
} while  (i * i < 100000)
console.log(i + " " + i * i);
```

结果是输出317 100 489。当程序执行到do-while语句时，首先无条件执行一次循环体，然后计算条件表达式，它的值必须是布尔型，如果值为“真”，则再次执行循环体，然后到条件表达式准备再次判断，如此反复，直到条件表达式的值为“假”时跳出do-while循环。

3. for语句

for语句是应用最为广泛的一种循环语句，也是功能最强的一种。一般格式如下：

```
for (初始化; 终止; 迭代){
    body;
}
```

当程序执行到 for 语句时，先执行初始化语句，它的作用是初始化循环变量和其他变量，如果它含有多个语句就用逗号隔开。然后程序计算循环终止语句的值，终止语句的值必须是个布尔值，所以可以用逻辑运算符组合成复杂的判断表达式，如果它的值为“真”，程序继续执行循环体，执行完成循环体后计算迭代语句，之后返回到终止语句准备再次进行判断，如此反复，直到终止语句的值为“假”时跳出循环。如果表达式的值为“假”，则直接跳出 for 循环。终止语句一般用来改变循环条件，它可对循环变量和其他变量进行操作，它和初始化语句一样也可有多个语句，并以逗号相隔。

下面的程序代码是使用 for 循环实现平方表：

```
var i;
console.log("n   n * n");
console.log("---------");
for (i = 1; i < 10; i++) {
    console.log(i + " " + i * i);
}
```

运行结果如下：

```
n   n*n
---------
1 1
2 4
3 9
4 16
5 25
6 36
7 49
8 64
9 81
```

这个程序的循环部分初始时，给循环变量 i 赋值为 1，每次循环实现判断 i 的值是否小于 10，如果是就执行循环体，然后给 i 加 1，因此，最后的结果是打印出从 1 到 9 的平方。

for 语句执行时，首先执行初始化操作，然后判断终止条件是否满足，如果满足，则执行循环体中的语句，最后执行迭代部分。完成一次循环后，重新判断终止条件。

初始化、终止以及迭代部分都可以为空语句(但分号不能省)，三者均为空的时候，相当于一个无限循环。

空的 for 语句示例：

```
for(; ;){
    …
}
```

在初始化部分和迭代部分可以使用逗号语句来进行多个操作。逗号语句是用逗号分隔的语句序列，如下所示：

```
for (i = 0, j = 10; i < j; i++, j -- ) {
    …
}
```

循环语句与条件语句一样，如果循环体中只有一条语句，可以省略大括号，但是从程序的可读性角度考虑，不要省略括号。

4. for…in 语句

for…in 语句可以帮助我们方便地遍历数组或集合对象。一般格式如下：

```
for (循环变量 in 数组或集合对象){
    …
}
```

下面的程序代码是使用 for 语句实例：

```
var numbers = [1, 2, 3, 4, 5, 6, 7, 8, 9, 10];
for (var i = 0; i < numbers.length; i++) {
    console.log("Count is: " + numbers[i]);
}
```

下面的程序代码是使用 for…in 语句实例：

```
var numbers = [1, 2, 3, 4, 5, 6, 7, 8, 9, 10];
for (var item  in numbers) {
    console.log("Count is: " + numbers[item]);
}
```

从上例的对比中发现，item 是循环变量，而不是集合中的元素，in 后面是数组或集合对象。for…in 语句在遍历集合的时候要简单方便得多。

2.7.3 跳转语句

跳转语句主要有 break 语句、continue 语句和 return 语句，并且 return 语句同时也是返回语句。

1. break 语句

break 语句可用于 switch 引导的分支结构以及以上三种循环结构，它的作用是强行退出循环结构，不执行循环结构中剩余的语句。break 语句有带标签和不带标签两种。

break 语句格式如下：

```
break;                                  //不带标签
break label;                            //带标签,label 是标签名
```

标签是后面跟一个冒号的标识符。不带标签的 break 语句使程序跳出它所在那一层的循环结构，而带标签的 break 语句使程序跳出标签指示的循环结构。

不带标签的 break 语句示例：

```
var numbers = [1, 2, 3, 4, 5, 6, 7, 8, 9, 10 ];
```

```
for (var i = 0; i < numbers.length; i++) {
    if (i == 3) {
        break;
    }
    console.log("Count is: " + i);
}
```

在上例中当条件 i==3 的时候执行 break 语句，程序运行结果如下：

```
Count is: 0
Count is: 1
Count is: 2
```

当循环遇到 break 语句的时候，就会终止循环。

带标签的 break 语句示例：

```
var arrayOfInts = [
    [ 32, 87, 3, 589],
    [ 12, 1076, 2000, 8 ],
    [622, 127, 77, 955]
];

var searchfor = 12;
var i, j = 0;
var foundIt = false;

search: for (i = 0; i < arrayOfInts.length; i++) {
    for (j = 0; j < arrayOfInts[i].length; j++) {
        if (arrayOfInts[i][j] == searchfor) {
            foundIt = true;
            break search;
        }
    }
}

if (foundIt) {
    console.log("找到元素 " + searchfor + " 在第" + i + "行, 第" + j + "列");
} else {
    console.log(searchfor + "在数组中没有找到!");
}
```

程序运行结果如下：

```
找到元素 12 在第 1 行,第 0 列
```

2. continue 语句

continue 语句用来结束本次循环，跳过循环体中下面尚未执行的语句，接着进行终止条件的判断，以决定是否继续循环。对于 for 语句，在进行终止条件的判断前，还要先执行迭代语句。

continue 语句格式如下：

```
continue;                                          //不带标签
continue label;                                    //带标签,label是标签名
```

不带标签的 continue 语句示例：

```
var numbers = [1, 2, 3, 4, 5, 6, 7, 8, 9, 10 ];
for (var i = 0; i < numbers.length; i++) {
    if (i == 3) {
        continue;
    }
    console.log("Count is: " + i);
}
```

在上例中当条件 i==3 的时候执行 continue 语句，程序运行结果如下：

```
Count is: 0
Count is: 1
Count is: 2
Count is: 4
Count is: 5
Count is: 6
Count is: 7
Count is: 8
Count is: 9
```

当循环遇到 continue 语句的时候，终止本次循环，在循环体中 continue 之后的语句将不再执行，接着进行下次循环，所以输出结果中没有 3。

带标签的 continue 语句示例：

```
var n = 0;
outer: for (var i = 101; i < 200; i++) {          //外层循环
    for (var j = 2; j < i; j++) {                 //内层循环
        if (i % j == 0) {
            continue outer;                                            ①
        }
    }
    console.log("i = " + i);
}
```

在上例中程序运行结果如下：

```
i = 101
i = 103
…
i = 199
```

素数就是一个只能够被 1 和其自身整除的数，上述代码第①行的作用就是这个数如果能够被非 1 和非自身整除的时候，就终止本次循环。这里的 continue 语句不能换成 break 语句，那是因为如果是 break 语句，程序第一次满足条件进入 if 语句时会终止外循环，程序不会再循环了，只有使用 continue 语句才可以满足需要。

3. 返回语句 return

return 语句可以在当前函数中退出，返回到调用该函数的语句处。返回语句有两种格式：

```
return expression ;
return;
```

2.8 数组

数组是一串由有序的相同类型元素构成的集合，数组中的集合元素是有序的。JavaScript 中数组声明与初始化很灵活，如下代码都可以声明和初始化数组：

```
var studentList = ["张三","李四","王五","董六"];

var studentList = new Array("张三","李四","王五","董六");

var studentList = new Array();
studentList[0] = "张三";
studentList[1] = "李四";
studentList[2] = "王五";
studentList[3] = "董六";
```

可以直接通过中括号“[]”声明和初始化数组。也可以通过 Array 对象创建数组。此外，还可以创建多维数组，arrayOfInts 变量就是二维数组。代码如下：

```
var arrayOfInts = [
    [ 32, 87, 3, 589],
    [ 12, 1076, 2000, 8 ],
    [622, 127, 77, 955]
];
```

使用数组的实例代码如下：

```
var studentList = new Array("张三","李四","王五","董六");
for (var item  in studentList) {
    console.log(studentList[item]);
}
```

输出结果如下：

```
张三
李四
王五
董六
```

2.9 函数

将程序中反复执行的代码封装到一个代码块中，这个代码块模仿了数学中的函数，具有函数名、参数和返回值。

JavaScript 中的函数很灵活，它可以独立存在，即全局函数；也可以存在于其他函数中，即函数嵌套；还可以在对象中定义。

2.9.1 使用函数

使用函数时首先需要定义函数，然后在合适的地方调用该函数。函数的语法格式如下：

```
function 函数名(参数列表) {
    语句组
    [return 返回值]
}
```

在 JavaScript 中定义函数时关键字是 function，“函数名”需要符合标识符命名规范；“参数列表”可以有多个，之间用逗号(,)分隔，极端情况下参数可以没有。

如果函数有值，则需要使用 return 语句将值返回；如果没有返回值，则函数体中可以省略 return 语句。

函数定义示例代码如下：

```
function rectangleArea(width, height) {                                    ①
    var area = width * height;
    return area;                                                           ②
}
console.log("320x480 的长方形的面积:" + rectangleArea(32, 64));            ③
```

上述代码第①行是定义计算长方形的面积 rectangleArea，它有两个参数，分别是长方形的宽和高。第②行代码是返回函数计算结果。调用函数的过程是通过代码第③行中的 rectangleArea(32, 64)语句实现，调用函数时需要指定函数名和参数值。

2.9.2 变量作用域

变量可以定义在函数体外，即全局变量，可以在函数内定义，即局部变量。局部变量作用域是在函数内部有效，如果超出函数体就会失效。

看看下面实例代码：

```
var global = 1;                                                            ①
function f() {
    var local = 2;                                                         ②
    global++;                                                              ③
    return global;
}

f();

console.log(global);                                                       ④
console.log(local);                                                        ⑤
```

上述代码第①行是定义了全局变量 global，第②行代码是定义了局部变量 local，local 是在函数体内部定义的。第④行代码是打印全局变量 global，第⑤行代码是打印局部变量

local,该语句在运行时会发生错误,这是因为 local 是局部变量,作用域是在 f 函数体内部。

2.9.3 嵌套函数

在此之前定义的函数都是全局函数,它们定义在全局作用域中。也可以把函数定义在另外的函数体中,称作嵌套函数。

下面看一个实例:

```
function calculate(opr, a, b) {                          ①

    //定义 + 函数
    function add(a, b) {                                 ②
        return a + b;
    }

    //定义 - 函数
    function sub(a, b) {                                 ③
        return a - b;
    }

    var result;

    switch (opr) {
        case "+" :
            result = add(a, b);                          ④
            break;
        case "-" :
            result = sub(a, b);                          ⑤
    }
    return result;                                       ⑥
}

var res1 = calculate("+", 10, 5);                        ⑦
console.log("10 + 5 = " + res1);

var res2 = calculate("-", 10, 5);                        ⑧
console.log("10 - 5 = " + res2);
```

上述代码第①行定义 calculate 函数,它的作用是根据运算符进行数学计算,它的参数 opr 是运算符,参数 a 和 b 是要计算的数值。在 calculate 函数体内,第②行定义了嵌套函数 add,对两个参数进行加法运算。第③行定义了嵌套函数 sub,对两个参数进行减法运算。第④行代码是在运算符为"+"号情况下使用 add 函数进行计算,并将结果赋值给 result。第⑤行代码是在运算符为"-"号情况下使用 sub 函数进行计算,并将结果赋值给 result。第⑥行代码是返回函数变量 result。第⑦行代码调用 calculate 函数进行加法运算。第⑧行代码调用 calculate 函数进行减法运算。

程序运行结果如下:

```
10 + 5 = 15
10 - 5 = 5
```

在函数嵌套中，默认情况下嵌套函数的作用域是在外函数体内。

2.9.4 返回函数

可以把函数作为另一个函数的返回类型使用。看下面的一个示例：

```
//定义计算长方形面积函数
function rectangleArea(width, height) {
    var area = width * height;
    return area;
}

//定义计算三角形面积函数
function triangleArea(bottom, height) {
    var area = 0.5 * bottom * height;
    return area;
}

function getArea(type) {                                          ①
    var returnFunction;                                           ②
    switch (type) {
        case "rect":                        //rect 表示长方形
            returnFunction = rectangleArea;                       ③
            break;
        case "tria":                        //tria 表示三角形
            returnFunction = triangleArea;                        ④
    }
    return returnFunction;                                        ⑤
}

//获得计算三角形面积函数
var area = getArea("tria");                                       ⑥
console.log("底 10 高 13,三角形面积: " + area(10, 15));           ⑦

//获得计算长方形面积函数
var area = getArea("rect");                                       ⑧
console.log("宽 10 高 15,长方形面积: " + area(10, 15));           ⑨
```

上述代码第①行定义函数 getArea(type)，其返回是一个函数。第②行代码是声明 returnFunction 变量保存要返回的函数名。第③行代码是在类型 type 为 rect(即长方形)情况下，把上一节定义的 rectangleArea 函数名赋值给 returnFunction 变量。类似地，第④行代码是在类型 type 为 tria(即三角形)情况下，把上一节定义的 triangleArea 函数名赋值给 returnFunction 变量。第⑤行代码是将 returnFunction 变量返回。第⑥和⑧行代码是调用函数 getArea，返回值 area 是函数类型。在第⑦和⑨行代码中的 area(10,15)是调用函数。

上述代码运行结果如下：

```
底 10 高 13,三角形面积: 75.0
宽 10 高 15,长方形面积: 150.0
```

此外,还可以采用匿名函数作为返回值。修改上面的实例代码如下:

```
function getArea(type) {
    var returnFunction;
    switch (type) {
        case "rect":                              //rect 表示长方形
            returnFunction = function rectangleArea(width, height) {          ①
                var area = width * height;
                return area;
            };
            break;
        case "tria":                              //tria 表示三角形
            returnFunction = function triangleArea(bottom, height) {          ②
                var area = 0.5 * bottom * height;
                return area;
            };
    }
    return returnFunction;
}

//获得计算三角形面积函数
var area = getArea("tria");
console.log("底 10 高 13,三角形面积: " + area(10, 15));

//获得计算长方形面积函数
var area = getArea("rect");
console.log("宽 10 高 15,长方形面积: " + area(10, 15));
```

采用匿名函数赋值给 returnFunction 变量,第①和②行代码采用匿名函数表达式。

2.10　JavaScript 中的面向对象

面向对象是一种新兴的程序设计方法,一种新的程序设计规范,其基本思想是使用对象、类、继承、封装、消息等基本概念来进行程序设计。从现实世界中客观存在的事物(即对象)出发来构造软件系统,并且在系统构造中尽可能运用人类的自然思维方式。

面向对象最重要的两个概念就是对象和类。

对象是系统中用来描述客观事物的一个实体,它是构成系统的一个基本单位。一个对象由一组属性和对这组属性进行操作的一组函数组成。

类是具有相同属性和函数的一组对象的集合,它为属于该类的所有对象提供了统一的抽象描述,其内部包括属性和函数两个主要部分。但是需要注意的是,JavaScript 语言中并没有提供类的定义能力,只能直接创建对象。

2.10.1 创建对象

在 JavaScript 语言中虽然不能定义类，但可以直接创建对象，面向对象的效果是一样的。JavaScript 语言中创建对象代码的写法与其他常见语言（如 Java、C# 和 C++等）完全不同，有多种函数可以创建 JavaScript 中的对象。下面分别介绍一下。

1. 使用字面量创建对象

JavaScript 中的对象与数值、字符串等类似，都属于基本数据类型，它们可以使用字面量来表示。对象字面量类似于 JSON[①] 对象，采用对象字面量表示的 JavaScript 对象是一个无序的“名称，值”对集合，一个对象以“{”（左括号）开始，“}”（右括号）结束。每个“名称”后跟一个“:”（冒号），“名称，值”对之间使用“,”（逗号）分隔，语法如图 2-11 所示。

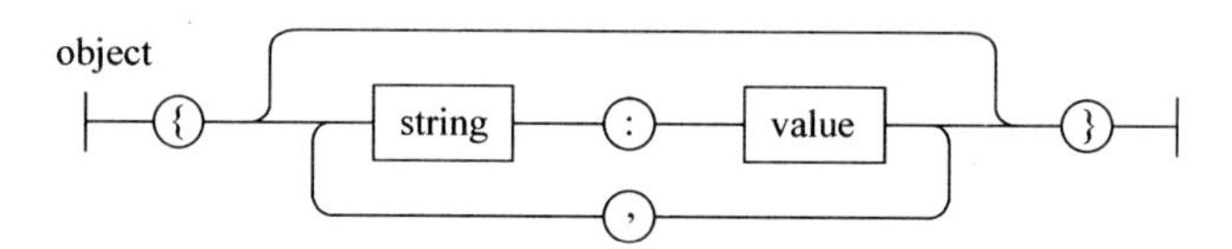

图 2-11 JavaScript 对象字面量表示语法结构图

字面量的每一个“名称，值”对就是对象的一个属性。

实例代码如下：

```
var Person = {                                                ①
    name: "Tony",                                             ②
    age : 18,                                                 ③
    description : function() {                                ④
        var rs = this.name + "的年龄是:" + this.age;           ⑤
        return rs;
    }
}

var p = Person;                                               ⑥
console.log(p.description());                                 ⑦
```

上述代码创建了 Person 对象，其中第①行代码是声明对象名为 Person，第②行代码是定义 Person 对象的 name 属性，第③行代码是定义 Person 对象的 age 属性，它们都采用“名称，值”对方式。第④行代码很特殊，它是定义对象的 description 函数，也是采用“名称/值”对结构，但是“值”部分是一个函数。第⑤行代码是访问对象的 name 和 age 属性，需要使用 this 关键字，this 关键字指代当前对象。第⑥行代码 var p=Person 是将 Person 对象赋值给 p 变量，这时 p 和 Person 是同一个东西。第⑦行代码调用 Person 对象 description() 函数。

2. 使用 Object.create() 函数创建对象

可以使用 Object.create() 函数，它的优势在于能够在原来对象基础上复制出一个新的

① JSON (JavaScript Object Notation)是一种轻量级的数据交换格式。

对象。

实例代码如下：

```
var Person = {                                                    ①
    name: "Tony",
    age: 18,
    description: function () {
        var rs = this.name + "的年龄是:" + this.age;
        return rs;
    }
}

var p = Person;
console.log(p.description());

var p1 = Object.create({                                          ②
    name: "Tom",
    age: 28,
    description: function () {
        var rs = this.name + "的年龄是:" + this.age;
        return rs;
    }
});
console.log(p1.description());


var p2 = Object.create(Person);                                   ③
p2.age = 29;                                                      ④
console.log(p2.description());

console.log(Person.description());                                ⑤
```

运行结果如下：

```
Tony 的年龄是:18
Tom 的年龄是:28
Tony 的年龄是:29
Tony 的年龄是:18
```

上述代码第①行创建对象 Person，第②行和第③行代码都是通过 Object.create()函数创建对象。但是第②行 Object.create()函数的参数还是采用对象字面量标识。第③行的 Object.create()函数的参数 Person 对象相当于赋值了 Person 对象，而且是“深层复制”，但在第④行修改 p2 对象的 age 属性后，不会对 Person 对象产生任何影响，所以在第⑤行代码打印 Person 对象的内容时仍然是“Tony 的年龄是:18”。

3. 使用函数对象

还可以通过构造函数创建对象。实例代码如下：

```
function Student(name, age) {                                     ①
    this.name = name;                                             ②
```

```
        this.age = age;                                              ③
        this.description = function () {                             ④
            var rs = this.name + "的年龄是:" + this.age;              ⑤
            return rs;
        }
    }

    var p3 = new Student('Tony', 28);                                ⑥
    var p4 = new Student('Tom', 38);                                 ⑦
    console.log(p3.description());
    console.log(p4.description());
```

上述代码第①行是声明构造函数，构造函数可以初始化对象属性，其中 name 和 age 是构造函数的参数。第②行代码 this.name=name 是通过 name 参数初始化 name 属性，第③行代码 this.age=age 是通过 age 参数初始化 age 属性。第④行代码很特殊，它是定义对象的 description 函数，第⑤行代码是访问对象的 name 和 age 属性，需要使用 this 关键字，this 关键字指代当前对象。第⑥行和第⑦行代码是创建 Student 对象 p3 和 p4，p3 和 p4 是两个不同的对象。

2.10.2 常用内置对象

在 JavaScript 中有一些常用的内置对象，它们包括 Object、Array、Boolean、Number、String、Math、Date、RegExp 和 Error。

下面分别介绍 Object、String、Math 和 Date 等类的使用。

1. Object 对象

Object 对象是所有 JavaScript 对象的根，每一个对象都继承于 Object 对象。实例代码如下：

```
var o = new Object();                                                ①

console.log(o.toString());                                           ②
console.log(o.constructor);                                          ③
console.log(o.valueOf());                                            ④
```

运行结果如下：

```
[object Object]
[Function: Object]
{}
```

上述代码第①行是创建 Object 对象，第②行代码是调用 Object 对象的 toString()函数，该函数返回描述对象的字符串。第③行代码是调用 Object 对象的 constructor 属性，可以返回对象的构造函数。第④行代码是调用 Object 对象的 valueOf()函数，可以返回对象的对应值。

2. String 对象

String 是字符串对象，String 对象有很多常用函数。实例代码如下：

```
var s = new String("Tony Guan");                                    ①
console.log(s.length);                     //9                      ②
console.log(s.toUpperCase());              //TONY GUAN              ③
console.log(s.toLowerCase());              //tony guan              ④

console.log(s.charAt(0));                  //T                      ⑤
console.log(s.indexOf('n'));               //2                      ⑥
console.log(s.lastIndexOf('n'));           //8                      ⑦

console.log(s.substring(5, 9));            //Guan                   ⑧
console.log(s.split(" "));                 //[ 'Tony', 'Guan' ]     ⑨
```

上述代码第①行是创建 String 对象，第②行代码调用 String 对象的 length 属性，属性 length 是获得字符串的长度。第③行代码调用 String 对象的 toUpperCase()函数，它将字符串中的字符转换为大写。第④行代码调用 String 对象的 toLowerCase()函数，它将字符串中的字符转换为小写。第⑤行代码调用 String 对象的 charAt(index)函数，获得字符串 index 索引位置的字符。第⑥行代码调用 String 对象的 indexOf('n')函数，从前面查找字符串中字符串 n 所在的位置。第⑦行代码调用 String 对象的 lastIndexOf('n')函数，从后面查找字符串中字符串 n 所在的位置。第⑧行代码调用 String 对象的 substring(5, 9)函数，截取子字符串 5 为开始位置，9 为结束位置。第⑨行代码调用 String 对象的 split(" ")函数，指定字符分割字符串，返回值是数组类型。

3. Math 对象

Math 对象是与数学计算有关系的对象。实例代码如下：

```
console.log(Math.PI);                                               ①
console.log(Math.SQRT2);                                            ②
console.log(Math.random());                                         ③

console.log(Math.min(1,2,3));                                       ④
console.log(Math.max(1,2,3));                                       ⑤

console.log(Math.pow(2, 3));                                        ⑥
console.log(Math.sqrt(9));                                          ⑦
```

上述代码第①行 Math.PI 是获得圆周率常量，第②行代码 Math.SQRT2 是 2 的平方根，第③行代码 Math.random()是获得 0～1 之间随机数，第④行代码是获得集合中的最小值，第⑤行代码是获得集合中的最大值。第⑥行代码 Math.pow(2, 3)是计算 2 的 3 次幂。第⑦行代码 Math.sqrt(9)是计算 9 的平方根。

4. Date 对象

Date 是日期对象。实例代码如下：

```
var d = new Date();                                                 ①
console.log(d.toString());                                          ②

var d = new Date('2009 11 12');                                     ③
```

```
console.log(d.toString());

var d = new Date('1 2 2012');                                          ④
console.log(d.toString());
console.log(d.getYear());                 //112                        ⑤
console.log(d.getMonth());                //0                          ⑥
console.log(d.getDay());                  //1                          ⑦
```

运行结果如下：

```
Sat Aug 30 2014 15:06:44 GMT + 0800 (中国标准时间)
Thu Nov 12 2009 00:00:00 GMT + 0800 (中国标准时间)
Mon Jan 02 2012 00:00:00 GMT + 0800 (中国标准时间)
112
0
1
```

上述代码第①、③和④行创建 Date 对象，它们提供了不同的构造函数，其中第①行构造函数是空的，它能够获得当前系统时间；第③行代码的构造函数是通过年、月、日创建对象；第④行代码的构造函数是通过月、日、年格式创建对象。第②行代码通过 toString()函数输出对象的描述信息，这些信息是对象日期相关信息。第⑤行代码通过 getYear()函数获得日期对象的“年”信息，这个“年”是需要＋1900 才是习惯的表示方式。第⑥行代码通过 getMonth()函数获得日期对象的“月”信息，这个“月”需要＋1 才是习惯的表示方式。第⑦行代码通过 getDay()函数获得日期对象的“星期”信息，如果是星期日，getDay()函数返回 0；如果是星期一，getDay()函数返回 1。依此类推，星期六返回 6。

2.10.3 原型

每一个 JavaScript 对象都是从一个原型继承而来的，可以通过它的 prototype 属性获得该原型对象。JavaScript 对象继承机制建立在原型模型基础之上。

下面通过矢量对象介绍一下原型的使用，我们知道，在物理学中矢量是有方向和大小的，因此需要两个属性分别表示大小和方向。矢量 Vector 对象代码如下：

```
function Vector(v1, v2) {                                              ①
    this.vec1 = v1;                                                    ②
    this.vec2 = v2;                                                    ③

    this.add = function (vector) {                                     ④
        this.vec1 = this.vec1  +  vector.vec1;                         ⑤
        this.vec2 = this.vec2  +  vector.vec2;                         ⑥
    }

    this.toString = function () {                                      ⑦
        console.log("vec1 = " + this.vec1 + ", vec2 = " + this.vec2);
    }
}
```

```
var vecA = new Vector(10.5, 4.7);
var vecB = new Vector(32.2, 47);
//vecA = vecA + vecB 赋值给 vecA
vecA.add(vecB);
vecA.toString();
```

运行结果如下：

```
vec1 = 42.7, vec2 = 51.7
```

上述代码第①行声明 Vector 矢量对象，代码第②行和第③行定义的 vec1 和 vec2 属性分别代表矢量的大小和方向属性。第④行代码定义两个矢量相加函数，第⑤行代码是两个矢量的 vec1 属性相加，第⑥行代码是两个矢量的 vec2 属性相加。第⑦行代码是定义打印矢量内容函数。

随着需要的变化，还需要矢量相减函数，可以使用原型扩展矢量相减功能。实例代码如下：

```
function Vector(v1, v2) {
    this.vec1 = v1;
    this.vec2 = v2;

    this.add = function (vector) {
        this.vec1 = this.vec1 + vector.vec1;
        this.vec2 = this.vec2 + vector.vec2;
    }

    this.toString = function () {
        console.log("vec1 = " + this.vec1 + ", vec2 = " + this.vec2);
    }
}

Vector.prototype.sub =  function (vector) {                       ①
    this.vec1 = this.vec1 - vector.vec1;                           ②
    this.vec2 = this.vec2 - vector.vec2;                           ③
}

var vecA = new Vector(10.5, 4.7);
var vecB = new Vector(32.2, 47);
vecA.sub(vecB);
vecA.toString();
```

运行结果如下：

```
vec1 = -21.700000000000003, vec2 = -42.3
```

上述代码第①行是增加 sub（矢量相减）函数，Vector.prototype 是矢量对象的原型属性。第②行代码是两个矢量的 vec1 属性相减，第③行代码是两个矢量的 vec2 属性相减。

不仅可以使用原型扩展对象函数，还可以扩展对象的属性。

2.11 Cocos2d-JS 中的 JavaScript 继承

JavaScript 语言本身没有提供类，没有其他语言的类继承机制，它的继承是通过对象的原型实现的，但这不能满足 Cocos2d-JS 引擎的要求。由于 Cocos2d-JS 引擎是从 Cocos2d-x 演变而来的，在 Cocos2d-JS 的早期版本 Cocos2d-HTML 中几乎全部的 API 都是模拟 Cocos2d-x API 而设计的，Cocos2d-x 本身是由 C++ 编写的，其中的很多对象和函数比较复杂，JavaScript 语言描述起来有些力不从心。

在开源社区，John Resiq 在他的博客（http://ejohn.org/blog/simple-javascript-inheritance/）中提供了一种简单 JavaScript 继承(Simple JavaScript Inheritance)方法。

John Resiq 的简单 JavaScript 继承方法灵感来源于原型继承机制，它具有与 Java 等面向对象一样的类概念，并且他设计了所有类的根类 Class。它的代码如下：

```
/* Simple JavaScript Inheritance
 * By John Resig http://ejohn.org/
 * MIT Licensed.
 */
//Inspired by base2 and Prototype
(function(){
  var initializing = false, fnTest = /xyz/.test(function(){xyz;}) ? /\b_super\b/ : /.*/;

  //The base Class implementation (does nothing)
  this.Class = function(){};

  //Create a new Class that inherits from this class
  Class.extend = function(prop) {
    var _super = this.prototype;

    //Instantiate a base class (but only create the instance,
    //don't run the init constructor)
    initializing = true;
    var prototype = new this();
    initializing = false;

    //Copy the properties over onto the new prototype
    for (var name in prop) {
      //Check if we're overwriting an existing function
      prototype[name] = typeof prop[name] == "function" &&
        typeof _super[name] == "function" && fnTest.test(prop[name]) ?
        (function(name, fn){
          return function() {
            var tmp = this._super;

            //Add a new ._super() method that is the same method
            //but on the super - class
            this._super = _super[name];
```

```
          //The method only need to be bound temporarily, so we
          //remove it when we're done executing
          var ret = fn.apply(this, arguments);
          this._super = tmp;

          return ret;
        };
      })(name, prop[name]) :
      prop[name];
    }

    //The dummy class constructor
    function Class() {
      //All construction is actually done in the init method
      if (!initializing && this.init)
        this.init.apply(this, arguments);
    }

    //Populate our constructed prototype object
    Class.prototype = prototype;

    //Enforce the constructor to be what we expect
    Class.prototype.constructor = Class;

    //And make this class extendable
    Class.extend = arguments.callee;

    return Class;
  };
})();
```

与Java中的Object一样，所有类都直接或间接继承于Class。下面是继承Class实例：

```
var Person = Class.extend({                                    ①
    init: function (isDancing) {                               ②
        this.dancing = isDancing;
    },
    dance: function () {                                       ③
        return this.dancing;
    }
});

var Ninja = Person.extend({                                    ④
    init: function () {                                        ⑤
        this._super(false);                                    ⑥
    },
    dance: function () {                                       ⑦
        //Call the inherited version of dance()
        return this._super();                                  ⑧
    },
```

```
        swingSword: function () {                                    ⑨
            return true;
        }
    });

    var p = new Person(true);                                        ⑩
    console.log(p.dance());                    //true                ⑪

    var n = new Ninja();                                             ⑫
    console.log(n.dance());                    //false               ⑬
    console.log(n.swingSword());               //true
```

如果对Java语言的面向对象很熟悉，则应该很容易看懂。其中，第①行代码是声明Person类，它继承自Class，Class.extend()表示继承自Class。第②行代码定义构造函数init，它的作用是初始化属性。第③行代码是定义普通函数dance()，它可以返回属性dancing。第④行代码是声明Ninja类继承自Person类。第⑤行代码定义构造函数init，在该函数中this._super(false)语句是调用父类构造函数初始化父类中的属性，见代码第⑥行所示。第⑦行代码是重写dance()函数，它会覆盖父类的dance()函数。第⑧行代码this._super()是调用父类的dance()函数。第⑨行代码是子类Ninja新添加的函数swingSword()。第⑩行代码通过Person类创建p对象，给构造函数的参数是true。第⑪行代码是打印日志p对象dance属性，结果为true。第⑫行代码通过Ninja类创建n对象，构造函数的参数为空，默认初始化采用false初始化父类中的dance属性。因此在代码第⑬行打印为false。

这种简单JavaScript继承方法事实上实现了一般意义上的面向对象概念的继承和多态机制。这种简单JavaScript继承方法是Cocos2d-JS继承机制的核心，Cocos2d-JS稍微做了修改，熟悉简单JavaScript继承的用法对于理解和学习Cocos2d-JS非常重要。

本章小结

通过对本章的学习，可以了解JavaScript语言的基本语法，包括数据类型、表达式，还有对象等概念。

第3章 Hello Cocos2d-JS

在开始详细介绍 Cocos2d-JS 引擎的 API 之前，有必要先了解一下手机游戏引擎有哪些，了解 Cocos2d-JS 的前世今生。还会介绍开发工具。然后从一个 HelloJS 入手，介绍 Cocos2d-JS 的基本开发流程，以及 Cocos2d-JS 生命周期和 Cocos2d-JS 核心知识体系。

3.1 移动平台游戏引擎

游戏引擎是指一些已编写好的游戏程序模块。游戏引擎包含以下子系统：渲染引擎（即"渲染器"，含二维图像引擎和三维图像引擎）、物理引擎、碰撞检测系统、音效、脚本引擎、电脑动画、人工智能、网络引擎以及场景管理。

在目前移动平台游戏引擎中主要可以分为 2D 和 3D 引擎。2D 引擎主要有 Cocos2d-iphone、Cocos2d-x、Cocos2d-JS、Corona SDK、Construct 2、WiEngine 和 Cyclone 2D，3D 引擎主要有 Unity3D、Unreal Development Kit、ShiVa 3D 和 Marmalade。此外，还有一些针对于 HTML 5 的游戏引擎，如 Cocos2d-html5、X-Canvas 和 Sphinx 等。

这些游戏引擎各有千秋，但是目前得到市场普遍认可的 2D 引擎是 Cocos2d-iphone、Cocos2d-x 和 Cocos2d-JS，3D 引擎是 Unity3D。

3.2 Cocos2d 游戏引擎

Cocos2d-iphone、Cocos2d-x 和 Cocos2d-JS 是目前最流行的 2D 游戏引擎。它们属于同一家族，具有相同的 API。

3.2.1 Cocos2d 游戏引擎家谱

在介绍 Cocos2d-JS 之前有必要先介绍一下 Cocos2d 的家谱，图 3-1 所示是 Cocos2d 的家谱。

Cocos2d 最早是由阿根廷的 Ricardo 和他的朋友使用 Python 开发的，后移植到 iPhone 平台，使用的语言是 Objective-C。随着在 iPhone 平台取得了成功，Cocos2d 引擎变得更加

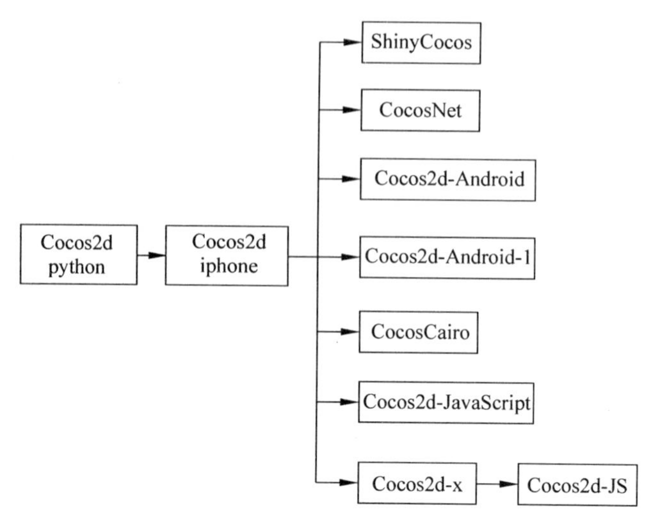

图 3-1　Cocos2d 的家谱

多元化。其中各个引擎介绍如下：

(1) ShinyCocos：使用 Ruby 对 Cocos2d-iphone 进行封装,使用 Ruby api 开发。

(2) CocosNet：是在 MonoTouch 平台上使用的 Cocos2d 引擎,采用.NET 实现。

(3) Cocos2d-android：是为 Android 平台使用的 Cocos2d 引擎,采用 Java 实现。

(4) Cocos2d-android-1：是为 Android 平台使用的 Cocos2d 引擎,采用 Java 实现,由国内人员开发。

(5) Cocos2d-javascript：是采用 JavaScript 脚本语言实现的 Cocos2d 引擎。

(6) Cocos2d-x：是采用 C++实现的 Cocos2d 引擎,它是由 Cocos2d-x 团队开发的分支项目。

(7) Cocos2d-JS：是采用 JavaScriptAPI 的 Cocos2d 引擎,一方面它可以绑定在 Cocos2d-x 上开发基于本地技术的游戏；另一方面它依托浏览器运行,开发基于 Web 的网页游戏。它也是由 Cocos2d-x 团队开发的分支项目。

此外,历史上 Cocos2d 还出现过很多分支,随着技术的发展这些逐渐消亡了,其中最有生命力的当属 Cocos2d-x 和 Cocos2d-JS 引擎。

3.2.2　Cocos2d-x 引擎

Cocos2d-x 设计目标如图 3-2 所示。横向能够支持各种操作系统,桌面系统包括 Windows、Linux 和 Mac OS X,移动平台包括 iOS、Android、WinPhone、Bada、BlackBerry 和 MeeGo 等。纵向方面向下能够支持 OpenGL ES 1.1、OpenGL ES 1.5、OpenGL ES 2.0 和 DirectX 11 等技术,向上支持 JavaScript 和 Lua 脚本绑定。

简单地说,Cocos2d-x 设计目标是为了实现跨平台,用户不再为同一款游戏在不同平台发布而进行编译。而且 Cocos2d-x 为程序员考虑的更多,很多程序员可能对于 C++不熟悉,

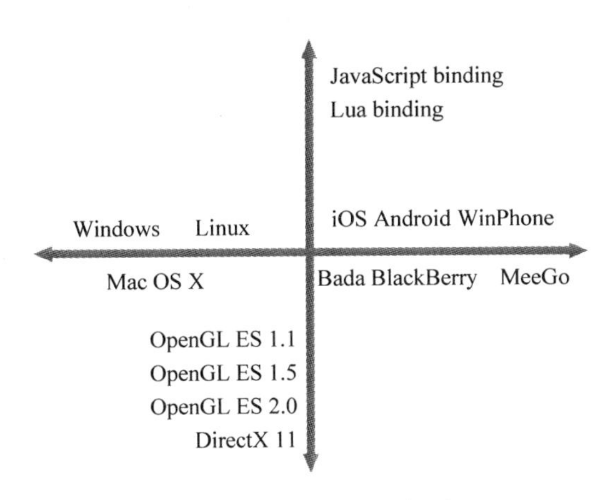

图 3-2 Cocos2d-x 设计目标

针对这种情况可以使用 JavaScript 和 Lua① 开发游戏。

3.2.3 Cocos2d-JS 引擎

Cocos2d-JS 设计得非常巧妙，使用的语言是 JavaScript，容易上手。基于 Cocos2d-JS 引擎开发的游戏程序，一方面是通过 Cocos2d-html5 引擎在 Web 浏览器上运行，另一方面是通过 JSB(JavaScript binding)技术通过 Cocos2d-x 引擎在本地运行。Cocos2d-JS 运行原理如图 3-3 所示。

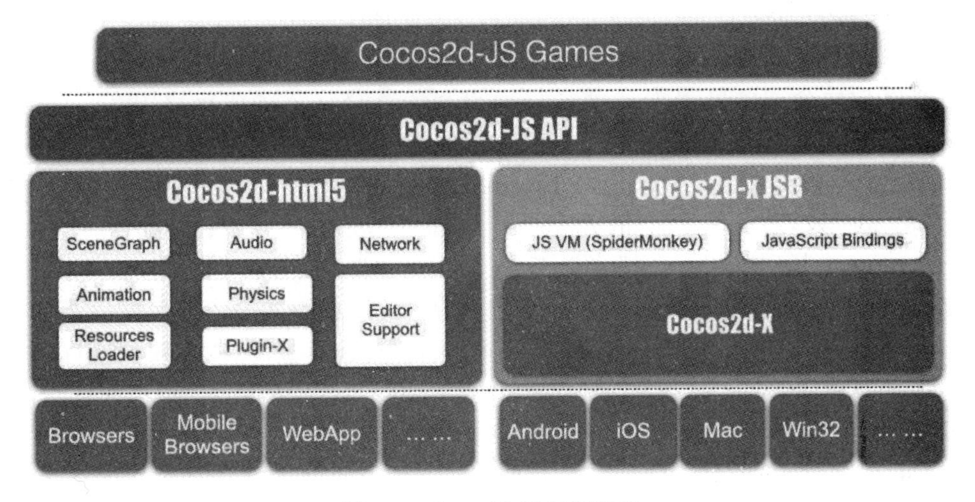

图 3-3 Cocos2d-JS 运行原理

① Lua 是一个小巧的脚本语言，是巴西里约热内卢天主教大学(Pontifical Catholic University of Rio de Janeiro)里的一个研究小组，由 Roberto Ierusalimschy、Waldemar Celes 和 Luiz Henrique de Figueiredo 所组成并于 1993 年开发。——引自于百度百科(http://baike.baidu.com/view/416116.htm? fr=wordsearch)。

Cocos2d-JS与Cocos2d-x相比更先进，不仅可以在本地运行，还可以在Web浏览器上运行。

3.3 搭建Cocos2d-JS开发环境

使用Cocos2d-JS引擎开发游戏，主要的程序代码是JavaScript语言，因此，凡是能够开发JavaScript语言工具都适用于Cocos2d-JS游戏开发。本书推荐WebStorm和Cocos Code IDE工具。

3.3.1 搭建WebStorm开发环境

在上一章使用了WebStorm开发工具，它是非常优秀的JavaScript开发工具，WebStorm工具可以开发和调试基于Cocos2d-JS引擎的JavaScript程序代码，但是测试和调试时只能运行在Web浏览器上。

WebStorm安装过程在上一章已经介绍了，但是要想开发基于Cocos2d-JS引擎的JavaScript程序，还需要安装Google Chrome浏览器和JetBrains IDE Support插件。Google Chrome浏览器安装不再介绍，这里重点介绍JetBrains IDE Support插件。

JetBrains IDE Support是安装在Google Chrome浏览器上的插件，它是为了配合WebStorm工具调试使用的。JetBrains IDE Support插件安装过程是在Google Chrome浏览器的网址中输入https://chrome.google.com/webstore/detail/jetbrains-ide-support/hmhgeddbohgjknpmjagkdomchmhgeddb内容，安装页面如图3-4所示。该页面中可以单击“已添加至CHROME”按钮安装插件。

安装成功后会在浏览器的地址栏后面出现JB图标，具体如何使用在后面章节再介绍。

3.3.2 搭建Cocos Code IDE开发环境

Cocos Code IDE是Cocos2d-x团队开发的，用于开发Cocos2d-JS和Cocos2d-x Lua绑定的游戏工具，它是基于Eclipse[①]平台的开发工具，Eclipse基于Java，要想运行Cocos Code IDE工具，需要安装JDK或JRE，JDK是Java开发工具包，JRE是Java运行环境。

1. JDK下载和安装

图3-5所示是JDK 7下载界面，它的下载地址是http://www.oracle.com/technetwork/java/javase/downloads/jdk7-downloads-1880260.html，其中有很多版本。注意选择对应的操作系统，以及32位还是64位安装的文件。

---

① Eclipse是一个开放源代码的、基于Java的可扩展开发平台。就其本身而言，它只是一个框架和一组服务，用于通过插件组件构建开发环境。幸运的是，Eclipse附带了一个标准的插件集，包括Java开发工具(Java development kit，JDK)。——引自于百度百科

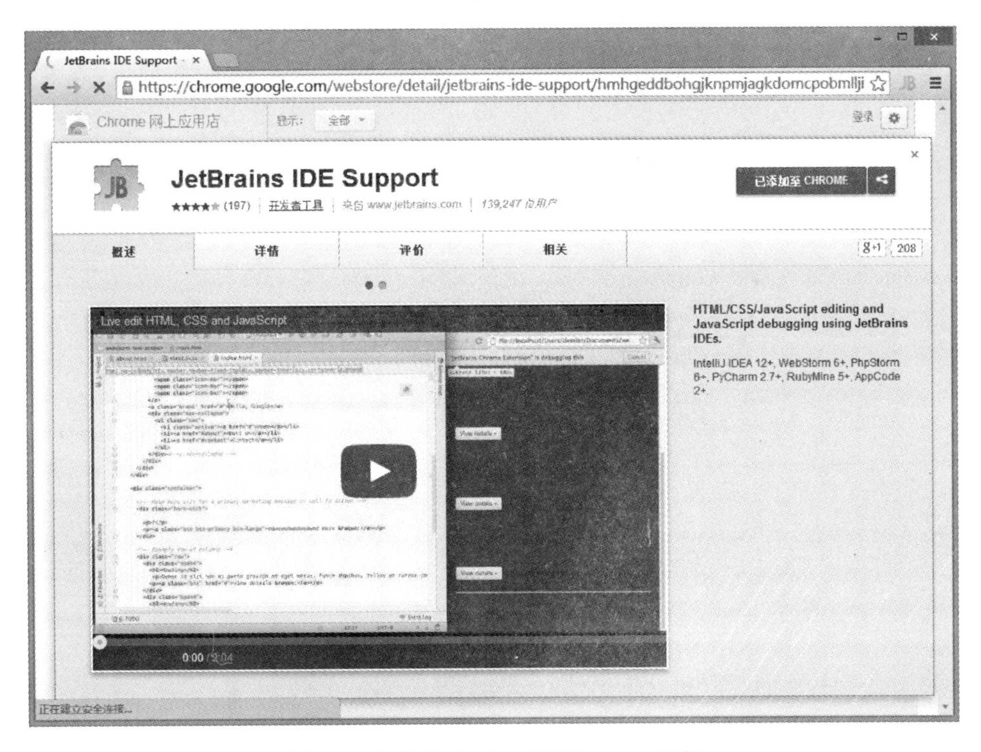

图 3-4 安装 JetBrains IDE Support 插件

Java SE Development Kit 7u51

You must accept the Oracle Binary Code License Agreement for Java SE to download this software.

Thank you for accepting the Oracle Binary Code License Agreement for Java SE; you may now download this software.

Product / File Description	File Size	Download
Linux ARM v6/v7 Hard Float ABI	67.7 MB	jdk-7u51-linux-arm-vfp-hflt.tar.gz
Linux ARM v6/v7 Soft Float ABI	67.68 MB	jdk-7u51-linux-arm-vfp-sflt.tar.gz
Linux x86	115.65 MB	jdk-7u51-linux-i586.rpm
Linux x86	132.98 MB	jdk-7u51-linux-i586.tar.gz
Linux x64	116.96 MB	jdk-7u51-linux-x64.rpm
Linux x64	131.8 MB	jdk-7u51-linux-x64.tar.gz
Mac OS X x64	179.49 MB	jdk-7u51-macosx-x64.dmg
Solaris x86 (SVR4 package)	140.04 MB	jdk-7u51-solaris-i586.tar.Z
Solaris x86	95.13 MB	jdk-7u51-solaris-i586.tar.gz
Solaris x64 (SVR4 package)	24.53 MB	jdk-7u51-solaris-x64.tar.Z
Solaris x64	16.28 MB	jdk-7u51-solaris-x64.tar.gz
Solaris SPARC (SVR4 package)	139.38 MB	jdk-7u51-solaris-sparc.tar.Z
Solaris SPARC	98.19 MB	jdk-7u51-solaris-sparc.tar.gz
Solaris SPARC 64-bit (SVR4 package)	23.92 MB	jdk-7u51-solaris-sparcv9.tar.Z
Solaris SPARC 64-bit	18.33 MB	jdk-7u51-solaris-sparcv9.tar.gz
Windows x86	123.64 MB	jdk-7u51-windows-i586.exe
Windows x64	125.46 MB	jdk-7u51-windows-x64.exe

图 3-5 下载 JDK

下载完 JDK 并安装完成后需要设置系统环境变量，主要是设置 JAVA_HOME 环境变量。打开环境变量设置对话框，如图 3-6 所示，可以在用户变量（上半部分，只影响当前用户）或系统变量（下半部分，影响所有用户）添加环境变量。一般情况下，在用户变量中设置环境变量。

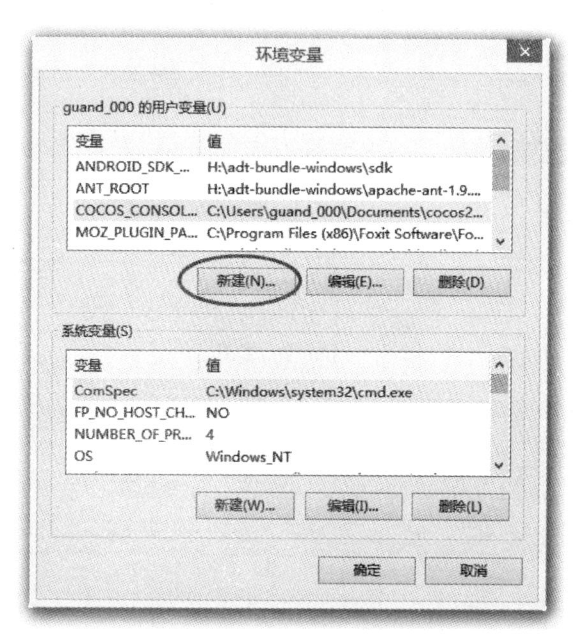

图 3-6 环境变量设置对话框

在用户变量部分单击“新建”按钮，弹出对话框如图 3-7 所示，设置“变量名”为 JAVA_HOME，变量值为“C:\Program Files\Java\jdk1.7.0_21”。注意变量值的路径。

图 3-7 设置 JAVA_HOME

为了防止安装了多个 JDK 版本对于环境的影响，还可以在环境变量 PATH 追加 C:\Program Files\Java\jdk1.7.0_21\bin 路径，如图 3-8 所示，在用户变量中找到 PATH。双击打开 PATH 修改对话框，如图 3-9 所示，追加 C:\Program Files\Java\jdk1.7.0_21\bin。注意 PATH 之间用分号分隔。

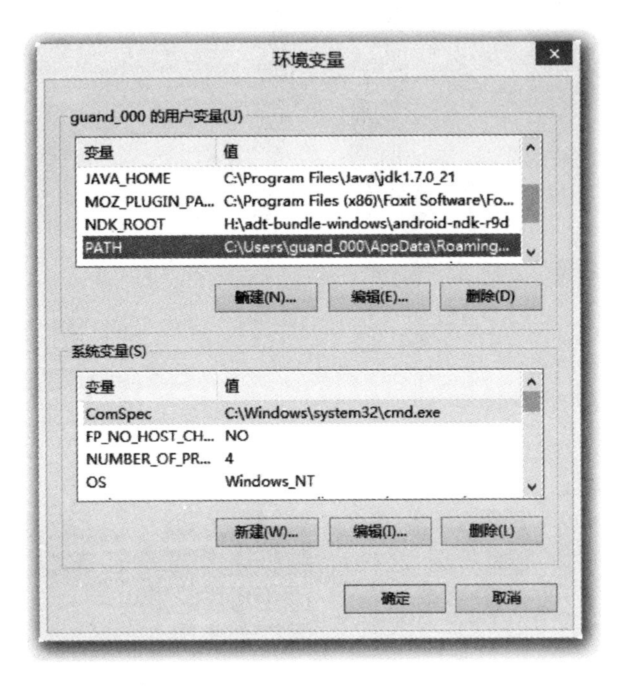

图 3-8　环境变量 PATH 设置对话框

图 3-9　PATH 修改对话框

2. Cocos Code IDE 下载和安装

Cocos Code IDE 下载地址是 http://www.cocos2d-x.org/download，在浏览器中页面如图 3-10 所示。选择合适的文件下载，目前包括 Mac OS X 版本和 Windows 版本。注意 Windows 有 32 位和 64 位之分，还有安装(setup)版本和压缩(zip)版本之分。

这里下载的是 cocos-code-ide-win64-1.0.0-rc1.zip 解压版本，解压之后找到 Cocos Code IDE.exe 文件运行可以启动 Cocos Code IDE 工具，在启动过程中需要选择 Workspace 目录，如图 3-11 所示，Workspace 目录是工程的管理目录。选择好之后单击 OK 按钮，如果该目录不存在，则创建。

Cocos Code IDE 具体如何使用在后面章节再介绍。

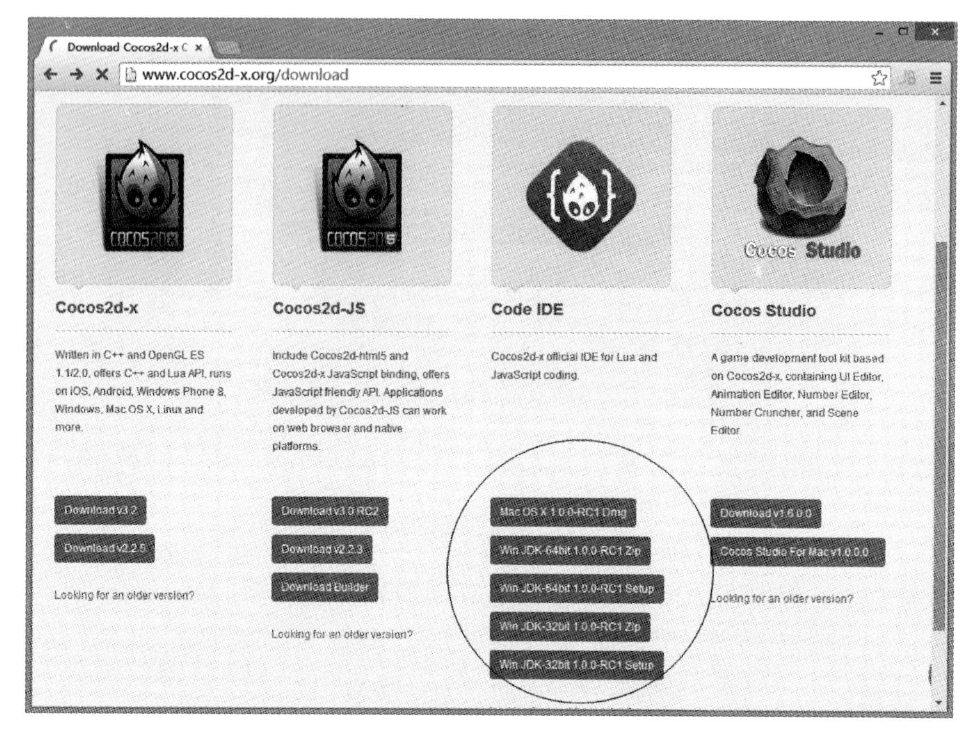

图 3-10 下载 Cocos Code IDE

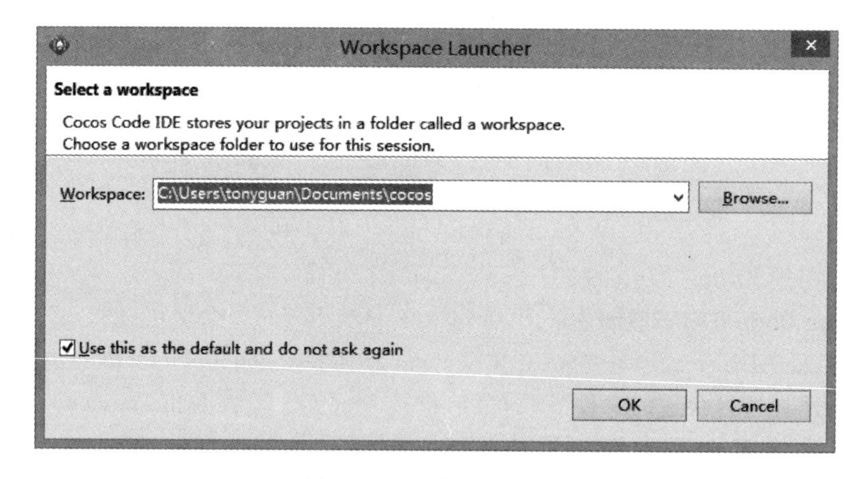

图 3-11 选择 Workspace

3.3.3 下载和使用 Cocos2d-JS 官方案例

首先到 Cocos2d-JS 官方网站下载 Cocos2d-JS 开发包，目前 Cocos2d-JS 3.0 最终版已经发布。Cocos2d-JS 3.0 下载解压后的目录结构如图 3-12 所示。

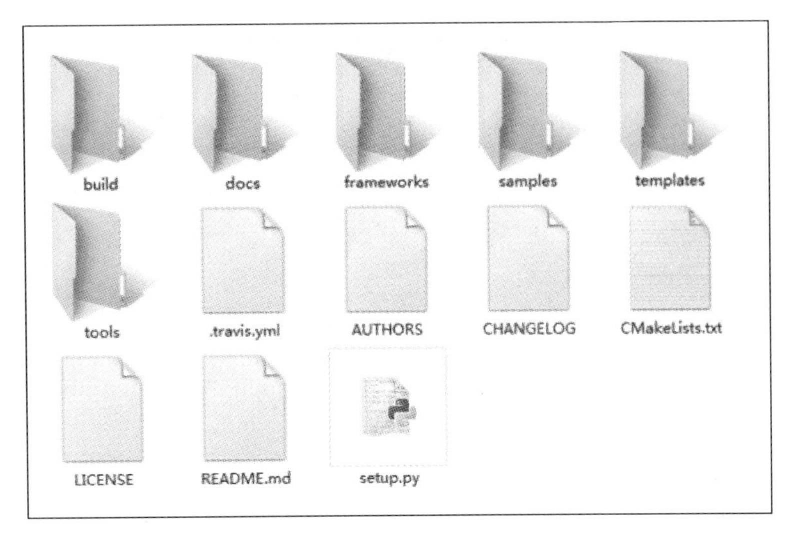

图 3-12　Cocos2d-JS 开发包内容

如果想要运行官方的案例可以进入到 build 目录，build 目录中的内容如图 3-13 所示，这里包含各个平台编译和运行案例的工程等文件。其中，cocos2d_jsb_samples. xcodeproj 文件是 Cocos2d-JS 案例的 Xcode 工程文件，cocos2d_jsb_samples. vc2012. sln 文件是 Cocos2d-JS 案例 Win32 平台下 Visual Studio 2012 解决方案文件，android-build. py 是在 Android 平台下编译和运行案例时使用的。

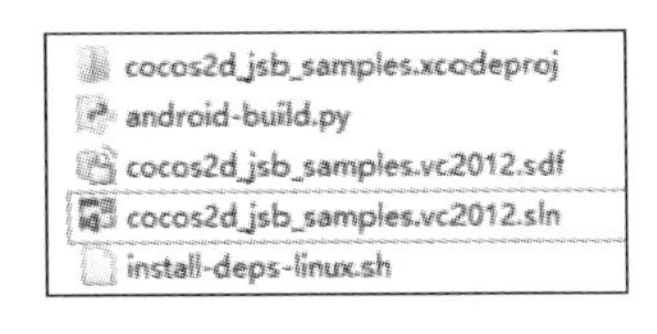

图 3-13　Cocos2d-JS 开发包 build 目录内容

如果在 Windows 下学习和开发，一般运行 cocos2d_jsb_samples. vc2012. sln 解决方案就可以了。如果启动 cocos2d_jsb_samples. vc2012. sln 解决方案，则进入如图 3-14 所示的 Visual Studio 2012 界面，其中的 js-tests 工程是 Cocos2d-JS 官方提供的案例工程。需要选中 js-tests 工程，在右击弹出的快捷菜单中选择“设置启动项目”命令，然后运行上方工具栏中的运行调试按钮▶，运行 js-tests 工程。

首次运行需要编译 Cocos2d-JS 时间会长一些，运行起来之后会出现一个 Windows 的窗口[如图 3-15(a)所示]，选择其中的一个菜单项可以运行相应的示例[如图 3-15(b)所示]。

如果想查看 js-tests 源代码，不能通过 Visual Studio 2012 查看，需要到＜Cocos2d-JS 引擎目录＞\samples\js-tests\src 目录下，使用文本编辑工具或者 WebStorm 工具。

事实上，＜Cocos2d-JS 引擎目录＞\build 目录工程文件只是编译 Cocos2d-x 库并使案例基于 JSB 方式运行，不能够通过这些工程修改案例中的 JavaScript 代码。为了能够查看、修改和运行案例中的 JavaScript 代码，可以在 WebStorm 工具中配置案例工程，管理案例。具体过程是启动 WebStorm，选择 File→New Project from Existing Files 命令，这样选择是为了从已经存在的文件创建 WebStorm 工程，弹出如图 3-16 所示对话框。选择最后一个选项，这个选项的意思是文件在本地，还没有配置 Web 服务器。

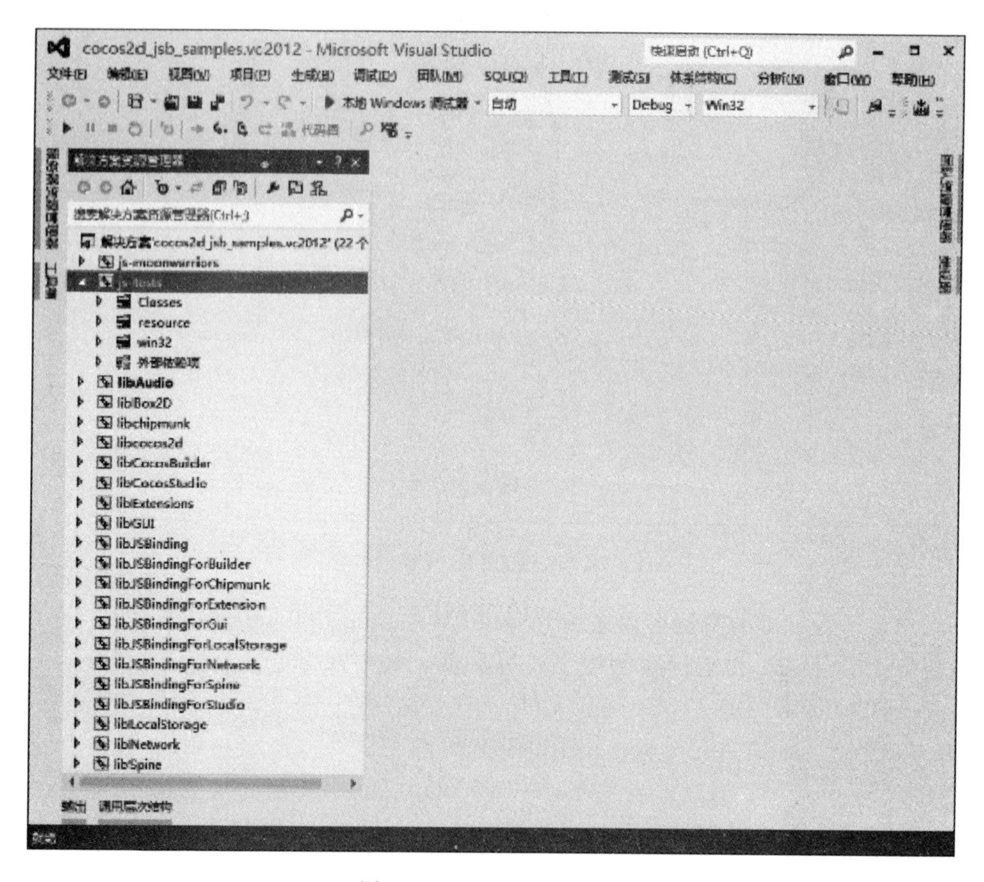

图 3-14　Cocos2d-JS 案例

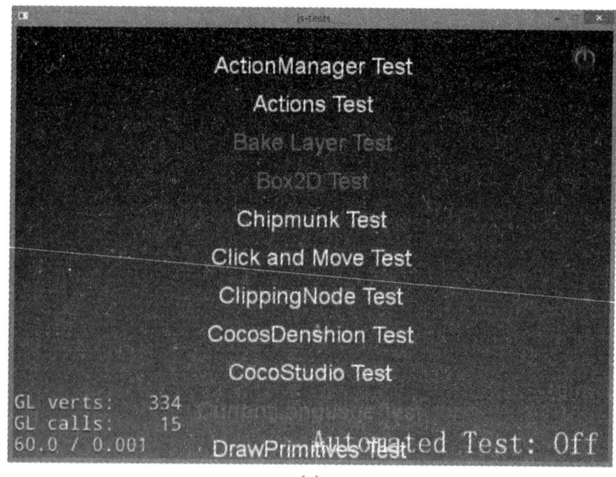

(a)

图 3-15　运行案例

(b)

图 3-15 （续）

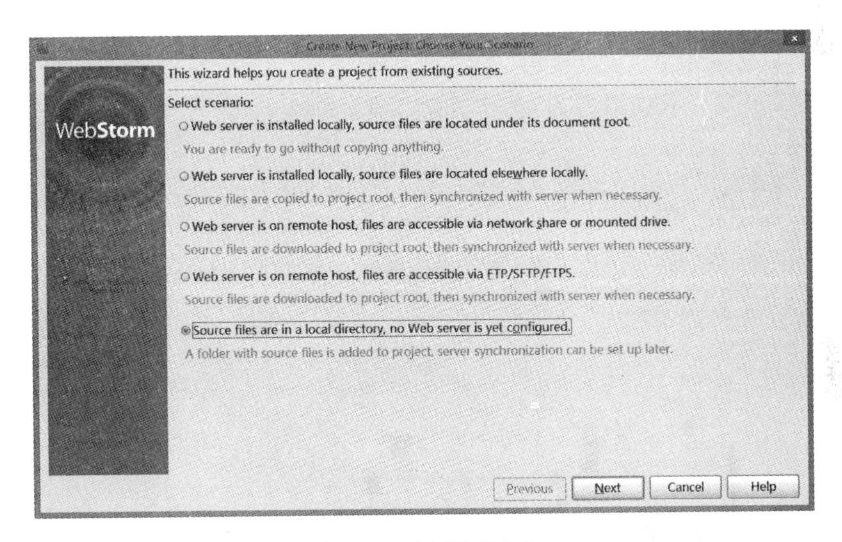

图 3-16 选择配置方案

提示 JavaScript 和 HTML 等 Web 文件运行，需要部署到一个 Web 服务器下。

在图 3-16 所示界面选择好后，单击 Next 按钮进入设置工程根目录对话框，如图 3-17 所示，选择＜Cocos2d-JS 引擎目录＞，然后单击 Project Root 按钮，设置无误后，单击 Finish 按钮完成设置过程。设置成功界面如图 3-18 所示。

在导航面板中选择 Samples→js-tests→index. html，从右击弹出的快捷菜单中选择 Debug "index. html"命令，WebStorm 会启动 Google Chrome 浏览器，如图 3-19 所示。此时发现在浏览器中已启动 js-tests 官方案例。

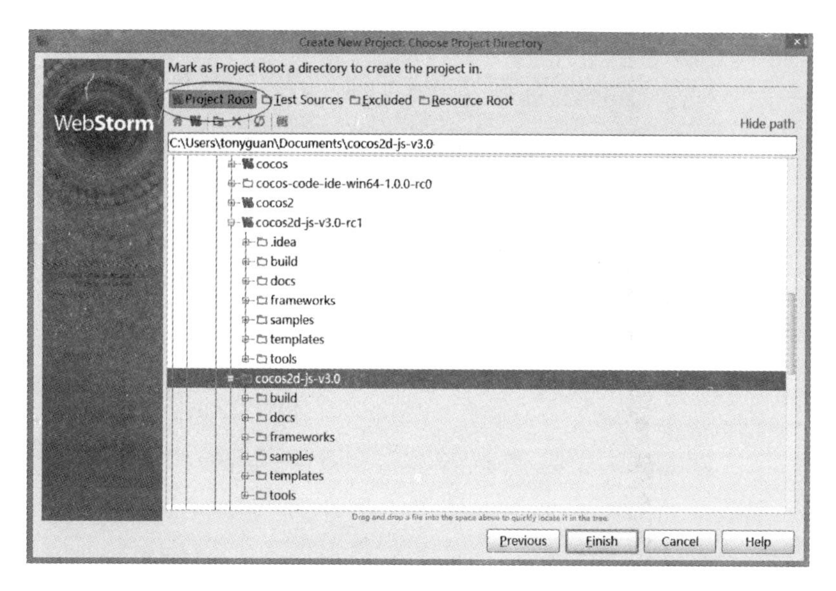

图 3-17 设置工程的根目录

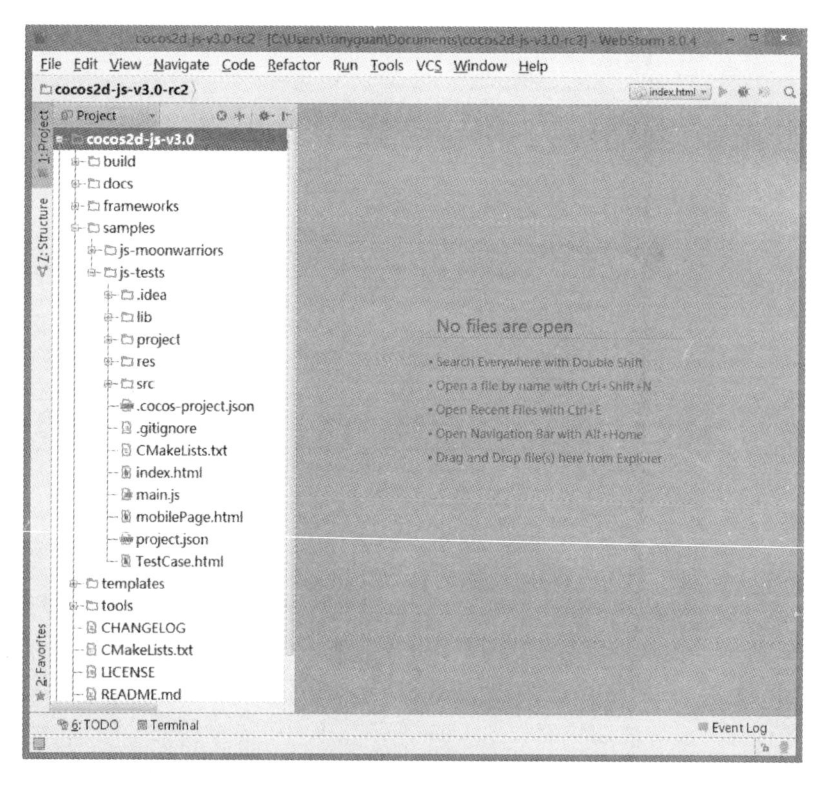

图 3-18 设置成功

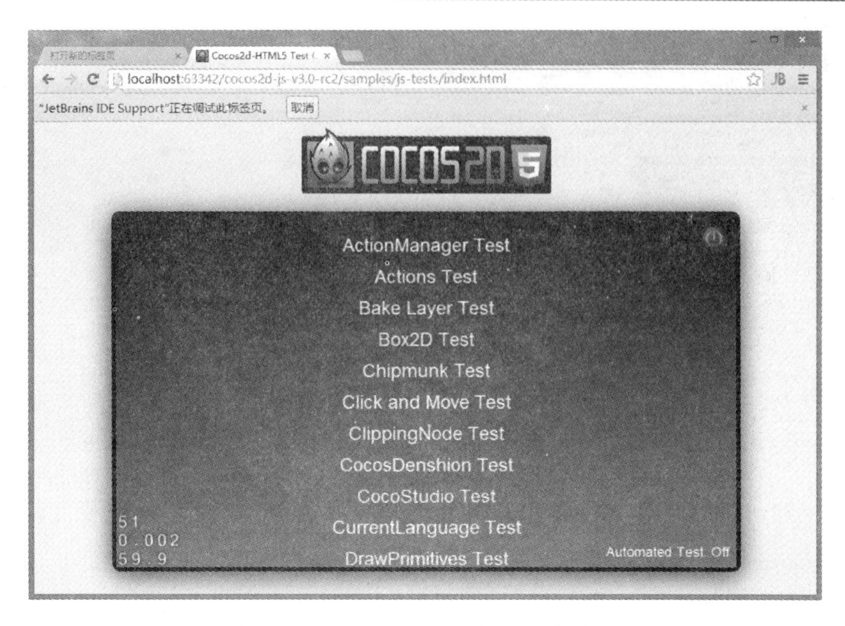

图 3-19　启动 Google Chrome 浏览器

3.3.4　使用 API 文档

从 Cocos2d-JS 官方下载的开发包中没有 API 文档，可以使用 Cocos2d-JS 官方的在线 API 文档，可以通过 http://www.cocos2d-x.org/wiki/Reference 选择 Cocos2d-JS Online API Documentation 进入在线 API 文档，如图 3-20 所示。可以在左边的文本框中输入查询条件，找到感兴趣的内容，如图 3-21 所示。

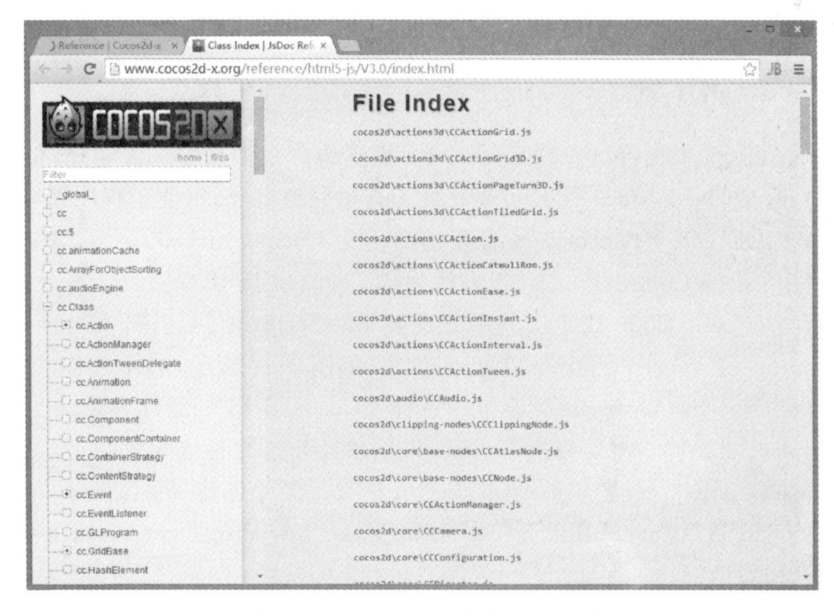

图 3-20　Cocos2d-JS 在线 API 文档

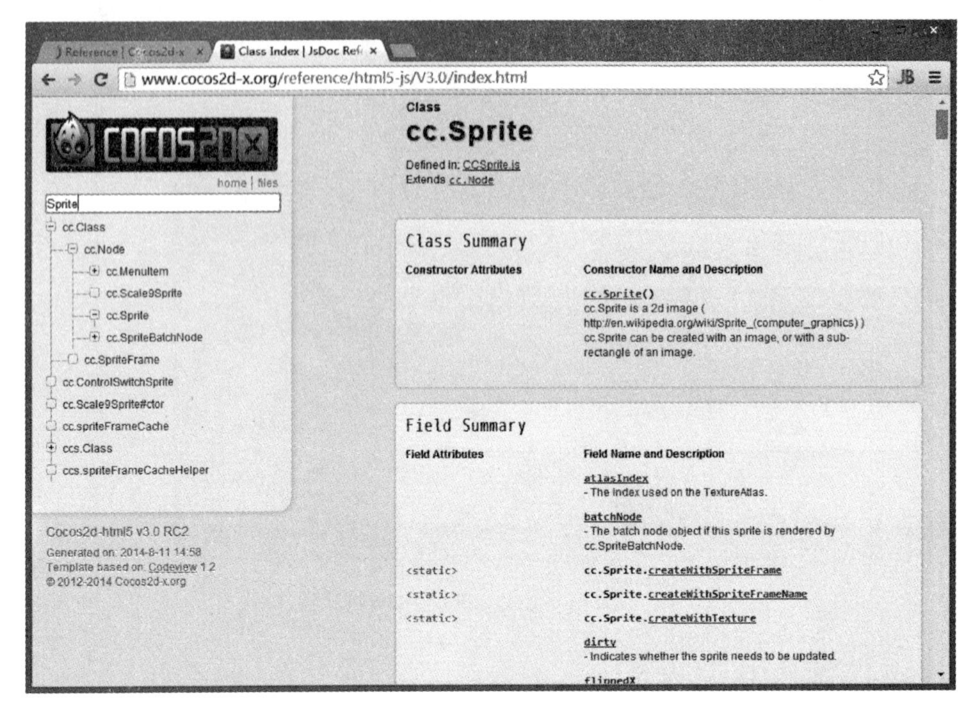

图 3-21　从在线 API 文档中搜索内容

3.4　第一个 Cocos2d-JS 游戏

编写的第一个 Cocos2d-JS 程序，命名为 HelloJS，从该工程开始学习其他的内容。

3.4.1　创建工程

创建 Cocos2d-JS 工程可以通过 Cocos2d-x 提供的命令工具 Cocos 实现，但这种方式不能与 WebStorm 或 Cocos Code IDE 集成开发工具很好地集成，不便于程序编写和调试。由于 Cocos Code IDE 工具是 Cocos2d-x 开发的专门为 Cocos2d-JS 和 Cocos2d-x Lua 开发设计的，因此使用 Cocos Code IDE 工具很方便创建 Cocos2d-JS 工程。

首先需要在 Cocos Code IDE 工具中先配置 JavaScript 框架，打开 Cocos Code IDE 工具，选择 Window→Preferences 命令，弹出对话框，如图 3-22 所示，选择 Cocos→JavaScript，在右边的 JavaScript Frameworks 列表框中选择＜Cocos2d-JS 引擎目录＞。

JavaScript 框架配置不需要每次都进行，只是在最开始的时候配置一下，但创建工程的时候，Cocos Code IDE 工具会从这个 JavaScript 框架目录中创建工程文件。

接下来就可以创建 JavaScript 工程。选择 File→New Project 命令，如图 3-23 所示，弹出项目类型选择对话框。

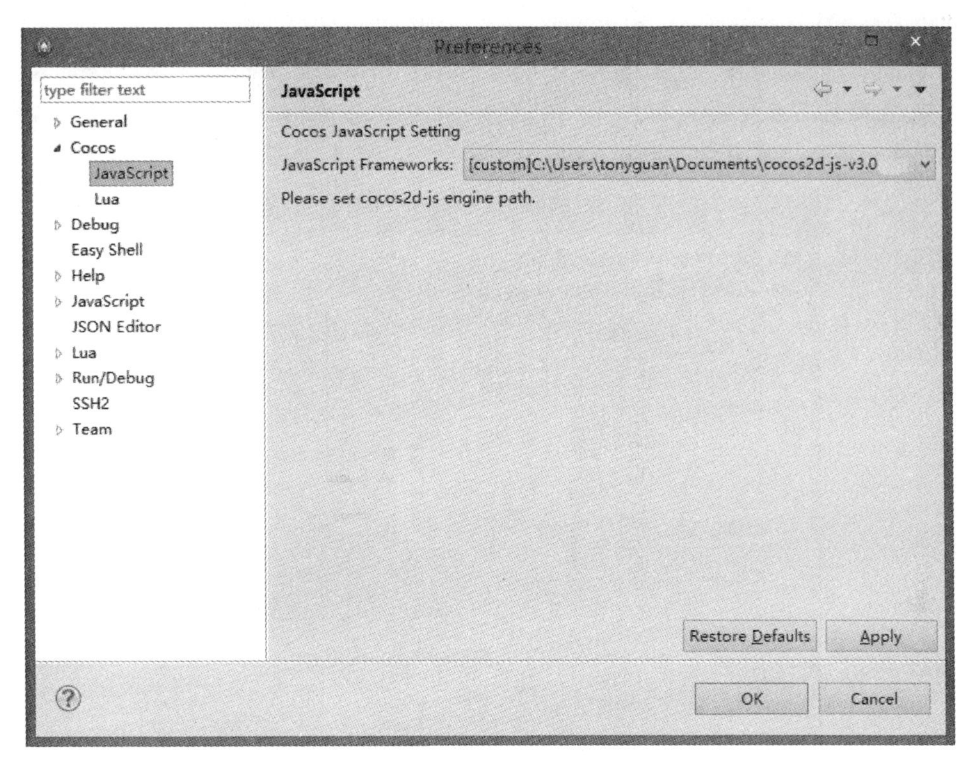

图 3-22 配置 JavaScript 框架

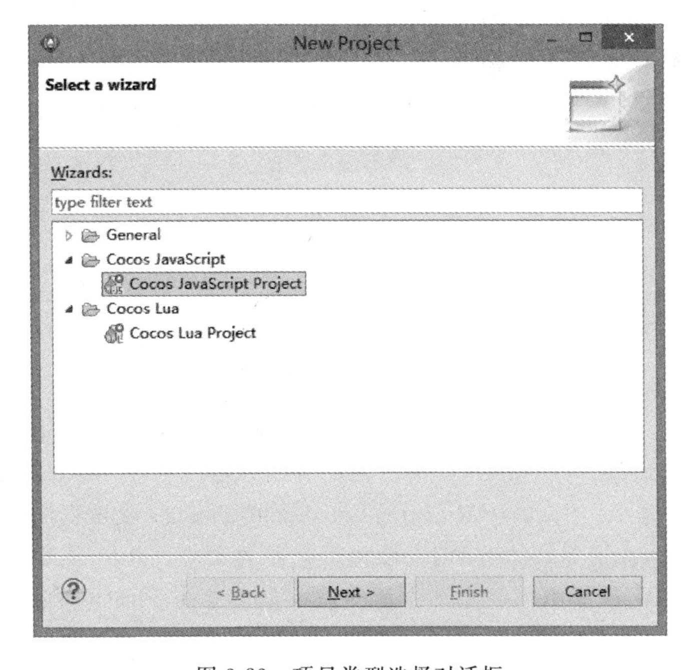

图 3-23 项目类型选择对话框

选中 CocosJavaScriptProject，然后单击 Next 按钮，弹出如图 3-24 所示的对话框。在 Project Name 文本框中输入工程名称，Create Project in Workspace 是在 Workspace 目录中创建工程，需要选中该复选框，选中 Create From Existing Resource 复选框可以从已经存在的工程创建。现在不需要选中该复选框。

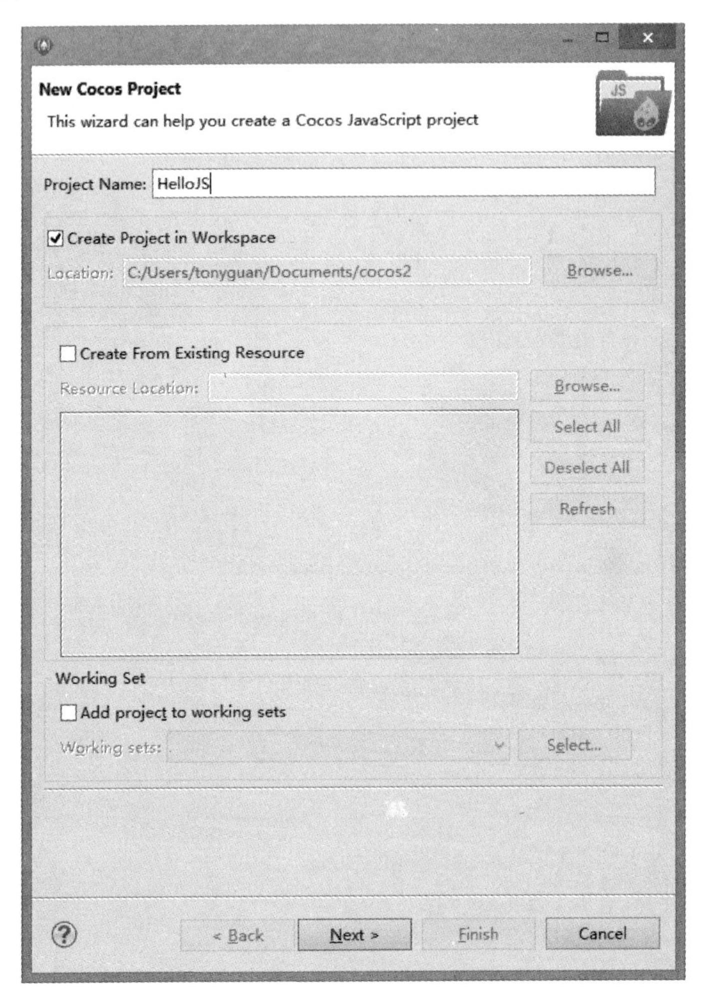

图 3-24 新建项目对话框

选择完成单击 Next 按钮进入到如图 3-25 所示配置运行环境对话框，在该对话框中可以配置项目运行时信息。Orientation 项目是配置模拟器的朝向，其中 landscape 是横屏显示，portriat 是竖屏显示。Desktop Runtime Settings 中的 Title 文本框用于设置模拟器的标题，Desktop Windows initialize Size 用于设置模拟器的大小。Add Native Codes 用于设置添加本地代码到工程，这里不需要添加本地代码。最后单击 Finish 按钮完成创建操作，创建好工程之后，如图 3-26 所示。

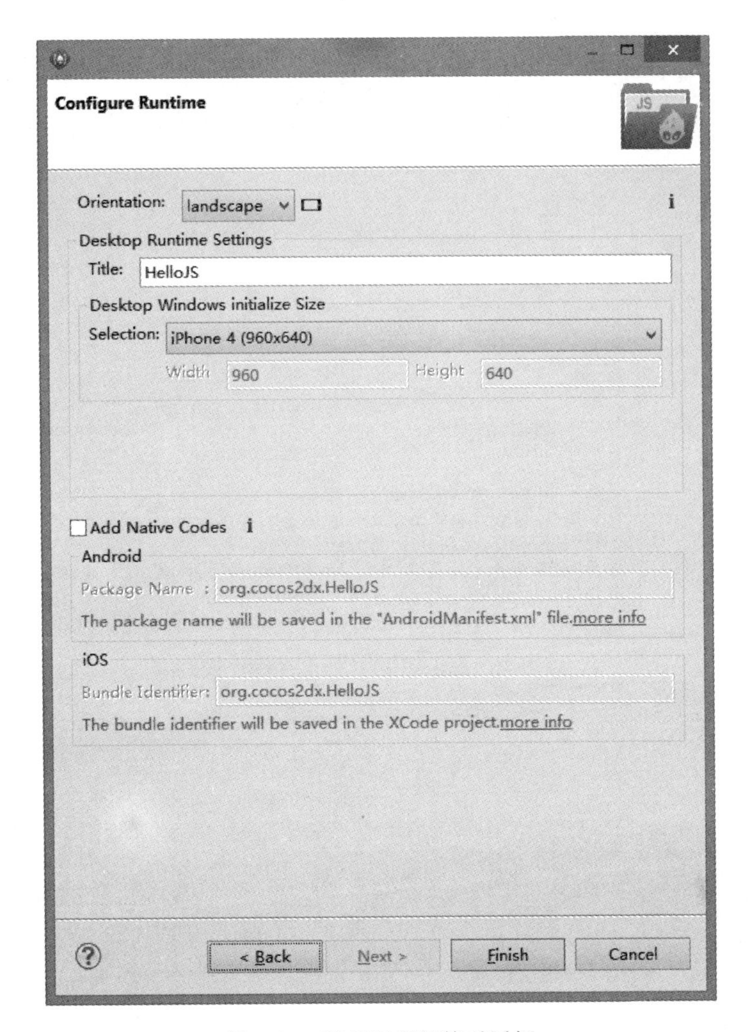

图 3-25 配置运行环境对话框

3.4.2 在 Cocos Code IDE 中运行

创建好工程后可以测试一下。在左边的工程导航面板中选中 index.html 文件，从右击弹出的快捷菜单中选择 Run As→CocosJSBinding 命令运行刚刚创建的工程。运行结果如图 3-27 所示。

主要编写的程序代码是在 src 目录下，在本例中 app.js 文件负责处理主要的场景界面逻辑。如果想调试程序，可以设置断点，如图 3-28 所示，单击行号之前的位置，设置断点。

调试运行过程，从右击弹出的快捷菜单中选择 Debug As→CocosJSBinding 命令。如图 3-29 所示，程序运行到第 32 行挂起，并进入调试视图。在调试视图中可以查看程序运行的堆栈、变量、断点、计算表达式和单步执行程序等操作。

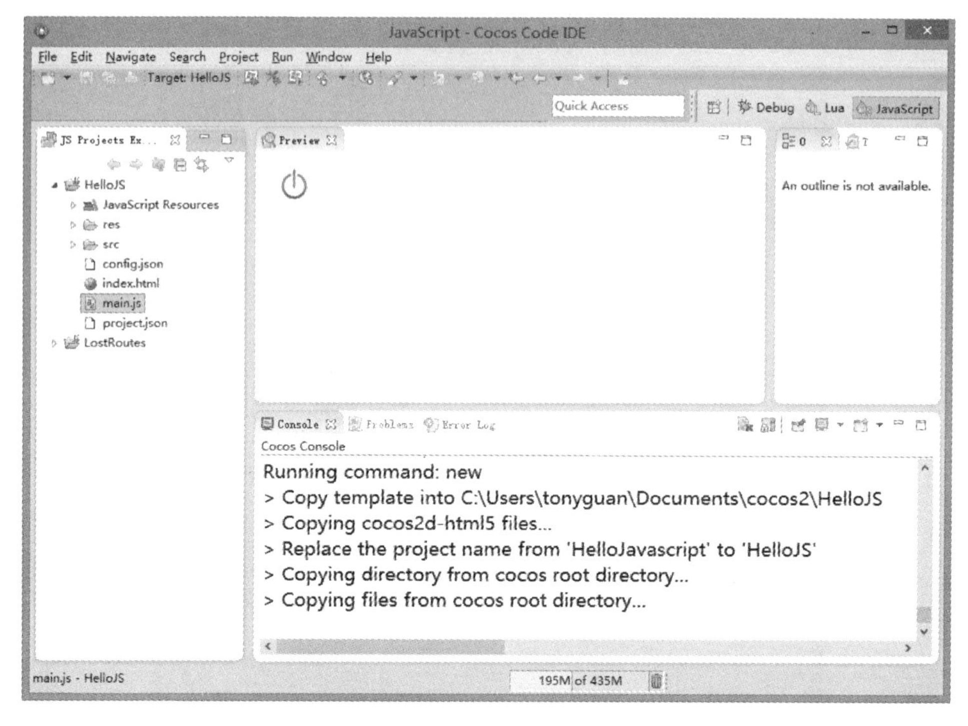

图 3-26 创建工程成功界面

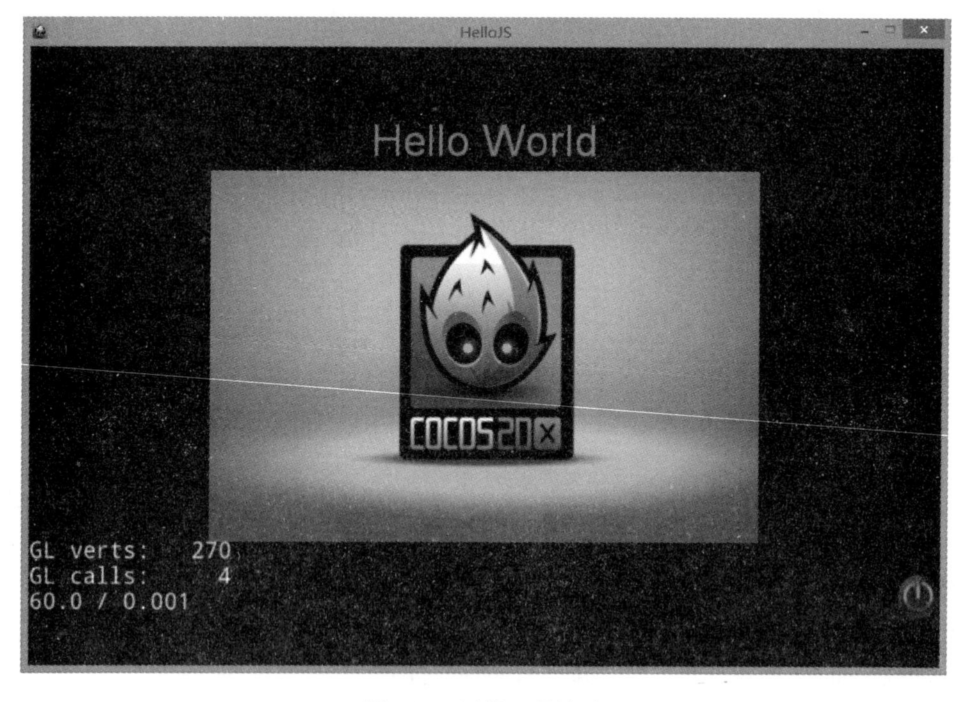

图 3-27 运行工程界面

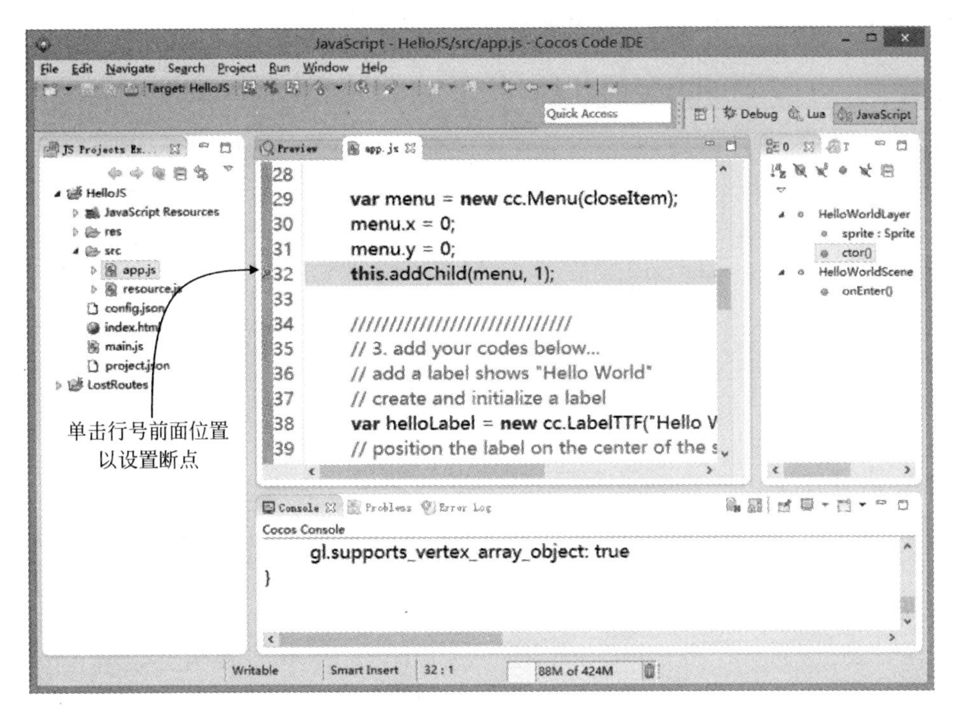

图 3-28　设置断点

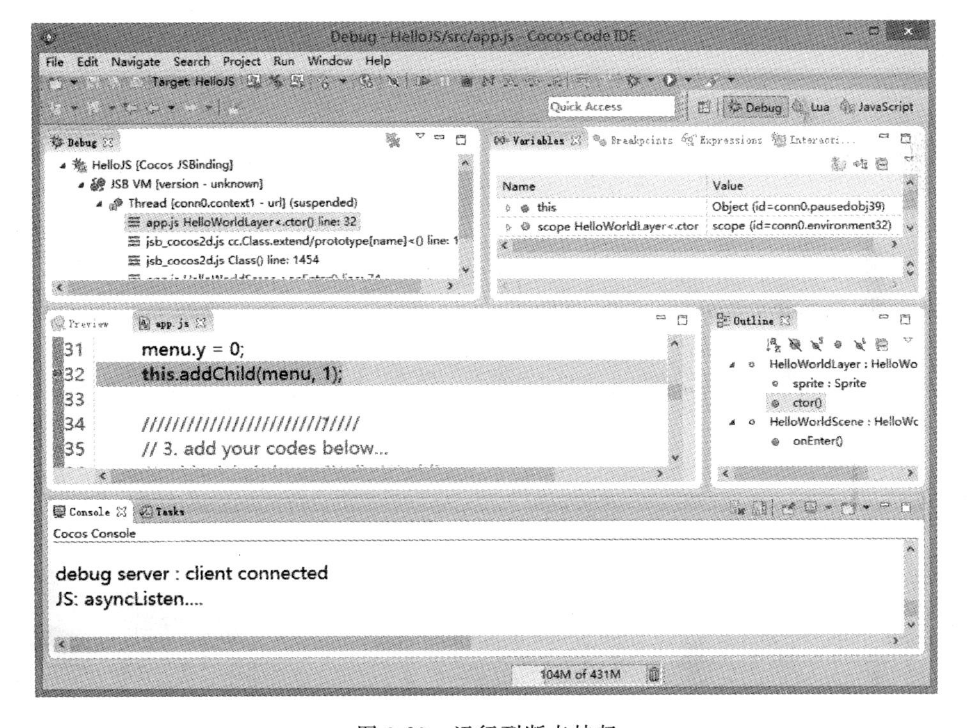

图 3-29　运行到断点挂起

在调试视图中,调试工具栏中的主要调试按钮,说明如图 3-30 所示。

3.4.3 在 WebStorm 中运行

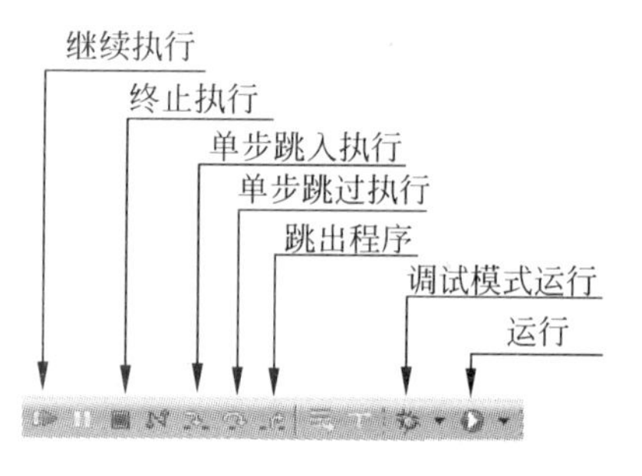

图 3-30 调试工具栏按钮

Cocos Code IDE 工具提供的运行是本地运行,即 Cocos2d-JS 程序通过 JSB 在本地运行。如果需要测试 Web 浏览器上运行情况,需要使用 WebStorm 工具。由于已经在 Cocos Code IDE 创建了工程,不需要再创建,但是需要进入到 WebStorm 中进行设置。具体设置过程参考 3.3.3 节,创建文件在本地 WebStorm 工程,为了能与 Cocos Code IDE 共用相同工程,需要设置 WebStorm 的 Project Root 为 Cocos Code IDE 的 Workspace 目录。

设置完成界面如图 3-31 所示。其中的 HelloJS 是要运行的工程,从右击弹出的快捷菜单中选择 HelloJS 中的 index.html 文件就可以运行。具体运行过程参考 3.3.3 节。运行结果如图 3-32 所示。

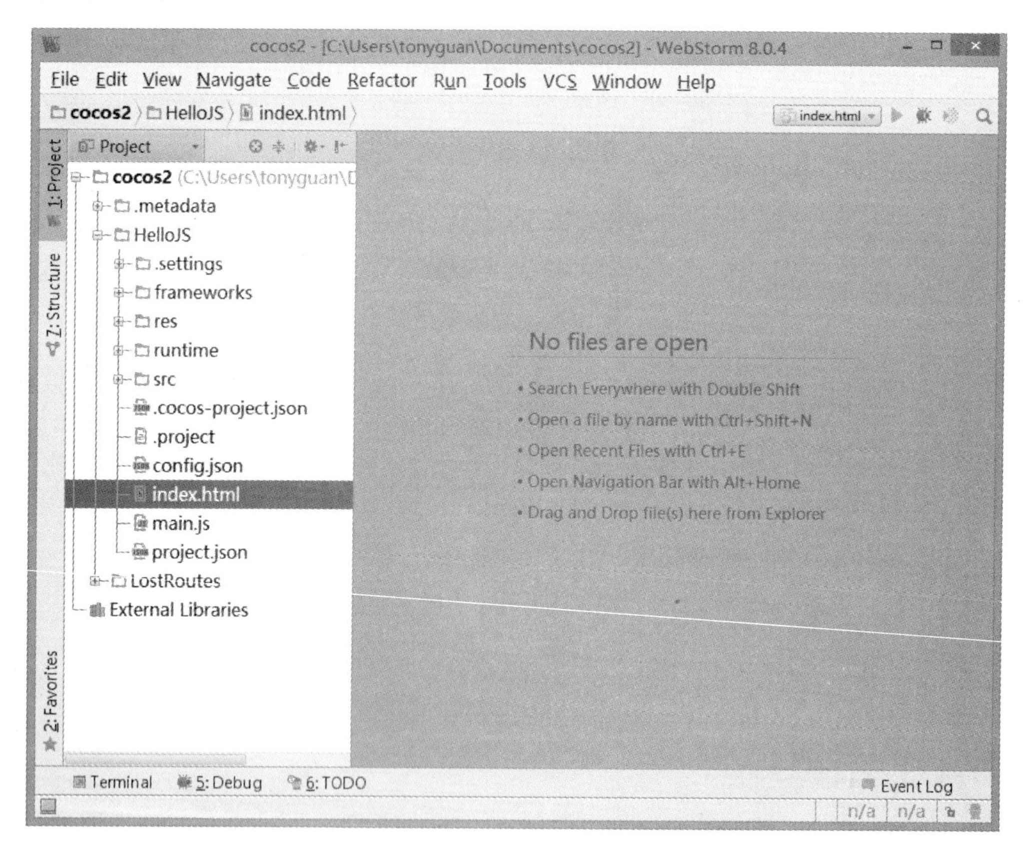

图 3-31 设置完成界面

图 3-32 在浏览器中运行

3.4.4 工程文件结构

至此创建的 HelloJS 工程已经能够运行起来，下面介绍一下 HelloJS 工程中的文件结构。使用 Cocos Code IDE 打开 HelloJS 工程，左侧的导航面板如图 3-33 所示。

在图 3-33 所示导航面板中，res 文件夹存放资源文件，src 文件夹是主要的程序代码，其中的 app. js 是实现游戏场景的 JavaScript 文件，resource. js 定义资源对应的变量。HelloJS 根目录下还有 config. json、project. json、index. html 和 main. js，其中 config. json 保存模拟器运行配置信息，在创建工程时生成；project. json 是项目的配置信息；index. html 是 Web 工程的首页；main. js 是与首页 index. html 对应的 JavaScript 文件。

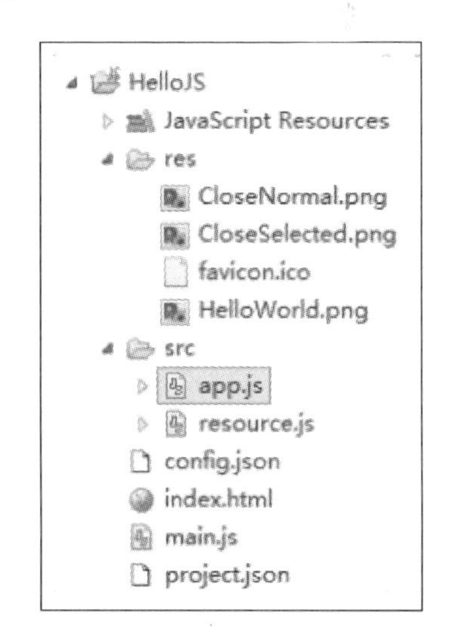

图 3-33 HelloJS 工程中的文件结构

3.4.5 代码解释

HelloJS 工程中有很多文件，下面详细解释一下它们内部的代码。

1. index.html 文件

index. html 文件只有在 Web 浏览器上运行才会启动它。index. html 代码如下：

```
<!DOCTYPE html>
<html>
<head>
    <meta charset = "utf - 8">
    <title>Cocos2d - html5 Hello World test</title>
    <link rel = "icon" type = "image/GIF" href = "res/favicon.ico"/>
    <meta name = "apple - mobile - web - app - capable" content = "yes"/>          ①
    <meta name = "full - screen" content = "yes"/>
    <meta name = "screen - orientation" content = "portrait"/>
    <meta name = "x5 - fullscreen" content = "true"/>
    <meta name = "360 - fullscreen" content = "true"/>                              ②
    <style>
        body, canvas, div {
            - moz - user - select: none;
            - webkit - user - select: none;
            - ms - user - select: none;
            - khtml - user - select: none;
            - webkit - tap - highlight - color: rgba(0, 0, 0, 0);
        }
    </style>
</head>
<body style = "padding:0; margin: 0; background: #000;">
<canvas id = "gameCanvas" width = "800" height = "450"></canvas>                      ③
<script src = "frameworks/cocos2d - html5/CCBoot.js"></script>                        ④
<script src = "main.js"></script>                                                     ⑤
</body>
</html>
```

上述代码第①～②行是设置网页的 meta 信息，meta 信息是网页基本信息，这些设置能够使得 index. html 网页很好地在移动设备上显示。第③行代码放置一个 canvas 标签，canvas 标签是 HTML5 提供的，通过 JavaScript 可以在 Canvas 上绘制 2D 图形，Cocos2d-JS 在网页运行的游戏场景都是通过 Canvas 渲染出来的，Cocos2d-JS 的本地运行游戏场景的渲染是通过 OpenGL 渲染出来的。事实上，HTML5 也有类似于 OpenGL 渲染技术，它是 WebGL，但是考虑到浏览器的支持程度不同，Cocos2d-JS 没有采用 WebGL 渲染技术而是选择的 Canvas 渲染，虽然 Canvas 渲染速度不及 WebGL，但是一般的网页游戏都能满足要求。第④行代码是导入 JavaScript 文件 CCBoot. js，不需要维护该文件。第⑤行代码是导入 JavaScript 文件 main. js，需要维护该文件。

2. main.js 文件

main. js 负责启动游戏场景，无论 Web 浏览器运行还是本地运行都是通过该文件启动游戏场景的。main. js 代码如下：

```
cc.game.onStart = function(){                                                         ①
    cc.view.adjustViewPort(true);                                                     ②
```

```
    cc.view.setDesignResolutionSize(800, 450, cc.ResolutionPolicy.SHOW_ALL);        ③
    cc.view.resizeWithBrowserSize(true);                                              ④
    //load resources
    cc.LoaderScene.preload(g_resources, function () {                                ⑤
        cc.director.runScene(new HelloWorldScene());                                  ⑥
    }, this);
};
cc.game.run();                                                                        ⑦
```

上述代码第①行是启动游戏，cc.game是一个游戏启动对象。代码第②～④行是设置游戏视图属性，其中第③行是设置游戏视图大小，它涉及屏幕适配问题，cc.ResolutionPolicy.SHOW_ALL是屏幕适配策略。第⑤行代码是加载游戏场景所需资源，其中g_resources参数是加载资源的数组，该数组是在src/resource.js文件中定义的。第⑥行代码是运行HelloWorldScene场景，cc.director是导演对象，运行HelloWorldScene场景会进入到该场景。第⑦行代码cc.game.run()是运行游戏启动对象。

3. project.json 文件

项目配置信息project.json文件代码如下：

```
{
    "project_type": "javascript",

    "debugMode" : 1,
    "showFPS" : true,                                                                 ①
    "frameRate" : 60,                                                                 ②
    "id" : "gameCanvas",
    "renderMode" : 0,
    "engineDir":"frameworks/cocos2d-html5",

    "modules" : ["cocos2d"],                                                          ③

    "jsList" : [                                                                      ④
        "src/resource.js",                                                            ⑤
        "src/app.js"                                                                  ⑥
    ]
}
```

project.json文件采用JSON字符串表示，重点关注有标号的语句，其中第①行代码设置是否显示帧率调试信息，帧率调试就是显示在左下角文字信息。第②行代码设置帧率为60，即屏幕1/60s刷新一次。第③行代码是加载游戏引擎的模块，Cocos2d-JS引擎有很多模块，模块的定义是在HelloJS\frameworks\cocos2d-html5\moduleConfig.json，在资源管理器中才能看到该文件，这些模块在场景启动的时候加载，因此一定要根据需要导入，否则造成资源的浪费。例如，再添加一个chipmunk物理引擎模块，代码第③行可以修改为如下形式：

```
"modules" : ["cocos2d","chipmunk"]
```

代码第④～⑥行是声明需要加载的JavaScript文件，这里的文件主要是由用户编写的，每次添加一个 JavaScript 文件到工程中，就需要在此处添加声明。

4. config.json 文件

只有在 Cocos Code IDE 中运行才需要该文件，它是配置模拟器运行信息的，该文件在工程发布时和 Web 环境下运行都没有用处。但如果想在 Cocos Code IDE 中运行，并改变模拟器大小和方向，可以修改该文件。config.json 文件代码如下：

```
{
  "init_cfg": {                                    ①
    "isLandscape": true,                           ②
    "name": "HelloJS",                             ③
    "width": 960,                                  ④
    "height": 640,                                 ⑤
    "entry": "main.js",                            ⑥
    "consolePort": 6050,
    "debugPort": 5086,
    "forwardConsolePort": 10088,
    "forwardUploadPort": 10090,
    "forwardDebugPort": 10086
  },
  "simulator_screen_size": [
    {
      "title": "iPhone 3Gs (480x320)",
      "width": 480,
      "height": 320
    },
    …
  ]
}
```

上述代码第①行是初始配置信息，其中第②行是设置横屏显示还是竖屏显示，第③行代码 name 属性是设置模拟器上显示的标题，第④和⑤行是设置屏幕的宽和高，第⑥行代码是设置入口文件。

5. resource.js 文件

resource.js 文件在 src 文件夹中，处于该文件夹中的文件是由用户来维护的。在 resource.js 文件中定义资源对应的变量。resource.js 文件代码如下：

```
var res = {                                              ①
    HelloWorld_png : "res/HelloWorld.png",
    CloseNormal_png : "res/CloseNormal.png",
    CloseSelected_png : "res/CloseSelected.png"
};

var g_resources = [];                                    ②
for (var i in res) {
    g_resources.push(res[i]);                            ③
}
```

上述代码第①行是定义 JSON 变量 res，它为每一个资源文件定义一个别名，在程序中访问资源，资源名不要"写死"，[①]而是通过一个可配置的别名访问，这样当环境变化之后修改起来很方便。第②行代码是定义资源文件集合变量 g_resources，它的内容是通过代码第③行把 res 变量中的资源文件循环添加到 g_resources 中。当然，可以采用下面的形式逐一添加：

```
var g_resources = [
    //image
    res.HelloWorld_png,
    res.CloseNormal_png,
"res/CloseSelected.png"
];
```

放在 g_resources 变量中的资源，会在场景启动的时候加载。在 Web 浏览器下运行，如果加载的资源找不到，则会报出 404 错误。

6. app.js 文件

app.js 文件在 src 文件夹中，处于该文件夹中的文件是由用户来维护的。可以看到图 3-27 所示的场景是在 app.js 中实现的。app.js 代码如下：

```
var HelloWorldLayer = cc.Layer.extend({                                    ①
    sprite:null,                                    //定义一个精灵属性
    ctor:function () {                              //构造方法
        this._super();                              //初始化父类
        var size = cc.winSize;                      //获得屏幕大小
        var closeItem = new cc.MenuItemImage(                              ②
            res.CloseNormal_png,
            res.CloseSelected_png,
            function () {
                cc.log("Menu is clicked!");
            }, this);
        closeItem.attr({
            x: size.width - 20,
            y: 20,
            anchorX: 0.5,
            anchorY: 0.5
        });                                                                ③

        var menu = new cc.Menu(closeItem);          //通过 closeItem 菜单项创建菜单对象
        menu.x = 0;                                                        ④
        menu.y = 0;                                                        ⑤
        this.addChild(menu, 1);                     //把菜单添加到当前层上

        var helloLabel = new cc.LabelTTF("Hello World", "Arial", 38);          //创建标签对象
        helloLabel.x = size.width / 2;
```

① 写死被称为硬编码(英文为 Hard Code 或 Hard Coding)，硬编码指的是在软件实作上，把输出或输入的相关参数(如路径、输出的形式或格式)直接以常量的方式书写在源代码中，而非在运行时期由外界指定的设置、资源、数据或格式做出适当回应。——引自于维基百科(http://zh.wikipedia.org/zh-cn/%E5%AF%AB%E6%AD%BB)

```
            helloLabel.y = 0;
            this.addChild(helloLabel, 5);
            this.sprite = new cc.Sprite(res.HelloWorld_png);     //创建精灵对象
            this.sprite.attr({
                x: size.width / 2,
                y: size.height / 2,
                scale: 0.5,
                rotation: 180
            });
            this.addChild(this.sprite, 0);                                      ⑥

            this.sprite.runAction(
                cc.sequence(
                    cc.rotateTo(2, 0),
                    cc.scaleTo(2, 1, 1)
                )
            );                                          //在精灵对象上执行一个动画
            helloLabel.runAction(
                cc.spawn(
                    cc.moveBy(2.5, cc.p(0, size.height - 40)),
                    cc.tintTo(2.5,255,125,0)
                )
            );                                          //在标签对象上执行一个动画
            return true;
        }
    });

    var HelloWorldScene = cc.Scene.extend({                                 ⑦
        onEnter:function () {                                               ⑧
            this._super();                                                  ⑨
            var layer = new HelloWorldLayer();                              ⑩
            this.addChild(layer);             //把 HelloWorldLayer 层放到 HelloWorldScene 场景中
        }
    });
```

在 app.js 文件中声明了两个类 HelloWorldLayer(见代码第①行)和 HelloWorldScene(见代码第⑦行),然后通过 HelloWorldScene 实例化 HelloWorldLayer,见代码第⑩行。HelloWorldScene 是场景,HelloWorldLayer 是层,场景包含若干个层。场景和层会在 3.5 节具体介绍。

另外,上述代码第②行是创建一个图片菜单项对象,单击该菜单项的时候回调 function 方法。

提示 cc.MenuItemImage 中 res.CloseNormal_png 和 res.CloseSelected_png 变量是在 resource.js 文件中定义的资源文件别名。在后文中,res.开头的变量都是资源文件的别名,这里不再详细解释。

第③行代码是菜单项对象的位置，其中 closeItem. attr({…})语句可以设置多个属性，类似的还有代码第⑥行，采用 JSON 格式表示，x 属性表示 x 轴坐标，y 属性表示 y 轴坐标，anchorX 表示 x 轴锚点，anchorY 表示 y 轴锚点。关于锚点的概念后面小节介绍。关于精灵 x 和 y 轴属性，也可以通过代码④和⑤方式设置。

代码第⑧行是声明 onEnter 方法，它是在进入 HelloWorldScene 场景时回调的。onEnter 方法是重写父类的方法，必须通过 this._super()语句调用父类的 onEnter 方法，见代码第⑨行所示。

3.5 Cocos2d-JS 核心概念

Cocos2d-JS 中有很多概念，这些概念很多来源于动画、动漫和电影等行业，如导演、场景和层等概念。当然，也有些传统的游戏的概念。Cocos2d-JS 中核心概念包括导演、动作、场景、效果、层、粒子运动、节点、地图、精灵、物理引擎、菜单。

本节介绍导演、场景、层、精灵、菜单概念以及对应的类，由于节点概念很重要，会在下一节详细介绍。而其他的概念在后面的章节中介绍。

3.5.1 导演

导演类 cc. Director 用于管理场景，采用单例设计模式，在整个工程中只有一个实例对象。由于是单例模式，能够保存一致的配置信息，便于管理场景对象。获得导演类 Director 实例语句如下：

```
var director = cc.Director._getInstance();
```

也可以在程序中直接使用 cc. director，该对象是在框架内使用如下语句进行赋值：

```
cc.director = cc.Director._getInstance();
```

所以，cc. director 是 cc. Director 的实例对象。

导演对象职责如下：

(1) 访问和改变场景。

(2) 访问 Cocos2d-JS 的配置信息。

(3) 暂停、继续和停止游戏。

(4) 转换坐标。

3.5.2 场景

场景类 cc. Scene 是构成游戏的界面，类似于电影中的场景。场景大致可以分为以下几类：

(1) 展示类场景。播放视频或简单地在图像上输出文字，来实现游戏的开场介绍、胜利和失败提示、帮助介绍。

(2) 选项类场景。主菜单、设置游戏参数等。

(3) 游戏场景。这是游戏的主要内容。

场景类 cc.Scene 的类图如图 3-34 所示。从类图可见，Scene 继承了 Node 类，Node 是一个重要的类，很多类都从 Node 类派生而来，其中有 Scene、Layer 等。

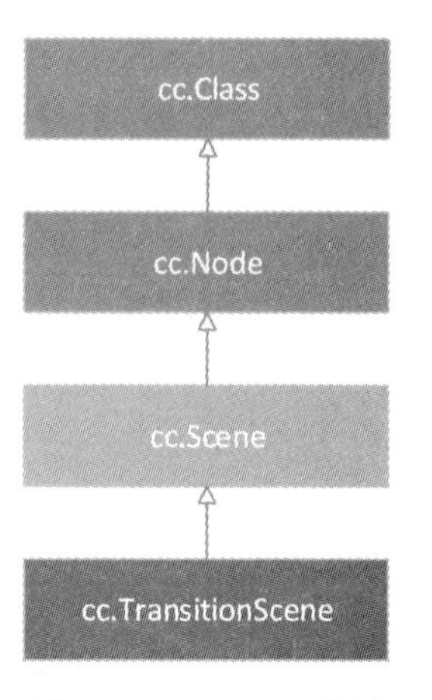

图 3-34 cc.Scene 类图

3.5.3 层

层是写游戏的重点，用户大约 99%以上的时间是在层上实现游戏内容。层的管理类似于 Photoshop 中的图层，它也是一层一层叠在一起。图 3-35 所示是一个简单的主菜单界面，它是由三个层叠加实现的。

为了让不同的层可以组合产生统一的效果，这些层基本上都是透明或者半透明的。层的叠加是有顺序的，如图 3-35 所示，从上到下依次是菜单层、精灵层、背景层。Cocos2d-JS 是按照这个次序来叠加界面的。这个次序同样用于事件响应机制，即菜单层最先接收到系统事件，然后是精灵层，最后是背景层。在事件的传递过程中，如果有一个层处理了该事件，则排在后面的层将不再接收到该事件。每一层又可以包括很多各式各样的内容要素，如文本、链接、精灵、地图等内容。

主菜单画面

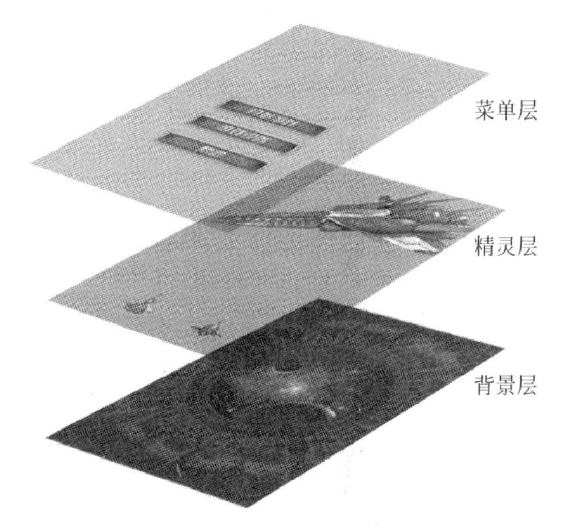

图 3-35 层叠加

层类 cc.Layer 的类图如图 3-36 所示。

3.5.4 精灵

精灵类 cc.Sprite 是游戏中非常重要的概念，它包括敌人、控制对象、静态物体和背景等。通常情况它会进行运动，运动方式包括移动、旋转、放大、缩小和动画等。

cc.Sprite 类图如图 3-37 所示。从图中可见，cc.Sprite 是 cc.Node 子类，cc.Sprite 包含

很多类型。例如,物理引擎精灵类 PhysicsSprite 也都属于精灵。

3.5.5 菜单

菜单在游戏中是非常重要的概念,它提供操作的集合,在 Cocos2d-JS 中菜单类是 cc. Menu。cc. Menu 类图如图 3-38 所示。从类图可见,cc. Menu 类派生于 cc. Layer。

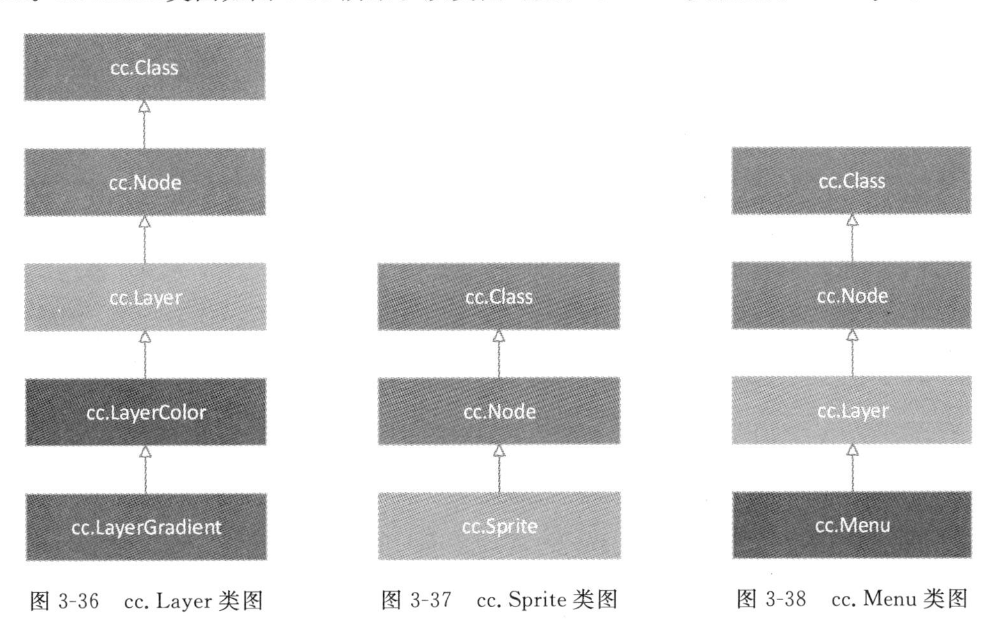

图 3-36 cc. Layer 类图　　图 3-37 cc. Sprite 类图　　图 3-38 cc. Menu 类图

在菜单中又包含了菜单项 cc. MenuItem,cc. MenuItem 类图如图 3-39 所示。从图中可见,菜单项 cc. MenuItem 有很多种形式的子类,如 cc. MenuItemLabel、cc. MenuItemSprite 和 cc. MenuItemToggle,它表现出不同的效果。每个菜单项都有三个基本状态:正常、选中和禁止。

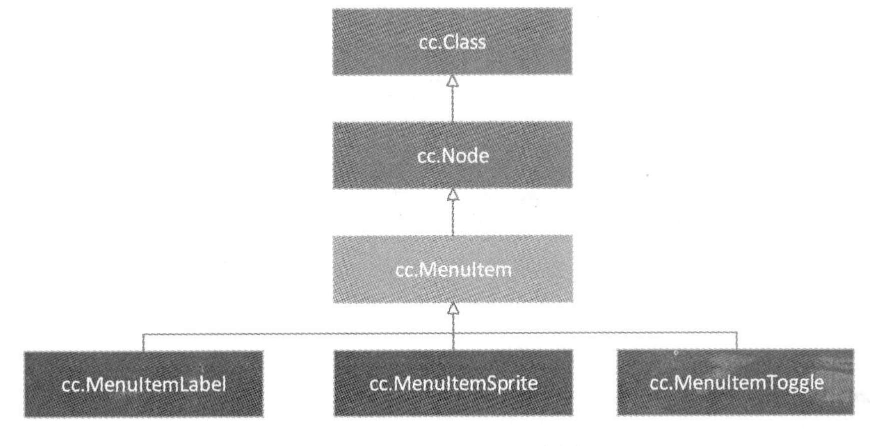

图 3-39 cc. MenuItem 类图

3.6 Node与Node层级架构

Cocos2d-JS采用层级(树形)结构管理场景、层、精灵、菜单、文本、地图和粒子系统等节点(node)对象。一个场景包含多个层,一个层又包含多个精灵、菜单、文本、地图和粒子系统等对象。层级结构中的节点可以是场景、层、精灵、菜单、文本、地图和粒子系统等任何对象。

节点的层级结构如图3-40所示。

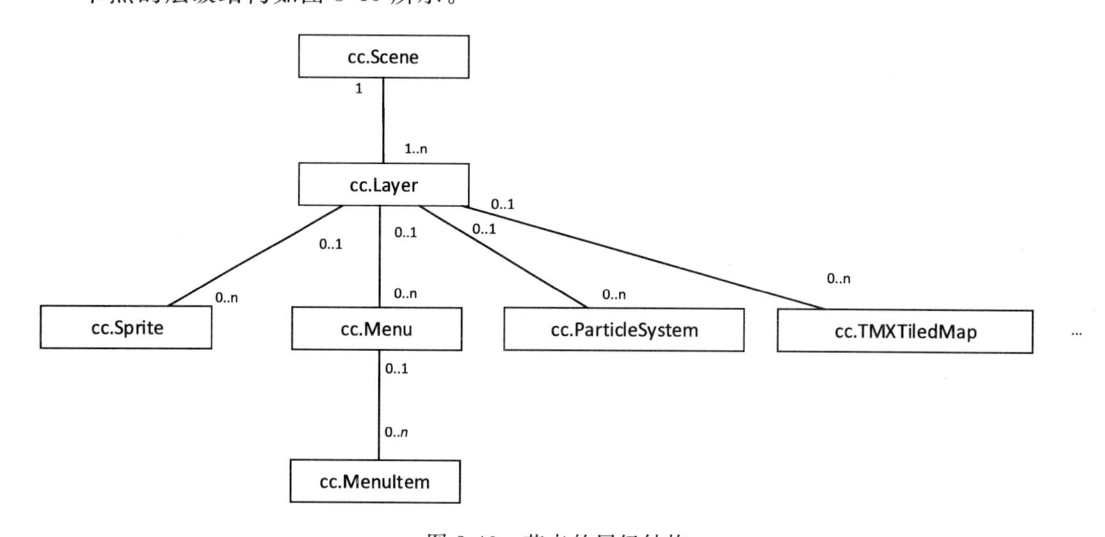

图3-40 节点的层级结构

这些节点有一个共同的父类cc.Node,部分子类cc.Node类图如图3-41所示。cc.Node类是Cocos2d-JS最为重要的根类,它是场景、层、精灵、菜单、文本、地图和粒子系统等类的根类。

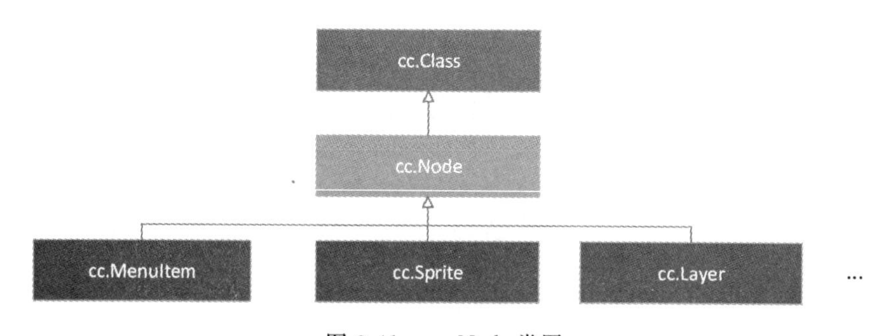

图3-41 cc.Node类图

3.6.1 Node中重要的操作

cc.Node作为根类,它有很多重要的方法。下面分别介绍一下:

(1) var childNode=new cc.Node(),创建节点。

(2) node.addChild(childNode, 0, 123),增加新的子节点。第二个参数是Z轴绘制顺序,第三个参数是标签。

(3) var childNode=node.getChildByTag(123),查找子节点。通过标签查找子节点。

(4) node.removeChildByTag(123, true),通过标签删除子节点,并停止所有该子节点上的一切动作。

(5) node.removeChild(childNode, true),删除 childNode 节点,并停止所有该子节点上的一切动作。

(6) node.removeAllChildrenWithCleanup(true),删除 node 节点的所有子节点,并停止这些子节点上的一切动作。

(7) node.removeFromParentAndCleanup(true),从父节点删除 node 节点,并停止所有该节点上的一切动作。

3.6.2 Node 中重要的属性

Node 还有两个非常重要的属性:position 和 anchorPoint。

position(位置)属性是 Node 对象的实际位置。position 属性往往还要配合使用 anchorPoint 属性,为了将一个 Node 对象(标准矩形图形)精准地放置在屏幕某一个位置上,需要设置该矩形的锚点,anchorPoint 是相对于 position 的比例,默认是(0.5,0.5)。看看下面的几种情况:

(1) 图 3-42 所示是 anchorPoint 为(0.5,0.5)情况,这是默认情况。

(2) 图 3-43 所示是 anchorPoint 为(0.0,0.0)情况。

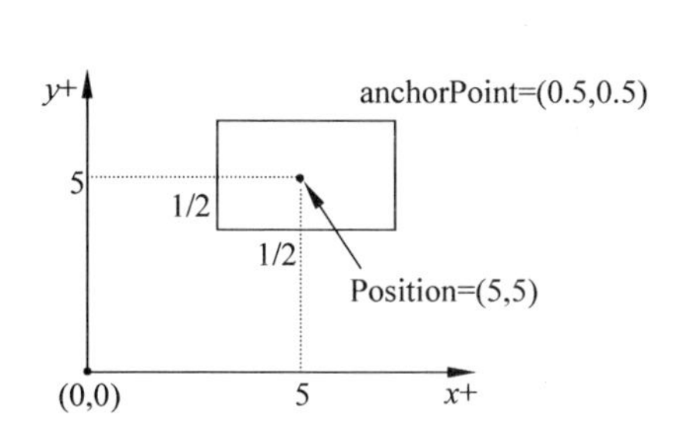

图 3-42 anchorPoint 为(0.5,0.5)

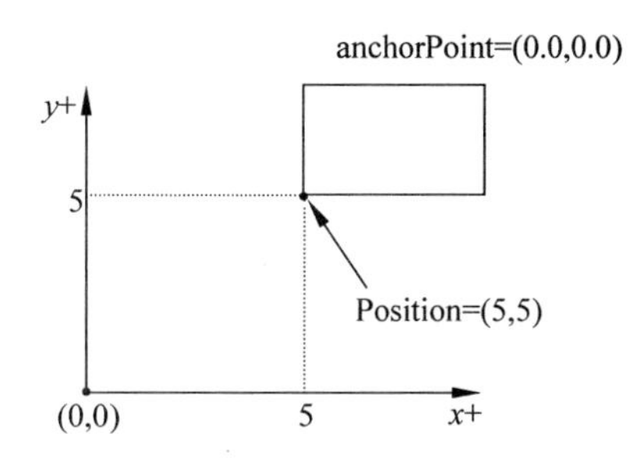

图 3-43 anchorPoint 为(0.0,0.0)

(3) 图 3-44 所示是 anchorPoint 为(1.0,1.0)情况。

(4) 图 3-45 所示是 anchorPoint 为(0.66, 0.5)情况。

为了进一步了解 anchorPoint 的使用情况,修改 HelloJS 实例。在 app.js 的 ctor 方法中修改 label 代码:

```
var helloLabel = new cc.LabelTTF("Hello World", "Arial", 38);

helloLabel.setPosition(size.width / 2, 0);                    ①
```

```
//helloLabel.x = size.width / 2;                                    ②
//helloLabel.y = 0;                                                 ③

helloLabel.setAnchorPoint(cc.p(1.0, 1.0));                          ④
//helloLabel.anchorX = 1.0;                                         ⑤
//helloLabel.anchorY = 1.0;                                         ⑥

this.addChild(helloLabel, 5);
```

上述代码第①行调用 setPosition(x, y)方法设置 position 属性,也可以直接通过属性 helloLabel. x 和 helloLabel. y 设置,见代码第②行和第③行。代码第④行调用 setAnchorPoint (x, y)方法设置 anchorPoint 属性,也可以直接通过属性 helloLabel. anchorX 和 helloLabel. anchorY 设置,见代码第⑤行和第⑥行。

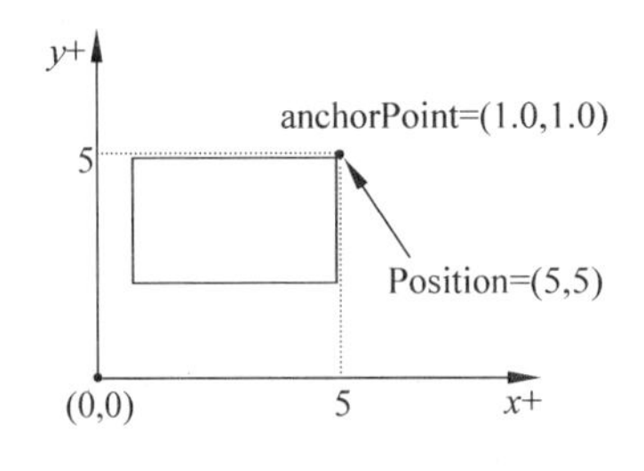

图 3-44 anchorPoint 为(1.0,1.0)

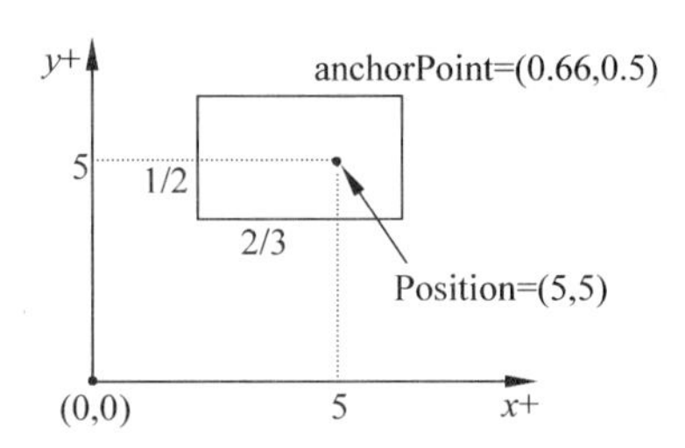

图 3-45 anchorPoint 为(0.66, 0.5)

此外,由于多个属性需要设置,可以通过 helloLabel. attr({…})语句进行设置。代码如下:

```
helloLabel.attr({
    x: size.width / 2,
    y: 0,
    anchorX: 1.0,
    anchorY: 1.0
});
```

运行结果如图 3-46 所示,helloLabel 设置了 anchorPoint 为(1.0,1.0)。

3.6.3 游戏循环与调度

每一个游戏程序都有一个循环在不断运行,它是由导演对象来管理、维护。如果需要场景中的精灵运动起来,可以在游戏循环中使用定时器(cc. Scheduler)对精灵等对象的运行进行调度。因为 cc. Node 类封装了 cc. Scheduler 类,所以也可以直接使用 cc. Node 中定时器相关方法。

cc. Node 中定时器相关方法主要有:

(1) scheduleUpdate()。每个 Node 对象只要调用该方法,那么这个 Node 对象就会定时地每帧回调用一次自己的 update(dt)方法。

(2) schedule(callback_fn, interval, repeat, delay)。与 scheduleUpdate 方法功能一

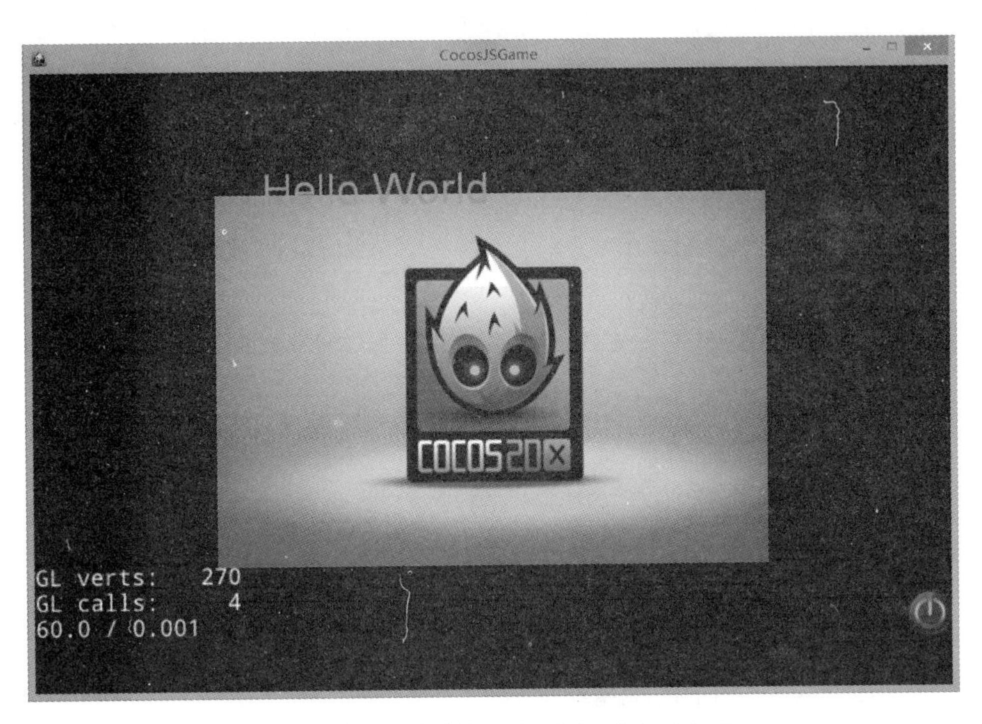

图 3-46 helloLabel 的 anchorPoint 为(1.0,1.0)

样，不同的是，可以指定回调方法（通过 callback_fn 指定）。interval 是时间间隔，repeat 是执行的次数，delay 是延迟执行的时间。

(3) unscheduleUpdate()。停止 update(dt)方法调度。

(4) unschedule(callback_fn)。可以指定具体方法停止调度。

(5) unscheduleAllCallbacks()。可以停止所有的调度。

为了进一步了解游戏循环与调度的使用，修改 HelloJS 实例。

修改 app.js 代码，添加 update(dt)声明。代码如下：

```
var HelloWorldLayer = cc.Layer.extend({
    sprite: null,
    ctor: function () {
        …
        var closeItem = new cc.MenuItemImage(
            res.CloseNormal_png,
            res.CloseSelected_png,
            function () {
                cc.log("Menu is clicked!");
                this.unscheduleUpdate();
            }, this);

        …
        var helloLabel = new cc.LabelTTF("Hello World", "Arial", 38);
```

```
            helloLabel.attr({
                x: size.width / 2,
                y: 0,
                anchorX: 1.0,
                anchorY: 1.0
            });

            helloLabel.setTag(123);                                                    ①
            //更新方法
            this.scheduleUpdate();                                                     ②
            //this.schedule(this.update, 1.0/60, cc.REPEAT_FOREVER, 0.1);              ③

            this.addChild(helloLabel, 5);

            //add "HelloWorld" splash screen
            this.sprite = new cc.Sprite(res.HelloWorld_png);
            this.sprite.attr({
                x: size.width / 2,
                y: size.height / 2,
                scale: 0.5,
                rotation: 180
            });
            this.addChild(this.sprite, 0);

            this.sprite.runAction(
                cc.sequence(
                    cc.rotateTo(2, 0),
                    cc.scaleTo(2, 1, 1)
                )
            );
            helloLabel.runAction(
                cc.spawn(
                    cc.moveBy(2.5, cc.p(0, size.height - 40)),
                    cc.tintTo(2.5, 255, 125, 0)
                )
            );
            return true;
        },
        update: function (dt) {                                                        ④
            var label = this.getChildByTag(123);                                       ⑤
            label.x = label.x + 0.2;                                                   ⑥
            label.y = label.y + 0.2;                                                   ⑦
        }
    });
```

为了能够在 ctor 方法之外访问标签对象 helloLabel，需要为标签对象设置 Tag 属性，其中的第①行代码就是设置 Tag 属性为 123，第⑤行代码是通过 Tag 属性重新获得这个标签对象。

为了能够开始调度，还需要在 ctor 方法中调用 scheduleUpdate（见第②行代码）或

schedule(见第③行代码)。

代码第④行的 update(dt)方法是在调度方法，精灵等对象的变化逻辑都是在这个方法中编写的。这个例子很简单，只是让标签对象动起来，第⑥行代码就是改变它的位置。

为了省电等，如果不再使用调度，一定不要忘记停止调度。可以在 Close 菜单项的单击事件中停止调度。代码如下：

```
var closeItem = new cc.MenuItemImage(
            res.CloseNormal_png,
            res.CloseSelected_png,
            function () {
                cc.log("Menu is clicked!");
                this.unscheduleUpdate();
            }, this);
```

代码 this.unscheduleUpdate()就是停止调度 update，如果是其他的调度方法，则可以采用 unschedule 或 unscheduleAllSelectors 停止。

3.7 Cocos2d-JS 坐标系

在图形图像和游戏应用开发中坐标系是非常重要的。在 Android 和 iOS 等平台应用开发的时候使用的二维坐标系的原点在左上角，而在 Cocos2d-JS 坐标系中其原点在左下角，而且 Cocos2d-JS 坐标系又可以分为世界坐标系和模型坐标系。

3.7.1 UI 坐标

UI 坐标就是 Android 和 iOS 等应用开发的时候使用的二维坐标系。它的原点位于左上角，如图 3-47 所示。

UI 坐标原点是在左上角，x 轴向右为正，y 轴向下为正。在 Android 和 iOS 等平台使用的视图、控件等都遵守这个坐标系。然而在 Cocos2d-JS 中默认不是采用 UI 坐标，但是有的时候也会用到 UI 坐标，例如在触摸事件发生的时候，会获得一个触摸对象(touch)。触摸对象提供了很多获得位置信息的方法，如下面代码所示：

```
vartouchLocation = touch.getLocationInView();
```

使用 getLocationInView()方法获得触摸点坐标事实上就是 UI 坐标，它的坐标原点在左上角。

3.7.2 OpenGL 坐标

在上面提到了 OpenGL 坐标，OpenGL 坐标是一种三维坐标。由于 Cocos2d-JS 的 JSB 是采用 OpenGL 渲染，因此默认坐标就是 OpenGL 坐标，只不过只采用两维(x 和 y 轴)。如果不考虑 z 轴，OpenGL 坐标的原点在左下角，如图 3-48 所示。

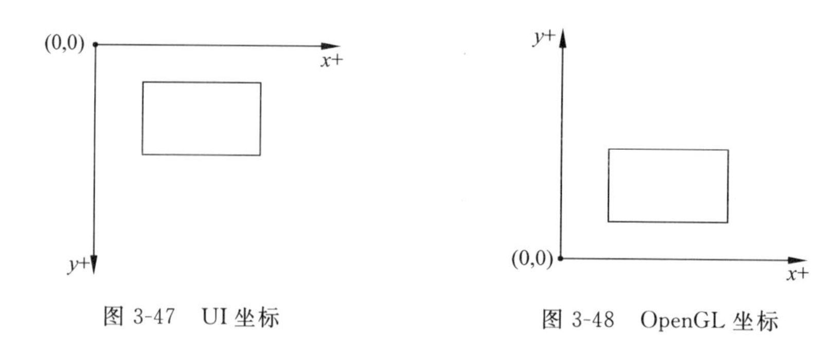

图 3-47 UI 坐标　　　图 3-48 OpenGL 坐标

一般会通过一个触摸对象获得 OpenGL 坐标位置，如下面代码所示：

```
var touchLocation = touch.getLocation();
```

提示 三维坐标根据 z 轴的指向不同分为左手坐标和右手坐标。右手坐标是 z 轴指向屏幕外，如图 3-49(a)所示。左手坐标是 z 轴指向屏幕里，如图 3-49(b)所示。OpenGL 坐标是右手坐标，而微软平台的 Direct3D[①] 是左手坐标。

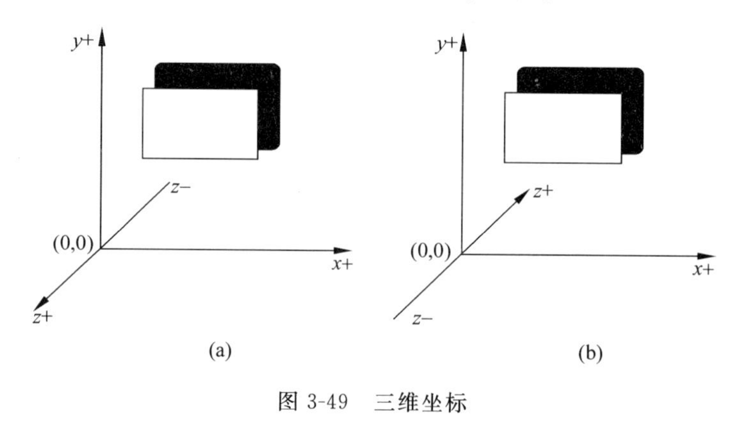

图 3-49 三维坐标

3.7.3 世界坐标和模型坐标

由于 OpenGL 坐标又可以分为世界坐标和模型坐标，所以 Cocos2d-JS 的坐标也有世界坐标和模型坐标。

你是否有过这样的问路经历：张三会告诉你向南走 1km，再向东走 500m。而李四会告诉你向右走 1km，再向左走 500m。这里两种说法或许都可以找到你要寻找的地点。张三采用的坐标是世界坐标，他把地球作为参照物，表述位置使用地理的东、南、西和北。而李四

① Direct3D(简称 D3D)是微软公司在 Microsoft Windows 操作系统上所开发的一套 3D 绘图编程接口，是 DirectX 的一部分，目前广为各家显卡所支持。与 OpenGL 同为计算机绘图软件和计算机游戏最常使用的两套绘图编程接口。—— 引自于维基百科(http://zh.wikipedia.org/wiki/Direct3D)

采用的坐标是模型坐标，他让你自己作为参照物，表述位置使用你的左边、你的前边、你的右边和你的后边。

从图 3-50 中可以看到，A 的坐标是(5，5)，B 的坐标是(6，4)，事实上这些坐标值就是世界坐标。如果采用 A 的模型坐标来描述 B 的位置，则 B 的坐标是(1，－1)。

有时需要将世界坐标与模型坐标互相转换。可以通过 Node 对象的如下方法实现：

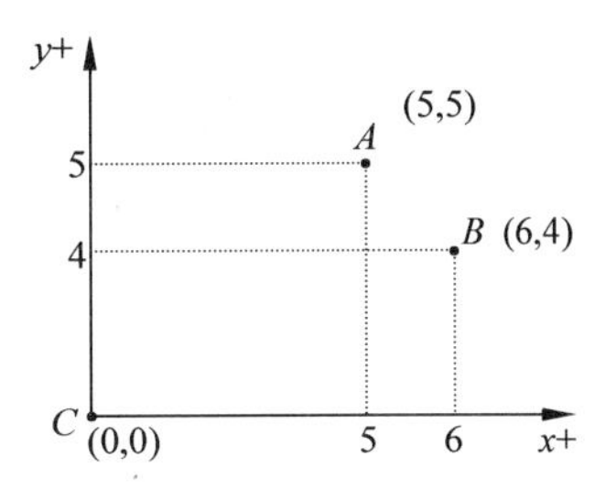

图 3-50 世界坐标和模型坐标

(1) {cc. Point} convertToNodeSpace(worldPoint)。将世界坐标转换为模型坐标。

(2) {cc. Point} convertToNodeSpaceAR(worldPoint)。将世界坐标转换为模型坐标。AR 表示相对于锚点。

(3) {cc. Point} convertTouchToNodeSpace(touch)。将世界坐标中触摸点转换为模型坐标。

(4) {cc. Point} convertTouchToNodeSpaceAR(touch)。将世界坐标中触摸点转换为模型坐标。AR 表示相对于锚点。

(5) {cc. Point} convertToWorldSpace(nodePoint)。将模型坐标转换为世界坐标。

(6) {cc. Point} convertToWorldSpaceAR(nodePoint)。将模型坐标转换为世界坐标。AR 表示相对于锚点。

下面通过两个例子了解一下世界坐标与模型坐标的互相转换。

1. 世界坐标转换为模型坐标

图 3-51 所示是世界坐标转换为模型坐标实例运行结果。

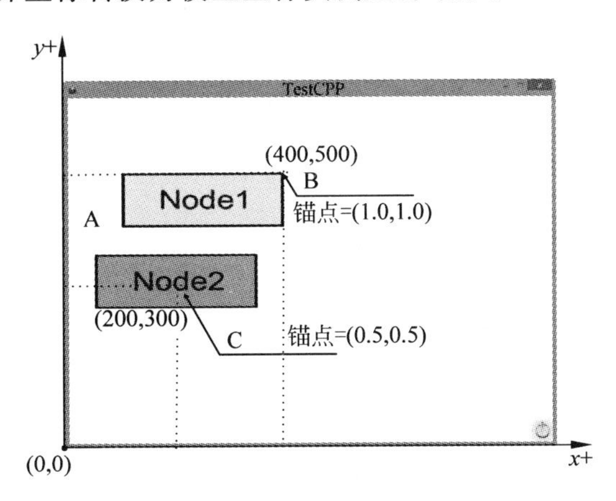

图 3-51 世界坐标转换为模型坐标

在游戏场景中有两个 Node 对象，其中 Node1 的坐标是(400，500)，大小是 300×100 像素；Node2 的坐标是(200，300)，大小也是 300×100 像素。这里的坐标事实上就是世界坐标，它的坐标原点是屏幕的左下角。

编写代码如下：

```
var HelloWorldLayer = cc.Layer.extend({
    sprite: null,
    ctor: function () {
        this._super();

        var size = cc.winSize;
        var closeItem = new cc.MenuItemImage(
            res.CloseNormal_png,
            res.CloseSelected_png,
            function () {
                cc.log("Menu is clicked!");
            }, this);
        closeItem.attr({
            x: size.width - 20,
            y: 20,
            anchorX: 0.5,
            anchorY: 0.5
        });
        var menu = new cc.Menu(closeItem);
        menu.x = 0;
        menu.y = 0;
        this.addChild(menu, 1);

        //创建背景
        var bg = new cc.Sprite(res.bg_png);                                    ①
        bg.setPosition(size.width / 2, size.height / 2);
        this.addChild(bg, 2);                                                  ②

        //创建 Node1
        var node1 = new cc.Sprite(res.node1_png);                              ③
        node1.setPosition(400, 500);
        node1.setAnchorPoint(1.0, 1.0);
        this.addChild(node1, 2);                                               ④

        //创建 Node2
        var node2 = new cc.Sprite(res.node2_png);                              ⑤
        node2.setPosition(200, 300);
        node2.setAnchorPoint(0.5, 0.5);
        this.addChild(node2, 2);                                               ⑥

        var point1 = node1.convertToNodeSpace(node2.getPosition());           ⑦
        var point3 = node1.convertToNodeSpaceAR(node2.getPosition());         ⑧

        cc.log("Node2 NodeSpace = (" + point1.x + "," + point1.y + ")");
        cc.log("Node2 NodeSpaceAR =   (" + point3.x + "," + point3.y + ")");

        return true;
    }
});
```

代码第①～②行是创建背景精灵对象，这个背景是一个白色 900×640 像素的图片。代码第③～④行是创建 Node1 对象，并设置了位置和锚点属性。代码第⑤～⑥行是创建 Node2 对象，并设置了位置和锚点属性。第⑦行代码将 Node2 的世界坐标转换为相对于 Node1 的模型坐标。而第⑧行代码是类似的，它是相对于锚点的位置。

运行结果如下：

```
JS: Node2 NodeSpace = (100, - 100)
JS: Node2 NodeSpaceAR =    ( - 200, - 200)
```

结合图 3-51 解释一下，Node2 的世界坐标转换为相对于 Node1 的模型坐标，就是将 Node1 的左下角作为坐标原点（图 3-52 中的 *A* 点），不难计算出 *A* 点的世界坐标是（100，400），那么 convertToNodeSpace 方法就是 *A* 点坐标减去 *C* 点坐标，结果是（－100，100）。而 convertToNodeSpaceAR 方法要考虑锚点，因此坐标原点是 *B* 点，*B* 点坐标减去 *C* 点坐标，结果是（－200，－200）。

2. 模型坐标转换为世界坐标

图 3-52 所示是模型坐标转换为世界坐标实例运行结果。

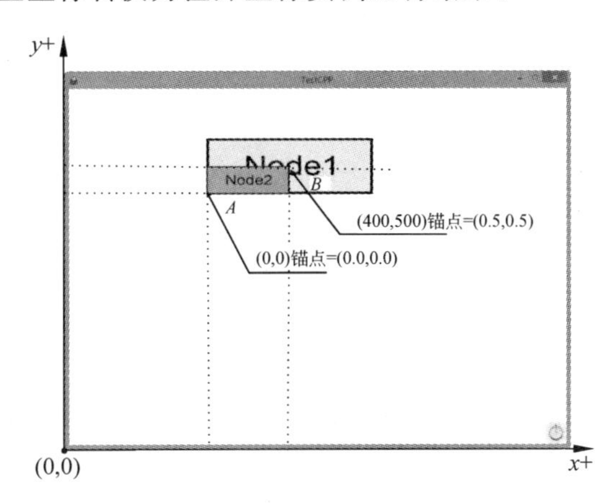

图 3-52　模型坐标转换为世界坐标

在游戏场景中有两个 Node 对象，其中 Node1 的坐标是（400，500），大小是 300×100 像素；Node2 是放置在 Node1 中的，它对于 Node1 的模型坐标是（0，0），大小是 150×50 像素。

编写代码如下：

```
var HelloWorldLayer = cc.Layer.extend({
    sprite: null,
    ctor: function () {
        this._super();
        var size = cc.winSize;
        var closeItem = new cc.MenuItemImage(
            res.CloseNormal_png,
            res.CloseSelected_png,
            function () {
```

```
                cc.log("Menu is clicked!");
            }, this);
        closeItem.attr({
            x: size.width - 20,
            y: 20,
            anchorX: 0.5,
            anchorY: 0.5
        });
        var menu = new cc.Menu(closeItem);
        menu.x = 0;
        menu.y = 0;
        this.addChild(menu, 1);

        //创建背景
        var bg = new cc.Sprite(res.bg_png);
        bg.setPosition(size.width / 2, size.height / 2);
        this.addChild(bg, 2);

        //创建 Node1
        var node1 = new cc.Sprite(res.node1_png);
        node1.setPosition(400, 500);
        node1.setAnchorPoint(0.5, 0.5);
        this.addChild(node1, 2);

        //创建 Node2
        var node2 = new cc.Sprite(res.node2_png);
        node2.setPosition(0, 0);                                                    ①
        node2.setAnchorPoint(0, 0); ;                                               ②

        node1.addChild(node2, 2);                                                   ③

        var point2 = node1.convertToWorldSpace(node2.getPosition());                ④
        var point4 = node1.convertToWorldSpaceAR(node2.getPosition());              ⑤

        cc.log("Node2 WorldSpace = (" + point2.x + "," + point2.y + ")");
        cc.log("Node2 WorldSpaceAR =   (" + point4.x + "," + point4.y + ")");

        return true;
    }
});
```

上述代码主要关注第③行，它是将 Node2 放到 Node1 中，这是与之前的代码的区别。这样第①行设置的坐标就变成了相对于 Node1 的模型坐标了。

第④行代码将 Node2 的模型坐标转换为世界坐标。而第⑤行代码是类似的，它是相对于锚点的位置。

运行结果如下：

```
JS: Node2 WorldSpace = (250,450)
JS: Node2 WorldSpaceAR =   (400,500)
```

图 3-52 所示的位置可以用世界坐标描述。将代码第①～③行修改如下：

```
node2 - > setPosition(Vec2(250, 450));
node2 - > setAnchorPoint(Vec2(0.0, 0.0));
this - > addChild(node2, 0);
```

本章小结

通过对本章的学习，可以了解 Cocos2d-JS 开发环境的搭建，熟悉 Cocos2d-JS 核心概念，这些概念包括导演、场景、层、精灵和菜单等节点对象。此外，还介绍了 Node 和 Node 层级架构，以及 Cocos2d-JS 的坐标系。

第4章 标签和菜单

游戏中文字与菜单很常用，标签和菜单经常结合在一起使用，因此本章介绍Cocos2d-JS中的标签与菜单。

4.1 使用标签

游戏场景中的文字包括静态文字和动态文字。静态文字如图4-1所示游戏场景中①号文字COCOS2DX，动态文字如图4-1所示游戏场景中的②号文字Hello World。

静态文字一般是由美工使用Photoshop绘制在背景图片上，这种方式的优点是表现力很丰富。例如，①号文字COCOS2DX中的COCOS、2D和X设计的风格不同，而动态文字则不能，而且静态文字无法通过程序访问，无法动态修改内容。

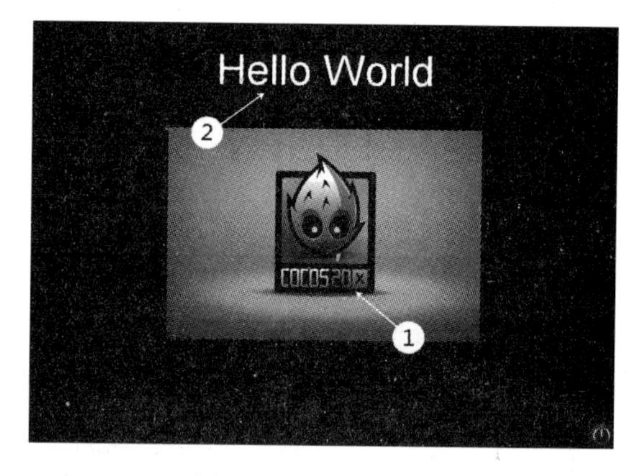

图4-1 场景中的文字

动态文字一般需要通过程序访问，需要动态修改内容。Cocos2d-JS可以通过标签类实现。

下面重点介绍Cocos2d-JS中标签类。Cocos2d-JS中标签类主要有三种：cc.LabelTTF、cc.LabelAtlas和cc.LabelBMFont。

4.1.1 cc.LabelTTF

cc.LabelTTF是使用系统中的字体，它是最简单的标签类。cc.LabelTTF类图如图4-2所示。从中可以看出，cc.LabelTTF继承了cc.Node类，具有cc.Node的基本特性。

如果要展示图4-3所示的Hello World文字，可以使用cc.LabelTTF实现。

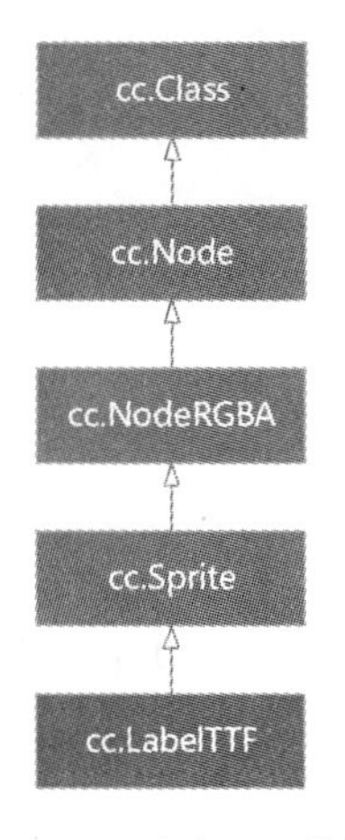

图 4-2　LabelTTF 类图

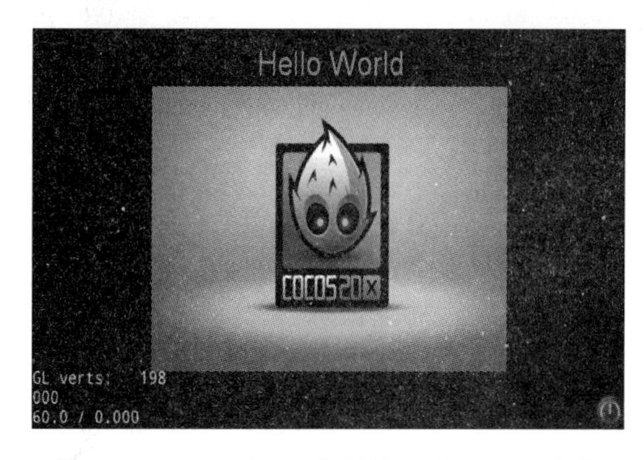

图 4-3　cc. LabelTTF 实现的 Hello World 文字

cc. LabelTTF 实现的 Hello World 文字主要代码如下：

```
var HelloWorldLayer = cc.Layer.extend({
    sprite:null,
    ctor:function () {
        //////////////////////////////
        //1. super init first
        this._super();
        …
        var helloLabel = new cc.LabelTTF("Hello World", "Arial", 38);          ①
        helloLabel.x = size.width / 2;
        helloLabel.y = 0;

        this.addChild(helloLabel, 5);
        …
        return true;
    }
});
```

上述代码第①行是创建一个 cc. LabelTTF 对象。cc. LabelTTF 类的构造函数定义如下：

```
ctor(text, fontName, fontSize, dimensions, hAlignment, vAlignment)
```

text 参数是要显示的文字，fontSize 参数是字体，它可以是系统字体名，如本例中的 Arial，也可以是自定义的字体文件，字体文件应该放在 res 文件夹或子文件夹中，如图 4-4 所示，这里的 TTF 字体文件是 Marker Felt. ttf。使用 Marker Felt. ttf 字体的代码如下：

```
var helloLabel = new cc.LabelTTF("Hello World", "Marker Felt", 38);
```

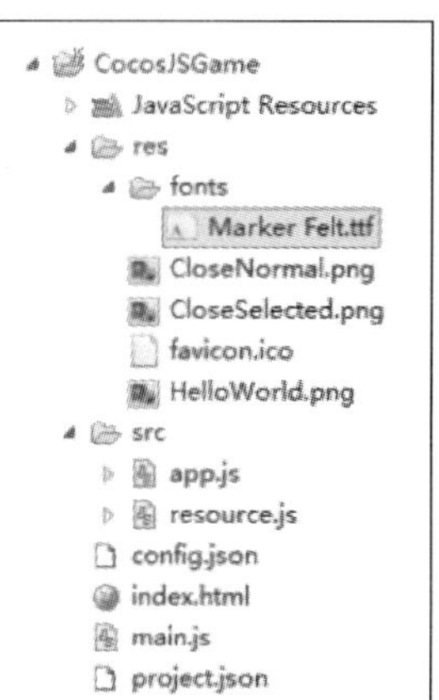

图 4-4　TTF 字体文件位置

Marker Felt 是与 Marker Felt. ttf 字体文件对应的字体文件

名，该名称是在 src/resource. js 文件中定义的。src/resource. js 代码如下：

```
var g_resources = [
    //fonts
    {
        type: "font",                                   ①
        name: "Marker Felt",                            ②
        srcs: ["res/fonts/Marker Felt.ttf"]             ③
    }

];
```

g_resources 数组变量是用来保存需要加载的资源集合，字体文件也是一种资源文件，也需要在场景启动时加载。代码第①～③行是创建字体资源加载项目，其中第①行代码是指定加载项目的类型；第②行是字体文件名，这个名字是程序中使用的名字，上面的实例就使用了这个名字；第③行是字体文件的路径，一个字体可以由多个字体文件构成，因此 srcs 配置项是一个数组。

注意 自定义的字体文件不能在 JSB 本地方式运行中正常显示，而系统字体（只要是运行的操作系统安装了该字体）可以在 Web 浏览器方式运行和 JSB 本地方式运行中正常显示。

参数 dimensions 表示标签内容大小，如果标签不能完全显示在指定的大小内，标签将被截掉部分，默认值为 cc. size(0,0)，它表示标签刚好显示在指定的大小内。参数 hAlignment 表示标签在 dimensions 指定大小内水平对齐的方式，默认值是 cc. TEXT_ALIGNMENT_LEFT，表示水平右对齐。参数 vAlignment 表示标签在 dimensions 指定大小内垂直对齐的方式，默认值是 cc. VERTICAL_TEXT_ALIGNMENT_TOP，表示垂直顶对齐。

4.1.2 cc. LabelAtlas

cc. LabelAtlas 是图片集标签，其中的 Atlas 本意是“地图集”、“图片集”，这种标签显示的文字是从一个图片集中取出的，因此使用 cc. LabelAtlas 需要额外加载图片集文件。cc. LabelAtlas 比 cc. LabelTTF 快很多。cc. LabelAtlas 中的每个字符必须有固定的高度和宽度。

cc. LabelAtlas 类图如图 4-5 所示。cc. LabelAtlas 间接地继承了 cc. Node 类，具有 cc. Node 的基本特性，它还直接继承了 cc. AtlasNode。

如果要展示图 4-6 所示的 Hello World 文字，可以使用 cc. LabelAtlas 实现。

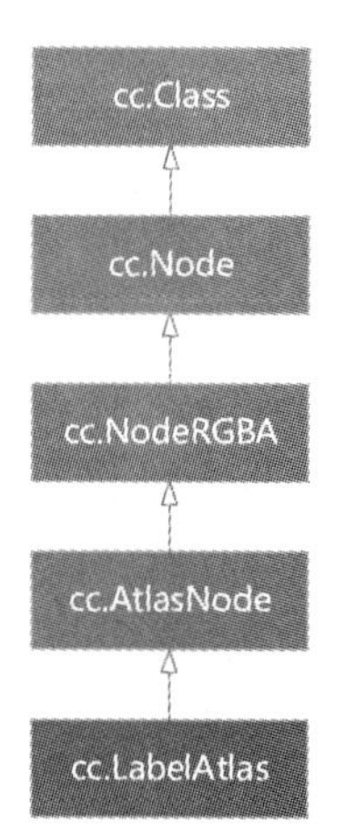

图 4-5 cc. LabelAtlas 类图

cc. LabelAtlas 实现的 Hello World 文字主要代码如下：

```
var HelloWorldLayer = cc.Layer.extend({
    sprite:null,
    ctor:function () {
        this._super();
        ...
        //创建并初始化标签
          var helloLabel = new cc.LabelAtlas("Hello World",
            res.charmap_png,
            48, 66, " ");                                        ①

          helloLabel.x = size.width / 2 - helloLabel.getContentSize().width / 2;
          helloLabel.y = size.height - helloLabel.getContentSize().height;
          this.addChild(helloLabel, 5);
          ...
          return true;
    }
});
```

上述代码第①行是创建一个 cc. LabelAtlas 对象，构造函数的第一个参数是要显示的文字；第二个参数是图片集文件(如图 4-7 所示)；第三个参数是字符高度；第四个参数是字符宽度；第五个参数是开始字符。

图 4-6　cc. LabelAtlas 实现的 Hello World 文字

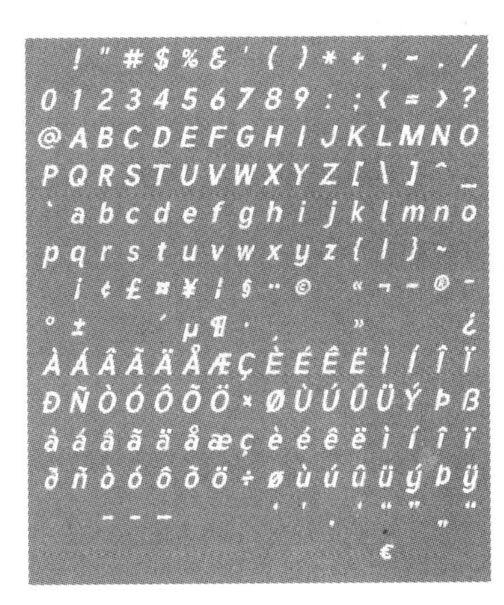

图 4-7　图片集文件

为了防止出现硬编码问题，应该使用 res. charmap_png 表示资源的路径，变量 res. charmap_png 是在 resource. js 中定义的资源名。resource. js 代码如下：

```
var res = {
    HelloWorld_png : "res/HelloWorld.png",
    CloseNormal_png : "res/CloseNormal.png",
    CloseSelected_png : "res/CloseSelected.png",
    charmap_png : "res/fonts/tuffy_bold_italic-charmap.png"
};
```

4.1.3 cc.LabelBMFont

cc.LabelBMFont 是位图字体标签，需要添加字体文件，包括一个图片集(.png)和一个字体坐标文件(.fnt)。cc.LabelBMFont 比 LabelTTF 快很多。cc.LabelBMFont 中的每个字符的宽度是可变的。

cc.LabelBMFont 类图如图 4-8 所示。从图中可以看出，cc.LabelBMFont 间接地继承了 cc.Node 类，具有 cc.Node 的基本特性。

如果要展示图 4-9 所示的 Hello World 文字，可以使用 cc.LabelBMFont 实现。

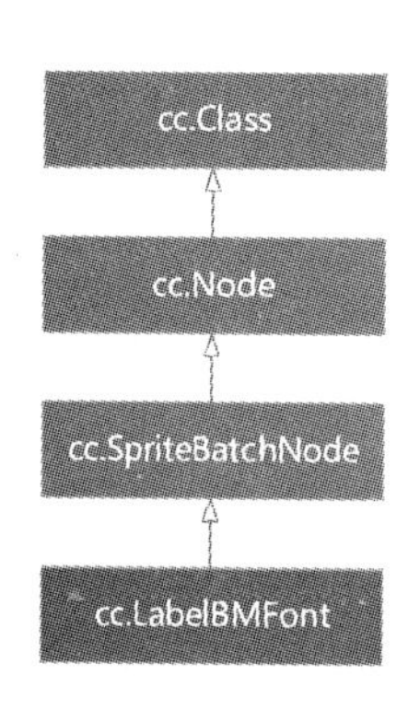

图 4-8 cc.LabelBMFont 类图

图 4-9 cc.LabelBMFont 实现的 Hello World 文字

cc.LabelBMFont 实现的 Hello World 文字主要代码如下：

```
var HelloWorldLayer = cc.Layer.extend({
    sprite:null,
    ctor:function () {
        this._super();
        …
        //创建并初始化标签
        this.helloLabel = new cc.LabelBMFont("Hello World",res.BMFont_fnt);      ①

        this.helloLabel.x = size.width / 2;
        this.helloLabel.y = size.height - 20;
        …
        return true;
    }
});
```

上述代码第①行是创建一个 LabelBMFont 对象，构造函数的第一个参数是要显示的文字，第二个参数是图片集文件，res.BMFont_fnt 变量保存了资源文件 BMFont.fnt 全路径，它也是在 resource.js 中定义的。图片集文件 BMFont.fnt 如图 4-10 所示，对

图 4-10 图片集文件

应的还有一个字体坐标文件 BMFont.fnt。

坐标文件 BMFont.fnt 代码如下：

```
info face = "AmericanTypewriter" size = 64 bold = 0 italic = 0 charset = "" unicode = 0 stretchH =
100 smooth = 1 aa = 1 padding = 0,0,0,0 spacing = 2,2
common lineHeight = 73 base = 58 scaleW = 512 scaleH = 512 pages = 1 packed = 0
page id = 0 file = "BMFont.png"
chars count = 95
char id = 124 x = 2 y = 2 width = 9 height = 68 xoffset = 14 yoffset = 9 xadvance = 32 page = 0 chnl =
0 letter = "|"
char id = 41 x = 13 y = 2 width = 28 height = 63 xoffset = 1 yoffset = 11 xadvance = 29 page = 0 chnl = 0
letter = ")"
char id = 40 x = 43 y = 2 width = 28 height = 63 xoffset = 4 yoffset = 11 xadvance = 29 page = 0 chnl = 0
letter = "("
...
char id = 32 x = 200 y = 366 width = 0 height = 0 xoffset = 16 yoffset = 78 xadvance = 16 page = 0
chnl = 0 letter = "space"
```

使用 LabelBMFont 需要注意的是，图片集文件和坐标文件需要放置在 res 目录下，文件命名相同。图片集合和坐标文件是可以通过位图字体工具制作而成的，关于位图字体工具的使用请参考本系列丛书的工具卷(《Cocos2d-x 实战：工具卷》)。

4.2 使用菜单

菜单中又包含菜单项，菜单项类是 cc.MenuItem，每个菜单项都有三个基本状态：正常、选中和禁止。再回顾一下 cc.MenuItem 类图，如图 4-11 所示。

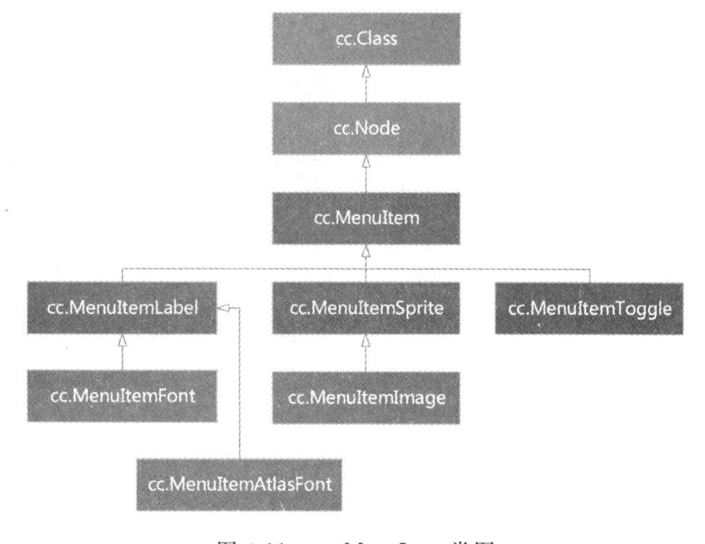

图 4-11 cc.MenuItem 类图

菜单是按照菜单项进行分类的,从图 4-11 中可见,cc. MenuItem 的子类有 cc. MenuItemLabel、cc. MenuItemSprite 和 cc. MenuItemToggle。其中,cc. MenuItemLabel 类是文本菜单,它有两个子类 cc. MenuItemAtlasFont 和 cc. MenuItemFont; cc. MenuItemSprite 类是精灵菜单,它的子类是 cc. MenuItemImage,它是图片菜单; cc. MenuItemToggle 类是开关菜单。

下面介绍文本菜单、精灵菜单、图片菜单和开关菜单。

4.2.1 文本菜单

文本菜单是菜单项只能显示文本,文本菜单类包括 cc. MenuItemLabel、cc. MenuItemFont 和 cc. MenuItemAtlasFont。cc. MenuItemLabel 是个抽象类,具体使用的时候是使用 cc. MenuItemFont 和 cc. MenuItemAtlasFont 两个类。

文本菜单类 cc. MenuItemFont 的其中一个构造函数定义如下:

```
ctor(value,                                   //要显示的文本
  callback,                                   //菜单操作的回调函数指针
  target)
```

文本菜单类 cc. MenuItemAtlasFont 是基于图片集的文本菜单项,它的其中一个构造函数定义如下:

```
ctor (value,                                  //要显示的文本
        charMapFile,                          //图片集文件
        itemWidth,                            //要截取的文字在图片中的宽度
        itemHeight,                           //要截取的文字在图片中的高度
        startCharMap                          //开始字符
        callback)                             //菜单操作的回调函数指针
```

本节会通过一个实例介绍一下文本菜单的使用,这个实例如图 4-12 所示。其中,菜单 Start 是使用 cc. MenuItemFont 实现的,菜单 Help 是使用 cc. MenuItemAtlasFont 实现的。

图 4-12 文本菜单实例

下面看看 app. js 中 HelloWorldLayer 的初始化代码:

```
var HelloWorldLayer = cc.Layer.extend({

    ctor:function () {
        this._super();

        var size = cc.director.getWinSize();

        var bg = new cc.Sprite(res.background_png);
        bg.x = size.width/2;
        bg.y = size.height/2;
        this.addChild(bg);
```

```
        cc.MenuItemFont.setFontName("Times New Roman");                         ①
        cc.MenuItemFont.setFontSize(86);                                        ②

        var item1 = new cc.MenuItemFont("Start", this.menuItem1Callback, this); ③

        var item2 = new cc.MenuItemAtlasFont("Help",
            res.charmap_png,
            48, 65,'',
            this.menuItem2Callback, this);                                      ④



        var  mn = new cc.Menu(item1, item2);                                    ⑤
        mn.alignItemsVertically();                                              ⑥
        this.addChild(mn);                                                      ⑦

        return true;
    },
    menuItem1Callback:function (sender) {
      cc.log("Touch Start Menu Item " + sender);
    },
    menuItem2Callback:function (sender) {
      cc.log("Touch Help Menu Item " + sender);
    }
});
```

上述代码第①和②行是设置文本菜单的文本字体和字体大小。第③行代码是创建cc.MenuItemFont菜单项对象，它是一个一般文本菜单项，构造函数的第一个参数是菜单项的文本内容，第二个参数是单击菜单项回调的函数指针，this.menuItem1Callback是函数指针，this代表函数所在的对象。第④行代码是创建一个cc.MenuItemAtlasFont菜单项对象，这种菜单项是基于图片集的菜单项。res.charmap_png变量也是在resource.js文件中定义的，表示"res/menu/tuffy_bold_italic-charmap.png"路径。第⑤行代码var mn=new cc.Menu(item1, item2)是创建菜单对象，把之前创建的菜单项添加到菜单中。第⑥行代码mn.alignItemsVertically()是设置菜单项垂直对齐。第⑦行代码this.addChild(mn)是把菜单对象添加到当前层中。

注意 上述代码第④行cc.MenuItemAtlasFont类在Web平台下运行正常，但是在JSB本地运行显示有误，可以使用下面的代码替换。

```
var labelAtlas = new cc.LabelAtlas("Help", res.charmap_png, 48, 65, '');
var item2 = new cc.MenuItemLabel(labelAtlas, this.menuItem2Callback, this);
```

4.2.2 精灵菜单和图片菜单

精灵菜单的菜单项类是cc.MenuItemSprite，图片菜单的菜单项类是cc.MenuItemImage。

由于 cc. MenuItemImage 继承于 cc. MenuItemSprite，所以图片菜单也属于精灵菜单。为什么叫作精灵菜单呢？那是因为这些菜单项具有精灵的特点，可以让精灵动起来，具体使用时是把一个精灵放置到菜单中作为菜单项。

精灵菜单项类 cc. MenuItemSprite 的其中一个构造函数定义如下：

```
ctor(normalSprite,                              //菜单项正常显示时的精灵
        selectedSprite,                         //选择菜单项时的精灵
        callback,                               //菜单操作的回调函数指针
        target
)
```

使用 cc. MenuItemSprite 比较麻烦，在创建 cc. MenuItemSprite 之前要先创建三种不同状态所需要的精灵(即 normalSprite、selectedSprite 和 disabledSprite)。cc. MenuItemSprite 还有一些其他的构造函数，在这些函数中可以省略 disabledSprite 参数。

如果精灵是由图片构成的，可以使用 cc. MenuItemImage 实现与精灵菜单同样的效果。cc. MenuItemImage 类的其中一个构造函数定义如下：

```
ctor(normalImage,                               //菜单项正常显示时的图片
        selectedImage,                          //选择菜单项时的图片
        callback,                               //菜单操作的回调函数指针
        target
)
```

cc. MenuItemImage 还有一些构造函数，在这些函数中可以省略 disabledImage 参数。

本节会通过一个实例介绍一下精灵菜单和图片菜单的使用，这个实例如图 4-13 所示。

图 4-13　精灵菜单和图片菜单实例

下面看看 app. js 中 HelloWorldLayer 的初始化代码：

```
var HelloWorldLayer = cc.Layer.extend({

        ctor:function () {

        this._super();

        var size = cc.director.getWinSize();

        var bg = new cc.Sprite(res.background_png);
        bg.x = size.width/2;
        bg.y = size.height/2;
        this.addChild(bg);

        //开始精灵
```

```
        var startSpriteNormal = new cc.Sprite(res.start_up_png);                    ①
        var startSpriteSelected = new cc.Sprite(res.start_down_png);                ②
        var startMenuItem = new cc.MenuItemSprite(
            startSpriteNormal,
            startSpriteSelected,
            this.menuItemStartCallback, this);                                      ③
        startMenuItem.x = 700;                                                      ④
        startMenuItem.y = size.height - 170;                                        ⑤

        //设置图片菜单
        var settingMenuItem = new cc.MenuItemImage(
            res.setting_up_png,
            res.setting_down_png,
            this.menuItemSettingCallback, this);                                    ⑥
        settingMenuItem.x = 480;
        settingMenuItem.y = size.height - 400;

        //帮助图片菜单
        var helpMenuItem = new cc.MenuItemImage(
            res.help_up_png,
            res.help_down_png,
            this.menuItemHelpCallback, this);                                       ⑦
        helpMenuItem.x = 860;
        helpMenuItem.y = size.height - 480;

        var mu = new cc.Menu(startMenuItem, settingMenuItem, helpMenuItem);        ⑧
        mu.x = 0;
        mu.y = 0;
        this.addChild(mu);
    },
    menuItemStartCallback:function (sender) {
      cc.log("menuItemStartCallback!");
    },
    menuItemSettingCallback:function (sender) {
      cc.log("menuItemSettingCallback!");
    },
    menuItemHelpCallback:function (sender) {
      cc.log("menuItemHelpCallback!");
    }
});
```

在上面的代码中第①～②行是创建两种不同状态的精灵；第③行代码是创建精灵菜单项 cc.MenuItemSprite 对象；第④～⑤行代码是设置开始菜单项(startMenuItem)位置，注意这个坐标是(700, 170)，由于(700, 170)的坐标是 UI 坐标，需要转换为 OpenGL 坐标，这个转换过程就是 startMenuItem.y=size.height-170。第⑥和⑦行代码是创建图片菜单项 cc.MenuItemImage 对象。第⑧行代码是创建 cc.Menu 对象。

另外，由于背景图片大小是 1136×640，可以在创建工程的时候，创建一个 1136×640 横屏的工程。如果创建工程不是这个尺寸，可以修改根目录下的 main.js 文件。内容如下：

```
cc.game.onStart = function(){
    cc.view.setDesignResolutionSize(1136, 640, cc.ResolutionPolicy.EXACT_FIT);        ①
  cc.view.resizeWithBrowserSize(true);
    //load resources
    cc.LoaderScene.preload(g_resources, function () {
        cc.director.runScene(new HelloWorldScene());
    }, this);
};
cc.game.run();
```

需要在第①行中修改屏幕大小代码。

4.2.3 开关菜单

开关菜单的菜单项类是cc.MenuItemToggle，它是一种可以进行两种状态切换的菜单项。它可以通过下面的函数创建：

```
ctor(OnMenuItem,                                  //菜单项 On 时的菜单项
        OffMenuItem,                              //菜单项 Off 时的菜单项
        callback,                                 //菜单操作的回调函数指针
        target
)
```

下面的代码是简单形式的文本类型的开关菜单项：

```
var toggleMenuItem = new cc.MenuItemToggle (
            new  MenuItemFont("On"),
            new  MenuItemFont("Off"),
            this.menuItem1Callback, this);

var mn = new cc.Menu(toggleMenuItem);
this.addChild(mn);
```

本节会通过一个实例介绍一下其他的复杂类型的开关菜单的使用，这个实例如图4-14所示。它是一个游戏音效和背景音乐设置界面，可以通过开关菜单实现这个功能，美术设计师为每一个设置项目（音效和背景音乐）分别准备了两个图片。

图4-14 开关菜单实例

下面看看app.js中HelloWorldLayer的初始化代码：

```
var HelloWorldLayer = cc.Layer.extend({

    ctor:function () {
        this._super();
        var size = cc.director.getWinSize();

        var bg = new cc.Sprite(res.setting_back_png);
```

```
        bg.x = size.width/2;
        bg.y = size.height/2;
        this.addChild(bg);

        //音效
        var soundOnMenuItem = new cc.MenuItemImage(
            res.On_png, res.On_png);                                    ①
        var soundOffMenuItem = new cc.MenuItemImage(
            res.Off_png, res.Off_png);                                  ②

        var soundToggleMenuItem = new cc.MenuItemToggle(
            soundOnMenuItem,
            soundOffMenuItem,
            this.menuSoundToggleCallback, this);                        ③
        soundToggleMenuItem.x = 818;
        soundToggleMenuItem.y = size.height - 220;

        //音乐
        var musicOnMenuItem = new cc.MenuItemImage(
            res.On_png, res.On_png);                                    ④
        var musicOffMenuItem = new cc.MenuItemImage(
            res.Off_png, res.Off_png);                                  ⑤
        var musicToggleMenuItem = new cc.MenuItemToggle(
            musicOnMenuItem,
            musicOffMenuItem,
            this.menuMusicToggleCallback, this);                        ⑥

        musicToggleMenuItem.x = 818;
        musicToggleMenuItem.y = size.height - 362;

        //OK 按钮
        var okMenuItem = new cc.MenuItemImage(
            res.ok_down_png,
            res.ok_up_png,
            this.menuOkCallback, this);
        okMenuItem.x = 600;
        okMenuItem.y = size.height - 510;

        var mu = new cc.Menu(soundToggleMenuItem, musicToggleMenuItem, okMenuItem);   ⑦
        mu.x = 0;
        mu.y = 0;
        this.addChild(mu);
    },
    menuSoundToggleCallback:function (sender) {
      cc.log("menuSoundToggleCallback!");
    },
    menuMusicToggleCallback:function (sender) {
      cc.log("menuMusicToggleCallback!");
    },
    menuOkCallback:function (sender) {
```

```
            cc.log("menuOkCallback!");
        }
    });
```

上面代码第①行是创建音效开的图片菜单项，第②行是创建音效关的图片菜单项，第③行代码是创建开关菜单项 cc.MenuItemToggle。类似地，第④～⑥行创建了背景音乐开关菜单项，第⑦行代码是通过上面创建的开关菜单项创建 cc.Menu 对象。

本章小结

通过对本章的学习，应该了解 Cocos2d-JS 标签和菜单相关知识，其中标签类有 cc.LabelTTF、cc.LabelAtlas 和 cc.LabelBMFont。在菜单部分学习了文本菜单、精灵菜单、图片菜单和开关菜单等。

第5章 精 灵

在前面的章节用到了精灵对象但没有深入地介绍，本章将深入地介绍精灵的使用。精灵是游戏中非常重要的概念，围绕着精灵还有很多概念，如精灵帧、缓存、动作和动画等内容。

5.1 Sprite 精灵类

精灵类是 cc. Sprite，它的类图如图 5-1 所示。cc. Sprite 类间接继承了 cc. Node 类，具有 cc. Node 的基本特征。

5.1.1 创建 Sprite 精灵对象

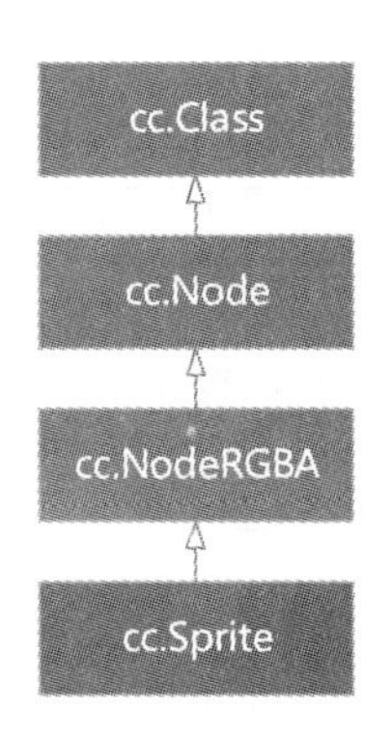

图 5-1 cc. Sprite 类图

创建精灵对象可以使用构造函数实现，它们接收相同的参数，这些参数非常灵活。归纳起来，创建精灵对象有 4 种主要的方式。

1. 根据图片资源路径创建

```
//图片资源路径
var sp1 = new cc.Sprite("res/background.png");
//图片资源路径和裁剪的矩形区域

var sp2 = new cc.Sprite("res/tree.png",cc.rect(604, 38, 302, 295))
```

2. 根据精灵表（纹理图集）中的精灵帧名创建

```
//精灵帧名
var sp = new cc.Sprite("#background.png");
```

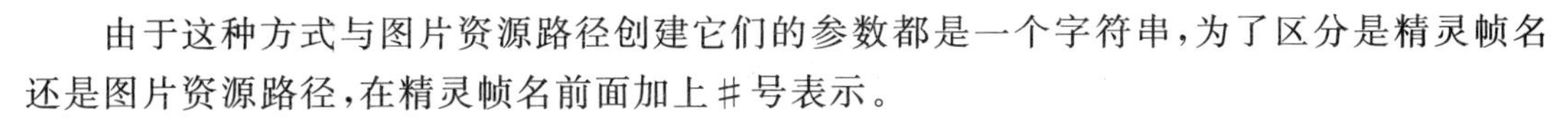
由于这种方式与图片资源路径创建它们的参数都是一个字符串，为了区分是精灵帧名还是图片资源路径，在精灵帧名前面加上＃号表示。

3. 根据精灵帧创建

可以通过精灵帧缓存获得精灵帧对象，再从精灵帧对象中获得精灵对象。

```
//精灵帧缓存
var spriteFrame = cc.spriteFrameCache.getSpriteFrame("background.png");
```

```
var sprite = new cc.Sprite(spriteFrame);
```

4. 根据纹理创建精灵

```
//创建纹理对象
var texture = cc.textureCache.addImage("background.png");
//指定纹理创建精灵
var sp1 = new cc.Sprite(texture);
//指定纹理和裁剪的矩形区域来创建精灵
var sp2 = new cc.Sprite(texture, cc.rect(0,0,480,320));
```

5.1.2 实例：使用纹理对象创建 Sprite 对象

本节会通过一个实例介绍使用纹理对象创建 Sprite 对象，这个实例如图 5-2 所示。其中，地面上的草是放在背景（如图 5-3 所示）中的，场景中的两棵树是从图 5-4 所示的“树”纹理图片中截取出来的，图 5-5 所示是树的纹理坐标，注意它的坐标原点在左上角。

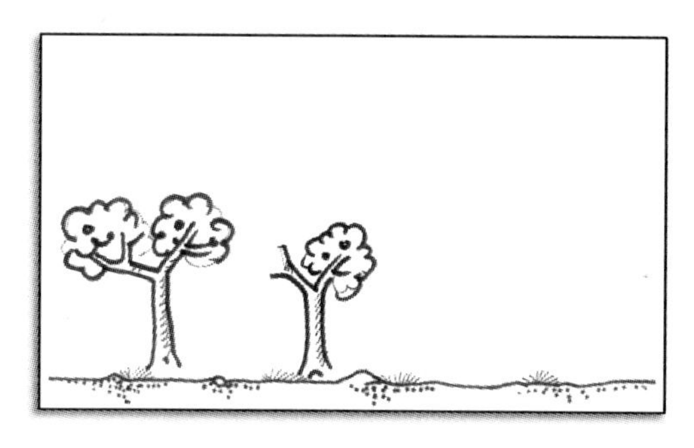

图 5-2 创建 Sprite 对象实例

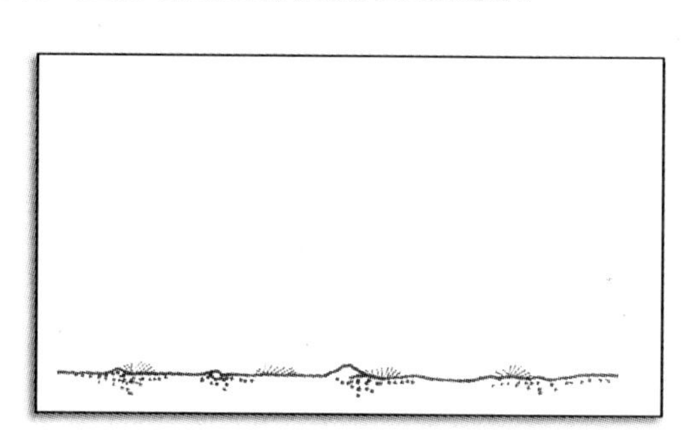

图 5-3 场景背景图片

图 5-4 “树”纹理图片

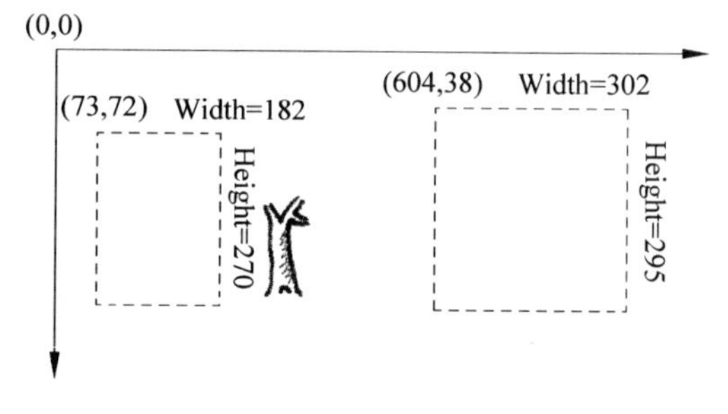

图 5-5 树的纹理坐标

下面看看 app.js 中 HelloWorldLayer 的初始化代码：

```
var HelloWorldLayer = cc.Layer.extend({

    ctor:function () {

        this._super();
        var size = cc.director.getWinSize();
```

```
        var bg = new cc.Sprite(res.background_png);                              ①
        bg.x = size.width/2;
        bg.y = size.height/2;
        this.addChild(bg);

        var tree1 = new cc.Sprite(res.tree_png,cc.rect(604, 38, 302, 295));      ②

        tree1.x = 200;
        tree1.y = 230;
        this.addChild(tree1);

        var texture = cc.textureCache.addImage(res.tree_png);                    ③
        var tree2 = new cc.Sprite(texture, cc.rect(73, 72,182,270));             ④
        tree2.x = 500;
        tree2.y = 200;
        this.addChild(tree2);
    }
});
```

上面代码第①行通过图片创建精灵，变量 res.background_png 是图片的完整路径，它是在 resource.js 文件中定义的，它代表的图片是 background.png。background.png 图片如图 5-3 所示。第②行代码是通过 tree1.png 图片（res.tree_png 变量保存的内容）和矩形裁剪区域创建精灵，矩形裁剪区域为(604, 38, 302, 295)，如图 5-5 所示。

rect 类可以创建矩形裁剪区。rect 构造函数如下：

```
rect (x, y, width, height)
```

其中，x，y 是 UI 坐标；坐标原点在左上角；width 是裁剪矩形的宽度；height 是裁剪矩形的高度。

第③行代码把 tree1.png 图片添加到纹理缓存中，第④行代码通过指定纹理和裁剪的矩形区域来创建精灵。

5.2 精灵的性能优化

游戏是一种很耗费资源的应用，特别是在移动设备中的游戏，性能优化是非常重要的。性能优化的方面有很多，本节只介绍精灵相关的性能优化，而其他方面的优化会在第 16 章介绍。

精灵的性能优化可以使用精灵表和缓存。下面从这两个方面介绍精灵的性能优化。

5.2.1 使用纹理图集

纹理图集（texture atlas）也称为精灵表（sprite sheet），它是把许多小的精灵图片组合到一张大图里面。使用纹理图集（或精灵表）有如下主要优点：

(1) 减少文件读取次数，读取一张图片比读取一堆小文件要快。

（2）减少渲染引擎的绘制调用并且加速渲染。

（3）Cocos2d-JS 全面支持 Zwoptex① 和 TexturePacker②，所以创建和使用纹理图集是很容易的。

通常可以使用纹理图集制作工具 Zwoptex 和 TexturePacker 帮助设计和生成纹理图集文件（如图 5-6 所示），以及纹理图集坐标文件（plist）。

图 5-6 精灵表文件 SpriteSheet.png

plist 是属性列表文件，它是一种 XML 文件。SpriteSheet.plist 文件代码如下：

```
<?xml version = "1.0" encoding = "UTF - 8"?>
<! DOCTYPE plist PUBLIC " - //Apple Computer//DTD PLIST 1.0
//EN" "http://www.apple.com/DTDs/PropertyList - 1.0.dtd">
<plist version = "1.0">
    <dict>
        <key>frames</key>
        <dict>                                                ①
            <key>hero1.png</key>                              ②
            <dict>
                <key>frame</key>
                <string>{{2,1706},{391,327}}</string>         ③
                <key>offset</key>
                <string>{6,0}</string>
                <key>rotated</key>
                <false/>
                <key>sourceColorRect</key>
                <string>{{17,0},{391,327}}</string>
                <key>sourceSize</key>
                <string>{413,327}</string>                    ④
            </dict>
            …
            <key>mountain1.png</key>
            <dict>
                <key>frame</key>
                <string>{{2,391},{934,388}}</string>
                <key>offset</key>
                <string>{0, - 8}</string>
                <key>rotated</key>
                <false/>
                <key>sourceColorRect</key>
                <string>{{0,16},{934,388}}</string>
                <key>sourceSize</key>
                <string>{934,404}</string>
            </dict>
```

① 精灵表制作工具 http://www.zwopple.com/zwoptex/。

② 精灵表制作工具 http://www.codeandweb.com/texturepacker。

```
            ...
        </dict>
        <key>metadata</key>
        <dict>
            <key>format</key>
            <integer>2</integer>
            <key>realTextureFileName</key>
            <string>SpriteSheet.png</string>
            <key>size</key>
            <string>{1024,2048}</string>
              <key>smartupdate</key><string>$TexturePacker:SmartUpdate:5f186491d
3aea289c50ba9b77716547f:abc353d00773c0ca19d20b55fb028270:755b0266068b8a3b8dd250a2d186c02b $
</string>
            <key>textureFileName</key>
            <string>SpriteSheet.png</string>
        </dict>
    </dict>
</plist>
```

上述代码是plist文件,其中代码第①～④行描述了一个精灵帧(小的精灵图片)位置;第②行代码是精灵帧的名字,一般情况下它的命名与原始的精灵图片名相同;第③行代码描述了精灵帧的位置和大小,{2,1706}是精灵帧的位置,{391,327}是精灵帧的大小。由于不需要自己编写plist文件,其他的属性就不再介绍了。

提示 工具Zwoptex和TexturePacker等纹理图集工具使用,请参考本系列丛书的工具卷(《Cocos2d-x实战:工具卷》)。

使用精灵表文件最简单的方式是使用图片资源路径和裁剪的矩形区域创建Sprite对象,其中创建矩形rect对象可以参考坐标文件中第③行代码的{{2,1706},{391,327}}数据。代码如下:

```
var mountain1 = new cc.Sprite(res.SpriteSheet_png,cc.rect(2,391, 934, 388));
mountain1.anchorX = 0;
mountain1.anchorY = 0;
mountain1.x = -200;
mountain1.y = 80;
this.addChild(mountain1);
```

其中,res.SpriteSheet_png变量表示res/SpriteSheet.png,也可以使用精灵表文件创建纹理对象。代码如下:

```
var texture = cc.textureCache.addImage(res.SpriteSheet_png);
var hero1 = new cc.Sprite(texture, cc.rect(2,1706,391,327));
hero1.x = 800;
hero1.y = 200;
this.addChild(hero1);
```

其中,res.SpriteSheet_png变量表示res/SpriteSheet.png。

5.2.2 使用精灵帧缓存

精灵帧缓存是缓存的一种。缓存有如下几种：

(1) 纹理缓存(TextureCache)。使用纹理缓存可以创建纹理对象，在上一节已经用到了。

(2) 精灵帧缓存(SpriteFrameCache)。能够从精灵表中创建精灵帧缓存，然后再从精灵帧缓存中获得精灵对象，反复使用精灵对象时，使用精灵帧缓存可以节省内存消耗。

(3) 动画缓存(AnimationCache)。动画缓存主要用于精灵动画，精灵动画中的每一帧是从动画缓存中获取的。

本节主要介绍精灵帧缓存(SpriteFrameCache)，要使用精灵帧缓存涉及的类有SpriteFrame和SpriteFrameCache。使用SpriteFrameCache创建精灵对象的主要代码如下：

```
var frameCache = cc.spriteFrameCache;
frameCache.addSpriteFrames("res/SpriteSheet.plist",
                           "res/SpriteSheet.png");                    ①
var mountain1 = new cc.Sprite("#mountain1.png");                      ②
```

上述代码第①行是向精灵帧缓存中添加精灵帧，其中第一个参数SpriteSheet.plist是坐标文件，第二个参数SpriteSheet.png是纹理图集文件。第②行代码是从精灵帧缓存中通过精灵帧名(见SpriteSheet.plist文件代码中的第②行)创建精灵对象。

图5-7 使用精灵帧缓存实例

下面会通过一个实例介绍精灵帧缓存使用，这个实例如图5-7所示，在游戏场景中有背景、山和英雄[①]三个精灵。

下面看看app.js中HelloWorldLayer的初始化代码：

```
var HelloWorldLayer = cc.Layer.extend({

    ctor:function () {
        this._super();
        var size = cc.director.getWinSize();

        var bg = new cc.Sprite(res.background_png);                   ①
        bg.x = size.width/2;
        bg.y = size.height/2;
        this.addChild(bg);
```

① 把玩家控制的精灵称为“英雄”，把计算机控制的反方精灵称为“敌人”。

```
        var frameCache = cc.spriteFrameCache;                                    ②
        frameCache.addSpriteFrames(res.SpirteSheet_plist,
            res.SpirteSheet_png);

        var mountain1 = new cc.Sprite("#mountain1.png");
        mountain1.anchorX = 0;
        mountain1.anchorY = 0;
        mountain1.x = -200;
        mountain1.y = 80;
        this.addChild(mountain1);

        var heroSpriteFrame = frameCache.getSpriteFrame("hero1.png");            ③
        var hero1 = new cc.Sprite(heroSpriteFrame);                              ④
        hero1.x = 800;
        hero1.y = 200;
        this.addChild(hero1);
    }
});
```

上述代码第①行是创建一个背景精灵对象，这个背景精灵对象并不是通过精灵缓存创建的，而是通过精灵文件直接创建的。事实上，完全也可以将这个背景图片放到精灵表中。

代码第③～④行是使用精灵帧缓存创建精灵对象的另外一种函数，其中第③行代码是使用精灵帧缓存对象 frameCache 的 getSpriteFrame 函数创建 SpriteFrame 对象，SpriteFrame 对象就是“精灵帧”对象，事实上在精灵帧缓存中存放的都是这种类型的对象。第④行代码是通过精灵帧对象创建。第③和④行使用精灵帧缓存方式主要应用于精灵动画时，相关的知识将在精灵动画部分介绍。

精灵帧缓存不再使用后要移除相关精灵帧，否则如果再有相同名称的精灵帧时，就会出现一些奇怪的现象。spriteFrameCache 类中移除精灵帧的缓存函数如下：

(1) removeSpriteFrameByName(name)。指定具体的精灵帧名移除。

(2) removeSpriteFrames()。指定移除精灵缓存。

(3) removeSpriteFramesFromFile(url)。指定具体的坐标文件移除精灵帧。

(4) removeSpriteFramesFromTexture(texture)。通过指定纹理移除精灵帧。

为了防止该场景中的精灵帧缓存对下一个场景产生影响，可以在当前场景所在层的 onExit 函数中调用这些函数。相关代码如下：

```
onExit:function () {
    this._super();
    spriteFrameCache.removeSpriteFrames();
}
```

onExit 函数是层退出时回调的函数，与构造函数类似，都属于层的生命周期中的函数。

本章小结

通过对本章的学习，应了解 Cocos2d-JS 中的精灵相关知识和如何创建精灵对象。此外，本章还介绍了精灵的性能优化，性能优化方式包括使用精灵表和使用精灵帧缓存。

第6章　场景与层

前面的章节简单地介绍了场景与层对象。本章将更加深入地介绍场景切换和层的生命周期问题。多个场景必然涉及场景切换、场景过渡动画和层的生命周期等相关知识。

6.1　场景与层的关系

虽然前面章节介绍了场景和层，但是本节要深入地介绍场景与层的关系。在第3章中介绍了节点的层级结构，在节点的层级结构中可以看到场景与层之间的关系是如图6-1所示的1∶*n*关系，即一个场景(scene)有多个层(layer)对应，而且层的个数要至少是1，不能为0。

编程的时候往往不需要子类化(编写子类)场景，而是子类化层。虽然场景与层之间是1∶*n*的关系，但是通过模板生成的工程默认情况下都是1∶1关系。由模板生成的app.js文件中定义HelloWorldScene和HelloWorldLayer，它们是1∶1关系。场景与层的静态结构关系如图6-2所示。从类图中可以看到，HelloWorldLayer是Layer子类，HelloWorldScene是Scene子类，在HelloWorldScene的onEnter函数中创建并添加HelloWorldLayer层到HelloWorldScene场景。

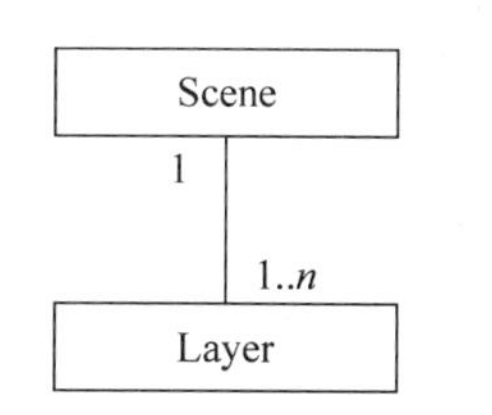

图6-1　场景与层的对应关系

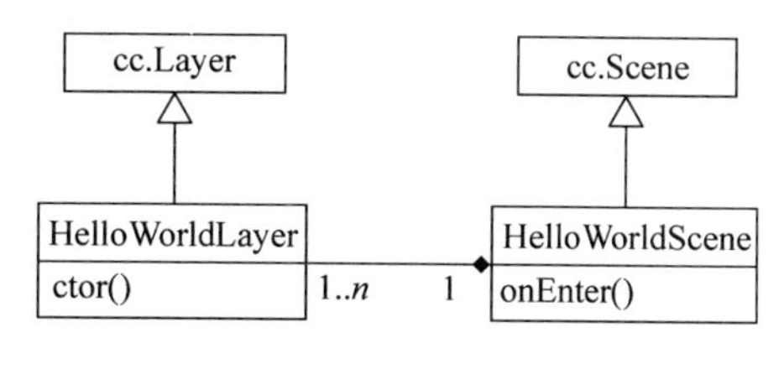

图6-2　场景与层类图

6.2　场景切换

前面章节介绍的实例都是单个场景，但是实际游戏应用中往往并不只有一个场景，而是多个场景，多个场景必然需要切换。

6.2.1 场景切换相关函数

场景切换是通过导演类 director 实现的。其中的相关函数如下：

(1) runScene(scene)。该函数可以运行场景。只能在启动第一个场景时调用该函数。如果已经有一个场景运行,则不能调用该函数。

(2) pushScene(scene)。切换到下一个场景。将当前场景挂起放入到场景堆栈中,然后再切换到下一个场景中。

(3) popScene()。与 pushScene 配合使用,可以回到上一个场景。

(4) popToRootScene()。与 pushScene 配合使用,可以回到根场景。

pushScene 并不会释放和销毁场景,原来场景的状态可以保持,但是游戏中也不能同时有太多的场景对象运行。

使用 pushScene 函数从当前场景进入到 Setting 场景(SettingScene)的代码如下：

```
cc.director.pushScene(new SettingScene());
```

从 Setting 场景回到上一个场景使用的代码如下：

```
cc.director.popScene();
```

下面通过一个实例场景切换相关函数,如图 6-3 所示有两个场景：HelloWorld 和 Setting(设置)。在 HelloWorld 场景单击"游戏设置"按钮可以切换到 Setting 场景,在 Setting 场景中单击 OK 按钮可以返回到 HelloWorld 场景。

图 6-3 场景之间的切换(上图为 HelloWorld 场景,下图为 Setting 场景)

首先需要在工程中添加一个 Setting 场景，如果使用的开发工具是 Cocos Code IDE，那么如图 6-4 所示，右击工程（本例中工程名是 CocosJSGame）中 src 文件夹，在弹出的快捷菜单中选择 New→JavaScript File 命令，弹出对话框如图 6-5 所示，在 File name 文本框中输入 SettingScene，然后单击 Finish 按钮创建 SettingScene.js。

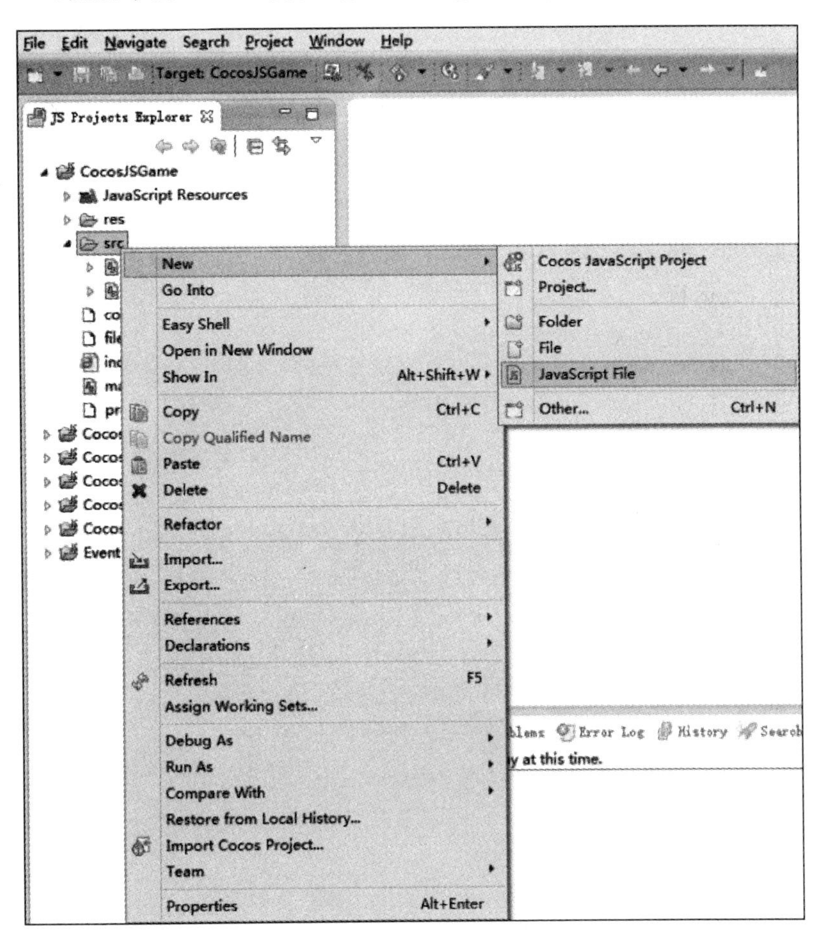

图 6-4　添加 SettingScene.js 文件

下面看看代码部分。app.js 中的重要代码如下：

```
var HelloWorldLayer = cc.Layer.extend({

    ctor:function () {
        this._super();
        var size = cc.director.getWinSize();

        var bg = new cc.Sprite(res.background_png);
        bg.x = size.width/2;
        bg.y = size.height/2;
```

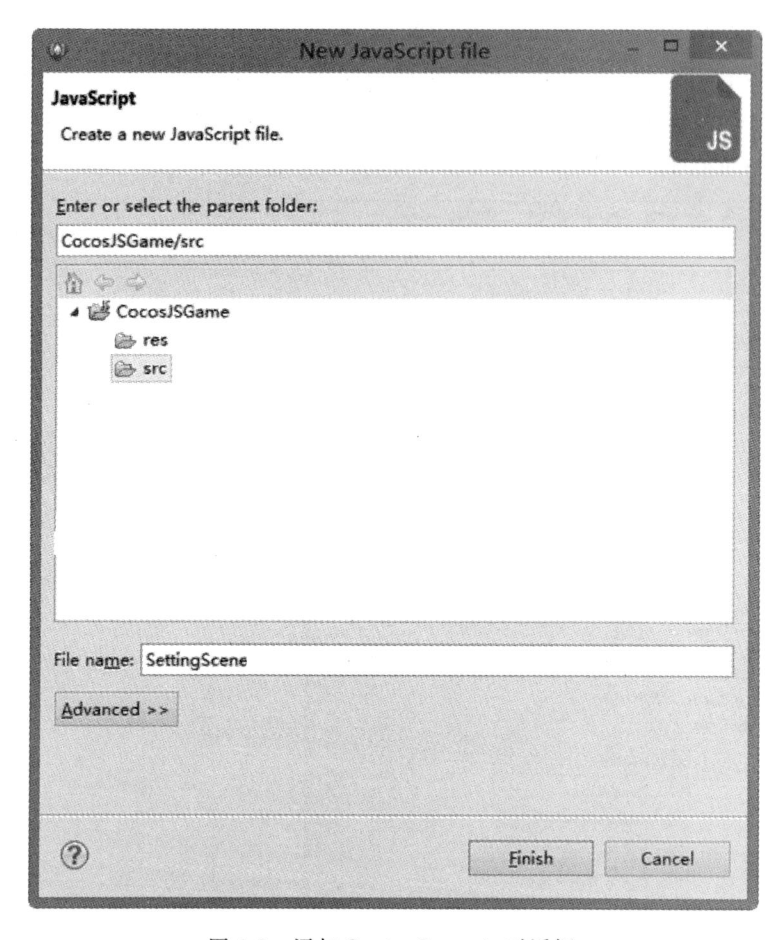

图 6-5　添加 SettingScene.js 对话框

```
this.addChild(bg);

//开始精灵
var startSpriteNormal = new cc.Sprite(res.start_up_png);
var startSpriteSelected = new cc.Sprite(res.start_down_png);

var startMenuItem = new cc.MenuItemSprite(startSpriteNormal,
    startSpriteSelected,
    function () {
        cc.log("startMenuItem is clicked!");
    }, this);
startMenuItem.x = 700;
startMenuItem.y = size.height - 170;

//设置图片菜单
var settingMenuItem = new cc.MenuItemImage(
    "res/setting-up.png",
```

```
        "res/setting - down.png",
        function () {                                                    ①
            cc.log("settingMenuItem is clicked!");
            cc.director.pushScene(new SettingScene());                   ②
        }, this);
    settingMenuItem.x = 480;
    settingMenuItem.y = size.height - 400;

    //帮助图片菜单
    var helpMenuItem = new cc.MenuItemImage(
        res.help_up_png,
        res.help_down_png,
        function () {
            cc.log("helpMenuItem is clicked!");
        }, this);
    helpMenuItem.x = 860;
    helpMenuItem.y = size.height - 480;

    var mu = new cc.Menu(startMenuItem, settingMenuItem, helpMenuItem);
    mu.x = 0;
    mu.y = 0;
    this.addChild(mu);

  }
});
```

上述代码中的第①行定义的函数是在用户单击"游戏设置"按钮时回调的。第②行代码是 pushScene 函数进行场景切换。

SettingScene.js 中的重要代码如下：

```
var SettingLayer = cc.Layer.extend({
    ctor:function () {
        this._super();
        var size = cc.director.getWinSize();

        var background = new cc.Sprite(res.setting_back_png);
        background.anchorX = 0;
        background.anchorY = 0;
        this.addChild(background);

        //音效
        var soundOnMenuItem = new cc.MenuItemImage(res.On_png, res.On_png);
        var soundOffMenuItem = new cc.MenuItemImage(res.Off_png, res.Off_png);

        var soundToggleMenuItem = new cc.MenuItemToggle(
            soundOnMenuItem,
            soundOffMenuItem,
            function () {
                cc.log("soundToggleMenuItem is clicked!");
            }, this);
```

```
            soundToggleMenuItem.x = 818;
            soundToggleMenuItem.y = size.height - 220;

            //音乐
            var musicOnMenuItem = new cc.MenuItemImage(
                res.On_png, res.On_png);
            var musicOffMenuItem = new cc.MenuItemImage(
                res.Off_png, res.Off_png);
            var musicToggleMenuItem = new cc.MenuItemToggle(
                musicOnMenuItem,
                musicOffMenuItem,
                function () {
                    cc.log("musicToggleMenuItem is clicked!");
                }, this);
            musicToggleMenuItem.x = 818;
            musicToggleMenuItem.y = size.height - 362;

            //OK 按钮
            var okMenuItem = new cc.MenuItemImage(
                "res/ok - down.png",
                "res/ok - up.png",
                function () {                                               ①
                    cc.director.popScene();                                 ②
                },this);
            okMenuItem.x = 600;
            okMenuItem.y = size.height - 510;

            var menu = new cc.Menu(okMenuItem);
            menu.x = 0;
            menu.y = 0;
            this.addChild(menu, 1);

            return true;
        }
    });
```

上述代码中的第①行定义的函数是用户在设置场景单击 OK 按钮时回调的。第②行代码是使用 popScene 函数返回 HelloWorld 场景。

另外，由于添加了 SettingScene.js 文件，需要修改根目录下的 project.json 文件。在该文件中注册 js 文件，修改代码如下：

```
{
    "project_type": "javascript",

    "debugMode" : 1,
    "showFPS" : true,
    "frameRate" : 60,
    "id" : "gameCanvas",
    "renderMode" : 2,
```

```
    "engineDir":"frameworks/cocos2d-html5",

    "modules" : ["menus"],

    "jsList" : [
        "src/resource.js",
        "src/app.js",
        "src/SettingScene.js"                                    ①
    ]
}
```

其中,第①行代码是添加的,在 Cocos2d-JS 的工程中所有的 js 文件都需要在 project.json 文件的 jsList 中注册。

6.2.2 场景过渡动画

场景切换时是可以添加过渡动画的,场景过渡动画是由 TransitionScene 类和它的子类展示的。TransitionScene 类图如图 6-6 所示。

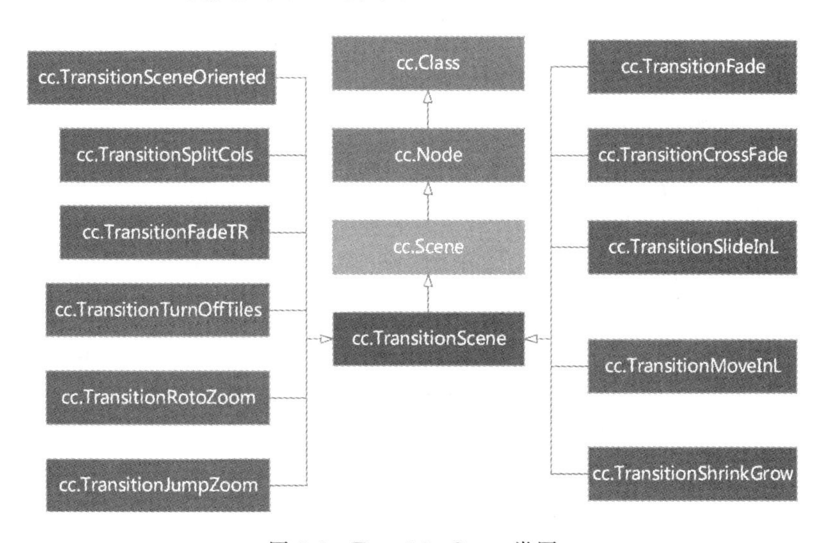

图 6-6 TransitionScene 类图

从图 6-6 所示的类图中可以看到,TransitionScene 类的直接子类有 11 个,而且有些子类还有子类,全部的过渡动画类 30 多个。幸运的是,这里过渡动画类的使用方式都是类似如下代码:

```
cc.director.pushScene(new cc.TransitionFadeTR(1.0, new SettingScene()));
```

上述代码创建过渡动画 TransitionJumpZoom 对象,构造函数有两个参数,第一个是动画持续时间,第二个参数是场景对象。pushScene 函数使用的参数是过渡动画 TransitionScene 对象。

这里不介绍全部 30 多个过渡动画,只介绍一些有代表性的过渡动画。总结了 10 个,如下所示：

(1) TransitionFadeTR。网格过渡动画，从左下到右上。

(2) TransitionJumpZoom。跳动的过渡动画。

(3) TransitionCrossFade。交叉渐变过渡动画。

(4) TransitionMoveInL。从左边推入覆盖的过渡动画。

(5) TransitionShrinkGrow。缩放交替的过渡动画。

(6) TransitionRotoZoom。类似照相机镜头旋转放缩交替的过渡动画。

(7) TransitionSlideInL。从左侧推入的过渡动画。

(8) TransitionSplitCols。按列分割界面的过渡动画。

(9) TransitionSceneOriented。与方向相关的过渡动画，它的子类很多，例如TransitionFlipY是沿垂直方向翻转屏幕。

(10) TransitionTurnOffTiles。生成随机瓦片方格的过渡动画。

很多动画效果只可意会无法言传，还需要自己将其运行起来看看。

6.3 场景的生命周期

一般情况下一个场景只需要一个层。需要创建自己的层类，如上一节的HelloWorldLayer和SettingLayer都是层Layer类的子类，而场景也需要创建子类，但是主要的游戏逻辑代码基本上都是写在层中的。由于这个原因场景的生命周期是通过层的生命周期反映出来的，通过重写层的生命周期函数，可以处理场景不同生命周期阶段的事件。例如，可以在层的进入函数(onEnter)中做一些初始化处理，而在层退出函数(onExit)中释放一些资源。

6.3.1 生命周期函数

层(Layer)的生命周期函数如下：

(1) ctor构造函数。初始化层时调用。

(2) onEnter()。进入层时调用。

(3) onEnterTransitionDidFinish()。进入层而且过渡动画结束时调用。

(4) onExit()。退出层时调用。

(5) onExitTransitionDidStart()。退出层而且开始过渡动画时调用。

提示 层(Layer)继承于节点(Node)，这些生命周期函数根本上是从Node继承而来。事实上所有Node对象(包括场景、层、精灵等)都有这些函数，只要是继承这些类都可以重写这些函数，来处理这些对象的不同生命周期阶段事件。

重写HelloWorld层中的几个生命周期函数。代码如下：

```
var HelloWorldLayer = cc.Layer.extend({
```

```
    ctor:function () {
        this._super();
        cc.log("HelloWorldLayer init");
        …
    },
    onEnter: function () {
     this._super();
     cc.log("HelloWorldLayer onEnter");
    },
    onEnterTransitionDidFinish: function () {
     this._super();
     cc.log("HelloWorldLayer onEnterTransitionDidFinish");
    },
    onExit: function () {
     this._super();
     cc.log("HelloWorldLayer onExit");
    },
    onExitTransitionDidStart: function () {
     this._super();
     cc.log("HelloWorldLayer onExitTransitionDidStart");
    }
});
```

注意 在重写层生命周期函数中，一定要有调用父类函数语句的 this._super()，如果不调用父类的函数，则可能会导致层中动画、动作或计划无法执行。

如果 HelloWorld 是第一个场景，当启动 HelloWorld 场景时，它的调用顺序如图 6-7 所示。

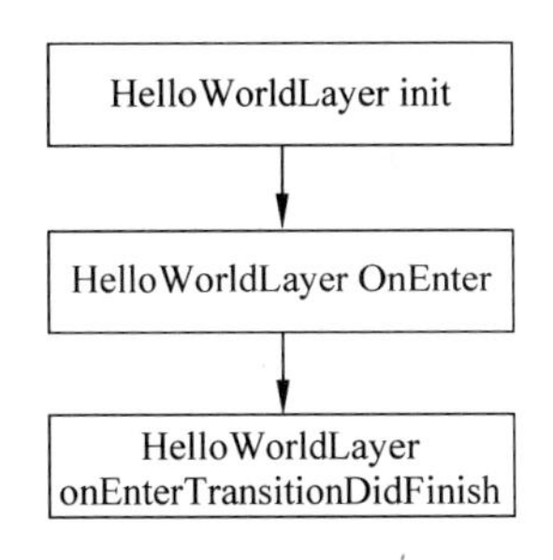

图 6-7 第一个场景启动顺序

6.3.2 多场景切换生命周期

在多个场景切换时，场景的生命周期会更加复杂。本节介绍一下场景切换生命周期。

多个场景切换时分为几种情况：

(1) 情况 1，使用 pushScene 函数从实现 HelloWorld 场景进入 Setting 场景。

(2) 情况 2，使用 popScene 函数从实现 Setting 场景回到 HelloWorld 场景。

参考 HelloWorld 重写 Setting 层中的几个生命周期函数。代码如下：

```
var SettingLayer = cc.Layer.extend({
    ctor: function () {
        this._super();
        cc.log("SettingLayer init");
        …
        return true;
    },
```

```
        onEnter: function () {
         this._super();
         cc.log("SettingLayer onEnter");
        },
        onEnterTransitionDidFinish: function () {
         this._super();
         cc.log("SettingLayer onEnterTransitionDidFinish");
        },
        onExit: function () {
         this._super();
         cc.log("SettingLayer onExit");
        },
        onExitTransitionDidStart: function () {
         this._super();
         cc.log("SettingLayer onExitTransitionDidStart");
        }
    });
```

(1) 情况 1 时，它的调用顺序如图 6-8 所示。

(2) 情况 2 时，它的调用顺序如图 6-9 所示。popScene 函数回到 HelloWorld 场景时调用 HelloWorldLayer 的 onEnter 函数，然后再调用 HelloWorldLayer 的构造函数 ctor()，这说明 HelloWorld 场景已重新创建。

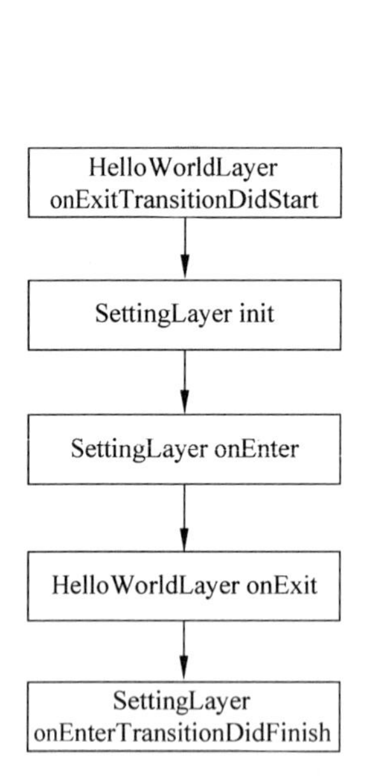

图 6-8　情况 1 生命周期事件顺序

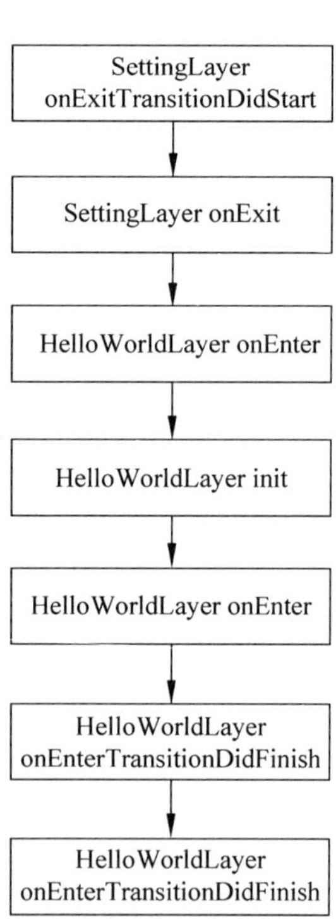

图 6-9　情况 2 生命周期事件顺序

本章小结

通过对本章的学习，应掌握场景和层等概念，重点是场景和层的关系、场景的生命周期和场景之间的切换。

第7章 动作、特效和动画

游戏的世界是一个动态的世界，无论玩家控制的精灵还是非玩家控制的精灵，包括背景都可能是动态的。在 Cocos2d-JS 中的 Node 对象可以有动作、特效和动画等动态特性。由于在 cc. Node 类中定义了这些动态特性，因此精灵、标签、菜单、地图和粒子系统等都具有这些动态特性。本章介绍 Cocos2d-JS 中的动作、特效和动画。

7.1 动作

动作(cc. Action)包括基本动作和基本动作的组合，基本动作有缩放、移动、旋转等动作，而且这些动作变化的速度也可以设定。

动作类是 cc. Action，它的类图如图 7-1 所示。

从图 7-1 中可以看出，cc. Action 的一个子类是 cc. FiniteTimeAction，cc. FiniteTimeAction 是一种受时间限制的动作，cc. Follow 是一种允许精灵跟随另一个精灵的动作，cc. Speed 可在一个动作运行时改变其运动速率。

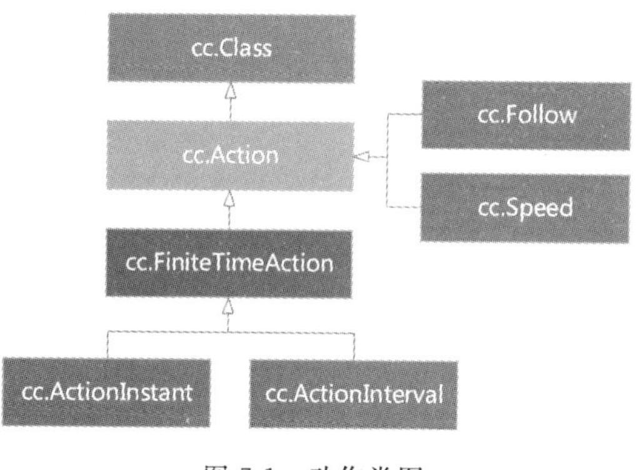

图 7-1　动作类图

此外，cc. FiniteTimeAction 有两个子类：cc. ActionInstant 和 cc. ActionInterval。cc. ActionInstant 和 cc. ActionInterval 是两种不同风格的动作类，cc. ActionInstant 封装了一种瞬时动作，cc. ActionInterval 封装了一种间隔动作。

在 cc. Node 类中关于动作的函数如下：

(1) runAction(action)。运行指定动作，返回值仍然是一个动作对象。

(2) stopAction(action)。停止指定动作。

(3) stopActionByTag(tag)。通过指定标签停止动作。

(4) stopAllActions()。停止所有动作。

7.1.1 瞬时动作

瞬时动作就是不等待，立即执行的动作，瞬时动作的基类是 cc. ActionInstant。瞬时动作 cc. ActionInstant 类图如图 7-2 所示。

下面通过一个实例介绍一下瞬时动作的使用，这个实例如图 7-3 所示。图 7-3(a)所示是一个操作菜单场景，选择菜单可以进入到图 7-3(b)所示动作场景，在图 7-3(b)所示动作场景中单击 Go 按钮可以执行选择的动作效果，单击 Back 按钮可以返回到菜单场景。

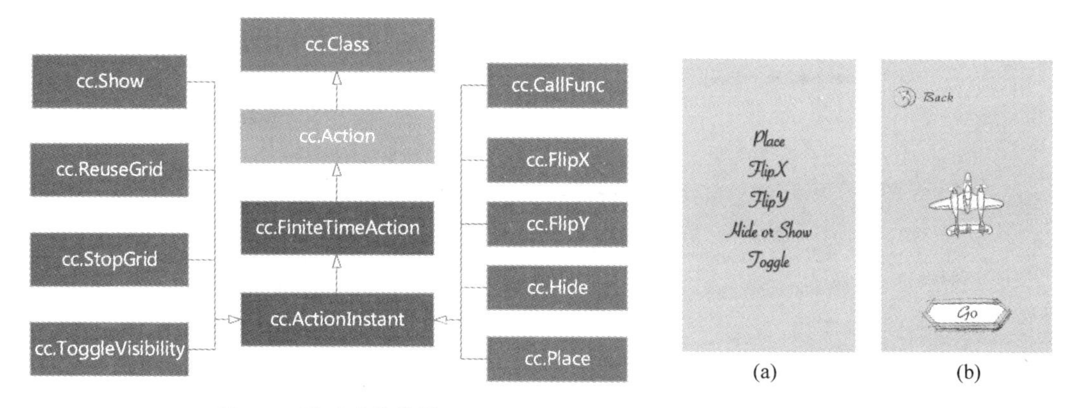

图 7-2　瞬时动作类图　　　　图 7-3　瞬时动作实例

由于游戏场景是竖屏的，需要在创建工程的时候设置屏幕为竖屏，以及屏幕的大小。具体过程是，在图 7-4 所示的创建工程对话框中，设置 Orientation 为 portrait，在 Desktop Windows initialize Size Selection 列表框中选择 Android (800×480)。设置完成后单击 Finish 按钮创建工程。

工程创建完成后还需要检查一下 main. js 文件内容：

```
cc.game.onStart = function(){
    cc.view.setDesignResolutionSize(480, 800, cc.ResolutionPolicy.EXACT_FIT);        ①
  cc.view.resizeWithBrowserSize(true);
    //load resources
    cc.LoaderScene.preload(g_resources, function () {
        cc.director.runScene(new HelloWorldScene());
    }, this);
};
cc.game.run();
```

如果第①行代码中设置的屏幕大小不是 480 和 800，请手动修改并保持。然后再检查 config. json 文件内容：

```
{
  "init_cfg": {
    "isLandscape": false,                                                            ①
```

```
    "name": "CocosJSGame",
    "width": 480,                                                    ②
    "height": 800,                                                   ③
    "entry": "main.js",
    "consolePort": 0,
    "debugPort": 0
  },
    ...
}
```

如果设置的与上述代码第①～③行不同，请手动修改并保持。

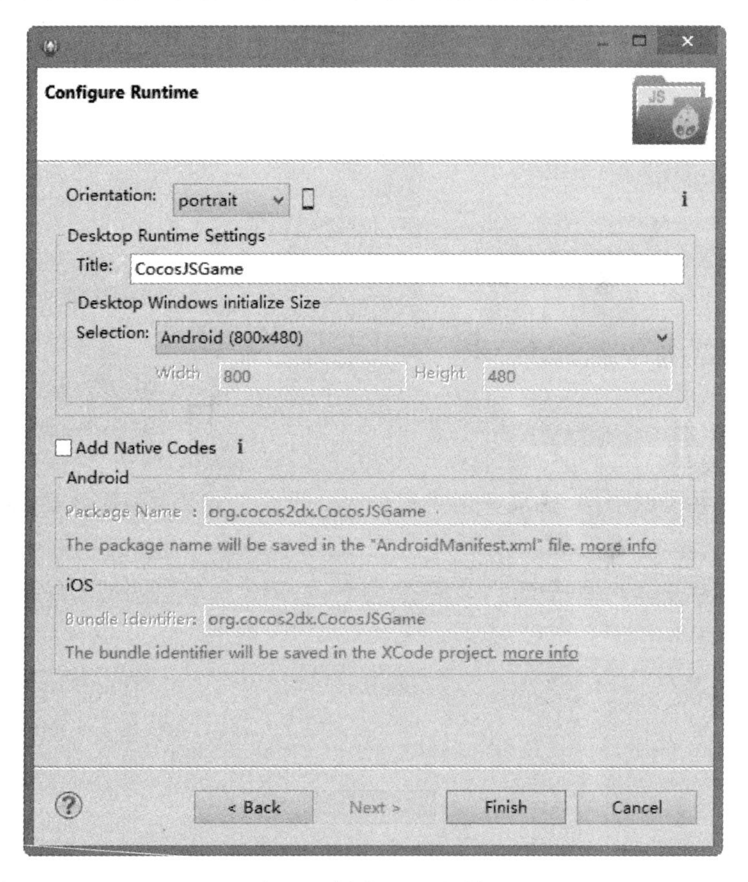

图 7-4　创建工程对话框

设置好屏幕的方向后，还需要再添加一个动作场景 MyActionScene.js 和常量管理 SystemConst.js 文件。具体添加过程在上一章中介绍了，这里不再介绍。

下面再看看具体的程序代码。首先看一下 app.js 文件。它的代码如下：

```
var HelloWorldLayer = cc.Layer.extend({

    ctor: function () {
```

```
        this._super();
        var size = cc.director.getWinSize();

        var bg = new cc.Sprite(res.Background_png);
        bg.attr({
            x: size.width / 2,
            y: size.height / 2
        });
        this.addChild(bg);

        var placeLabel = new cc.LabelBMFont("Place", res.fnt2_fnt);                     ①
        var placeMenu = new cc.MenuItemLabel(placeLabel,  this.onMenuCallback, this);   ②
        placeMenu.tag = ActionTypes.PLACE_TAG;                                           ③

        var flipXLabel = new cc.LabelBMFont("FlipX", res.fnt2_fnt);
        var flipXMenu = new cc.MenuItemLabel(flipXLabel,  this.onMenuCallback, this);
        flipXMenu.tag = ActionTypes.FLIPX_TAG;

        var flipYLabel = new cc.LabelBMFont("FlipY", res.fnt2_fnt);
        var flipYMenu = new cc.MenuItemLabel(flipYLabel,  this.onMenuCallback, this);
        flipYMenu.tag = ActionTypes.FLIPY_TAG;

        var hideLabel = new cc.LabelBMFont("Hide or Show", res.fnt2_fnt);
        var hideMenu = new cc.MenuItemLabel(hideLabel,  this.onMenuCallback, this);
        hideMenu.tag = ActionTypes.HIDE_SHOW_TAG;

        var toggleLabel = new cc.LabelBMFont("Toggle", res.fnt2_fnt);
        var toggleMenu = cc.MenuItemLabel.create(toggleLabel,  this.onMenuCallback, this);
        toggleMenu.tag = ActionTypes.TOGGLE_TAG;                                         ④

        var mn = new cc.Menu(placeMenu, flipXMenu, flipYMenu, hideMenu, toggleMenu);
        mn.alignItemsVertically();
        this.addChild(mn);

        return true;
    },
    onMenuCallback:function (sender) {                                                   ⑤
    cc.log("tag = " + sender.tag);
    var scene = new MyActionScene();                                                     ⑥
    var layer = new MyActionLayer(sender.tag);                                           ⑦
    scene.addChild(layer);                                                               ⑧
    cc.director.pushScene(new cc.TransitionSlideInR(1, scene));                          ⑨
    }
});

var HelloWorldScene = cc.Scene.extend({
    onEnter: function () {
```

```
            this._super();
            var layer = new HelloWorldLayer();
            this.addChild(layer);
        }
    });
```

上述代码第①～④行是在构造函数 ctor 中定义菜单。其中，第①行代码定义了位图标签对象 placeLabel；第②行代码是创建菜单项 placeMenu；第③行代码 placeMenu.tag = ActionTypes.PLACE_TAG 设置菜单项的 tag 属性，tag 属性是 Node 类中定义的，它是整数类型，它可以为 Node 对象设置一个标识。依次为其他 4 个菜单项也设置了 tag 属性，设置的具体内容是在 ActionTypes 中定义的常量。ActionTypes 等常量是在 SystemConst.js 文件中定义的。它的内容如下：

```
//操作标识
var ActionTypes = {
    PLACE_TAG:102,
    FLIPX_TAG:103,
    FLIPY_TAG:104,
    HIDE_SHOW_TAG:105,
    TOGGLE_TAG:106
};

//精灵标签
var SP_TAG = 1000;
```

app.js 文件中代码第⑤行定义菜单回调函数 onMenuCallback，5 个菜单项目单击的时候都会调用该函数；第⑥行代码是创建场景 MyActionScene 对象；第⑦行是创建层 MyActionLayer 对象，并且把标签 tag 作为构造函数的参数传递给 MyActionLayer 对象；第⑧行代码是将层 MyActionLayer 对象添加到场景 MyActionScene 对象中；第⑨行使用导演的 pushScene 函数实现场景切换。

再看看下一个场景 MyActionScene。它的 MyActionScene.js 代码如下：

```
var MyActionLayer = cc.Layer.extend({
    flagTag: 0,                              //操作标志                    ①
    hiddenFlag: true,                        //精灵隐藏标志                ②
    ctor: function (flagTag) {

        this._super();
        this.flagTag = flagTag;                                            ③
        this.hiddenFlag = true;                                            ④
        cc.log("MyActionLayer init flagTag " + this.flagTag);

        var size = cc.director.getWinSize();

        var bg = new cc.Sprite(res.Background_png);
        bg.x = size.width / 2;
```

```
        bg.y = size.height / 2;
        this.addChild(bg);

        var sprite = new cc.Sprite(res.Plane_png);
        sprite.x = size.width / 2;
        sprite.y = size.height / 2;
        this.addChild(sprite, 1, SP_TAG);

        var backMenuItem = new cc.MenuItemImage(res.Back_up_png, res.Back_down_png,
            function () {
                cc.director.popScene();
            }, this);
        backMenuItem.x = 100;
        backMenuItem.y = size.height - 120;

        var goMenuItem = new cc.MenuItemImage(res.Go_up_png, res.Go_down_png,
            this.onMenuCallback, this);
        goMenuItem.x = size.width / 2;
        goMenuItem.y = 100;

        var mn = new cc.Menu(backMenuItem, goMenuItem);
        this.addChild(mn, 1);
        mn.x = 0;
        mn.y = 0;
        mn.anchorX = 0.5;
        mn.anchorY = 0.5;

        return true;
    },
    onMenuCallback: function (sender) {
        cc.log("Tag = " + this.flagTag);
        var sprite = this.getChildByTag(SP_TAG);

        var size = cc.director.getWinSize();
            var p = cc.p(cc.random0To1() * size.width, cc.random0To1() * size.height)
                                                                                    ⑤

        switch (this.flagTag) {
            case  ActionTypes.PLACE_TAG:
                sprite.runAction(cc.place(p));                                      ⑥
                break;
            case  ActionTypes.FLIPX_TAG:
                sprite.runAction(cc.flipX(true));                                   ⑦
                break;
            case  ActionTypes.FLIPY_TAG:
                sprite.runAction(cc.flipY(true));                                   ⑧
                break;
```

```
                case  ActionTypes.HIDE_SHOW_TAG:
                    if (this.hiddenFlag) {
                        sprite.runAction(cc.hide());                                    ⑨
                        this.hiddenFlag = false;
                    } else {
                        sprite.runAction(cc.show());                                    ⑩
                        this.hiddenFlag = true;
                    }
                    break;
                case  ActionTypes.TOGGLE_TAG:
                    sprite.runAction(cc.toggleVisibility());                            ⑪
            }
        }
});

var MyActionScene = cc.Scene.extend({                                                   ⑫
    onEnter: function () {
        this._super();
        //var layer = new MyActionLayer();                                              ⑬
        //this.addChild(layer);                                                         ⑭
    }
});
```

上述代码第①行定义成员变量 flagTag，它是操作标志从前一个场景传递过来的，用来判断用户在前一个场景单击了哪个菜单。第②行代码定义了 hiddenFlag 布尔成员变量，用来保持精灵隐藏的状态。这两个成员变量在构造函数 ctor 中又进行了初始化，其中第③行是使用构造函数的参数初始化成员变量 flagTag，第④行代码初始化成员变量 hiddenFlag 为 true。第⑤行代码获得一个屏幕中的随机点，其中 cc.random0To1()函数可以产生 0～1 之间的随机数。这个随机点用于第⑥行代码 sprite.runAction(cc.place(p))，它是可以执行一个 Place 的动作，cc.place 函数可以创建一个 Place 对象，Place 动作是将精灵等 Node 对象移动到 p 点。第⑦行代码 sprite.runAction(cc.flipX(true))是执行一个 FlipX 的动作，FlipX 动作是将精灵等 Node 对象水平方向翻转。第⑧行代码 sprite.runAction(cc.flipY(true))是执行一个 FlipY 的动作，FlipY 动作是将精灵等 Node 对象垂直方向翻转。第⑨行代码 sprite.runAction(cc.hide())是执行一个 Show 的动作，Show 动作是将精灵等 Node 对象隐藏。第⑩行代码 sprite.runAction(cc.show())是执行一个 Show 的动作，Show 动作是将精灵等 Node 对象显示。第⑪行代码 sprite.runAction(cc.toggleVisibility())是执行一个 ToggleVisibility 的动作，Toggle-Visibility 动作是将精灵等 Node 对象显示/隐藏切换。第⑫行代码是声明场景类 MyActionScene，其中第⑬和⑭行代码被注释掉了，这是因为在前一个场景过渡之前已经完成了第⑬和⑭行任务(创建场景、创建层、把层放入到场景中)。前一个场景的相关代码如下：

```
var scene = new MyActionScene();
var layer = new MyActionLayer(sender.tag);
```

```
scene.addChild(layer);
```

采用这样的处理方式是因为能够很灵活地为层 MyActionLayer 传递参数。而由模板生成的代码是没有参数的。

7.1.2　间隔动作

间隔动作执行完成需要一定的时间,可以设置 duration 属性来设置动作的执行时间。间隔动作基类是 cc.ActionInterval。间隔动作 cc.ActionInterval 类图如图 7-5 所示。

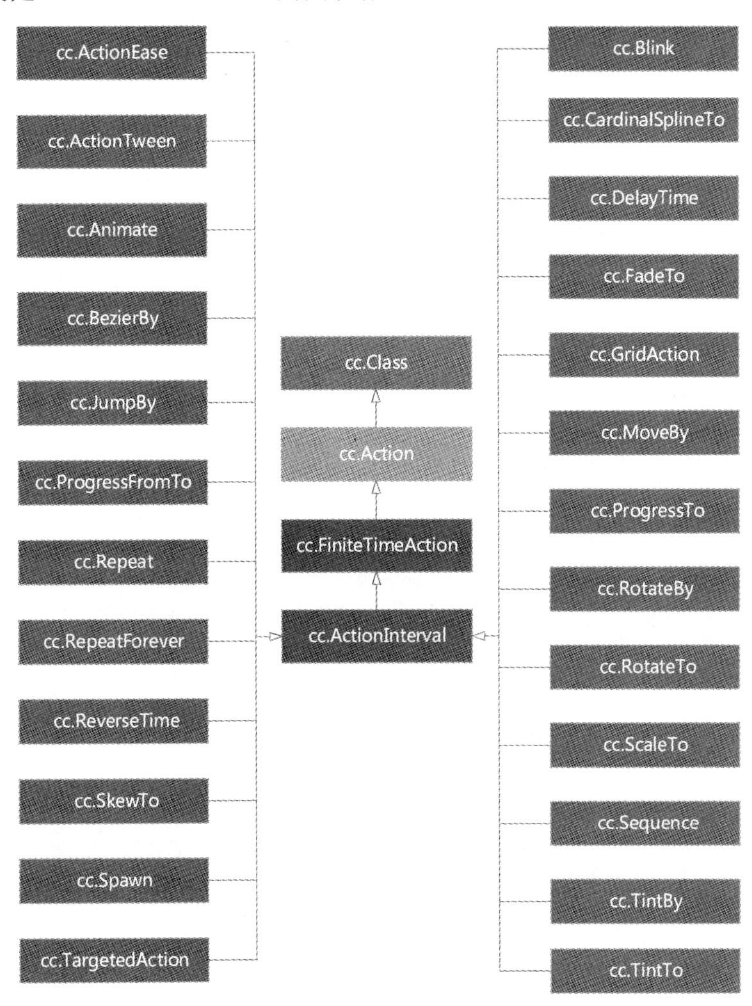

图 7-5　间隔动作类图

下面通过一个实例介绍一下间隔动作的使用,这个实例如图 7-6 所示。图 7-6(a)所示是一个操作菜单场景,选择菜单可以进入到图 7-6(b)所示动作场景,在图 7-6(b)所示动作场景中单击 Go 按钮可以执行选择的动作效果,单击 Back 按钮可以返回到菜单场景。

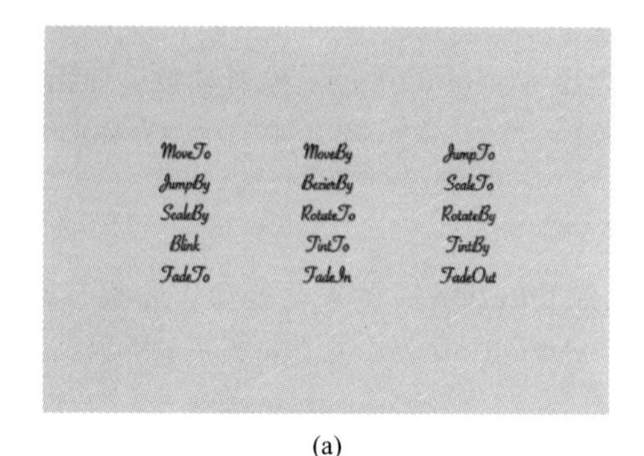

(a)

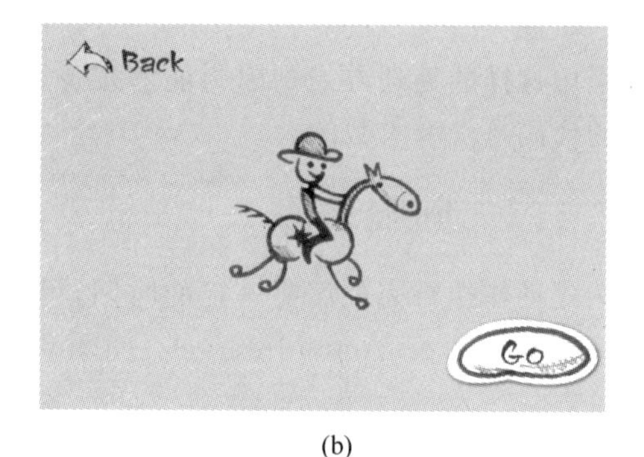

(b)

图 7-6 间隔动作实例

下面再看看具体的程序代码。首先看一下 app.js 文件。它的代码如下：

```
var HelloWorldLayer = cc.Layer.extend({

  ctor: function () {

        this._super();
        var size = cc.director.getWinSize();

        var bg = new cc.Sprite(res.Background_png);
        bg.x = size.width / 2;
        bg.y = size.height / 2;
        this.addChild(bg);

        var pItmLabel1 = new cc.LabelBMFont("MoveTo",res.fnt2_fnt);
        var pItmMenu1 = new cc.MenuItemLabel(pItmLabel1, this.onMenuCallback, this);
        pItmMenu1.tag = ActionTypes.kMoveTo;

        var pItmLabel2 = new cc.LabelBMFont("MoveBy", res.fnt2_fnt);
        var pItmMenu2 = new cc.MenuItemLabel(pItmLabel2, this.onMenuCallback, this);
        pItmMenu2.tag = ActionTypes.kMoveBy;

        var pItmLabel3 = new cc.LabelBMFont("JumpTo", res.fnt2_fnt);
        var pItmMenu3 = new cc.MenuItemLabel(pItmLabel3, this.onMenuCallback, this);
        pItmMenu3.tag = ActionTypes.kJumpTo;

        var pItmLabel4 = new cc.LabelBMFont("JumpBy", res.fnt2_fnt);
        var pItmMenu4 = new cc.MenuItemLabel(pItmLabel4, this.onMenuCallback, this);
        pItmMenu4.tag = ActionTypes.kJumpBy;

        var pItmLabel5 = new cc.LabelBMFont("BezierBy", res.fnt2_fnt);
        var pItmMenu5 = new cc.MenuItemLabel(pItmLabel5, this.onMenuCallback, this);
        pItmMenu5.tag = ActionTypes.kBezierBy;

        var pItmLabel6 = new cc.LabelBMFont("ScaleTo", res.fnt2_fnt);
        var pItmMenu6 = new cc.MenuItemLabel(pItmLabel6, this.onMenuCallback, this);
```

```
    pItmMenu6.tag = ActionTypes.kScaleTo;

    var pItmLabel7 = new cc.LabelBMFont("ScaleBy", res.fnt2_fnt);
    var pItmMenu7 = new cc.MenuItemLabel(pItmLabel7, this.onMenuCallback, this);
    pItmMenu7.tag = ActionTypes.kScaleBy;

    var pItmLabel8 = new cc.LabelBMFont("RotateTo", res.fnt2_fnt);
    var pItmMenu8 = new cc.MenuItemLabel(pItmLabel8, this.onMenuCallback, this);
    pItmMenu8.tag = ActionTypes.kRotateTo;

    var pItmLabel9 = new cc.LabelBMFont("RotateBy", res.fnt2_fnt);
    var pItmMenu9 = new cc.MenuItemLabel(pItmLabel9, this.onMenuCallback, this);
    pItmMenu9.tag = ActionTypes.kRotateBy;

    var pItmLabel10 = new cc.LabelBMFont("Blink", res.fnt2_fnt);
    var pItmMenu10 = new cc.MenuItemLabel(pItmLabel10, this.onMenuCallback, this);
    pItmMenu10.tag = ActionTypes.kBlink;

    var pItmLabel11 = new cc.LabelBMFont("TintTo", res.fnt2_fnt);
    var pItmMenu11 = new cc.MenuItemLabel(pItmLabel11, this.onMenuCallback, this);
    pItmMenu11.tag = ActionTypes.kTintTo;

    var pItmLabel12 = new cc.LabelBMFont("TintBy", res.fnt2_fnt);
    var pItmMenu12 = new cc.MenuItemLabel(pItmLabel12, this.onMenuCallback, this);
    pItmMenu12.tag = ActionTypes.kTintBy;

    var pItmLabel13 = new cc.LabelBMFont("FadeTo", res.fnt2_fnt);
    var pItmMenu13 = new cc.MenuItemLabel(pItmLabel13, this.onMenuCallback, this);
    pItmMenu13.tag = ActionTypes.kFadeTo;

    var pItmLabel14 = new cc.LabelBMFont("FadeIn", res.fnt2_fnt);
    var pItmMenu14 = new cc.MenuItemLabel(pItmLabel14, this.onMenuCallback, this);
    pItmMenu14.tag = ActionTypes.kFadeIn;

    var pItmLabel15 = new cc.LabelBMFont("FadeOut", res.fnt2_fnt);
    var pItmMenu15 = new cc.MenuItemLabel(pItmLabel15, this.onMenuCallback, this);
    pItmMenu15.tag = ActionTypes.kFadeOut;

    var mn = new cc.Menu(pItmMenu1,pItmMenu2,pItmMenu3,pItmMenu4,pItmMenu5,
        pItmMenu6,pItmMenu7,pItmMenu8,pItmMenu9,
        pItmMenu10,pItmMenu11,pItmMenu12,
        pItmMenu13,pItmMenu14,pItmMenu15);
    mn.alignItemsInColumns(3, 3, 3, 3, 3);                               ①
    this.addChild(mn);

    return true;
},
onMenuCallback:function (sender) {
  cc.log("tag = " + sender.tag);
  var scene = new MyActionScene();
```

```
            var layer = new MyActionLayer(sender.tag);
            //layer.tag = sender.tag;
            scene.addChild(layer);
            cc.director.pushScene(new cc.TransitionSlideInR(1, scene));
        }
});
var HelloWorldScene = cc.Scene.extend({
    onEnter: function () {
        this._super();
        var layer = new HelloWorldLayer();
        this.addChild(layer);
    }
});
```

上述代码第①行 mn.alignItemsInColumns(3, 3, 3, 3, 3)是将菜单项分列显示,菜单分5行,第一个参数的3表示第一行有3列,依次类推。

再看看下一个场景 MyActionScene。它的 MyActionScene.js 主要代码如下:

```
var MyActionLayer = cc.Layer.extend({
    flagTag: 0,                                     //操作标志
    ctor: function (flagTag) {
        //////////////////////////////
        //1. super init first
        this._super();
        this.flagTag = flagTag;
        this.hiddenFlag = true;
        cc.log("MyActionLayer init flagTag " + this.flagTag);

        var size = cc.director.getWinSize();

        var bg = new cc.Sprite(res.Background_png);
        bg.x = size.width / 2;
        bg.y = size.height / 2;
        this.addChild(bg);

        var sprite = new cc.Sprite("res/hero.png");
        sprite.x = size.width / 2;
        sprite.y = size.height / 2;
        this.addChild(sprite, 1, SP_TAG);

        var backMenuItem = new cc.MenuItemImage(res.Back_up_png, res.Back_down_png,
            function () {
                cc.director.popScene();
            }, this);
        backMenuItem.x = 140;
        backMenuItem.y = size.height - 65;

        var goMenuItem = new cc.MenuItemImage(res.Go_up_png, res.Go_down_png,
            this.onMenuCallback, this);
        goMenuItem.x = 820;
```

```
        goMenuItem.y = size.height - 540;

        var mn = new cc.Menu(backMenuItem, goMenuItem);
        this.addChild(mn, 1);
        mn.x = 0;
        mn.y = 0;
        mn.anchorX = 0.5;
        mn.anchorY = 0.5;

        return true;
    },
    onMenuCallback: function (sender) {
        cc.log("Tag = " + this.flagTag);
        var sprite = this.getChildByTag(SP_TAG);
        var size = cc.director.getWinSize();

        switch (this.flagTag) {
        case ActionTypes.kMoveTo:
          sprite.runAction(cc.moveTo(2,cc.p(size.width - 50, size.height - 50)));      ①
          break;
        case ActionTypes.kMoveBy:
          sprite.runAction(cc.moveBy(2,cc.p( - 50,  - 50)));                           ②
          break;
        case ActionTypes.kJumpTo:
          sprite.runAction(cc.jumpTo(2,cc.p(150, 50),30,5));                           ③
          break;
        case ActionTypes.kJumpBy:
          sprite.runAction(cc.jumpBy(2,cc.p(100, 100),30,5));                          ④
          break;
        case ActionTypes.kBezierBy:
          var bezier = [cc.p(0, size.height/2), cc.p(300, - size.height/2), cc.p(100,100)];  ⑤
          sprite.runAction(cc.bezierBy(3,bezier));                                     ⑥
          break;
        case ActionTypes.kScaleTo:
          sprite.runAction(cc.scaleTo(2, 4));                                          ⑦
          break;
        case ActionTypes.kScaleBy:
          sprite.runAction(cc.scaleBy(2, 0.5));                                        ⑧
          break;
        case ActionTypes.kRotateTo:
          sprite.runAction(cc.rotateTo(2,180));                                        ⑨
          break;
        case ActionTypes.kRotateBy:
          sprite.runAction(cc.rotateBy(2, - 180));                                     ⑩
          break;
        case ActionTypes.kBlink:
          sprite.runAction(cc.blink(3, 5));                                            ⑪
          break;
        case ActionTypes.kTintTo:
          sprite.runAction(cc.tintTo(2, 255, 0, 0));                                   ⑫
```

```
                break;
            case ActionTypes.kTintBy:
                sprite.runAction(cc.tintBy(0.5,0, 255, 255));          ⑬
                break;
            case ActionTypes.kFadeTo:
                sprite.runAction(cc.fadeTo(1, 80));                    ⑭
                break;
            case ActionTypes.kFadeIn:
                sprite.opacity = 0.5;
                sprite.runAction(cc.fadeIn(1));                        ⑮
                break;
            case ActionTypes.kFadeOut:
                sprite.runAction(cc.fadeOut(1));                       ⑯
                break;
            }
        }
});

var MyActionScene = cc.Scene.extend({
    onEnter: function () {
        this._super();
    }
});
```

在上述代码 onMenuCallback 函数中是运行间隔动作，间隔动作中有很多类都以 XxxTo 和 XxxBy 的形式命名。XxxTo 是指运动到指定的位置，这个位置是绝对的。XxxBy 是指运动到相对于本身的位置，这个位置是相对的位置。

第①、②行中的 MoveTo 和 MoveBy 是移动动作，第一个参数是持续的时间，第二个参数是移动到的位置。

第③、④行中的 JumpTo 和 JumpBy 是跳动动作，第一个参数是持续的时间，第二个参数是跳动到的位置，第三个参数是跳到的高度，第四个参数是跳动的次数。

第⑥行 sprite.runAction(cc.bezierBy(3, bezier))是执行贝塞尔曲线动作，第⑤行代码是定义贝塞尔曲线配置参数 bezier，bezier 是一个数组，它的第一个元素是贝塞尔曲线的第一控制点，第二个元素是贝塞尔曲线的第二控制点，第三个元素是贝塞尔曲线的结束点。

提示 贝塞尔(Bézier)曲线是法国数学家贝塞尔在工作中发现的，任何一条曲线都可以通过与它相切的控制线两端的点的位置来定义。因此，贝塞尔曲线可以用 4 个点描述，其中两个点描述两个端点，另外两个点描述每一端的切线。贝塞尔曲线可以分为二次方贝塞尔曲线(如图 7-7 所示)和高阶贝塞尔曲线(图 7-8 所示是三次方贝塞尔曲线)。

第⑦、⑧行中的 ScaleTo 和 ScaleBy 是缩放动作，第一个参数是持续的时间，第二个参数是缩放比例。

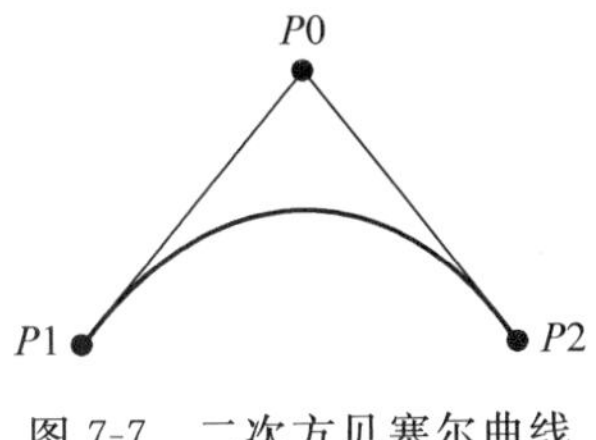

图 7-7　二次方贝塞尔曲线

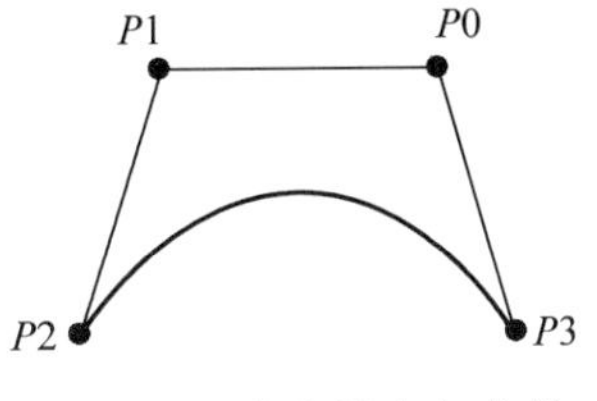

图 7-8　三次方贝塞尔曲线

第⑨、⑩行中的 RotateTo 和 RotateBy 是旋转动作，第一个参数是持续的时间，第二个参数是旋转角度。

第⑪行代码 sprite. runAction(cc. blink(3,5))是闪烁动作，第一个参数是持续的时间，第二个参数是闪烁次数。

第⑫、⑬行中的 TintTo 和 TintBy 是染色动作，第一个参数是持续的时间，第二、三、四个参数是 RGB 颜色值，取值范围为 0～255。

第⑭行代码 sprite. runAction(cc. fadeTo(1, 80))是不透明度变换动作，第一个参数是持续的时间，第二个参数是不透明度，参数 80 表示不透明度为 80%。

第⑮、⑯行中的 FadeIn 和 FadeOut 是淡入(渐显)和淡出(渐弱)动作，参数是持续的时间。在设置 FadeIn 之前我先通过 sprite opcecity=10 语句设置精灵的不透明度，取值范围是 0～255，0 为完全透明，255 为完全不透明。

7.1.3　组合动作

动作往往不是单一的，而是复杂的组合。可以按照一定的次序将上述基本动作组合起来，形成连贯的一套组合动作。组合动作包括以下几类：顺序、并列、有限次数重复、无限次数重复、反动作和动画。动画会在下一节介绍，本节重点介绍顺序、并列、有限次数重复、无限次数重复和反动作。

下面通过一个实例介绍一下组合动作的使用，这个实例如图 7-9 所示。图 7-9(a)所示是一个操作菜单场景，选择菜单可以进入到图 7-9(b)所示动作场景，在图 7-9(b)所示动作场景中单击 Go 按钮可以执行选择的动作效果，单击 Back 按钮可以返回到菜单场景。

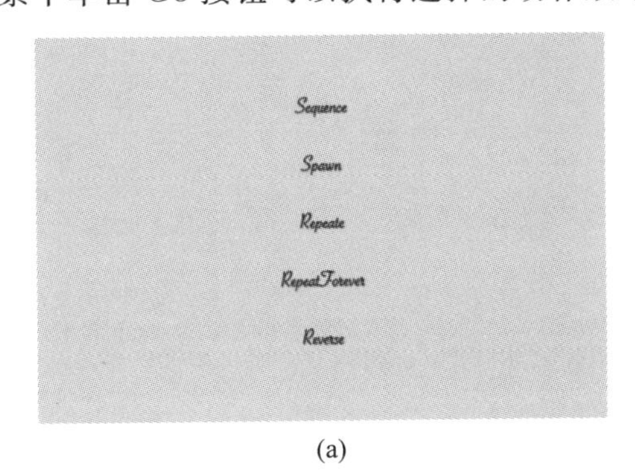

(a)

(b)

图 7-9　组合动作实例

下面再看看具体的程序代码。首先看一下 app.js 文件，它的代码如下：

```
var HelloWorldLayer = cc.Layer.extend({

  ctor: function () {
        this._super();

        var size = cc.director.getWinSize();

        var bg = new cc.Sprite(res.Background_png);
        bg.x = size.width / 2;
        bg.y = size.height / 2;
        this.addChild(bg);

        var pItmLabel1 = new cc.LabelBMFont("Sequence",res.fnt2_fnt);
        var pItmMenu1 = new cc.MenuItemLabel(pItmLabel1, this.onMenuCallback, this);
        pItmMenu1.tag = ActionTypes.kSequence;

        var pItmLabel2 = new cc.LabelBMFont("Spawn", res.fnt2_fnt);
        var pItmMenu2 = new cc.MenuItemLabel(pItmLabel2, this.onMenuCallback, this);
        pItmMenu2.tag = ActionTypes.kSpawn;

        var pItmLabel3 = new cc.LabelBMFont("Repeate", res.fnt2_fnt);
        var pItmMenu3 = new cc.MenuItemLabel(pItmLabel3, this.onMenuCallback, this);
        pItmMenu3.tag = ActionTypes.kRepeate;

        var pItmLabel4 = new cc.LabelBMFont("RepeatForever", res.fnt2_fnt);
        var pItmMenu4 = new cc.MenuItemLabel(pItmLabel4, this.onMenuCallback, this);
        pItmMenu4.tag = ActionTypes.kRepeatForever1;

        var pItmLabel5 = new cc.LabelBMFont("Reverse", res.fnt2_fnt);
        var pItmMenu5 = new cc.MenuItemLabel(pItmLabel5, this.onMenuCallback, this);
        pItmMenu5.tag = ActionTypes.kReverse;

        var mn = new cc.Menu(pItmMenu1,pItmMenu2,pItmMenu3,pItmMenu4,pItmMenu5);
        mn.alignItemsVerticallyWithPadding(50);
        this.addChild(mn);

        return true;
    },
    onMenuCallback:function (sender) {
      cc.log("tag = " + sender.tag);
      var scene = new MyActionScene();
      var layer = new MyActionLayer(sender.tag);
      //layer.tag = sender.tag;
      scene.addChild(layer);
      cc.director.pushScene(new cc.TransitionSlideInR(1, scene));
    }
});
```

```
var HelloWorldScene = cc.Scene.extend({
    onEnter: function () {
        this._super();
        var layer = new HelloWorldLayer();
        this.addChild(layer);
    }
});
```

上述代码大家比较熟悉，这里就不再介绍了。下面再看看下一个场景 MyActionScene。它的 MyActionScene.js 中的单击 Go 菜单调用函数代码如下：

```
var MyActionLayer = cc.Layer.extend({
  …
    onMenuCallback: function (sender) {
        cc.log("Tag = " + this.flagTag);
        var sprite = this.getChildByTag(SP_TAG);
        var size = cc.director.getWinSize();

        switch (this.flagTag) {
        case ActionTypes.kSequence:
          this.onSequence(sender);
          break;
        case ActionTypes.kSpawn:
          this.onSpawn(sender);
          break;
        case ActionTypes.kRepeate:
          this.onRepeat(sender);
          break;
        case ActionTypes.kRepeatForever1:
          this.onRepeatForever(sender);
          break;
        case ActionTypes.kReverse:
          this.onReverse(sender);
          break;
        }
    },
…

});
```

在这个函数中根据选择菜单的不同调用不同的函数。

MyActionScene.js 中 onSequence 代码如下：

```
onSequence: function (sender) {
  var size = cc.director.getWinSize();
  var sprite = this.getChildByTag(SP_TAG);

  var p = cc.p(size.width/2, 200);
  var ac0 = cc.place(p);                                                    ①
  var ac1 = cc.moveTo(2,cc.p(size.width - 130, size.height - 200));         ②
  var ac2 = cc.jumpBy(2, cc.p(8, 8),6, 3);                                  ③
```

```
    var ac3 = cc.blink(2,3);                                                    ④
    var ac4 = cc.tintBy(0.5,0,255,255);                                         ⑤

    sprite.runAction(cc.sequence(ac0, ac1, ac2, ac3, ac4, ac0));                ⑥
  }
```

上述代码实现了顺序动作演示，其中主要使用的类是 cc. Sequence，cc. Sequence 是派生于 cc. ActionInterval 属性间隔动作。cc. Sequence 的作用就是顺序排列若干个动作，然后按先后次序逐个执行。代码第⑥行执行 cc. sequence，cc. sequence 函数需要一个动作数组。第①行代码创建 place 动作，第②行代码创建 moveTo 动作，第③行代码创建 jumpBy 动作，第④行代码创建 blink 动作，第⑤行代码创建 tintBy 动作。

MyActionScene. js 中的 onSpawn 函数是在演示并列动作时调用的函数。它的代码如下：

```
onSpawn: function (sender) {
    var size = cc.director.getWinSize();
    var sprite = this.getChildByTag(SP_TAG);
    var p = cc.p(size.width/2, 200);

    sprite.setRotation(0);                                                      ①
    sprite.setPosition(p);                                                      ②

    var ac1 = cc.moveTo(2,cc.p(size.width - 100, size.height - 100));           ③
    var ac2 = cc.rotateTo(2, 40);                                               ④

    sprite.runAction(cc.spawn(ac1,ac2));                                        ⑤
}
```

上述代码实现了并列动作演示，其中主要使用的类 cc. Spawn 类也是从 cc. ActionInterval 继承而来，该类的作用就是同时并列执行若干个动作，但要求动作都必须是可以同时执行的，如移动式翻转、改变色、改变大小等。第⑤行代码 sprite. runAction(cc. spawn(ac1, ac2))执行并列动作，cc. spawn 函数的参数是动作对象数组。第①行代码 sprite. setRotation(0)设置精灵旋转角度保持原来状态。第②行代码 sprite. setPosition(p)是重新设置精灵位置。第③行代码创建 moveTo 动作。第④行代码创建 rotateTo 动作。

MyActionScene. js 中的 onRepeat 函数是在演示重复动作时调用的函数。它的代码如下：

```
onRepeat: function (sender) {
    var size = cc.director.getWinSize();
    var sprite = this.getChildByTag(SP_TAG);
    var p = cc.p(size.width/2, 200);

    sprite.setRotation(0);
    sprite.setPosition(p);

    var ac1 = cc.moveTo(2,cc.p(size.width - 100, size.height - 100));           ①
```

```
    var ac2 = cc.jumpBy(2,cc.p(10, 10), 20,5);                                  ②
    var ac3 = cc.jumpBy(2,cc.p( - 10,  - 10),20,3);                             ③
    var seq = cc.sequence(ac1, ac2, ac3);                                        ④

    sprite.runAction(cc.repeat(seq,3));                                          ⑤

}
```

上述代码实现了重复动作演示，其中主要使用的 cc. Repeat 也是从 cc. ActionInterval 继承而来。第①行代码创建 moveTo 动作。第②行代码创建 jumpBy 动作。第③行代码创建 jumpBy 动作。第④行代码创建顺序动作对象 seq。第⑤行代码重复运行顺序动作 3 次。

MyActionScene. js 中的 onRepeatForever 函数是在演示无限重复动作时调用的函数。它的代码如下：

```
onRepeatForever: function (sender) {
    var size = cc.director.getWinSize();
    var sprite = this.getChildByTag(SP_TAG);
    var p = cc.p(size.width / 2, 500);

    sprite.setRotation(0);
    sprite.setPosition(p);

    var bezier = [cc.p(0, size.height / 2), cc.p(10, - size.height / 2), cc.p(10, 20)];   ①

    var ac1 = cc.bezierBy(2, bezier);                                            ②
    var ac2 = cc.tintTo(2, 255, 0, 255);                                         ③
    var ac1Reverse = ac1.reverse();                                              ④
    var ac2Repeat = cc.repeat(ac2, 4);                                           ⑤

    var ac3 = cc.spawn(ac1, ac2Repeat);                                          ⑥
    var ac4 = cc.spawn(ac1Reverse, ac2Repeat);                                   ⑦
    var seq = cc.sequence(ac3, ac4);                                             ⑧

    sprite.runAction(cc.repeatForever(seq));                                     ⑨
}
```

上述代码实现了重复动作演示，其中主要使用的类 cc. RepeatForever 也是从 cc. ActionInterval 继承而来。第⑨行代码 sprite. runAction(cc. repeatForever(seq))是执行无限重复动作。代码第①行是定义贝塞尔曲线。第②行代码创建贝塞尔曲线动作 bezierBy。第③行代码创建动作 tintBy。第④行代码创建 bezierBy 动作的反转动作。第⑤行代码创建重复动作。第⑥和⑦行代码创建并列动作。第⑧行代码是创建顺序动作。

MyActionScene. js 中的 onReverse 函数是在演示反动作时调用的函数。它的代码如下：

```
onReverse: function (sender) {
    var size = cc.director.getWinSize();
    var sprite = this.getChildByTag(SP_TAG);
```

```
        var p = cc.p(size.width / 2, 300);

        sprite.setRotation(0);
        sprite.setPosition(p);

        var ac1 = cc.moveBy(2, cc.p(40, 60));                                    ①
        var ac2 = ac1.reverse();                                                 ②
        var seq = cc.sequence(ac1, ac2);                                         ③
        sprite.runAction(cc.repeat(seq, 2));                                     ④
    }
```

上述代码实现了反动作演示，支持顺序动作的反顺序动作，反顺序动作不是一个类，不是所有的动作类都支持反动作。XxxTo类通常不支持反动作，XxxBy类通常支持。第①行代码创建一个移动moveBy动作。第②行代码调用ac1的reverse()函数执行反动作。第③行代码创建顺序动作。第④行代码sprite.runAction(cc.repeat(seq, 2))执行反动作。

7.1.4 动作速度控制

基本动作和组合动作实现了针对精灵的各种运动和动画效果的改变。但这样的改变速度是匀速的、线性的。通过cc.ActionEase及其子类和cc.Speed类可以使精灵以非匀速或非线性速度运动，这样看起来效果更加逼真。

cc.ActionEase的类图如图7-10所示。

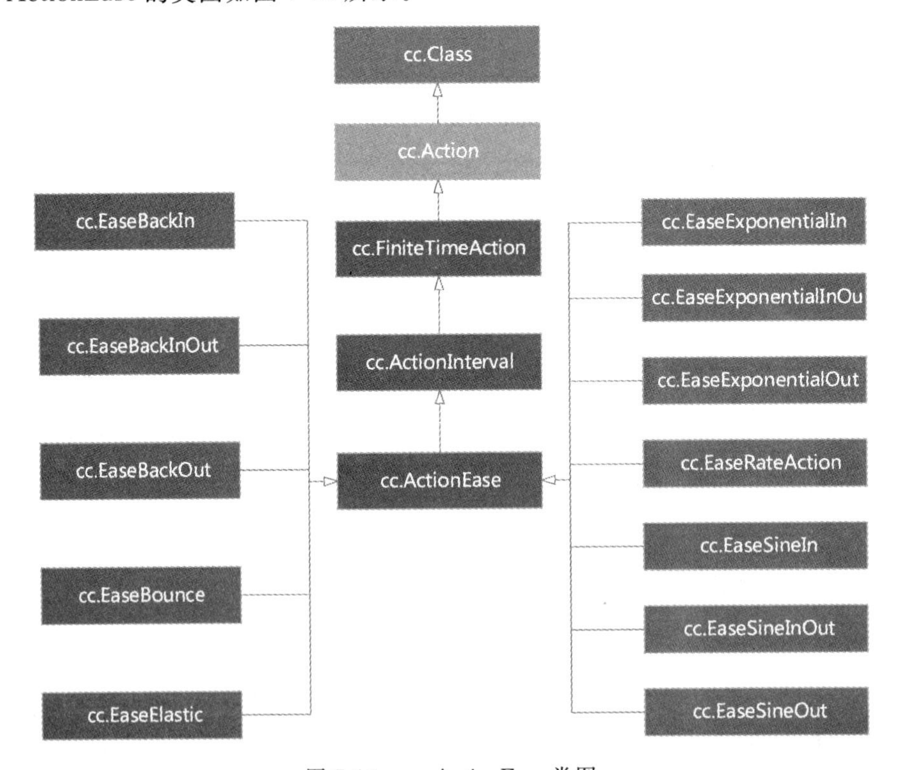

图7-10 cc.ActionEase类图

下面通过一个实例介绍一下这些动作中速度控制的使用，这个实例如图 7-11 所示。图 7-11(a)所示是一个操作菜单场景，选择菜单可以进入到图 7-11(b)所示动作场景，在图 7-11(b)所示动作场景中单击 Go 按钮可以执行选择的动作效果，单击 Back 按钮可以返回到菜单场景。

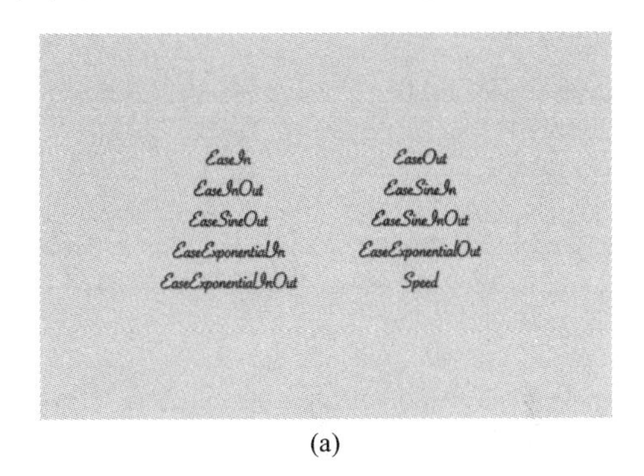

(a)

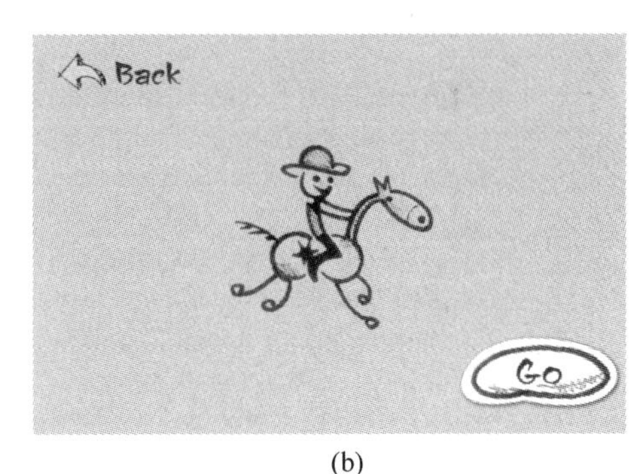

(b)

图 7-11 动作速度控制实例

下面再看看具体的程序代码。首先看一下 app.js 文件。它的代码如下：

```
var HelloWorldLayer = cc.Layer.extend({

    ctor: function () {
        this._super();
        var size = cc.director.getWinSize();

        var bg = new cc.Sprite(res.Background_png);
        bg.x = size.width / 2;
        bg.y = size.height / 2;
        this.addChild(bg);

        var pItmLabel1 = new cc.LabelBMFont("EaseIn", "res/fonts/fnt2.fnt");
        var pItmMenu1 = new cc.MenuItemLabel(pItmLabel1, this.onMenuCallback, this);
        pItmMenu1.tag = ActionTypes.kEaseIn;

        var pItmLabel2 = new cc.LabelBMFont("EaseOut", "res/fonts/fnt2.fnt");
        var pItmMenu2 = new cc.MenuItemLabel(pItmLabel2, this.onMenuCallback, this);
        pItmMenu2.tag = ActionTypes.kEaseOut;

        var pItmLabel3 = new cc.LabelBMFont("EaseInOut", "res/fonts/fnt2.fnt");
        var pItmMenu3 = new cc.MenuItemLabel(pItmLabel3, this.onMenuCallback, this);
        pItmMenu3.tag = ActionTypes.kEaseInOut;

        var pItmLabel4 = new cc.LabelBMFont("EaseSineIn", "res/fonts/fnt2.fnt");
        var pItmMenu4 = new cc.MenuItemLabel(pItmLabel4, this.onMenuCallback, this);
        pItmMenu4.tag = ActionTypes.kEaseSineIn;

        var pItmLabel5 = new cc.LabelBMFont("EaseSineOut", "res/fonts/fnt2.fnt");
```

```
        var pItmMenu5 = new cc.MenuItemLabel(pItmLabel5, this.onMenuCallback, this);
        pItmMenu5.tag = ActionTypes.kEaseSineOut;

        var pItmLabel6 = new cc.LabelBMFont("EaseSineInOut", "res/fonts/fnt2.fnt");
        var pItmMenu6 = new cc.MenuItemLabel(pItmLabel6, this.onMenuCallback, this);
        pItmMenu6.tag = ActionTypes.kEaseSineInOut;

        var pItmLabel7 = new cc.LabelBMFont("EaseExponentialIn", "res/fonts/fnt2.fnt");
        var pItmMenu7 = new cc.MenuItemLabel(pItmLabel7, this.onMenuCallback, this);
        pItmMenu7.tag = ActionTypes.kEaseExponentialIn;

        var pItmLabel8 = new cc.LabelBMFont("EaseExponentialOut", "res/fonts/fnt2.fnt");
        var pItmMenu8 = new cc.MenuItemLabel(pItmLabel8, this.onMenuCallback, this);
        pItmMenu8.tag = ActionTypes.kEaseExponentialOut;

        var pItmLabel9 = new cc.LabelBMFont("EaseExponentialInOut", "res/fonts/fnt2.fnt");
        var pItmMenu9 = new cc.MenuItemLabel(pItmLabel9, this.onMenuCallback, this);
        pItmMenu9.tag = ActionTypes.kEaseExponentialInOut;

        var pItmLabel10 = new cc.LabelBMFont("Speed", "res/fonts/fnt2.fnt");
        var pItmMenu10 = new cc.MenuItemLabel(pItmLabel10, this.onMenuCallback, this);
        pItmMenu10.tag = ActionTypes.kSpeed;

        var mn = new cc.Menu(pItmMenu1, pItmMenu2, pItmMenu3, pItmMenu4,
                             pItmMenu5, pItmMenu6, pItmMenu7, pItmMenu8,
                             pItmMenu9, pItmMenu10);
        mn.alignItemsInColumns(2, 2, 2, 2, 2);
        this.addChild(mn);

        return true;
    },
    onMenuCallback: function (sender) {
        cc.log("tag = " + sender.tag);
        var scene = new MyActionScene();
        var layer = new MyActionLayer(sender.tag);
        scene.addChild(layer);
        cc.director.pushScene(new cc.TransitionSlideInR(1, scene));
    }
});
```

上述代码大家比较熟悉，这里就不再介绍了。下面再看看下一个场景 MyActionScene，它的 MyActionScene.js 中的单击 Go 按钮调用函数代码如下：

```
var MyActionLayer = cc.Layer.extend({
    flagTag: 0,                                  //操作标志
    ctor: function (flagTag) {
        this._super();
        this.flagTag = flagTag;
        this.hiddenFlag = true;
        cc.log("MyActionLayer init flagTag " + this.flagTag);
```

```
        var size = cc.director.getWinSize();

        var bg = new cc.Sprite(res.Background_png);
        bg.x = size.width / 2;
        bg.y = size.height / 2;
        this.addChild(bg);

        var sprite = new cc.Sprite(res.hero_png);
        sprite.x = size.width / 2;
        sprite.y = size.height / 2;
        this.addChild(sprite, 1, SP_TAG);

        var backMenuItem = new cc.MenuItemImage(res.Back_up_png,
            res.Back_down_png,
            function () {
                cc.director.popScene();
            }, this);
        backMenuItem.x = 140;
        backMenuItem.y = size.height - 65;

        var goMenuItem = new cc.MenuItemImage(res.Go_up_png,
            res.Go_down_png,
            this.onMenuCallback, this);
        goMenuItem.x = 820;
        goMenuItem.y = size.height - 540;

        var mn = new cc.Menu(backMenuItem, goMenuItem);
        this.addChild(mn, 1);
        mn.x = 0;
        mn.y = 0;
        mn.anchorX = 0.5;
        mn.anchorY = 0.5;

        return true;
    },
    onMenuCallback: function (sender) {
        cc.log("Tag = " + this.flagTag);
        var sprite = this.getChildByTag(SP_TAG);
        var size = cc.director.getWinSize();

        var ac1 = cc.moveBy(2, cc.p(200, 0));
        var ac2 = ac1.reverse();
        var ac = cc.sequence(ac1, ac2);

        switch (this.flagTag) {
            case ActionTypes.kEaseIn:
```

```
                sprite.runAction(new cc.EaseIn(ac, 3));                          ①
                break;
            case ActionTypes.kEaseOut:
                sprite.runAction(new cc.EaseOut(ac, 3));                         ②
                break;
            case ActionTypes.kEaseInOut:
                sprite.runAction(new cc.EaseInOut(ac, 3));                       ③
                break;
            case ActionTypes.kEaseSineIn:
                sprite.runAction(new cc.EaseSineIn(ac));                         ④
                break;
            case ActionTypes.kEaseSineOut:
                sprite.runAction(new cc.EaseSineOut(ac));                        ⑤
                break;
            case ActionTypes.kEaseSineInOut:
                sprite.runAction(new cc.EaseSineInOut(ac));                      ⑥
                break;
            case ActionTypes.kEaseExponentialIn:
                sprite.runAction(new cc.EaseExponentialIn(ac));                  ⑦
                break;
            case ActionTypes.kEaseExponentialOut:
                sprite.runAction(new cc.EaseExponentialOut(ac));                 ⑧
                break;
            case ActionTypes.kEaseExponentialInOut:
                sprite.runAction(new cc.EaseExponentialInOut(ac));               ⑨
                break;
            case ActionTypes.kSpeed:
                sprite.runAction(new cc.Speed(ac, cc.random0To1() * 5));         ⑩
                break;
        }
    }
});
```

其中，第①行代码是以3倍速度由慢至快；第②行代码是以3倍速度由快至慢；第③行代码是以3倍速度由慢至快再由快至慢；第④行代码是采用正弦变换速度由慢至快；第⑤行代码是采用正弦变换速度由快至慢；第⑥行代码是采用正弦变换速度由慢至快再由快至慢；第⑦行代码采用指数变换速度由慢至快；第⑧行代码采用指数变换速度由快至慢；第⑨行代码采用指数变换速度由慢至快再由快至慢；第⑩行代码随机设置变换速度。

7.1.5 回调函数

在顺序动作执行的中间或者结束时，可以回调某个函数，从而可以在该函数中执行任何处理。函数调用类图如图7-12所示，相关类是cc.CallFunc。

下面通过一个实例介绍一下动作中的函数调用，这个实例如图7-13所示。图7-13(a)所示是一个操作菜单场景，选择菜单可以进入到图7-13(b)所示动作场景，在图7-13(b)所示动作场景中单击Go按钮可以执行选择的动作效果，单击Back按钮可以返回到菜单场景。

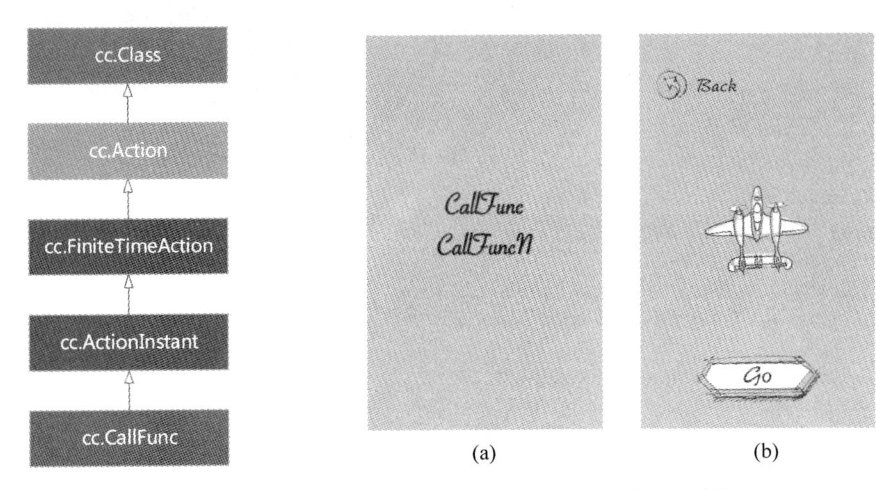

(a) (b)

图 7-12 函数调用类图

图 7-13 函数调用实例

下面再看看具体的程序代码。首先看一下 app.js 文件。它的代码如下：

```
var HelloWorldLayer = cc.Layer.extend({
    ctor: function () {
        this._super();
        var size = cc.director.getWinSize();

        var bg = new cc.Sprite(res.Background_png);
        bg.x = size.width / 2;
        bg.y = size.height / 2;
        this.addChild(bg);

        var pItmLabel1 = new cc.LabelBMFont("CallFunc", res.fnt2_fnt);
        var pItmMenu1 = new cc.MenuItemLabel(pItmLabel1, this.onMenuCallback, this);
        pItmMenu1.tag = ActionTypes.kFunc;

        var pItmLabel2 = new cc.LabelBMFont("CallFuncN", res.fnt2_fnt);
        var pItmMenu2 = new cc.MenuItemLabel(pItmLabel2, this.onMenuCallback, this);
        pItmMenu2.tag = ActionTypes.kFuncN;

        var mn = new cc.Menu(pItmMenu1, pItmMenu2);
        mn.alignItemsVertically();
        this.addChild(mn);

        return true;
    },
    onMenuCallback: function (sender) {
        cc.log("tag = " + sender.tag);
        var scene = new MyActionScene();
        var layer = new MyActionLayer(sender.tag);
        //layer.tag = sender.tag;
```

```
            scene.addChild(layer);
            cc.director.pushScene(new cc.TransitionSlideInR(1, scene));
        }
});
```

再看看下一个场景 MyActionScene。其代码如下：

```
var MyActionLayer = cc.Layer.extend({
    flagTag: 0,                                    //操作标志
    ctor: function (flagTag) {
        this._super();
        this.flagTag = flagTag;
        cc.log("MyActionLayer init flagTag " + this.flagTag);

        var size = cc.director.getWinSize();

        var bg = new cc.Sprite(res.Background_png);
        bg.x = size.width / 2;
        bg.y = size.height / 2;
        this.addChild(bg);

        var sprite = new cc.Sprite(res.Plane_png);
        sprite.x = size.width / 2;
        sprite.y = size.height / 2;
        this.addChild(sprite, 1, SP_TAG);

        var backMenuItem = new cc.MenuItemImage(res.Back_up_png, res.Back_down_png,
            function () {
                cc.director.popScene();
            }, this);
        backMenuItem.x = 120;
        backMenuItem.y = size.height - 100;

        var goMenuItem = new cc.MenuItemImage(res.Go_up_png, res.Go_down_png,
            this.onMenuCallback, this);
        goMenuItem.x = size.width / 2;
        goMenuItem.y = 100;

        var mn = new cc.Menu(backMenuItem, goMenuItem);
        this.addChild(mn, 1);
        mn.x = 0;
        mn.y = 0;
        mn.anchorX = 0.5;
        mn.anchorY = 0.5;

        return true;
    },
    onMenuCallback: function (sender) {
        cc.log("Tag = " + this.flagTag);

        switch (this.flagTag) {
```

```
            case ActionTypes.kFunc:
                this.onCallFunc(sender);
                break;
            case ActionTypes.kFuncN:
                this.onCallFuncN(sender);
                break;
        }
    },
    onCallFunc: function (sender) {
        var sprite = this.getChildByTag(SP_TAG);
        var size = cc.director.getWinSize();

        var ac1 = cc.moveBy(2, cc.p(100, 100));
        var ac2 = ac1.reverse();

        var acf = cc.callFunc(                                        ①
            this.callBack1,
            this);
        var seq = cc.sequence(ac1, acf, ac2);                          ②
        sprite.runAction(cc.sequence(seq));                            ③
    },
    callBack1: function () {                                           ④
        var sprite = this.getChildByTag(SP_TAG);
        sprite.runAction(cc.tintBy(0.5, 255, 0, 255));                 ⑤
    },
    onCallFuncN: function (sender) {
        var sprite = this.getChildByTag(SP_TAG);
        var size = cc.director.getWinSize();

        var ac1 = cc.moveBy(2, cc.p(100, 100));
        var ac2 = ac1.reverse();
        var acf = cc.callFunc(
            this.callBack2,
            this, sprite);                                             ⑥
        var seq = cc.sequence(ac1, acf, ac2);                          ⑦
        sprite.runAction(cc.sequence(seq));                            ⑧
    },
    callBack2: function (sp) {                                         ⑨
        sp.runAction(cc.tintBy(1, 255, 0, 255));                       ⑩
    }
});
```

上述代码第①行是创建 cc.callFunc 对象，其中 this.callBack1 是指定一个回调函数。第②行代码是创建一个顺序动作，它的执行顺序是 ac1→ acf → ac2。第③行代码是执行顺序动作，效果是移动精灵(ac1 动作执行)，然后调用 this.callBack1 函数，函数执行完毕再执行移动精灵(ac2 动作执行)。第④行代码是在 cc.callFunc 执行时回调的函数。第⑤行代码是创建 TintBy 染色动作。第⑥行代码是创建 cc.callFunc 对象，其中第三个参数是给回调函数传递的数据。第⑦行代码是创建一个顺序动作，它的执行顺序是 ac1→ acf → ac2。

第⑧行代码是执行顺序动作，效果是移动精灵（ac1 动作执行），然后调用 this. callBack1 函数，函数执行完毕再执行移动精灵（ac2 动作执行）。第⑨行代码是在 cc. callFunc 执行时回调的函数。第⑩行代码是创建 TintBy 染色动作。

7.2 特效

Cocos2d-JS 提供了很多特效，这些特效事实上属于间隔动作。特效类 cc. GridAction 类也称为网格动作，它的类图如图 7-14 所示。

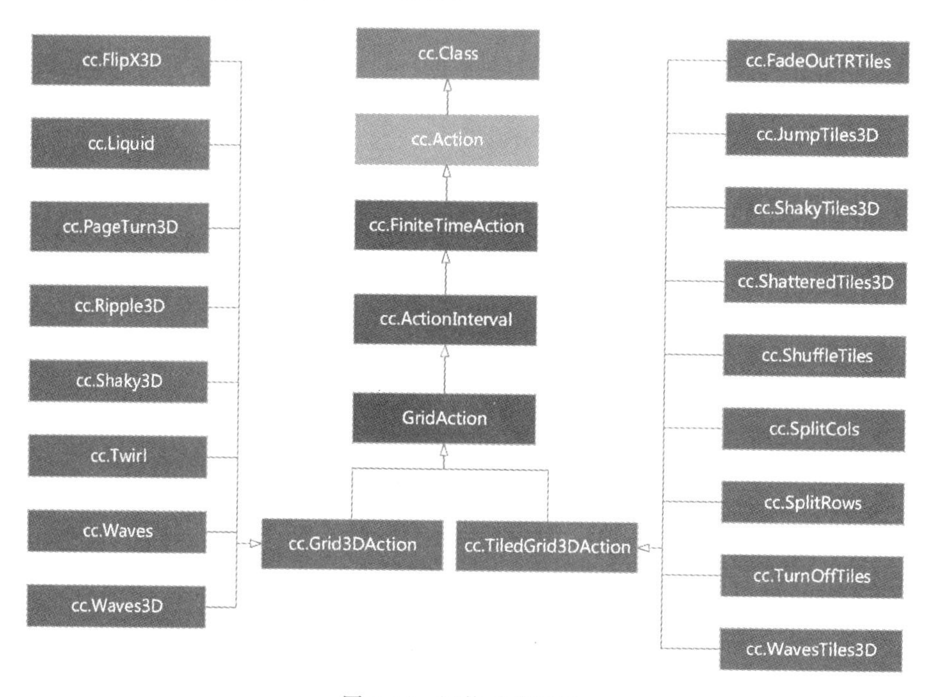

图 7-14 网格动作类图

7.2.1 网格动作

从图 7-14 所示的类图可见，cc. GridAction 有两个主要的子类 cc. Grid3DAction 和 cc. TiledGrid3DAction，cc. TiledGrid3DAction 系列的子类中会有瓦片效果。图 7-15 所示是 Waves3D 特效（cc. Grid3DAction 子类），图 7-16 所示是 WavesTiles3D 特效（cc. TiledGrid3DAction 子类），比较这两个效果会看到瓦片效果的特别之处是界面被分割成多个方格。

网格动作都是采用 3D 效果，给用户的体验是非常震撼和绚丽的，但是也给内存和 CPU 带来了巨大的压力和负担，如果不启用 OpenGL 的深度缓冲，3D 效果就会失真，但是启用时对于显示性能也会造成负面影响。

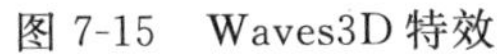
图 7-15 Waves3D 特效

图 7-16 WavesTiles3D 特效

7.2.2 实例：特效演示

下面通过一个实例介绍几个特效的使用，这个实例如图 7-17 所示。图 7-17(a)所示是一个操作菜单场景，选择菜单可以进入到图 7-17(b)所示动作场景，在图 7-17(b)所示动作场景中单击 Go 按钮可以执行选择的特性动作，单击 Back 按钮可以返回到菜单场景。

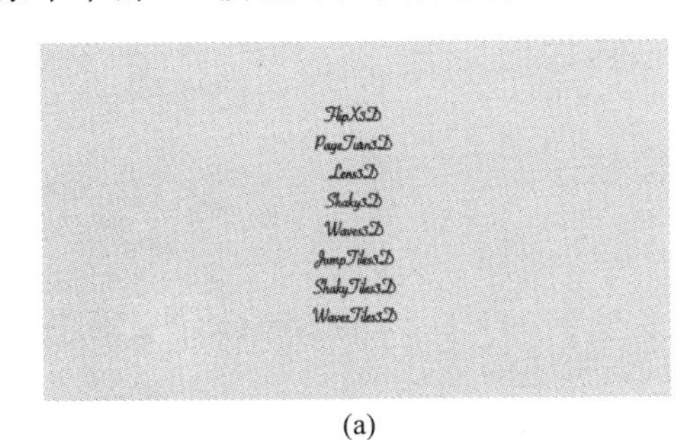

(a)

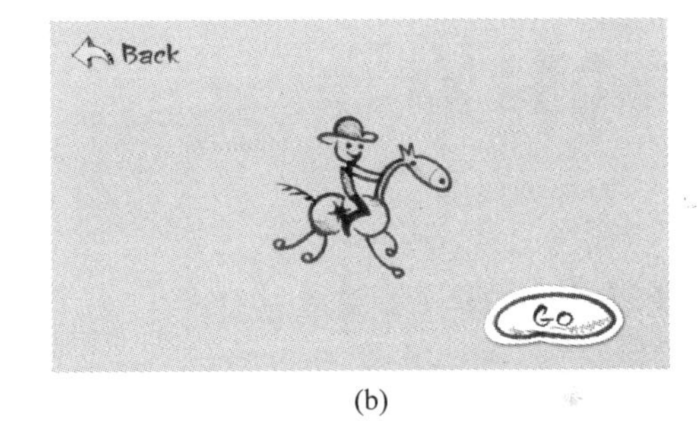

(b)

图 7-17 特效实例

MyActionScene.js 中的 ctor 构造函数代码如下：

```
ctor: function (flagTag) {
    this._super();
    this.flagTag = flagTag;
    this.gridNodeTarget = new cc.NodeGrid();                                    ①
    this.addChild(this.gridNodeTarget);

    cc.log("MyActionLayer init flagTag " + this.flagTag);

    var size = cc.director.getWinSize();

    var bg = new cc.Sprite(res.Background_png);
    bg.x = size.width / 2;
    bg.y = size.height / 2;
    this.gridNodeTarget.addChild(bg);
```

```
        var sprite = new cc.Sprite(res.hero_png);
        sprite.x = size.width / 2;
        sprite.y = size.height / 2;
        this.gridNodeTarget.addChild(sprite, 1, SP_TAG);

        var backMenuItem = new cc.MenuItemImage(res.Back_up_png, res.Back_down_png,
            function () {
                cc.director.popScene();
            }, this);
        backMenuItem.x = 140;
        backMenuItem.y = size.height - 65;

        var goMenuItem = new cc.MenuItemImage(res.Go_up_png, res.Go_down_png,
            this.onMenuCallback, this);
        goMenuItem.x = 820;
        goMenuItem.y = size.height - 540;

        var mn = new cc.Menu(backMenuItem, goMenuItem);
        this.gridNodeTarget.addChild(mn, 1);
        mn.x = 0;
        mn.y = 0;
        mn.anchorX = 0.5;
        mn.anchorY = 0.5;

        return true;
    }
```

上述代码第①行是创建 NodeGrid 类型成员变量 gridNodeTarget，NodeGrid 是网格动作管理类。MyActionScene.js 中的 onMenuCallback 函数代码如下：

```
    onMenuCallback: function (sender) {
        cc.log("Tag = " + this.flagTag);
        var size = cc.director.getWinSize();

        switch (this.flagTag) {
            case ActionTypes.kFlipX3D:
                this.gridNodeTarget.runAction(cc.flipX3D(3.0));                                  ①
                break;
            case ActionTypes.kPageTurn3D:
                this.gridNodeTarget.runAction(cc.pageTurn3D(3.0, cc.size(15, 10)));              ②
                break;
            case ActionTypes.kLens3D:
                this.gridNodeTarget.runAction(cc.lens3D(3.0, cc.size(15, 10),
                                                cc.p(size.width / 2, size.height / 2), 240));   ③
                break;
            case ActionTypes.kShaky3D:
                this.gridNodeTarget.runAction(cc.shaky3D(3.0, cc.size(15, 10), 5, false));
                                                                                                 ④
                break;
            case ActionTypes.kWaves3D:
```

```
            this.gridNodeTarget.runAction(cc.waves3D(3.0, cc.size(15, 10), 5, 40));      ⑤
            break;
        case ActionTypes.kJumpTiles3D:
            this.gridNodeTarget.runAction(cc.jumpTiles3D(3.0, cc.size(15, 10), 2, 30));
                                                                                          ⑥
            break;
        case ActionTypes.kShakyTiles3D:
              this.gridNodeTarget.runAction(cc.shakyTiles3D(3.0, cc.size(16, 12), 5,
false));                                                                                  ⑦
            break;
        case ActionTypes.kWavesTiles3D:
            this.gridNodeTarget.runAction(cc.wavesTiles3D(3.0, cc.size(15, 10), 4, 120));
                                                                                          ⑧
            break;
    }
}
```

上述代码 onMenuCallback 函数中是运行特效动作,第①行是使用 FlipX3D 实现 *X* 轴 3D 翻转特效,cc.flipX3D 函数的参数是持续时间。第②行是使用 PageTurn3D 实现翻页特效,cc.pageTurn3D 函数的第一个参数是持续时间,第二个参数是网格的大小。第③行是使用 Lens3D 实现凸透镜特效,cc.lens3D 函数的第一个参数是持续时间,第二个参数是网格大小,第三个参数是透镜中心点,第四个参数是透镜半径。第④行是使用 Shaky3D 实现晃动特效,cc.shaky3D 函数的第一个参数是持续时间,第二个参数是网格的大小,第三个参数是晃动的范围,第四个参数表示是否伴有 *Z* 轴晃动。第⑤行是使用 Waves3D 实现 3D 波动特效,cc.waves3D 函数的第一个参数是持续时间,第二个参数是网格的大小,第三个参数是波动次数,第四个参数是振幅。第⑥行是使用 JumpTiles3D 实现晃动特效、3D 瓦片跳动特效,cc.jumpTiles3D 函数的第一个参数是持续时间,第二个参数是网格的大小,第三个参数是跳动次数,第四个参数是跳动幅度。第⑦行是使用 ShakyTiles3D 实现 3D 瓦片晃动特效,cc.shakyTiles3D 函数的第一个参数是持续时间,第二个参数是网格的大小,第三个参数是晃动的范围,第四个参数表示是否伴有 *Z* 轴晃动。第⑧行是使用 WavesTiles3D 实现 3D 瓦片波动特效,cc.wavesTiles3D 函数的第一个参数是持续时间,第二个参数是网格的大小,第三个参数是动作次数,第四个参数是振幅。

7.3　动画

与动作密不可分的还有动画,动画又可以分为场景过渡动画和帧动画。场景过渡动画在上一章中介绍过,这里只介绍帧动画。

7.3.1　帧动画

帧动画就是按一定时间间隔、一定的顺序、一帧一帧地显示帧图片。美工要为精灵的运动绘制每一帧图片,因此帧动画会由很多帧组成,按照一定的顺序切换这些图片就可以了。

在 Cocos2d-JS 中播放帧动画涉及两个类：cc. Animation 和 cc. Animate，类图如图 7-18 所示。cc. Animation 是动画类，它保存有很多动画帧；cc. Animate 类是动作类，它继承于 cc. ActionInterval 类，属于间隔动作类，它的作用是将 cc. Animation 定义的动画转换成为动作进行执行，这样就看到动画播放的效果了。

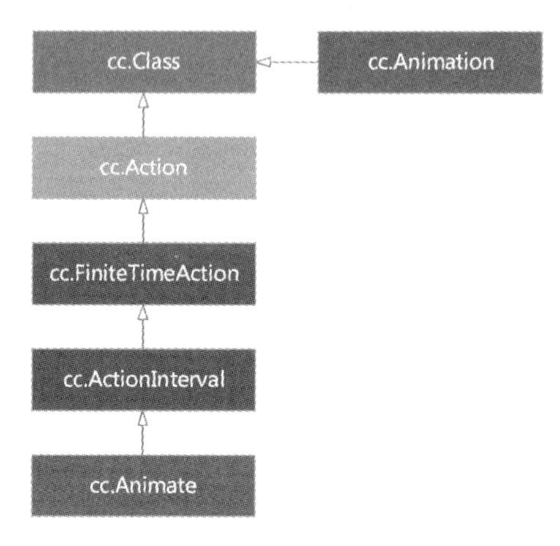

图 7-18 帧动画相关类图

7.3.2 实例：帧动画使用

下面通过一个实例介绍一下帧动画的使用，这个实例如图 7-19 所示。单击 Go 按钮开始播放动画，这时播放按钮标题变为 Stop，单击 Stop 按钮可以停止播放动画。

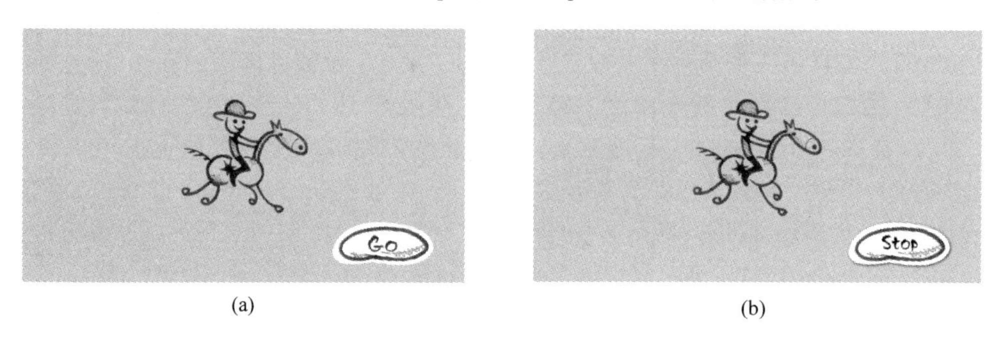

(a) (b)

图 7-19 帧动画实例

下面看看具体的程序代码。app. js 中的 HelloWorldLayer 的构造代码如下：

```
ctor: function () {
    this._super();
    var size = cc.director.getWinSize();

    var bg = new cc.Sprite(res.Background_png);
    bg.x = size.width / 2;
    bg.y = size.height / 2;
```

```
    this.addChild(bg);

    var frameCache = cc.spriteFrameCache;
    frameCache.addSpriteFrames(res.run_plist, res.run_png);

    this.sprite = new cc.Sprite("#h1.png");
    this.sprite.x = size.width / 2;
    this.sprite.y = size.height / 2;
    this.addChild(this.sprite);

    //toggle 菜单
    var goNormalSprite = new cc.Sprite("#go.png");
    var goSelectedSprite = new cc.Sprite("#go.png");
    var stopSelectedSprite = new cc.Sprite("#stop.png");
    var stopNormalSprite = new cc.Sprite("#stop.png");

    var goToggleMenuItem = new cc.MenuItemSprite(goNormalSprite, goSelectedSprite);
    var stopToggleMenuItem = new cc.MenuItemSprite(stopSelectedSprite, stopNormalSprite);

    var toggleMenuItem = new cc.MenuItemToggle(
        goToggleMenuItem,
        stopToggleMenuItem,
        this.onAction, this);
    toggleMenuItem.x = 930;
    toggleMenuItem.y = size.height - 540;

    var mn = new cc.Menu(toggleMenuItem);
    mn.x = 0;
    mn.y = 0;
    this.addChild(mn);

    return true;
}
```

app.js 中的 HelloWorldLayer 中的 onAction 函数代码如下：

```
onAction: function (sender) {

    if (this.isPlaying != true) {

        ///////////////动画开始//////////////////////
        var animation = new cc.Animation();                                          ①
        for (var i = 1; i <= 4; i++) {
            var frameName = "h" + i + ".png";                                        ②
            cc.log("frameName = " + frameName);
            var spriteFrame = cc.spriteFrameCache.getSpriteFrame(frameName);         ③
            animation.addSpriteFrame(spriteFrame);                                   ④
        }

        animation.setDelayPerUnit(0.15);              //设置两个帧播放时间           ⑤
        animation.setRestoreOriginalFrame(true);      //动画执行后还原初始状态       ⑥
```

```
            var action = cc.animate(animation);                                    ⑦
            this.sprite.runAction(cc.repeatForever(action));                      ⑧
            ///////////////////动画结束///////////////////

            this.isPlaying = true;

        } else {
            this.sprite.stopAllActions();                                          ⑨
            this.isPlaying = false;
        }
    }
```

上述第①行代码是创建一个 Animation 对象，它是动画对象，然后要通过循环将各个帧图片放到 Animation 对象中。第②行代码是获得帧图片的文件名。第③行代码是通过帧名创建精灵帧对象，第④行代码把精灵帧对象添加到 Animation 对象中。第⑤行代码 animation.setDelayPerUnit(0.15)是设置两个帧播放时间，这个动画播放是 4 帧。第⑥行代码 animation.setRestoreOriginalFrame(true)表示动画执行完成是否还原到初始状态。第⑦行代码是通过一个 Animation 对象创建 Animate 对象。第⑧行代码 this.sprite.runAction(cc.repeatForever(action))是执行动画动作，无限循环方式。第⑨行代码 this.sprite.stopAllActions()是停止所有的动作。

本章小结

通过对本章的学习，读者应熟悉 Cocos2d-JS 中动作、特效和动画等动态特性。其中动作包括瞬时动作、间隔动作、组合动作、动作速度控制以及函数调用等，在特效部分介绍了网格动作，在动画部分主要介绍了帧动画。

第 8 章 Cocos2d-JS 用户事件

在移动平台中用户输入的方式有触摸屏幕、键盘输入和各种传感器(如加速度计和麦克风等)。这些用户输入被封装成为事件,例如,在 iOS 平台有触摸事件和加速度事件等,在 Android 和 Windows Phone 平台有触摸事件、键盘事件和加速度事件等。

Cocos2d-JS 游戏引擎具有跨平台特点,能够接收并处理的事件包括触摸事件、键盘事件、鼠标事件、加速度事件和自定义事件等。需要注意的是,在 Cocos2d-JS 游戏引擎中有些事件在一些平台下是无法接收的,这与平台的硬件有关系,例如,在 iOS 平台就无法接收键盘事件,而在 PC 和 Mac OS X 平台下不能接收触摸事件和加速度事件。

8.1 事件处理机制

在很多图形用户技术中,事件处理机制一般都有三个重要的角色:事件、事件源和事件处理者。事件源是事件发生的场所,通常就是各个视图或控件;事件处理者是接收事件并对其进行处理的一段程序。

8.1.1 事件处理机制中的三个角色

在 Cocos2d-JS 引擎事件处理机制中也有这三个角色。

1. 事件

事件类是 cc. Event,它的类图如图 8-1 所示,它的子类有 cc. EventTouch(触摸事件)、cc. EventMouse(鼠标事件)、cc. EventCustom(自定义)、cc. EventKeyboard(键盘事件)和 cc. EventAcceleration(加速度事件)。

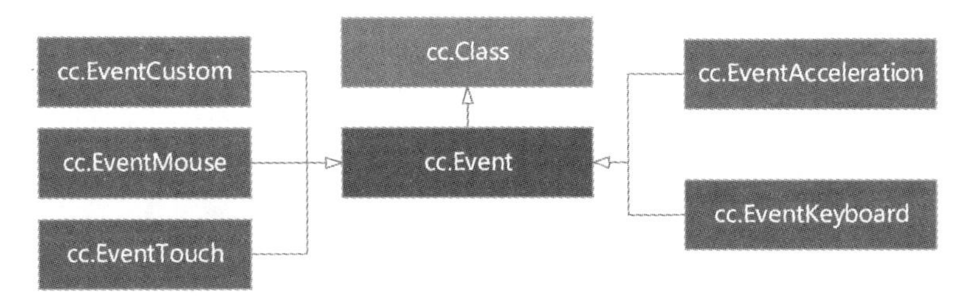

图 8-1　事件类图

2. 事件源

事件源是 Cocos2d-JS 中的精灵、层、菜单等节点对象。

3. 事件处理者

Cocos2d-JS 中的事件处理者是事件监听器类 cc. EventListener，它包括几种不同类型的监听器：

(1) cc. EventListener. ACCELERATION。加速度事件监听器。

(2) cc. EventListener. CUSTOM。自定义事件监听器。

(3) cc. EventListener. KEYBOARD。键盘事件监听器。

(4) cc. EventListener. MOUSE。鼠标事件监听器。

(5) cc. EventListener. TOUCH_ALL_AT_ONCE。多点触摸事件监听器。

(6) cc. EventListener. TOUCH_ONE_BY_ONE。单点触摸事件监听器。

8.1.2 事件管理器

从命名上可以看出事件监听器与事件具有对应关系，例如，键盘事件(cc. EventKeyboard)只能由键盘事件监听器(cc. EventListener. KEYBOARD)处理，它们之间需要在程序中建立关系，这种关系的建立过程被称为“注册监听器”。Cocos2d-JS 提供一个事件管理器 cc. EventManager 负责管理这种关系，具体地说，事件管理器负责注册监听器、注销监听器和事件分发。

cc. EventManager 类中注册事件监听器的函数如下：

```
addListener(listener, nodeOrPriority)
```

第一个参数 listener 是要注册的事件监听器对象，第二个参数 nodeOrPriority 可以是一个 Node 对象或一个数值。如果传入的是 Node 对象，则按照精灵等 Node 对象的显示优先级作为事件优先级，如图 8-2 所示的实例精灵 BoxC 优先级是最高的，按照精灵显示的顺序 BoxC 在最前面。如果传入的是数值，则按照指定的级别作为事件优先级，事件优先级决定事件响应的优先级别，值越小，优先级越高。

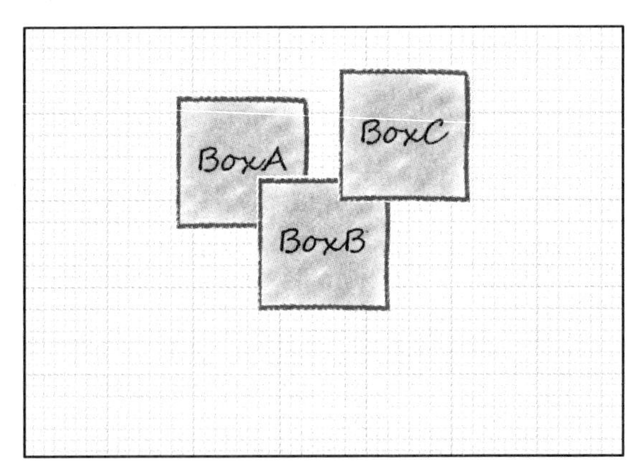

图 8-2 精灵显示优先级作为事件优先级

当不再进行事件响应的时候，应该注销事件监听器。主要的注销函数如下：

(1) removeListener(listener)。注销指定的事件监听器。

(2) removeCustomListeners(customEventName)。注销自定义事件监听器。

(3) removeListeners(listenerType, recursive)。注销所有特点类型的事件监听器，recursive 参数表示是否递归注销。

(4) removeAllEventListeners()。注销所有事件监听器，需要注意的是，使用该函数之后，菜单也不能响应事件了，因为它也需要接受触摸事件。

8.2 触摸事件

理解一个触摸事件可以从时间和空间两方面考虑。

8.2.1 触摸事件的时间方面

触摸事件的时间方面如图 8-3 所示，可以有不同的“按下”、“移动”和“抬起”等阶段，表示触摸是否刚刚开始、是否正在移动或处于静止状态，以及何时结束，也就是手指何时从屏幕抬起。此外，触摸事件的不同阶段都可以有单点触摸或多点触摸，是否支持多点触摸还要看设备和平台。

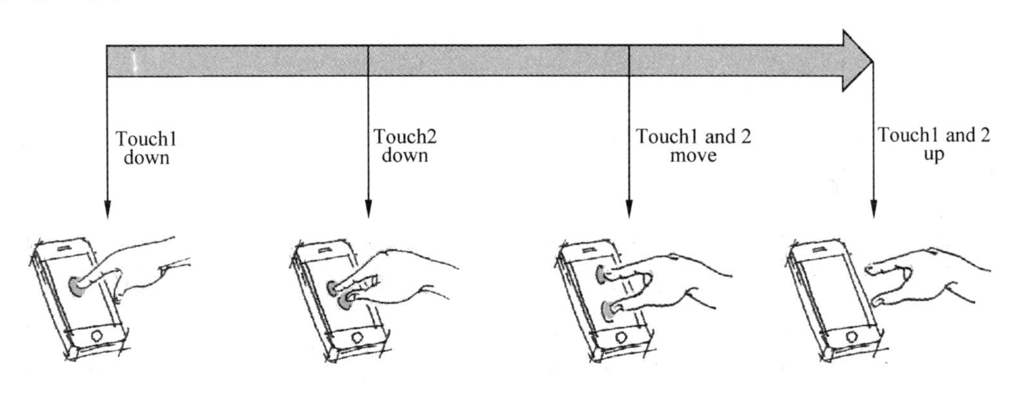

图 8-3 触摸事件的阶段

触摸事件有两个事件监听器：cc. EventListener. TOUCH_ONE_BY_ONE 和 cc. EventListener. TOUCH_ALL_AT_ONCE，分别对应单点触摸和多点触摸。这些监听器有一些触摸事件响应属性，这些属性对应着触摸事件不同阶段。通过设置这些属性能够实现事件与事件处理者函数的关联。

单点触摸事件的响应属性如下：

(1) onTouchBegan。当一个手指触碰屏幕时回调该属性所指定的函数。如果函数返回值为 true，则可以回调后面的两个属性(onTouchMoved 和 onTouchEnded)所指定的函数，否则不回调。

(2) onTouchMoved。当一个手指在屏幕移动时回调该属性所指定的函数。

(3) onTouchEnded。当一个手指离开屏幕时回调该属性所指定的函数。

(4) onTouchCancelled。当单点触摸事件被取消时回调该属性所指定的函数。

多点触摸事件的响应属性如下：

(1) onTouchesBegan。当多个手指触碰屏幕时回调该属性所指定的函数。

(2) onTouchesMoved。当多个手指在屏幕上移动时回调该属性所指定的函数。

(3) onTouchesEnded。当多个手指离开屏幕时回调该属性所指定的函数。

(4) onTouchesCancelled。当多点触摸事件被取消时回调该属性所指定的函数。

使用这些属性的代码片段演示了它们的使用：

```
var listener = cc.EventListener.create({
    event: cc.EventListener.TOUCH_ONE_BY_ONE,
    onTouchBegan: function (touch, event) {
      ...
      return false;
    }
});
```

首先需要使用 cc.EventListener.create()函数创建事件监听器对象。然后设置它的 event 属性为 cc.EventListener.TOUCH_ONE_BY_ONE,表示为监听单点触摸事件。设置 onTouchBegan 属性响应手指触碰屏幕阶段动作。其他触摸事件的阶段动作也需要采用类似的代码,这里不再赘述。

8.2.2 触摸事件的空间方面

空间方面就是每个触摸点(cc.Touch)对象包含了当前位置信息,以及之前的位置信息(如果有的话)。下面的函数可以获得触摸点之前的位置信息：

```
{cc.Point} getPreviousLocationInView()                //UI 坐标
{cc.Point} getPreviousLocation()                      //OpenGL 坐标
```

下面的函数可以获得触摸点当前的位置信息。

```
{cc.Point} getLocationInView()                        //UI 坐标
{cc.Point} getLocation()                              //OpenGL 坐标
```

8.2.3 实例: 单点触摸事件

为了掌握 Cocos2d-JS 中的事件机制,下面以触摸事件为例,使用事件触发器实现单点触摸事件。该实例如图 8-2 所示,场景中有三个方块精灵,显示顺序如图 8-2 所示,拖曳它们可以移动它们,事件响应优先级是按照它们的显示顺序。

下面看看具体的程序代码。首先看一下 app.js 文件。其中初始化相关代码如下：

```
var HelloWorldLayer = cc.Layer.extend({
```

```
ctor:function () {

        this._super();
        cc.log("HelloWorld init");
        var size = cc.director.getWinSize();

        var bg = new cc.Sprite(res.Background_png);
        bg.x = size.width/2;
        bg.y = size.height/2;
        this.addChild(bg, 0, 0);

        var boxA = new cc.Sprite(res.BoxA2_png);                                    ①
        boxA.x = size.width/2 - 120;
        boxA.y = size.height/2 + 120;
        this.addChild(boxA, 10, SpriteTags.kBoxA_Tag);

        var boxB = new cc.Sprite(res.BoxB2_png);
        boxB.x = size.width/2;
        boxB.y = size.height/2;
        this.addChild(boxB, 20, SpriteTags.kBoxB_Tag);

        var boxC = new cc.Sprite(res.BoxC2_png);
        boxC.x = size.width/2 + 120;
        boxC.y = size.height/2 + 160;
        this.addChild(boxC, 30, SpriteTags.kBoxC_Tag);                              ②

        return true;
    },
    ...
}
```

代码第①～②行创建了三个方块精灵，在注册它到当前层的时候使用三个参数的addChild(child, localZOrder, tag)函数，这样可以通过localZOrder参数指定精灵的显示顺序。

app.js中的HelloWorldLayer的onEnter函数代码如下：

```
onEnter: function () {
        this._super();
        cc.log("HelloWorld onEnter");
        var listener = cc.EventListener.create({
            event: cc.EventListener.TOUCH_ONE_BY_ONE,                               ①
            swallowTouches: true,                                                   ②
            onTouchBegan: function (touch, event) {                                 ③

              var target = event.getCurrentTarget();                                ④

              var locationInNode = target.convertToNodeSpace(touch.getLocation());  ⑤
              var s = target.getContentSize();                                      ⑥
              var rect = cc.rect(0, 0, s.width, s.height);                          ⑦
```

```
                //单击范围判断检测
                if (cc.rectContainsPoint(rect, locationInNode)) {                    ⑧
                    cc.log("sprite began... x = " + locationInNode.x + ", y = " + locationInNode.y);
                    cc.log("sprite tag = " + target.tag);
                    target.runAction(cc.scaleBy(0.06, 1.06));                        ⑨
                    return true;
                }
                return false;
            },
            onTouchMoved: function (touch, event) {                                  ⑩
                cc.log("onTouchMoved");
                var target = event.getCurrentTarget();
                var delta = touch.getDelta();
                //移动当前按钮精灵的坐标位置
                target.x += delta.x;
                target.y += delta.y;
            },
            onTouchEnded: function (touch, event) {                                  ⑪
                cc.log("onTouchesEnded");
                var target = event.getCurrentTarget();
                //获取当前单击点所在相对按钮的位置坐标
                var locationInNode = target.convertToNodeSpace(touch.getLocation());
                var s = target.getContentSize();
                var rect = cc.rect(0, 0, s.width, s.height);

                //单击范围判断检测
                if (cc.rectContainsPoint(rect, locationInNode)) {
                    cc.log("sprite began... x = " + locationInNode.x + ", y = " + locationInNode.y);
                    cc.log("sprite tag = " + target.tag);
                    target.runAction(cc.scaleTo(0.06, 1.0));
                }
            }
        });

        //注册监听器
        cc.eventManager.addListener(listener, this.getChildByTag(SpriteTags.kBoxA_Tag)); ⑫
        cc.eventManager.addListener(listener.clone(),
                         this.getChildByTag(SpriteTags.kBoxB_Tag));                  ⑬
        cc.eventManager.addListener(listener.clone(),
                         this.getChildByTag(SpriteTags.kBoxC_Tag));                  ⑭

    }
```

上述代码第①行是创建一个单点触摸事件监听器对象。第②行代码是设置是否吞没事件，如果设置为true，那么在onTouchBegan函数返回true时吞没事件，事件不会传递给下一个Node对象。第③行代码是设置监听器的onTouchBegan属性回调函数。第⑩行代码是设置监听器的onTouchMoved属性回调函数。第⑪行代码是设置监听器的onTouchEnded属性回调函数。代码第④行是获取事件所绑定的精灵对象，其中event.getCurrentTarget()

语句返回值是 Node 对象。第⑤行代码是获取当前触摸点相对于 target 对象的模型坐标。第⑥行代码是获得 target 对象的尺寸。第⑦行代码是通过 target 对象的尺寸创建 rect 变量。第⑧行代码是判断是否触摸点在 target 对象范围。第⑨行代码是放大 target 对象。代码第⑫～⑭行是注册监听器，其中第⑫行使用精灵显示优先级注册事件监听器，其中参数 getChildByTag(kBoxA_Tag)是通过精灵标签 tag 实现获得精灵对象。第⑬行和第⑭行代码是为另外两精灵注册事件监听器，其中 listener.clone()获得 listener 对象，使用 clone()函数是因为每一个事件监听器只能被注册一次，addEventListener 会在注册事件监听器时设置一个注册标识，一旦设置了注册标识，该监听器就不能再用于注册其他事件监听，因此需要使用 listener.clone()克隆一个新的监听器对象，把这个新的监听器对象用于注册。

app.js 中的 HelloWorldLayer 的 onExit 函数代码如下：

```
onExit: function () {
    this._super();
    cc.log("HelloWorld onExit");
    cc.eventManager.removeListeners(cc.EventListener.TOUCH_ONE_BY_ONE);
}
```

上述 onExit()函数是退出层时回调，在这个函数中注销所有单点触摸事件的监听。

8.2.4 实例：多点触摸事件

多点触摸事件是与具体的平台有关系的，多点触摸和单点触摸开发流程基本相似。下面介绍一个使用多点触摸事件的实例。

首先看一下 app.js 文件。其中初始化相关代码如下：

```
var HelloWorldLayer = cc.Layer.extend({

  ctor:function () {
        this._super();
        cc.log("HelloWorld init");
        var size = cc.director.getWinSize();

        var bg = new cc.Sprite(res.Background_png);
        bg.x = size.width/2;
        bg.y = size.height/2;
        this.addChild(bg, 0, 0);

        return true;
    },
    onEnter: function () {
        this._super();
        cc.log("HelloWorld onEnter");

        if('touches' in cc.sys.capabilities) {                              ①
                cc.eventManager.addListener({
                event: cc.EventListener.TOUCH_ALL_AT_ONCE,                  ②
```

```
                onTouchesBegan: this.onTouchesBegan,                                ③
                onTouchesMoved: this.onTouchesMoved,                                ④
                onTouchesEnded: this.onTouchesEnded                                 ⑤
            }, this);
        } else {
            cc.log("TOUCHES not supported");
        }
    },
    onTouchesBegan:function(touches, event) {                                       ⑥
        var target = event.getCurrentTarget();
        for (var i = 0; i < touches.length;i++) {
            var touch = touches[i];                                                 ⑦
            var pos = touch.getLocation();
            var id = touch.getId();                                                 ⑧
            cc.log("Touch #" + i + ". onTouchesBegan at: " + pos.x + " " + pos.y + " Id:" + id);
        }
    },
    onTouchesMoved:function(touches, event) {                                       ⑨
        var target = event.getCurrentTarget();
        for (var i = 0; i < touches.length;i++) {
            var touch = touches[i];
            var pos = touch.getLocation();
            var id = touch.getId();
            cc.log("Touch #" + i + ". onTouchesMoved at: " + pos.x + " " + pos.y + " Id:" + id);
        }
    },
    onTouchesEnded:function(touches, event) {                                       ⑩
        var target = event.getCurrentTarget();
        for (var i = 0; i < touches.length;i++) {
            var touch = touches[i];
            var pos = touch.getLocation();
            var id = touch.getId();
            cc.log("Touch #" + i + ". onTouchesEnded at: " + pos.x + " " + pos.y + " Id:" + id);
        }
    },
    onExit: function () {
        this._super();
        cc.log("HelloWorld onExit");
        cc.eventManager.removeListeners(cc.EventListener.TOUCH_ALL_AT_ONCE);
    }
});
```

上述代码第①行'touches' in cc.sys.capabilities判断当前系统和设备是否支持多点触摸。第②～⑤行代码是一种快捷的注册事件监听器到管理器的方式，主要代码如下：

```
cc.eventManager.addListener({ … }, this)
```

使用这种快捷方式，可以不需要创建EventListener对象，直接注册事件监听器。

第③行代码是设置监听器的onTouchBegan属性回调第⑥行的函数。第④行代码是设置监听器的onTouchMoved属性回调第⑨行的函数。第⑤行代码是设置监听器的

onTouchEnded属性回调第⑩行的函数。

第⑦行代码 var touch＝touches[i]从 touches(触摸点集合)中取出一个 touch(触摸点)。第⑧行代码 var id＝touch.getId()获得触摸点的 id，相同的 id 说明是同一个触摸点。

提示 测试上述代码需要在移动设备上，使用 Cocos Code IDE 工具中的模拟器无法测试多点触摸。在测试时可以把多个手指放在屏幕上，下面的日志是三个手指放到屏幕上输出的结果：

```
cocos2d: JS: Touch #0. onTouchesBegan at: 199.05300903320312 359.9334411621094 Id:0
cocos2d: JS: Touch #0. onTouchesBegan at: 688.3888549804688 207.18505859375 Id:1
cocos2d: JS: Touch #0. onTouchesMoved at: 199.05300903320312 365.92401123046875 Id:0
cocos2d: JS: Touch #0. onTouchesBegan at: 489.2798767089844 488.72210693359375 Id:2
cocos2d: JS: Touch #0. onTouchesMoved at: 198.209716796875 366.9224548339844 Id:0
cocos2d: JS: Touch #1. onTouchesMoved at: 686.7022705078125 209.18138122558594 Id:1
cocos2d: JS: Touch #0. onTouchesMoved at: 194.83447265625 361.9302978515625 Id:0
cocos2d: JS: Touch #0. onTouchesEnded at: 686.7022705078125 209.18138122558594 Id:1
cocos2d: JS: Touch #1. onTouchesEnded at: 489.2798767089844 488.72210693359375 Id:2
cocos2d: JS: Touch #0. onTouchesEnded at: 194.83447265625 361.9302978515625 Id:0
```

8.3 键盘事件

Cocos2d-JS中的键盘事件与触摸事件不同，它没有空间方面信息。键盘事件不仅可以响应键盘，还可以响应设备的菜单。

键盘事件是 EventKeyboard，对应键盘事件监听器(cc.EventListener.KEYBOARD)。键盘事件响应属性如下：

(1) onKeyPressed。当键按下时回调该属性所指定的函数。

(2) onKeyReleased。当键抬起时回调该属性所指定的函数。

使用键盘事件处理的代码片段如下：

```
onEnter: function () {
        this._super();
        cc.log("HelloWorld onEnter");

        cc.eventManager.addListener({                                           ①
            event: cc.EventListener.KEYBOARD,                                   ②
            onKeyPressed:   function(keyCode, event){                           ③
                cc.log("Key with keycode " + keyCode + " pressed");
            },
            onKeyReleased: function(keyCode, event){                            ④
                cc.log("Key with keycode " + keyCode + " released");
            }
        }, this);
    },
    onExit: function () {
```

```
        this._super();
        cc.log("HelloWorld onExit");
        cc.eventManager.removeListeners(cc.EventListener.KEYBOARD);                    ⑤
    }
```

上述代码第①行 cc.eventManager.addListener 是通过快捷方式注册事件监听器对象。第②行代码是设置键盘事件 cc.EventListener.KEYBOARD。第③行代码是设置键盘按下属性 onKeyPressed,其中的参数 keyCode 是按下的键编号。第④行代码是设置键盘抬起属性 onKeyReleased。

上述 onExit()函数是退出层时回调,在代码第⑤行注销所有键盘事件的监听。

可以使用 Cocos Code IDE 和 WebStorm 工具进行测试。输出的结果如下:

```
JS: Key with keycode 124 released
JS: Key with keycode 124 pressed
JS: Key with keycode 139 pressed
JS: Key with keycode 139 released
JS: Key with keycode 124 released
JS: Key with keycode 139 pressed
JS: Key with keycode 124 pressed
JS: Key with keycode 139 released
JS: Key with keycode 124 released
JS: Key with keycode 139 pressed
JS: Key with keycode 124 pressed
JS: Key with keycode 139 released
JS: Key with keycode 124 released
```

8.4 鼠标事件

鼠标事件与键盘事件类似,可以在不同的平台上使用。当然,设备的支持也是必须要注意的。

鼠标事件是 EventMouse,对应鼠标事件监听器(cc.EventListener.MOUSE)。鼠标事件响应属性如下:

(1) onMouseDown。当鼠标键按下时回调该属性所指定的函数。

(2) onMouseMove。当鼠标键移动时回调该属性所指定的函数。

(3) onMouseUp。当鼠标键抬起时回调该属性所指定的函数。

使用鼠标事件处理的代码片段如下:

```
var HelloWorldLayer = cc.Layer.extend({

  ctor:function () {
        this._super();
        cc.log("HelloWorld init");
        var size = cc.director.getWinSize();

        var bg = new cc.Sprite(res.Background_png);
```

```
        bg.x = size.width/2;
        bg.y = size.height/2;
        this.addChild(bg, 0, 0);

        var boxA = new cc.Sprite(res.BoxA2_png);
        boxA.x = size.width/2 - 120;
        boxA.y = size.height/2 + 120;
        this.addChild(boxA, 10, SpriteTags.kBoxA_Tag);

        return true;
    },
    onEnter: function () {
        this._super();
        cc.log("HelloWorld onEnter");

        if('mouse' in cc.sys.capabilities) {                                                    ①
            cc.eventManager.addListener({                                                       ②
                event: cc.EventListener.MOUSE,                                                  ③
                onMouseDown: function(event){                                                   ④
                  var pos = event.getLocation();                                                ⑤
                  if(event.getButton() === cc.EventMouse.BUTTON_RIGHT)                          ⑥
                      cc.log("onRightMouseDown at: " + pos.x + " " + pos.y);
                  else if(event.getButton() === cc.EventMouse.BUTTON_LEFT)                      ⑦
                      cc.log("onLeftMouseDown at: " + pos.x + " " + pos.y);
                },
                onMouseMove: function(event){                                                   ⑧
                  var pos = event.getLocation();
                  cc.log("onMouseMove at: " + pos.x + " " + pos.y);
                },
                onMouseUp: function(event){                                                     ⑨
                  var pos = event.getLocation();
                  cc.log("onMouseUp at: " + pos.x + " " + pos.y);
                }
            }, this);
        } else {
            cc.log("MOUSE Not supported");
        }
    },
    onExit: function () {
        this._super();
        cc.log("HelloWorld onExit");
        cc.eventManager.removeListeners(cc.EventListener.MOUSE);                                ⑩
    }
});
```

上述代码第①行'mouse' in cc.sys.capabilities 判断当前系统和设备是否支持鼠标事件。第②行代码 cc.eventManager.addListener 是通过快捷方式注册事件监听器对象。第③行代码是设置鼠标事件 cc.EventListener.MOUSE。第④行代码是设置鼠标键按下属性 onMouseDown。第⑧行代码是设置鼠标移动属性 onMouseMove。第⑨行代码是设置鼠标键抬起属性 onMouseUp。

代码第⑤行 var pos＝event.getLocation()是获得鼠标单击的坐标。第⑥行代码判断是否单击鼠标右键。第⑦行代码是判断是否单击鼠标左键。

上述 onExit()函数是退出层时回调，在代码第⑩行注销所有鼠标事件的监听。

可以使用 Cocos Code IDE 和 WebStorm 工具进行测试。输出的结果如下：

```
cocos2d: JS: HelloWorld onEnter
cocos2d: JS: onMouseMove at: 481.3041687011719 554.359375
cocos2d: JS: onMouseMove at: 503.5249938964844 547.0703125
cocos2d: JS: onMouseMove at: 700.191650390625 483.52734375
cocos2d: JS: onMouseMove at: 700.191650390625 481.4453125
cocos2d: JS: onMouseMove at: 700.191650390625 480.75
cocos2d: JS: onMouseUp at: 700.191650390625 480.75
cocos2d: JS: onLeftMouseDown at: 700.191650390625 480.75
cocos2d: JS: onMouseUp at: 700.191650390625 480.75
cocos2d: JS: onMouseUp at: 700.191650390625 480.75
cocos2d: JS: onMouseMove at: 705.5250244140625 480.75
cocos2d: JS: onMouseMove at: 726.6333618164062 480.75
```

8.5 加速度计与加速度事件

在很多移动设备的游戏中使用到了加速度计，Cocos2d-JS 引擎提供了访问加速度计传感器的能力。本节首先介绍一下加速度计传感器，然后再介绍如何在 Cocos2d-JS 中访问加速度计。

8.5.1 加速度计

加速度计是一种能够感应设备一个方向上线性加速度的传感器，广泛用于航空、航海、宇航及武器的制导与控制中。线加速度计的种类很多，在 iOS 等移动设备中目前采用的是三轴加速度计，可以感应设备上 X、Y、Z 轴方向上线性加速度的变化。如图 8-4 所示，iOS 和 Android 等设备三轴加速度计的坐标系是右手坐标系，即设备竖直向上，正面朝向用户，水平向右为 X 轴正方向，竖直向上为 Y 轴正方向，Z 轴正方向是从设备指向用户方向。

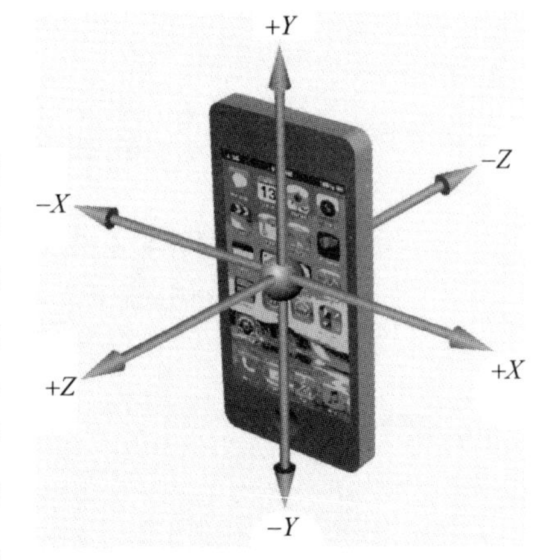

图 8-4　iOS 上三轴加速度计

提示　有人将加速度计称为“重力加速度计”，这种观点有错误的。作用于三个轴上的加速度是指所有加速度的总和，包括由重力产生的加速度和用户移动设备产生的加速度。在设备静止的情况下，这时的加速度就只是重力加速度。

8.5.2 实例：运动的小球

下面通过一个实例介绍一下如何通过层加速度计事件实现访问加速度计。该实例场景如图8-5所示。场景中有一个小球，先把移动设备水平放置，屏幕向上，然后左右晃动移动设备来改变小球的位置。

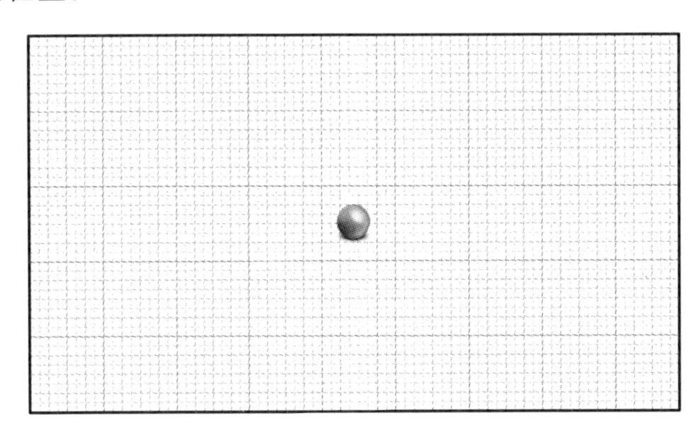

图8-5 访问加速度计实例

下面看看具体的程序代码。首先看一下app.js文件。它的主要代码如下：

```
var HelloWorldLayer = cc.Layer.extend({

  ctor:function () {
        this._super();
        cc.log("HelloWorld init");
        var size = cc.director.getWinSize();

        var bg = new cc.Sprite(res.Background_png);
        bg.x = size.width/2;
        bg.y = size.height/2;
        this.addChild(bg, 0, 0);

        var ball = new cc.Sprite(res.Ball_png);
        ball.x = size.width/2;
        ball.y = size.height/2;
        this.addChild(ball, 10, SpriteTags.kBall_Tag);

        return true;
    },
    onEnter: function () {
        this._super();
        cc.log("HelloWorld onEnter");
        var ball = this.getChildByTag(SpriteTags.kBall_Tag);

        cc.inputManager.setAccelerometerEnabled(true);                    ①
```

```
            cc.eventManager.addListener({                                    ②
                event: cc.EventListener.ACCELERATION,                        ③
                callback: function(acc, event){                              ④
                    var size = cc.director.getWinSize();                     ⑤
                    var s = ball.getContentSize();                           ⑥
                    var p0 = ball.getPosition();

                    var p1x =   p0.x + acc.x * SPEED ;                       ⑦
                    if ((p1x - s.width/2) < 0) {                             ⑧
                        p1x = s.width/2;                                     ⑨
                    }
                    if ((p1x + s.width / 2) > size.width) {                  ⑩
                        p1x = size.width - s.width / 2;                      ⑪
                    }

                    var p1y =   p0.y + acc.y * SPEED ;
                    if ((p1y - s.height/2) < 0) {
                        p1y = s.height/2;
                    }
                    if ((p1y + s.height/2) > size.height) {
                        p1y = size.height - s.height/2;
                    }
                    ball.runAction(cc.place(cc.p(p1x, p1y)));                ⑫
                }
            }, ball);
        },
        onExit: function () {
            this._super();
            cc.log("HelloWorld onExit");
            cc.eventManager.removeListeners(cc.EventListener.ACCELERATION);  ⑬
        }
    });
```

上述代码①行开启加速计设备。第②行代码 cc.eventManager.addListener 是通过快捷方式注册事件监听器对象。第③行代码是设置加速度事件 cc.EventListener.ACCELERATION。第④行代码是设置加速度事件回调函数。第⑤行代码是获得屏幕的大小。第⑥行代码是获得小球的大小。

第⑦行代码 var p1x= p0.x + acc.x * SPEED 是获得小球的 x 轴方向移动的位置，但是需要考虑左右超出屏幕的情况。第⑧行代码(p1x-s.width/2) <0 判断是否超出左边屏幕，这种情况下需要通过第⑨行代码 p1x=s.width/2 重新设置它的 x 轴坐标。第⑩行代码(p1x + s.width / 2) >size.width 判断是否超出右边屏幕，这种情况下需要通过第⑪行代码 p1x=size.width - s.width / 2 重新设置它的 x 轴坐标。类似的判断 y 轴也需要，代码就不再解释了。

回调函数中的参数 acc 是 cc.Acceleration 类的实例。cc.Acceleration 是加速度计信息的封装类，它有 4 个属性：

(1) x。属性是获得 x 轴方向上的加速度。单位为 g，1g=9.81m・s^{-2}。

(2) y。属性是获得 y 轴方向上的加速度。

(3) z。属性是获得 z 轴方向上的加速度。

(4) timestamp。时间戳属性，用来表示事件发生的相对时间。

重新获得小球的坐标位置后，通过第⑫行代码 ball.runAction(cc.place(cc.p(p1x, p1y)))执行一个动作使小球移动到新的位置。

上述 onExit()函数是退出层时回调，在代码第⑬行注销所有加速度事件的监听。

本章小结

通过对本章的学习，应了解 Cocos2d-JS 的用户输入事件处理，这些事件包括触摸事件、键盘事件、鼠标事件、加速度事件和自定义事件等。

第二篇 进 阶 篇

第9章 游戏背景音乐与音效

游戏中音频的处理也是非常重要的，它分为背景音乐播放与音效播放。背景音乐是长时间循环播放的，它会长时间占用较大的内存，背景音乐不能多个同时播放。而音效是短的声音，例如，单击按钮、发射子弹等声音，它占用内存较小，音效能多个同时播放。在Cocos2d-JS中提供了一个音频引擎——AudioEngine，通过引擎能够很好地控制游戏背景音乐与音效优化播放。

9.1 Cocos2d-JS中音频文件

Cocos2d-JS是跨平台的游戏引擎，而各个平台支持的音频文件不同。这里先介绍一下各个平台的音频文件。

9.1.1 音频文件

音频多媒体文件主要是存放音频数据信息，音频文件在录制的过程中把声音信号通过音频编码变成音频数字信号保存到某种格式文件中。在播放过程中再对音频文件解码，解码出的信号通过扬声器等设备就可以转成音波。音频文件在编码的过程中数据量很大，所以有的文件格式对于数据进行了压缩。音频文件可以分为：

(1) 无损格式，是非压缩数据格式，文件很大，一般不适合移动设备，如WAV、AU、APE等文件。

(2) 有损格式，对于数据进行了压缩，压缩后丢掉了一些数据，如MP3、WMA(Windows Media Audio)等文件。

下面分别介绍一下。

1. WAV文件

WAV文件目前是最流行的无损压缩格式。WAV文件的格式灵活，可以储存多种类型的音频数据。由于文件较大，不太适合于移动设备这些存储容量小的设备。

2. MP3文件

MP3(MPEG Audio Layer 3)格式现在非常流行，MP3是一种有损压缩格式，它尽可能地去掉人耳无法感觉的部分和不敏感的部分。MP3是利用MPEG Audio Layer 3的技术，将数据以1∶10甚至1∶12的压缩率，压缩成容量较小的文件。由于这么高的压缩比率，非常适合于移动设备这些存储容量小的设备。

3. WMA文件

WMA(Windows Media Audio)格式是微软发布的文件格式，也是有损压缩格式。它与MP3格式不分伯仲。在低比特率渲染情况下，WMA格式显示出来比MP3更多的优点，压缩比MP3更高，音质更好。但是在高比特率渲染情况下MP3还是占有优势。

4. CAFF文件

CAFF(Core Audio File Format)文件是苹果开发的专门用于Mac OS X和iOS系统无压缩音频格式。它被设计来替换老的WAV格式。

5. AIFF文件

AIFF(Audio Interchange File Format)文件是苹果开发的专业音频文件格式。AIFF的压缩格式是AIFF-C(或AIFC)，将数据以4∶1压缩率进行压缩，专门应用于Mac OS X和iOS系统。

6. MID文件

MID文件是MIDI(Musical Instrument Digital Interface)格式，专业音频文件格式，允许数字合成器和其他设备交换数据。MID文件主要用于原始乐器作品、流行歌曲的业余表演、游戏音轨以及电子贺卡等。

7. Ogg文件

Ogg文件全称OggVobis，是一种新的音频压缩格式，类似于MP3等的音乐格式。Ogg是完全免费、开放和没有专利限制的。Ogg文件格式可以不断地进行大小和音质的改良，而不影响旧有的编码器或播放器。

9.1.2 Cocos2d-JS跨平台音频支持

Cocos2d-JS与Cocos2d-iphone不同，它是为跨平台而设计的游戏引擎，它不仅可以通过Cocos2d-x JSB(JavaScript绑定技术)在移动平台上运行，还可以通过Cocos2d-html在Web平台中运行。Cocos2d-x JSB是本地技术Cocos2d-x能够支持的音乐与音效文件，Cocos2d-JS也是支持的。而在Web平台中运行要依赖于具体的Web浏览器支持，而现在Web浏览器又有多种不同的版本，支持比较复杂，所以测试和适配是必需的。

Cocos2d-JS对于背景音乐与音效播放在不同平台支持的格式是不同的。

Cocos2d-JS对于背景音乐播放各个平台格式支持如下：

(1) Android平台支持与android.media.MediaPlayer所支持的格式相同。android.media.MediaPlayer是Android多媒体播放类。

(2) iOS平台支持推荐使用MP3和CAFF格式。

(3) Windows平台支持MIDI、WAV和MP3格式。

(4) Windows Phone 8平台支持MIDI和WAV格式。

(5) Web平台要依赖于具体的浏览器，如果支持HTML5，一般也会支持Ogg和MP3格式，可以是纯音频的MP4和M4A，但是使用之前需要进行测试。

Cocos2d-JS对于音效播放各个平台格式支持如下：

(1) Android平台支持Ogg和WAV文件，但最好是Ogg文件。

(2) iOS平台支持使用CAFF格式。

(3) Windows平台支持MIDI和WAV文件。

(4) Windows Phone 8平台支持MIDI和WAV格式。

(5) Web平台要依赖于具体的浏览器，如果支持HTML5，一般也会支持WAV格式，但是使用之前需要进行测试。

9.2 使用AudioEngine引擎

Cocos2d-JS提供了一个音频AudioEngine引擎。具体使用的API是cc.AudioEngine。cc.AudioEngine有几个常用的函数：

(1) playMusic(url, loop)。播放背景音乐，参数url是播放文件的路径，参数loop控制是否循环播放，默认情况下为false。

(2) stopMusic()。停止播放背景音乐。

(3) pauseMusic()。暂停播放背景音乐。

(4) resumeMusic()。继续播放背景音乐。

(5) isMusicPlaying()。判断背景音乐是否在播放。

(6) playEffect (url, loop)。播放音效，参数同playMusic函数。

(7) pauseEffect(audioID)。暂停播放音效，参数audioID是playEffect函数返回ID。

(8) pauseAllEffects ()。暂停所有播放音效。

(9) resumeEffect (audioID)。继续播放音效，参数audioID是playEffect函数返回ID。

(10) resumeAllEffects ()。继续播放所有音效。

(11) stopEffect(audioID)。停止播放音效，参数audioID是playEffect函数返回ID。

(12) stopAllEffects ()。停止所有播放音效。

9.2.1 音频文件的预处理

无论播放背景音乐还是音效在播放之前进行预处理都是有必要的。如果不进行预处理，则会发现在第一次播放这个音频文件时感觉很“卡”，用户体验不好。Cocos2d-JS中提供了资源文件的预处理功能。

通过模板生成的Cocos2d-JS工程中有一个main.js，它的内容如下：

```
cc.game.onStart = function(){
    cc.view.setDesignResolutionSize(1136, 640, cc.ResolutionPolicy.EXACT_FIT);
  cc.view.resizeWithBrowserSize(true);
```

```
    //load resources
    cc.LoaderScene.preload(g_resources, function () {                    ①
        cc.director.runScene(new HelloWorldScene());
    }, this);
};
cc.game.run();
```

其中,cc. LoaderScene. preload 函数可以预处理一些资源；g_resources 是资源文件集合变量,它是在 resource. js 文件中定义的。resource. js 文件的内容如下：

```
var res = {

    //image
    On_png: "res/on.png",
    Off_png: "res/off.png",
    background_png: "res/background.png",
    start_up_png: "res/start-up.png",
    start_down_png: "res/start-down.png",
    setting_up_png: "res/setting-up.png",
    setting_down_png: "res/setting-down.png",
    help_up_png: "res/help-up.png",
    help_down_png: "res/help-down.png",
    setting_back_png: "res/setting-back.png",
    ok_down_png: "res/ok-down.png",
    ok_up_png: "res/ok-up.png",

    //plist
    //fnt
    //tmx
    //bgm
    //music
    bgMusicSynth_mp3: 'res/sound/Synth.mp3',                               ①
    bgMusicJazz_mp3: 'res/sound/Jazz.mp3'                                  ②
    //effect
};

var g_resources = [                                                        ③

];


for (var i in res) {                                                       ④
    g_resources.push(res[i]);
}
```

上述代码第③行定义了资源集合变量 g_resources,其中第④行的 for 循环是将背景音乐资源文件添加到 g_resources 资源集合变量中。注意,为了防止硬编码,需要在 res 变量中添加资源别名的声明,见代码第①行和第②行。

通过上述设置游戏应用在运行的时候加载所有资源文件,包括图片、声音、属性列表文件(plist)、字体文件(fnt)、瓦片地图文件(tmx)等。

9.2.2 播放背景音乐

背景音乐的播放与停止实例代码如下：

```
cc.audioEngine.playMusic(res.bgMusicSynth_mp3, true);
cc.audioEngine.stopMusic(res.bgMusicSynth_mp3);
```

其中,cc.audioEngine 是 cc.AudioEngine 类创建的对象。

背景音乐的播放代码放置到什么地方比较适合呢？例如,在 Setting 场景中,主要代码如下：

```
var SettingLayer = cc.Layer.extend({

    ctor:function () {
        this._super();
        cc.log("SettingLayer init");                                        ①
        //播放代码
        return true;
    },
    onEnter: function () {
     this._super();
     cc.log("SettingLayer onEnter");                                        ②
     //播放代码
    },
    onEnterTransitionDidFinish: function () {
     this._super();
     cc.log("SettingLayer onEnterTransitionDidFinish");                     ③
     //播放代码
    },
    onExit: function () {
     this._super();
     cc.log("SettingLayer onExit");                                         ④
     //播放代码
    },
    onExitTransitionDidStart: function () {
     this._super();                                                         ⑤
     //播放代码
    }
});
```

关于播放背景音乐,理论上是可以将播放代码 cc.audioEngine.playMusic(res.bgMusicSynth_mp3, true)放置到三个位置(代码中的第①、②、③行)。下面分别分析一下它们还有什么不同。

1. 代码放到第①行

代码放到第①行(即在 ctor 构造函数),如果前面场景中没有调用背景音乐停止语句,则可以正常播放背景音乐。但是如果前面场景层 HelloWorldLayeronExit 函数有调用背景音乐停止语句，那么背景音乐播放几秒钟后会停止。

为了解释这个现象，可以参考一下 6.3.2 节多场景切换生命周期。使用 pushScene 函数实现从 HelloWorld 场景进入 Setting 场景，生命周期函数调用顺序如图 9-1 所示。

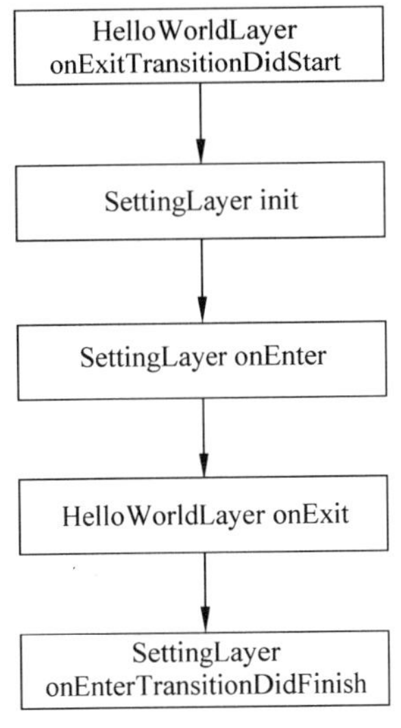

图 9-1 生命周期事件顺序

从图 9-1 中可见，HelloWorldLayer onExit 调用是在 SettingLayer init(ctor 构造函数)之后，这样当在 SettingLayer init 中开始播放背景音乐后，过一会儿调用 HelloWorldLayer onExit 停止背景音乐播放，这样问题就出现了。

注意 无论播放和停止的是否是同一个文件，都会出现这个问题。

---

2. 代码放到第②行

代码放到第②行(即在 SettingLayer onEnter 函数)，如果前面场景中没有调用背景音乐停止语句，则可以正常播放背景音乐。如果前面的场景层 HelloWorldLayer onExit 函数有背景音乐停止语句，也会出现背景音乐播放几秒钟后停止的现象。原因与代码放到第①行情况一样。

3. 代码放到第③行

推荐代码放到第③行代码位置，因为 onEnterTransitionDidFinish 函数是在进入层而且过渡动画结束时调用，代码放到这里不用考虑前面场景是否有调用背景音乐停止语句，而且也不会出现用户先听到声音，后出现界面的现象。

综上所述，是否能够成功播放背景音乐与前面场景是否有调用背景音乐停止语句有关，也与当前场景中播放代码在哪个函数里有关。如果前面场景没有调用背景音乐停止语句，问题也就简单了，可以将播放代码放置在代码第①、②、③行任何一处。但是如果前面场景调用背景音乐停止语句，在 onEnterTransitionDidFinish 函数播放背景音乐会更好一些。

9.2.3 停止播放背景音乐

停止背景音乐播放代码放置到什么地方比较适合呢？例如，在 HelloWorld 场景中，主要代码如下：

```
var HelloWorldLayer = cc.Layer.extend({

    ctor:function () {
        this._super();
        cc.log("HelloWorldLayer init");
    },
    onEnter: function () {
        this._super();
        cc.log("HelloWorldLayer onEnter");
```

```
        },
        onEnterTransitionDidFinish: function () {
            this._super();
            cc.log("HelloWorldLayer onEnterTransitionDidFinish");
        },
        onExit: function () {
            this._super();
            cc.log("HelloWorldLayer onExit");
            //停止播放代码                                                    ①
        },
        onExitTransitionDidStart: function () {
         this._super();
            //停止播放代码                                                    ②
        }
    });
```

关于停止背景音乐播放，理论上是可以将停止播放代码 cc.audioEngine.stopMusic(res.bgMusicSynth_mp3)放置到两个位置(代码中的第①和②行)。下面分别分析一下它们还有什么不同。

1. 代码放到第①行

代码放到第①行(即在 HelloWorldLayer onExit 函数)，如果后面场景中调用背景音乐播放，则可能导致播放背景音乐异常，但是如果在后面场景的 onEnterTransitionDidFinish 函数中播放背景音乐就不会有异常了。关于这个问题在前一节已经介绍过了。

2. 代码放到第②行

代码放到第②行(即在 HelloWorldLayer onExitTransitionDidStart 函数)，从图 9-1 中可见，HelloWorldLayer onExitTransitionDidStart 函数第一个被执行，如果停止播放代码放在这里，不会对其他场景的背景音乐播放产生影响。推荐停止播放代码放在这里。

提示 当程序在 JSB 本地平台下运行的时候，在场景过渡过程中不停止播放背景音乐也是一个很好的解决方案。当进入下一个场景播放新的背景音乐后，前一个场景的背景音乐播放自然就会停止，因为背景音乐不能同时播放多个。但是在 Web 平台不可以，因为 Web 平台下背景音乐可以同时播放多个。

9.3 实例：设置背景音乐与音效

为了进一步介绍背景音乐和音效播放 API 使用，下面通过一个实例介绍一下。如图 9-2 所示，有两个场景：HelloWorld 和 Setting。在 HelloWorld 场景单击“游戏设置”按钮可以切换到 Setting 场景，在 Setting 场景中可以设置是否播放背景音乐和音效，设置完成后单击 OK 按钮可以返回到 HelloWorld 场景。

图 9-2 设置背景音乐与音效(左图为 HelloWorld 场景,右图为 Setting 场景)

9.3.1 资源文件编写

为了有效地管理资源,需要修改 resource.js 文件。它的代码如下:

```
var res = {
        Background_png : "res/background.png",
        StartUp_png : "res/start - up.png",
        StartDown_png : "res/start - down.png",
        SettingUp_png : "res/setting - up.png",
        SettingDown_png : "res/setting - down.png",
        HelpUp_png : "res/help - up.png",
        HelpDown_png : "res/help - down.png",
        SettingBack_png : "res/setting - back.png",
        on_png : "res/on.png",
        off_png : "res/off.png",
        OkDown_png : "res/ok - down.png",
        OkUp_png : "res/ok - up.png",
        bgMusicSynth_mp3 : 'res/sound/Synth.mp3',
        bgMusicJazz_mp3 : 'res/sound/Jazz.mp3',
        effectBlip_wav : 'res/sound/Blip.wav'                    ①
};

var g_resources = [
    //image
    res.Background_png,
    res.StartUp_png,
    res.StartDown_png,
    res.SettingUp_png,
    res.SettingDown_png,
    res.HelpUp_png,
    res.HelpDown_png,
    res.SettingBack_png,
    res.on_png,
    res.off_png,
    res.OkDown_png,
    res.OkUp_png,

    //plist
```

```
    //fnt

    //tmx

    //bgm

    //music
    res.bgMusicSynth_mp3,
    res.bgMusicJazz_mp3,

    //effect
    res.effectBlip_wav
];
```

在 resource.js 文件中添加音效和背景音乐等资源文件。第①行代码的 Blip.wav 是音效资源文件。

9.3.2 HelloWorld 场景实现

HelloWorld 场景就是游戏中的主菜单场景。app.js 文件代码如下：

```
var audioEngine = cc.audioEngine;                                              ①

var isEffectPlay = true;                                                       ②

var HelloWorldLayer = cc.Layer.extend({

    ctor:function () {
        this._super();
        cc.log("HelloWorldLayer init");

        var size = cc.director.getWinSize();

        var bg = new cc.Sprite(res.Background_png);
        bg.x = size.width/2;
        bg.y = size.height/2;
        this.addChild(bg);

        //开始精灵
        var startSpriteNormal = new cc.Sprite(res.start_up_png);
        var startSpriteSelected = new cc.Sprite(res.start_down_png);

        var startMenuItem = new cc.MenuItemSprite(startSpriteNormal,
            startSpriteSelected,
            function () {
              if (isEffectPlay) {
                  audioEngine.playEffect(res.effectBlip_wav);                  ③
              }
              cc.log("startMenuItem is clicked!");
```

```
            }, this);
        startMenuItem.x = 700;
        startMenuItem.y = size.height - 170;

        //设置图片菜单
        var settingMenuItem = new cc.MenuItemImage(
            res.setting_up_png,
            res.setting_down_png,
            function () {
              if (isEffectPlay) {
                  audioEngine.playEffect(res.effectBlip_wav);                  ④
              }
              cc.director.pushScene(new cc.TransitionFadeTR(1.0, new SettingScene()));
            }, this);
        settingMenuItem.x = 480;
        settingMenuItem.y = size.height - 400;

        //帮助图片菜单
        var helpMenuItem = new cc.MenuItemImage(
            res.help_up_png,
            res.help_down_png,
            function () {
              cc.log("helpMenuItem is clicked!");
              if (isEffectPlay) {
                  audioEngine.playEffect(res.effectBlip_wav);                  ⑤
              }
            }, this);
        helpMenuItem.x = 860;
        helpMenuItem.y = size.height - 480;

        var mu = new cc.Menu(startMenuItem, settingMenuItem, helpMenuItem);
        mu.x = 0;
        mu.y = 0;
        this.addChild(mu);

        return true;
    },
    onEnter: function () {
     this._super();
     cc.log("HelloWorldLayer onEnter");

    },
    onEnterTransitionDidFinish: function () {
     this._super();
     cc.log("HelloWorldLayer onEnterTransitionDidFinish");
     audioEngine.playMusic(res.bgMusicSynth_mp3, true);                        ⑥
    },
    onExit: function () {
     this._super();
     cc.log("HelloWorldLayer onExit");
```

```
    },
    onExitTransitionDidStart: function () {
     this._super();
     cc.log("HelloWorldLayer onExitTransitionDidStart");
     audioEngine.stopMusic(res.bgMusicSynth_mp3);                    ⑦
    }
});

var HelloWorldScene = cc.Scene.extend({
    onEnter:function () {
        this._super();
        var layer = new HelloWorldLayer();
        this.addChild(layer);
    }
});
```

上述代码第①行 var audioEngine = cc.audioEngine 声明并初始化全局变量 audioEngine，由于 cc.audioEngine 采用单例设计，audioEngine 保存了 cc.audioEngine 单例对象。第②行代码 var isEffectPlay=true 声明全局变量 isEffectPlay，isEffectPlay 表示音效是否可以播放。

代码第③、④、⑤行 audioEngine.playEffect(res.effectBlip_wav)是在单击菜单时播放音效。代码第⑥、⑦行 audioEngine.playMusic(res.bgMusicSynth_mp3，true)播放背景音乐。

9.3.3 设置场景实现

设置场景 Setting.js 文件代码如下：

```
var SettingLayer = cc.Layer.extend({

    ctor:function () {

        this._super();
        cc.log("SettingLayer init");

        var size = cc.director.getWinSize();

        var background = new cc.Sprite(res.SettingBack_png);
        background.anchorX = 0;
        background.anchorY = 0;
        this.addChild(background);

        //音效
        var soundOnMenuItem = new cc.MenuItemImage(res.On_png, res.On_png);
        var soundOffMenuItem = new cc.MenuItemImage(res.Off_png, res.Off_png);

        var soundToggleMenuItem = new cc.MenuItemToggle(
        soundOnMenuItem,
```

```
soundOffMenuItem,
function () {
    cc.log("soundToggleMenuItem is clicked!");

    if (isEffectPlay) {
        audioEngine.playEffect(res.effectBlip_wav);                    ①
    }

    if (soundToggleMenuItem.getSelectedIndex() == 1) {                 ②
        isEffectPlay = false;
    } else {
        isEffectPlay = true;
        audioEngine.playEffect(res.effectBlip_wav);                    ③
    }
}, this);
soundToggleMenuItem.x = 818;
soundToggleMenuItem.y = size.height - 220;

//音乐
var musicOnMenuItem = new cc.MenuItemImage(
    res.On_png, res.On_png);
var musicOffMenuItem = new cc.MenuItemImage(
    res.Off_png, res.Off_png);
var musicToggleMenuItem = new cc.MenuItemToggle(
    musicOnMenuItem,
    musicOffMenuItem,
    function () {
      cc.log("musicToggleMenuItem is clicked!");
      if (musicToggleMenuItem.getSelectedIndex() == 1) {
          audioEngine.stopMusic(res.bgMusicJazz_mp3);
      } else {
          audioEngine.playMusic(res.bgMusicJazz_mp3, true);
      }
      if (isEffectPlay) {
          audioEngine.playEffect(res.effectBlip_wav);                  ④
      }
    }, this);
musicToggleMenuItem.x = 818;
musicToggleMenuItem.y = size.height - 362;

//OK 按钮
var okMenuItem = new cc.MenuItemImage(
    res.OkDown_png,
    res.OkUp_png,
    function () {
      if (isEffectPlay) {
          audioEngine.playEffect(res.effectBlip_wav);                  ⑤
      }
      cc.director.popScene();
    },this);
okMenuItem.x = 600;
okMenuItem.y = size.height - 510;
```

```
            var menu = new cc.Menu(soundToggleMenuItem, musicToggleMenuItem,okMenuItem);
            menu.x = 0;
            menu.y = 0;
            this.addChild(menu, 1);

            return true;
        },
        onEnter: function () {
         this._super();
         cc.log("SettingLayer onEnter");

        },
        onEnterTransitionDidFinish: function () {
         this._super();
         cc.log("SettingLayer onEnterTransitionDidFinish");
         isEffectPlay = true;
         //播放
         audioEngine.playMusic(res.bgMusicJazz_mp3, true);                    ⑥
        },
        onExit: function () {
         this._super();
         cc.log("SettingLayer onExit");
        },
        onExitTransitionDidStart: function () {
         this._super();
         cc.log("SettingLayer onExitTransitionDidStart");
         audioEngine.stopMusic(res.bgMusicJazz_mp3);                          ⑦
        }
    });

    var SettingScene = cc.Scene.extend({
        onEnter:function () {
            this._super();
            var layer = new SettingLayer();
            this.addChild(layer);
        }
    });
```

上述代码第①、④、⑤行判断 isEffect 为 true（音效播放开关打开）的情况下播放音效。代码第②行判断是否按钮状态从 Off 到 On，如果是，则将开关变量 isEffect 设置为 false，否则为 true。而且通过第③行代码播放一次音效。代码第⑥行是开始播放背景音乐，它是在 onEnterTransitionDidFinish 函数中播放背景音乐。代码第⑦行是停止播放背景音乐，它是在 onExitTransitionDidStart 函数中停止播放背景音乐。

本章小结

通过对本章的学习，应了解 Cocos2d-JS 引擎在不同平台所支持的音频文件格式，以及 Cocos2d-JS 中音频引擎 AudioEngine。

第 10 章 粒子系统

经常会在游戏中看到火和爆炸等动画效果，怎么能制作得非常逼真，而且又不需要消耗大量的内存？可以使用“粒子系统”来创建这些动画效果。“粒子系统”是本章要介绍的内容。

10.1 问题的提出

如果游戏场景中有一堆篝火（如图 10-1 所示），篝火一直不停地燃烧，你会如何实现呢？通过之前学习过的内容，会首先考虑到使用帧动画。

图 10-1 帧动画

需要准备多张帧图片，然后编写 app.js 如下代码实现：

```
var HelloWorldLayer = cc.Layer.extend({

    ctor: function () {
        this._super();
        cc.log("HelloWorldLayer init");
        var size = cc.director.getWinSize();

        ///////////////动画开始///////////////////////
        var animation = new cc.Animation();
        for (var i = 1; i < 18; i++) {
```

```
                var str = "0" + i;
                var str1 = str.substring(str.length - 2, str.length);
                var frameName = "res/fire/campFire" + str1 + ".png";
                cc.log("frameName = " + frameName);
                animation.addSpriteFrameWithFile(frameName);
            }

            animation.setDelayPerUnit(0.11);                    //设置两个帧播放时间
            animation.setRestoreOriginalFrame(true);            //动画执行后还原初始状态
            var action = cc.animate(animation);

            var sprite = new cc.Sprite(res.campFire01_png);
            sprite.x = size.width / 2;
            sprite.y = size.height / 2;
            this.addChild(sprite);

            sprite.runAction(cc.repeatForever(action));
            //////////////////动画结束///////////////////

            return true;
        }
    });

    var HelloWorldScene = cc.Scene.extend({
        onEnter: function () {
            this._super();
            var layer = new HelloWorldLayer();
            this.addChild(layer);
        }
    });
```

这个案例运行一下看看动画效果，如果每一帧能够设计得很好，那么运行的效果也会不错。但是另外的问题出现了，那就是性能。需要将大量的帧图片渲染到屏幕上，而且每一帧图片很大，这样程序会消耗大量的内存，有可能导致内存的溢出。

因此，这种帧动画方案解决这种火焰效果不是很理想。事实上，粒子系统是解决这类问题的最佳方案。

10.2 粒子系统基本概念

“粒子系统”是模拟自然界中的一些粒子的物理运动的效果，如烟雾、下雪、下雨、火、爆炸等。单个或几个粒子无法体现出粒子运动规律性，必须有大量的粒子才体现运行的规律。而且大量的粒子不断消失，又有大量的粒子不断产生。微观上，粒子运动是随机的、不确定的，而宏观上是有规律的，它们符合物理学中的“测不准原理”。

10.2.1 实例：打火机

下面通过做一个最简单的实例来初步了解一下粒子系统。图 10-2 所示是一个 Zippo

打火机，它的火苗就是粒子系统。

只需下面的几行代码就可以实现这个实例：

图 10-2　粒子发射模式

```
var HelloWorldLayer = cc.Layer.extend({

    ctor: function () {
        ////////////////////////////////
        //1. super init first
        this._super();
        cc.log("HelloWorldLayer init");
        var size = cc.director.getWinSize();

        var bg = new cc.Sprite(res.zippo_png);
        bg.x = size.width / 2;
        bg.y = size.height / 2;
        this.addChild(bg);

        var particleSystem = new cc.ParticleFire();                                      ①
        particleSystem.texture = cc.textureCache.addImage(res.s_fire);                   ②
        particleSystem.x = 270;                                                          ③
        particleSystem.y = size.height - 380;                                            ④
        this.addChild(particleSystem);                                                   ⑤

        return true;
    }
});
```

上述代码第①行是创建火焰粒子系统对象，ParticleSystem 是粒子系统基类，子类 ParticleFire 是火焰粒子系统类。图 10-3 所示是粒子系统类图。从类图可见，粒子系统也是派生子节点类 Node。除了 ParticleBatchNode 类以外，有 11 种粒子系统，这 11 种粒子系统是 Cocos2d-JS 引擎内置的粒子系统类，ParticleBatchNode 类是批次渲染粒子系统类，批次渲染可以一次渲染相同纹理节点。第②行代码是设置粒子系统的纹理，其中 res.s_fire 变量保存火粒子系统的纹理图片，路径是 res/fire.png。第③和④行代码是设置粒子系统的位置。第⑤行代码是添加火焰粒子系统对象到当前层。

提示　Cocos2d-x JSB 是本地运行时候不需要设置粒子系统纹理图片，而在 Web 平台中运行时候需要设置粒子系统纹理图片。

10.2.2　粒子发射模式

粒子系统发射的时候有两种模式：重力模式和半径模式。重力模式是让粒子围绕一个中心点做远离或紧接运动[如图 10-4(a)所示]，半径模式是让粒子围绕中心点旋转[如图 10-4(b)所示]。

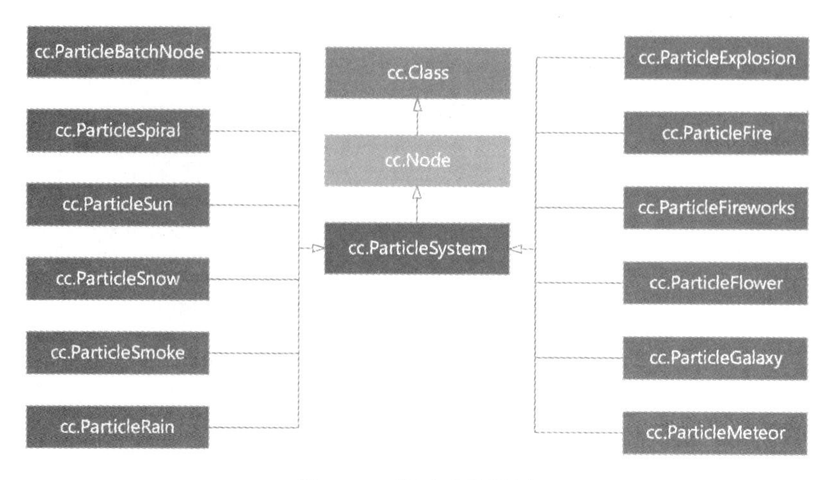

图 10-3 粒子系统类图

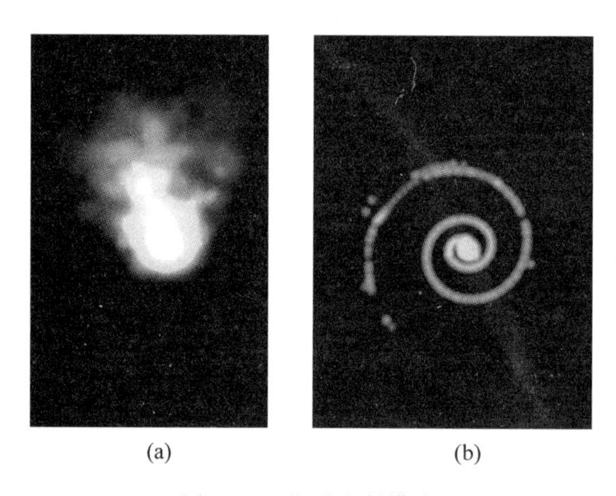

(a) (b)

图 10-4 粒子发射模式

10.2.3 粒子系统属性

可能有人会发现上一节介绍的粒子系统实例很简单,事实上并非如此,如果需要调整样式,那就会变得非常的麻烦。属性很多,粒子的各种行为都是通过属性控制的,一些属性还与发射模式有关系。表 10-1 所示是粒子系统的属性。

表 10-1 粒子系统的属性

属性名	行为	模式
Duration	粒子持续时间,-1 是永远持续	重力和半径模式
sourcePosition	粒子初始化位置	重力和半径模式
posVar	粒子初始化位置偏差	重力和半径模式
Angle	粒子方向	重力和半径模式

续表

属性名	行为	模式
angleVar	粒子方向角度偏差	重力和半径模式
startSize	粒子初始化大小	重力和半径模式
startSizeVar	粒子初始化大小偏差	重力和半径模式
endSize	粒子最后大小	重力和半径模式
endSizeVar	粒子最后大小偏差	重力和半径模式
Life	粒子生命期,单位为秒	重力和半径模式
liveVar	粒子生命期偏差	重力和半径模式
startColor	粒子的开始颜色	重力和半径模式
startColorVar	粒子开始颜色偏差	重力和半径模式
endColor	粒子的结束颜色	重力和半径模式
endColorVar	粒子的结束颜色偏差	重力和半径模式
startSpin	粒子的开始旋转角度	重力和半径模式
startSpinVar	粒子的开始旋转角度偏差	重力和半径模式
endSpin	粒子的结束旋转角度	重力和半径模式
endSpinVar	粒子的结束旋转角度偏差	重力和半径模式
Texture	粒子的纹理图片	重力和半径模式
Gravity	粒子的重力	重力模式
Speed	粒子移动的速度	重力模式
speedVar	粒子移动的速度偏差	重力模式
tangentialAccel	切向(飞行垂直方向)加速度	重力模式
tangentialAccelVar	切向加速度偏差	重力模式
radialAccel	径向加速度	重力模式
radialAccelVar	径向加速度偏差	重力模式
startRadius	开始半径	半径模式
startRadiusVar	开始半径偏差	半径模式
endRadius	结束半径	半径模式
endRadiusVar	结束半径偏差	半径模式
rotatePerSecond	每秒钟粒子旋转的角度	半径模式
rotatePerSecondVar	每秒钟粒子旋转的角度偏差	半径模式

这么多粒子属性确实很难全部记下来,从这个角度看粒子系统又是比较复杂的。事实上,不需要将所有的属性全部记下来,只需要记住其中常用的。而且很多属性之间是有规律的,它们是成对出现的(xxx 和 xxxVar)。例如,startRadius 和 startRadiusVar,后面的 Var 表示 Variance (偏差),即浮动值,表示随机上下浮动的修正值,实际值由原始值(startRadius)+浮动值(startRadiusVar)组成,如 startRadius=50,startRadiusVar=10,那么随机出来的结果就是 40~60。

Cocos2d-JS 在粒子系统基类 ParticleSystem 中定义了这些粒子属性。如果想让 10.2.1 节 Zippo 打火机火焰大一点,则可以调整这些属性。修改程序代码如下:

```
var HelloWorldLayer = cc.Layer.extend({

    ctor: function () {
        this._super();
        cc.log("HelloWorldLayer init");
        var size = cc.director.getWinSize();

        var bg = new cc.Sprite(res.zippo_png);
        bg.x = size.width / 2;
        bg.y = size.height / 2;
        this.addChild(bg);

        var particleSystem = new cc.ParticleFire();
        particleSystem.texture = cc.textureCache.addImage(res.s_fire);

        //设置粒子的重力
        particleSystem.setGravity(cc.p(45, 300));                    ①
        //设置径向加速度
        particleSystem.setRadialAccel(58);
        //设置粒子初始化大小
        particleSystem.setStartSize(84);
        //设置粒子初始化大小偏差
        particleSystem.setStartSizeVar(73);
        //设置粒子最后大小偏差
        particleSystem.setEndSize(123);
        //设置粒子最后大小
        particleSystem.setEndSizeVar(17);
        //设置粒子切向加速度
        particleSystem.setTangentialAccel(70);
        //设置粒子切向加速度偏差
        particleSystem.setTangentialAccelVar(47);
        //设置粒子生命期
        particleSystem.setLife(0.79);
        //设置粒子生命期偏差
        particleSystem.setLifeVar(0.45);                              ②

        particleSystem.x = 270;
        particleSystem.y = size.height - 380;
        this.addChild(particleSystem);

        return true;
    }
});
```

上述代码第①～②行设置了粒子系统对象的属性。

10.3 Cocos2d-JS 内置粒子系统

从图 10-3 所示类图中可以看到，Cocos2d-JS 中有内置的 11 种粒子，这些粒子的属性都是预先定义好的，也可以在程序代码中单独修改某些属性，在上一节的实例中都已经实现了这些属性的设置。

10.3.1 内置粒子系统

内置的 11 种粒子系统说明如下：

(1) ParticleExplosion。爆炸粒子效果，属于半径模式。

(2) ParticleFire。火焰粒子效果，属于重力和半径模式。

(3) ParticleFireworks。烟花粒子效果，属于重力模式。

(4) ParticleFlower。花粒子效果，属于重力模式。

(5) ParticleGalaxy。星系粒子效果，属于半径模式。

(6) ParticleMeteor。流星粒子效果，属于重力模式。

(7) ParticleSpiral。旋涡粒子效果，属于半径模式。

(8) ParticleSnow。雪粒子效果，属于重力模式。

(9) ParticleSmoke。烟粒子效果，属于重力模式。

(10) ParticleSun。太阳粒子效果，属于重力模式。

(11) ParticleRain。雨粒子效果，属于重力模式。

这 11 种粒子的属性，根据它的发射模式不同也会有所不同，具体情况可以参考表 10-1。

10.3.2 实例：内置粒子系统

下面通过一个实例演示一下这 11 种内置粒子系统。这个实例如图 10-5 所示。图 10-5(a) 所示是一个操作菜单场景，选择菜单可以进入到图 10-5(b)所示动作场景中，在图 10-5(b) 所示动作场景中演示选择的粒子系统效果，单击右下角返回按钮可以返回到菜单场景。

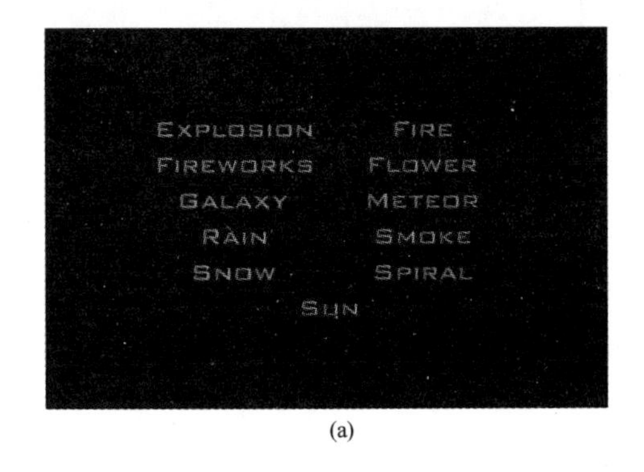

(a)

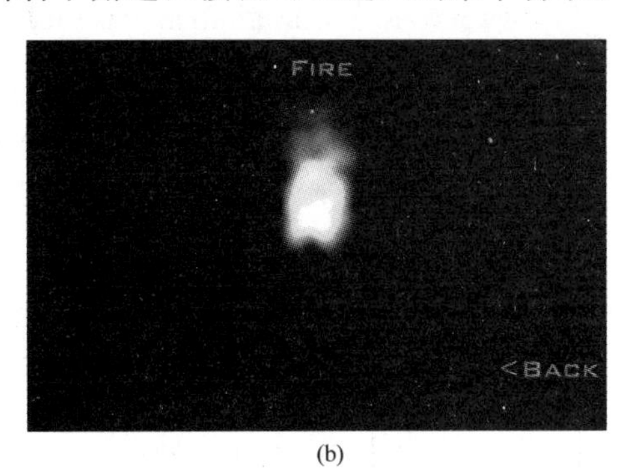

(b)

图 10-5 内置粒子系统实例

下面重点介绍一下场景 MyActionScene。它的 MyActionScene.js 代码如下：

```
var MyActionLayer = cc.Layer.extend({
    flagTag: 0,                                    //操作标志
    pLabel: null,                                                         ①
    ctor: function (flagTag) {
```

```
        this._super();
        this.flagTag = flagTag;

        cc.log("MyActionLayer init flagTag " + this.flagTag);

        var size = cc.director.getWinSize();

        var backMenuItem = new cc.LabelBMFont("< Back", res.fnt_fnt);
        var backMenuItem = new cc.MenuItemLabel(backMenuItem, this.backMenu, this);
        backMenuItem.x = size.width - 100;
        backMenuItem.y = 100;

        var mn = new cc.Menu(backMenuItem);
        mn.x = 0;
        mn.y = 0;
        mn.anchorX = 0.5;
        mn.anchorY = 0.5;
        this.addChild(mn);

        this.pLabel = new cc.LabelBMFont("", res.fnt_fnt);
        this.pLabel.x = size.width /2;
        this.pLabel.y = size.height  - 50;
        this.addChild(this.pLabel, 3);

        return true;
    },
    backMenu: function (sender) {
        cc.director.popScene();
    },
    onEnterTransitionDidFinish: function () {
        cc.log("Tag = " + this.flagTag);
        var sprite = this.getChildByTag(SP_TAG);
        var size = cc.director.getWinSize();

       var system;
        switch (this.flagTag) {                                                        ②
            case ActionTypes.kExplosion:
                system = new cc.ParticleExplosion();
                this.pLabel.setString("Explosion");
                break;
            case ActionTypes.kFire:
                system = new cc.ParticleFire();
                system.texture = cc.textureCache.addImage(res.s_fire);                 ③
                this.pLabel.setString("Fire");
                break;
            case ActionTypes.kFireworks:
                system = new cc.ParticleFireworks();
                this.pLabel.setString("Fireworks");
                break;
            case ActionTypes.kFlower:
```

```
                system = new cc.ParticleFlower();
                this.pLabel.setString("Flower");
                break;
            case ActionTypes.kGalaxy:
                system = new cc.ParticleGalaxy();
                this.pLabel.setString("Galaxy");
                break;
            case ActionTypes.kMeteor:
                system = new cc.ParticleMeteor();
                this.pLabel.setString("Meteor");
                break;
            case ActionTypes.kRain:
                system = new cc.ParticleRain();
                this.pLabel.setString("Rain");
                break;
            case ActionTypes.kSmoke:
                system = new cc.ParticleSmoke();
                this.pLabel.setString("Smoke");
                break;
            case ActionTypes.kSnow:
                system = new cc.ParticleSnow();
                this.pLabel.setString("Snow");
                break;
            case ActionTypes.kSpiral:
                system = new cc.ParticleSpiral();
                this.pLabel.setString("Spiral");
                break;
            case ActionTypes.kSun:
                system = new cc.ParticleSun();
                this.pLabel.setString("Sun");
                break;                                                        ④
        }

        system.x = size.width /2;
        system.y = size.height /2;

        this.addChild(system);
    }
});

var MyActionScene = cc.Scene.extend({
    onEnter: function () {
        this._super();
    }
});
```

在头文件中第①行代码定义了 LabelBMFont 类型的成员变量 pLabel,用来在场景中显示粒子系统的名称。

在 MyActionLayer 的 onEnterTransitionDidFinish 函数中创建粒子系统对象,而不是

在 MyActionLayer 的 onEnter 函数中创建,这是因为 MyActionLayer 的 onEnter 函数调用时,场景还没有显示,如果在该函数中创建爆炸等显示一次的粒子系统,等到场景显示的时候,爆炸已经结束了,会看不到效果。

代码第②~④行创建了 11 种粒子系统,这里创建粒子系统时都采用了它们的默认属性值。其中,this. pLabel. setString("XXX")函数是为场景中标签设置内容,这样在进入场景后可以看到粒子系统的名称。

另外,如果在 Web 浏览器中运行还需要为粒子系统添加纹理。这里只在代码第③行添加了火粒子纹理,其他的粒子纹理添加类似。

10.4 自定义粒子系统

除了使用 Cocos2d-JS 的 11 种内置粒子系统外,还可以通过创建 ParticleSystem 对象,并设置属性实现自定义粒子系统,通过这种方式完全可以实现所需要的各种效果的粒子系统。使用 ParticleSystem 自定义粒子系统至少有两种方式可以实现: 代码创建和 plist 文件创建。

代码创建粒子系统需要手工设置这些属性,维护起来非常困难,推荐使用 Particle Designer 等粒子设计工具进行所见即所得的设计,这些工具一般会生成一个描述粒子的属性类表文件 plist,然后通过类似下面的语句加载:

```
var particleSystem = new cc.ParticleSystem("res/snow.plist");
```

snow. plist 是描述运动的属性文件,plist 文件是一种 XML 文件。参考代码如下:

```
<?xml version = "1.0" encoding = "UTF - 8"?>
<!DOCTYPE plist PUBLIC " - //Apple//DTD PLIST 1.0//EN"
"http://www.apple.com/DTDs/PropertyList - 1.0.dtd">
<plist version = "1.0">
<dict>
    <key>angle</key>
    <real>270</real>
    <key>angleVariance</key>
    <real>5</real>
    <key>blendFuncDestination</key>
    <integer>771</integer>
    <key>blendFuncSource</key>
    <integer>1</integer>
    <key>duration</key>
    <real>-1</real>
    <key>emitterType</key>
    <real>0.0</real>
    <key>finishColorAlpha</key>
    <real>1</real>
    <key>finishColorBlue</key>
    <real>1</real>
    <key>finishColorGreen</key>
```

```
<real>1</real>
<key>finishColorRed</key>
<real>1</real>
<key>finishColorVarianceAlpha</key>
<real>0.0</real>
<key>finishColorVarianceBlue</key>
<real>0.0</real>
<key>finishColorVarianceGreen</key>
<real>0.0</real>
<key>finishColorVarianceRed</key>
<real>0.0</real>
<key>finishParticleSize</key>
<real>-1</real>
<key>finishParticleSizeVariance</key>
<real>0.0</real>
<key>gravityx</key>
<real>0.0</real>
<key>gravityy</key>
<real>-10</real>
<key>maxParticles</key>
<real>700</real>
<key>maxRadius</key>
<real>0.0</real>
<key>maxRadiusVariance</key>
<real>0.0</real>
<key>minRadius</key>
<real>0.0</real>
<key>minRadiusVariance</key>
<real>0.0</real>
<key>particleLifespan</key>
<real>3</real>
<key>particleLifespanVariance</key>
<real>1</real>
<key>radialAccelVariance</key>
<real>0.0</real>
<key>radialAcceleration</key>
<real>1</real>
<key>rotatePerSecond</key>
<real>0.0</real>
<key>rotatePerSecondVariance</key>
<real>0.0</real>
<key>rotationEnd</key>
<real>0.0</real>
<key>rotationEndVariance</key>
<real>0.0</real>
<key>rotationStart</key>
<real>0.0</real>
<key>rotationStartVariance</key>
<real>0.0</real>
<key>sourcePositionVariancex</key>
<real>1200</real>
<key>sourcePositionVariancey</key>
```

```
        <real>0.0</real>
        <key>speed</key>
        <real>130</real>
        <key>speedVariance</key>
        <real>30</real>
        <key>startColorAlpha</key>
        <real>1</real>
        <key>startColorBlue</key>
        <real>1</real>
        <key>startColorGreen</key>
        <real>1</real>
        <key>startColorRed</key>
        <real>1</real>
        <key>startColorVarianceAlpha</key>
        <real>0.0</real>
        <key>startColorVarianceBlue</key>
        <real>0.0</real>
        <key>startColorVarianceGreen</key>
        <real>0.0</real>
        <key>startColorVarianceRed</key>
        <real>0.0</real>
        <key>startParticleSize</key>
        <real>10</real>
        <key>startParticleSizeVariance</key>
        <real>5</real>
        <key>tangentialAccelVariance</key>
        <real>0.0</real>
        <key>tangentialAcceleration</key>
        <real>1</real>
        <key>textureFileName</key>
        <string>snow.png</string>
    </dict>
    </plist>
```

上述的 plist 文件描述的属性和属性值都是成对出现，其中<key>标签描述的是属性，<real>描述的属性值。

plist 文件中 textureFileName 属性指定了纹理图片，纹理图片宽高必须是 2 的 n 次幂，大小不要超过 64×64 像素，在美工设计纹理图片时，不用关注太多细节。例如，设计雪花纹理图片时，按照雪花是有 6 个角的，很多人会设计为图 10-6 所示的样式，而事实上需要的是图 10-7 所示的渐变效果的圆点。

图 10-6 雪花图片

图 10-7 雪花粒子纹理图片

提示 描述粒子属性的 plist 文件可以通过粒子系统设计工具生成，有关粒子系统工具使用大家可以参考本系列丛书的工具卷(《Cocos2d-x 实战：工具卷》)。

下面通过实现图 10-8 所示的下雪粒子系统，介绍一下自定义粒子系统的实现。

图 10-8 下雪粒子系统实例

图 10-8 所示的下雪粒子系统实例使用 plist 文件创建。主要代码如下：

```
var HelloWorldLayer = cc.Layer.extend({

    ctor: function () {
        //////////////////////////////
        //1. super init first
        this._super();
        var size = cc.director.getWinSize();

        var bg = new cc.Sprite("res/background - 1.png");
        bg.x = size.width / 2;
        bg.y = size.height / 2;
        this.addChild(bg);

        var particleSystem = new cc.ParticleSystem("res/snow.plist");
        particleSystem.x = size.width / 2;
        particleSystem.y = size.height - 50;
        this.addChild(particleSystem);

        return true;
    }
});
```

从代码可见，plist 文件创建粒子系统要比代码创建简单很多，这主要是因为采用了 plist 描述粒子属性。

本章小结

通过对本章的学习，应熟悉粒子系统的基本概念、内置粒子系统和自定义粒子系统。

第 11 章

瓦片地图

在游戏中经常会用到背景，有些背景比较大而且复杂，使用一个大背景图片会消耗大量内存，采用一些地图技术构建的大背景后可以解决性能问题。本章将介绍瓦片(Tiltes)地图，以及如何使用瓦片地图构建复杂大背景。

11.1 地图性能问题

图 11-1 所示游戏场景是第 8 章介绍的实例，在场景中有三个方块精灵(BoxA、BoxB 和 BoxC)和背景精灵，这个背景叫作“地图”有点牵强，地图采用了有规律的纹理。

那么如何设计这个游戏地图呢？可以使用两种方法：采用一张大图片和采用小纹理图片重复贴图。

1. 采用一张大图片

在第 8 章介绍的实例采用一张大图片。可以让美术设计师帮助制作一个屏幕大小的图片，大小为 960×640 像素，如图 11-2 所示。如果是 RGBA8888 格式，则占用内存大小大约为 2400KB。

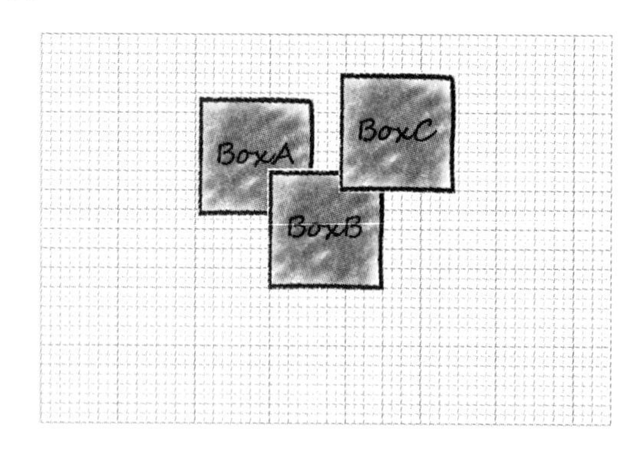

图 11-1　游戏场景

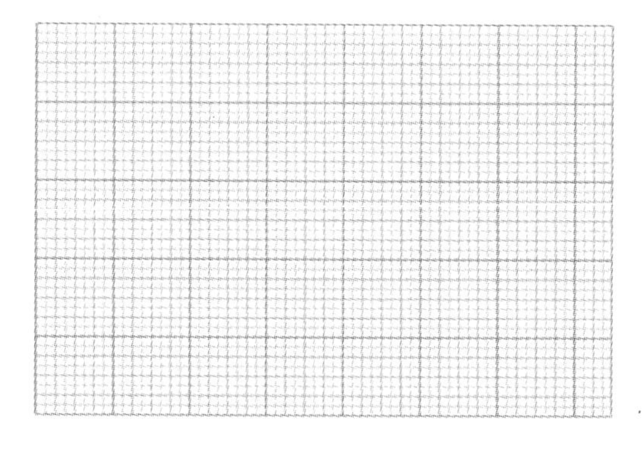

图 11-2　游戏地图

2. 采用小纹理图片重复贴图

就是采用小纹理图片重复贴图，每个小的纹理图片大小是 128×128 像素，如图 11-3 所示。如果是 RGBA8888 格式，则占用内存大小大约为 64KB，纹理图片宽高必须是 2 的 n 次幂。

提示 图片占用内存大小与图片格式有关，图片格式主要有 RGBA8888、RGBA4444 和 RGB565 等。RGBA8888 和 RGBA4444 格式一个像素有 4 个（红、绿、蓝、透明度）通道，RGBA8888 一个通道占 8 比特，RGBA4444 一个通道占 4 比特，1 字节＝8 比特。因此 RGBA8888 格式的计算公式为长×宽×4 字节，RGBA4444 格式的计算公式为长×宽×2 字节。

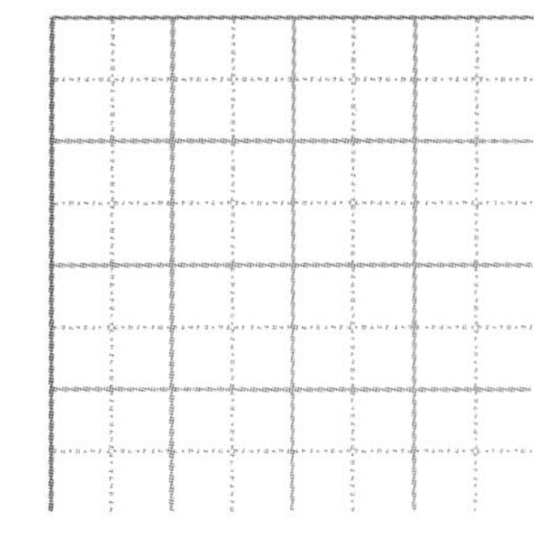
图 11-3 小纹理图片

采用小纹理图片重复贴图的方式可以通过瓦片地图实现，采用瓦片地图可以构建如图 11-4 所示的复杂地图。

图 11-4 复杂地图

11.2 Cocos2d-JS 中瓦片地图 API

为了访问瓦片地图，Cocos2d-JS 中访问瓦片地图 API，主要的类有 TMXTiledMap、TMXLayer 和 TMXObjectGroup 等。

1. TMXTiledMap

TMXTiledMap 是瓦片地图类，它的类图如图 11-5 所示，TMXTiledMap 派生自 Node 类，具有 Node 的特性。

TMXTiledMap 常用的函数如下：

(1) new cc. TMXTiledMap(tmxFile)。创建瓦片地图对象。

(2) getLayer(layerName)。通过层名获得层对象。

(3) getObjectGroup(groupName)。通过对象层名获得层中对象组集合。

(4) getObjectGroups()。获得对象层中所有对象组集合。

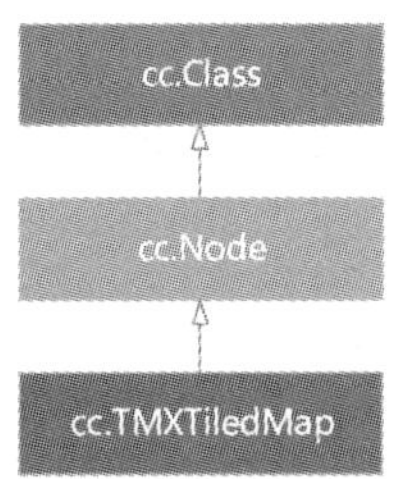

图 11-5 TMXTiledMap 类图

（5）getProperties()。获得层中所有属性。

（6）getPropertiesForGID(GID)。通过 GID[1] 获得属性。

（7）getMapSize()。获得地图的尺寸，它的单位是瓦片。

（8）getTileSize()。获得瓦片的尺寸，它的单位是像素。

示例代码如下：

```
var group = _tileMap.getObjectGroup("Objects");
var background = _tileMap.getLayer("Background");
```

其中，_tileMap 是瓦片地图对象。

2. TMXLayer

TMXLayer 是地图层类，它的类图如图 11-6 所示，TMXLayer 也派生自 Node 类，也具有 Node 的特性。同时 TMXLayer 也派生自 SpriteBatchNode 类，所有 TMXLayer 对象具有批量渲染的能力，瓦片地图层就是由大量重复的图片构成，它们需要渲染提高性能。

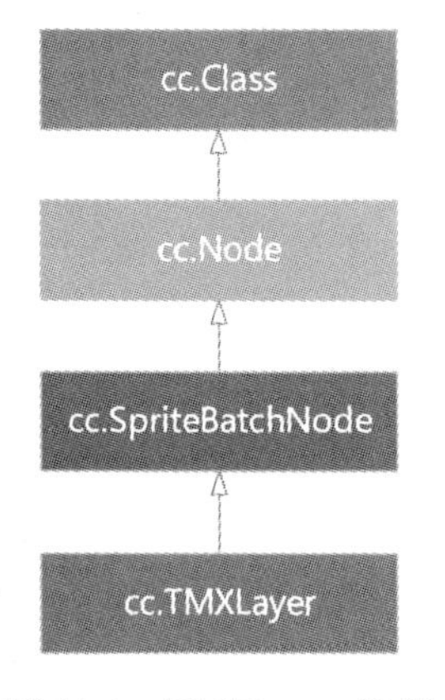

图 11-6　TMXLayer 类图

TMXLayer 常用的函数如下：

（1）getLayerName()。获得层名。

（2）getLayerSize()。获得层尺寸，它的单位是瓦片。

（3）getMapTileSize()。获得瓦片尺寸，它的单位是像素。

（4）getPositionAt(pos)。通过瓦片坐标获得像素坐标，瓦片坐标 y 轴方向与像素坐标 y 轴方向相反。

（5）getTileGIDAt(pos)。通过瓦片坐标获得 GID 值。

3. TMXObjectGroup

TMXObjectGroup 是对象层中的对象组集合，它的类图如图 11-7 所示。注意，TMXObjectGroup 与 TMXLayer 不同，TMXObjectGroup 不是派生自 Node，不具有 Node 的特性。

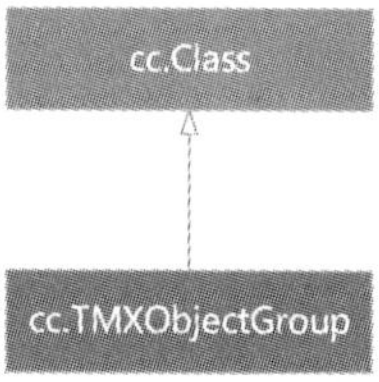

cc.Class

cc.TMXObjectGroup

图 11-7　TMXObjectGroup 类图

TMXObjectGroup 常用的函数如下：

（1）propertyNamed(propertyName)。通过属性名获得属性值。

（2）objectNamed(objectName)。通过对象名获得对象信息。

（3）getProperties()。获得对象的属性。

（4）getObjects()。获得所有对象。

① GID 是一个瓦片的全局标识符。

11.3 实例：忍者无敌

本节介绍一个完整的实例，以便能够了解开发瓦片地图应用的完整流程。

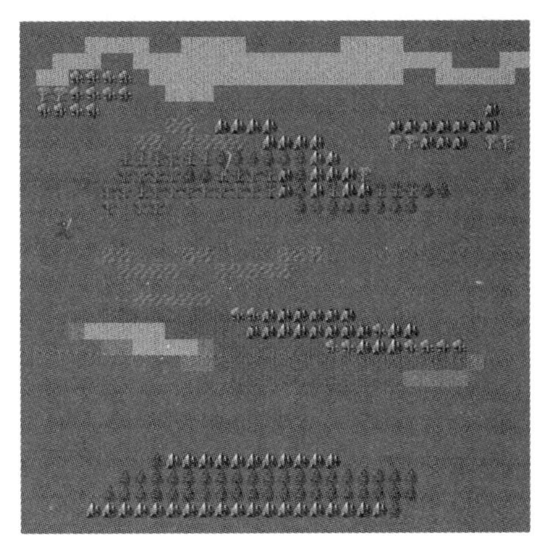

图 11-8 忍者实例地图

实例比较简单，如图 11-8 所示，地图上有一个忍者精灵，玩家单击它周围的上、下、左、右，它能够向这个方向行走。当它遇到障碍物后是无法穿越的，障碍物是除了草地以外部分，包括树、山、河流等。

11.3.1 设计地图

采用 David Gervais（http://pousse. rapiere. free. fr/tome/index. htm）提供开源免费瓦片集，下载的文件为 dg_grounds32. gif，gif 文件格式会有一定的问题，需要转换为. jpg 或. png 文件。本实例中使用 Photoshop 转换为 dg_grounds32. jpg。

David Gervais 提供的瓦片集中的瓦片是 32×32 像素，创建的地图大小是 32×32 瓦片。先为地图添加普通层和对象层，普通层按照图 11-8 设计，对象层中添加几个矩形区域对象，制作具体细节请参看智捷 iOS 课堂的另外一本工具书《Cocos2d-x 实战：工具卷》，这里不再赘述。这个阶段设计完成的结果如图 11-9 所示。保存文件名为 MiddleMap. tmx，保存目录为 Resources\map。

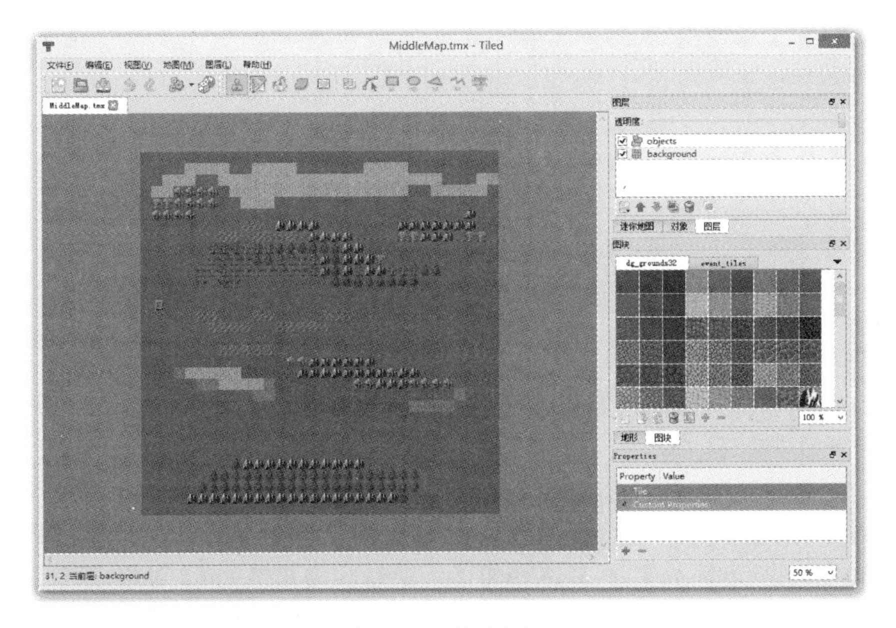

图 11-9 设计地图

11.3.2 程序中加载地图

地图设计完成后就可以在程序中加载地图。下面看看具体的程序代码。首先看一下 app.js 文件。它的代码如下：

```
var _player;                                                        ①
var _tileMap;                                                       ②

var HelloWorldLayer = cc.Layer.extend({

    ctor: function () {
        this._super();
        var size = cc.director.getWinSize();

        _tileMap = new cc.TMXTiledMap(res.MiddleMap_tmx);           ③
        this.addChild(_tileMap,0,100);                              ④

        var group = _tileMap.getObjectGroup("objects");             ⑤
        //获得 ninja 对象
        //var spawnPoint = group.getObject("ninja");    //JSB 可以 Web 不能用  ⑥
         var array = group.getObjects();                            ⑦
        for (var i = 0, len = array.length; i < len; i++) {         ⑧
            var spawnPoint = array[i];                              ⑨
            if (spawnPoint["name"] == "ninja") {                    ⑩
                var x = spawnPoint["x"];                            ⑪
                var y = spawnPoint["y"];                            ⑫
                _player = new cc.Sprite(res.ninja_png);             ⑬
                _player.x = x;                                      ⑭
                _player.y = y;                                      ⑮
                this.addChild(_player, 2, 200);

                break;
            }
        }


        return true;
    }
});
```

上述代码第①行定义精灵全局变量_player。第②行代码是定义地图全局变量_tileMap。第③行代码是创建 TMXTiledMap 对象，地图文件是 MiddleMap.tmx，map 是资源目录 res 下的子目录。TMXTiledMap 对象也是 Node 对象，需要通过第④行代码添加到当前场景中。第⑤行代码是通过对象层名 objects 获得层中对象组集合。第⑥行代码是从对象组中通过对象名获得 ninja 对象信息。但是 group.getObject("ninja")函数在 Web 浏览器运行无法获得 ninja 对象，可以采用第⑦～⑩行代码获得 ninja 对象，第⑦行代码 var array=group.getObjects()是取出层中对象集合，第⑧行代码循环遍历 array 对象集合，第

⑨行代码 var spawnPoint＝array[i]是获得集合中的元素。第⑩行代码是比较元素是否是 ninja 对象。第⑪行代码 spawnPoint["x"]就是从 spawnPoint 按照 x 键取出它的值，即 x 轴坐标。第⑫行代码是获得 y 轴坐标。第⑬行代码是创建精灵_player。第⑭和⑮行代码是设置精灵位置，这个位置是从对象层中 ninja 对象信息获取的。

注意 如果在 Web 浏览器中运行瓦片地图程序，不仅需要加载.tmx 瓦片地图文件，还要加载瓦片集文件，本例中的瓦片集文件是 dg_grounds32.jpg。需要加载的文件要在 resource.js 文件设置，代码如下：

```
var res = {
    //image
    ninja_png: res.ninja_png,
    dg_grounds32_jpg: "res/map/dg_grounds32.jpg",
    //plist
    //fnt
    //tmx
    MiddleMap_tmx: res.MiddleMap_tmx
    //bgm
    //music
    //effect
};
var g_resources = [

];

for (var i in res) {
    g_resources.push(res[i]);
}
```

11.3.3 移动精灵

移动精灵是通过触摸事件实现的，关于触摸事件在第 8 章已经介绍，这里不再赘述。下面看看具体的程序代码。首先看一下 app.js 文件。它的代码如下：

```
var _player;
var _tileMap;

var HelloWorldLayer = cc.Layer.extend({
    ctor: function () {
        this._super();
        var size = cc.director.getWinSize();

        _tileMap = new cc.TMXTiledMap(res.MiddleMap_tmx);
        this.addChild(_tileMap, 0, 100);

        var group = _tileMap.getObjectGroup("objects");
        //var spawnPoint = group.getObject("ninja"); //JSB 可以 Web 不能用
```

```
        var array = group.getObjects();
        for (var i = 0, len = array.length; i < len; i++) {
            var spawnPoint = array[i];
            var name = spawnPoint["name"];
            if (name == "ninja") {
                var x = spawnPoint["x"];
                var y = spawnPoint["y"];
                _player = new cc.Sprite(res.ninja_png);
                _player.x = x;
                _player.y = y;
                this.addChild(_player, 2, 200);
                break;
            }
        }

        return true;
    },
    onEnter: function () {
        this._super();
        cc.log("HelloWorld onEnter");
        cc.eventManager.addListener({                                    ①
            event: cc.EventListener.TOUCH_ONE_BY_ONE,                    ②
            onTouchBegan: this.onTouchBegan,
            onTouchMoved: this.onTouchMoved,
            onTouchEnded: this.onTouchEnded
        }, this);
    },
    onTouchBegan: function (touch, event) {
        cc.log("onTouchBegan");
        return true;                                                     ③
    },
    onTouchMoved: function (touch, event) {
        cc.log("onTouchMoved");
    },
    onTouchEnded: function (touch, event) {
        cc.log("onTouchEnded");
        //获得坐标
        var touchLocation = touch.getLocation();                         ④
        //获得精灵位置
        var playerPos = _player.getPosition();                           ⑤

        var diff = cc.pSub(touchLocation, playerPos);                    ⑥

        if (Math.abs(diff.x) > Math.abs(diff.y)) {                       ⑦
            if (diff.x > 0) {                                            ⑧
                playerPos.x += _tileMap.getTileSize().width;
                _player.runAction(cc.flipX(false));                      ⑨
            } else {
                playerPos.x -= _tileMap.getTileSize().width;
                _player.runAction(cc.flipX(true));                       ⑩
```

```
            }
        } else {
            if (diff.y > 0) {                                              ⑪
                playerPos.y += _tileMap.getTileSize().height;
            } else {
                playerPos.y -= _tileMap.getTileSize().height;
            }
        }
        _player.setPosition(playerPos);                                    ⑫

    },
    onExit: function () {
        this._super();
        cc.log("HelloWorld onExit");
        cc.eventManager.removeListeners(cc.EventListener.TOUCH_ONE_BY_ONE);
    }
});
```

上述代码第①行是采用快捷方式添加事件监听器，第②行代码设置添加事件为单点触摸事件。为了能够触发 onTouchMoved 和 onTouchEnded 函数，需要在 onTouchBegan 函数返回 true，见代码第③行。第④行代码 touch.getLocation()是获得 OpenGL 坐标，OpenGL 坐标的坐标原点是左下角，touch 对象封装了触摸点对象。第⑤行代码_player.getPosition()是获得精灵的位置。第⑥行代码是使用 cc.pSub 函数获得触摸点与精灵位置之差，类似的函数 cc.pAdd 是两个位置之和。第⑦行代码是比较一下触摸点与精灵位置之差，是 y 轴之差大还是 x 轴之差大，哪个差值较大就沿着哪个轴移动。第⑧行代码，diff.x > 0 情况是沿着 x 轴正方向移动，否则是沿着 x 轴负方向移动。第⑨行代码_player.runAction(cc.flipX(false))是把精灵翻转回原始状态。第⑩行代码_player.runAction(cc.flipX(true))是把精灵沿着 y 轴水平翻转。第⑪行代码是沿着 y 轴移动，diff.y > 0 是沿着 y 轴正方向移动，否则是沿着 y 轴负方向移动。第⑫行代码是重新设置精灵坐标。

11.3.4　检测碰撞

到目前为止，游戏中的精灵可以穿越任何障碍物。为了能够检测到精灵是否碰撞到障碍物，需要再添加一个普通层(collidable)，它的目的不是显示地图，而是检测碰撞。在检测碰撞层中使用瓦片覆盖 background 层中的障碍物，如图 11-10 所示。

检测碰撞层中的瓦片集可以是任何满足格式要求的图片文件。在本例中使用一个 32×32 像素单色 jpg 图片文件 collidable_tiles.jpg，它的大小与瓦片大小一样，也就是说，这个瓦片集中只有一个瓦片。导入这个瓦片集到地图后，需要为瓦片添加一个自定义属性。瓦片本身也有一些属性，如坐标属性 x 和 y。

要添加的属性名为 Collidable，属性值为 true。添加过程如图 11-11 所示。首先，选择 collidable_tiles 瓦片集中要设置属性的瓦片。然后，单击属性视图中左下角的“+”按钮，添加自定义属性，这时会弹出一个对话框。在对话框中输入自定义属性名 Collidable，单击“确定”按钮。这时回到属性视图，Collidable 在属性后面是可以输入内容的。这里输入 true。

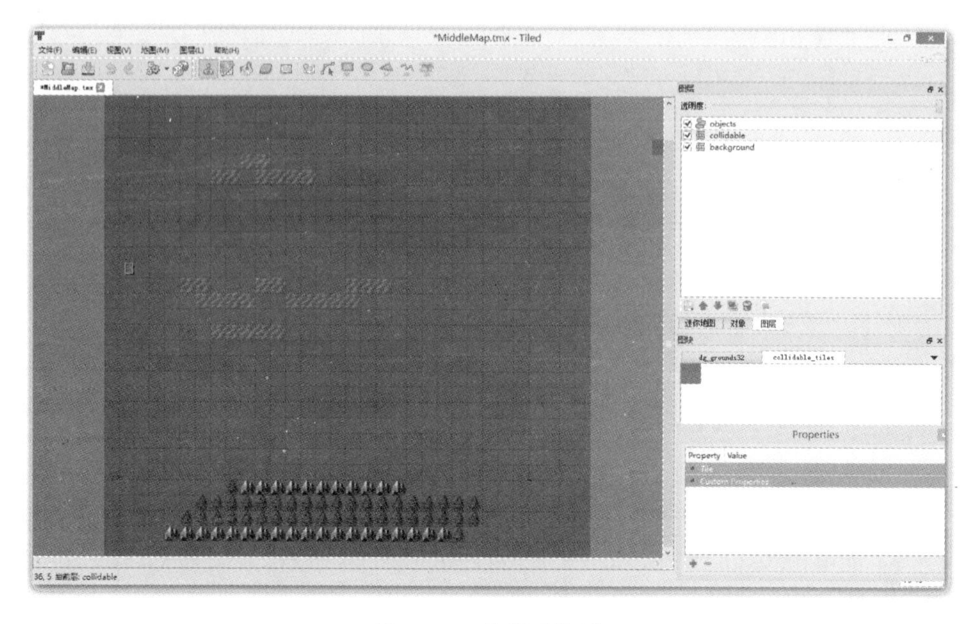

图 11-10　检测碰撞层

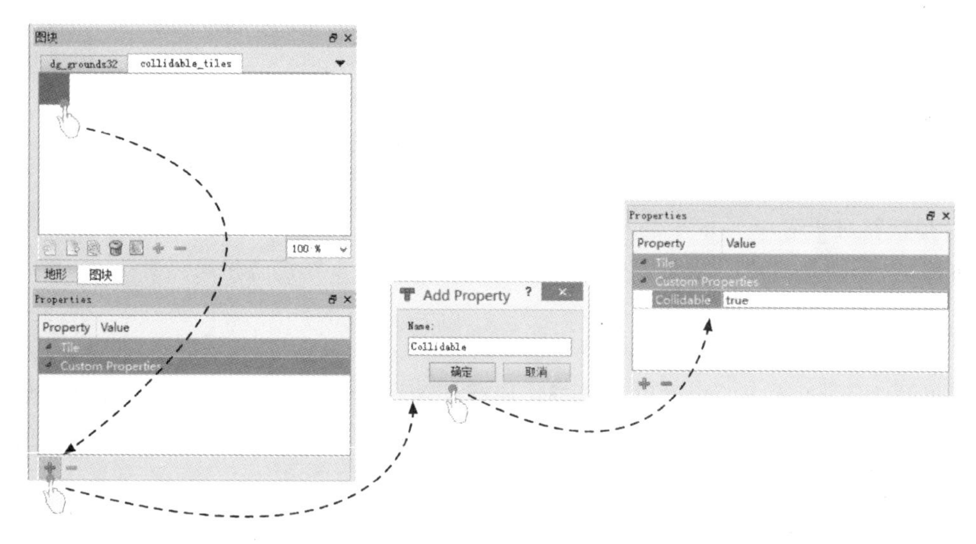

图 11-11　添加检测碰撞属性

地图修改完成后，还要修改代码。修改 app.js 中的初始化相关代码如下：

```
var _player;
var _tileMap;
var _collidable;                                                    ①
```

```
var HelloWorldLayer = cc.Layer.extend({
    ctor: function () {
        this._super();
        var size = cc.director.getWinSize();

        _tileMap = new cc.TMXTiledMap(res.MiddleMap_tmx);
        this.addChild(_tileMap, 0, 100);

        var group = _tileMap.getObjectGroup("objects");
        var spawnPoint = group.getObject("ninja"); //JSB 可以 Web 不能用
        var array = group.getObjects();
        for (var i = 0, len = array.length; i < len; i++) {
            var spawnPoint = array[i];
            var name = spawnPoint["name"];
            if (name == "ninja") {
                var x = spawnPoint["x"];
                var y = spawnPoint["y"];
                _player = new cc.Sprite(res.ninja_png);
                _player.x = x;
                _player.y = y;
                this.addChild(_player, 2, 200);
                break;
            }
        }
        _collidable = _tileMap.getLayer("collidable");                    ②
        _collidable.setVisible(false);                                    ③

        return true;
    }
    …
});
```

上述代码第①行是声明一个 TMXLayer 类型的全局变量_collidable，它是用来保存地图碰撞层对象。第②行代码_collidable＝_tileMap. getLayer("collidable")是通过层名字 collidable 创建层，第③行代码_collidable. setVisible(false)是设置层隐藏，要么在这里隐藏，要么在地图编辑时将该层透明，如图 11-12 所示，在层视图中选择层，然后通过滑动上面的透明度滑块来改变层的透明度。在本例中需要将透明度设置为 0，那么_collidable. setVisible(false)语句就不再需要了。

注意 在地图编辑器中，设置层的透明度为 0 与设置层隐藏，在地图上看起来一样，但是有着本质的区别，设置层隐藏是无法通过_collidable＝_tileMap. getLayer("collidable")语句访问的。

在前面也介绍过，collidable 层不是用来显示地图内容的，而是用来检测碰撞的。修改

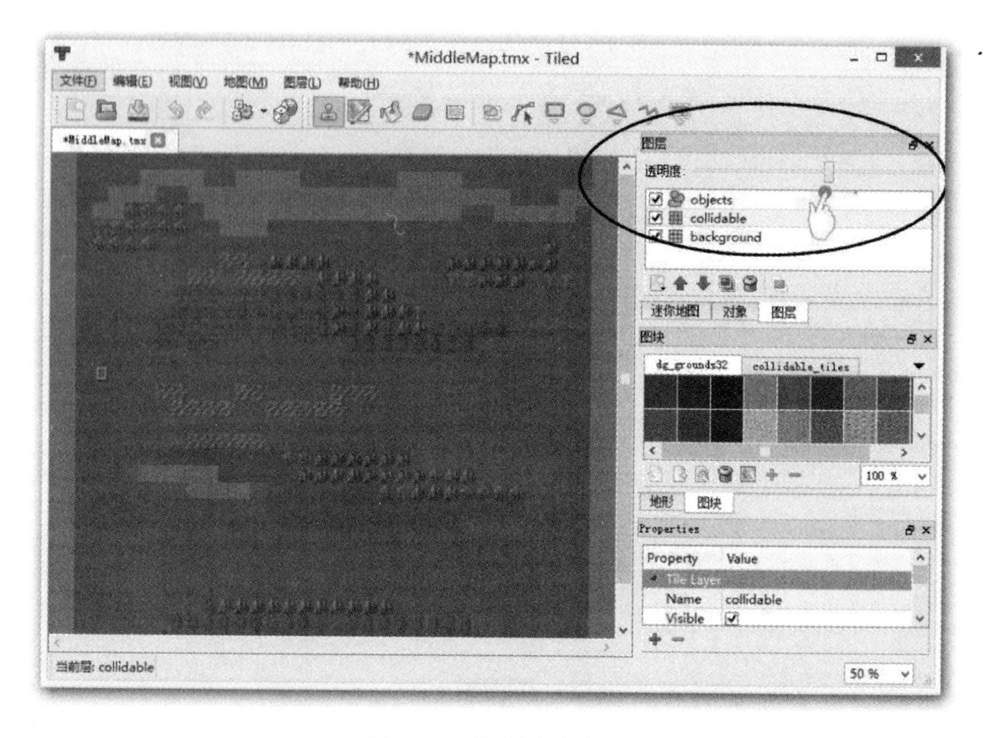

图 11-12 设置层透明度

app.js 中的触摸事件相关代码如下：

```
onEnter: function () {
    this._super();
    cc.log("HelloWorld onEnter");
    cc.eventManager.addListener({
        event: cc.EventListener.TOUCH_ONE_BY_ONE,
        onTouchBegan: this.onTouchBegan,
        onTouchMoved: this.onTouchMoved,
        onTouchEnded: this.onTouchEnded
    }, this);                                                    ①
},
onTouchBegan: function (touch, event) {
    cc.log("onTouchBegan");
    return true;
},
    onTouchMoved: function (touch, event) {
    cc.log("onTouchMoved");
},
onTouchEnded: function (touch, event) {
    cc.log("onTouchEnded");
    var target = event.getCurrentTarget();                       ②
    //获得坐标
    var touchLocation = touch.getLocation();
```

```
        //转换为当前层的模型坐标系
        touchLocation = target.convertToNodeSpace(touchLocation);                ③
        //获得精灵位置
        var playerPos = _player.getPosition();

        var diff = cc.pSub(touchLocation, playerPos);

        if (Math.abs(diff.x) > Math.abs(diff.y)) {
            if (diff.x > 0) {
                playerPos.x += _tileMap.getTileSize().width;
                _player.runAction(cc.flipX(false));
            } else {
                playerPos.x -= _tileMap.getTileSize().width;
                _player.runAction(cc.flipX(true));
            }
        } else {
            if (diff.y > 0) {
                playerPos.y += _tileMap.getTileSize().height;
            } else {
                playerPos.y -= _tileMap.getTileSize().height;
            }
        }
        target.setPlayerPosition(playerPos);                                     ④
    }
```

注意上述代码第①行 cc.eventManager.addListener({...}, this)中的第二个参数是this,事实上它可以是任何对象,它会在 onTouchEnded 等函数中通过第②行 var target=event.getCurrentTarget()代码取出该对象,target 与 cc.eventManager.addListener 第二个参数是同一个对象。

为什么要传递 this 给 onTouchEnded 等函数呢?this 是当前层对象,那么第④行代码target.setPlayerPosition(playerPos)就是在调用 HelloWorldLayer 的 setPlayerPosition 函数。onTouchEnded 等函数中不能通过 this 调用 setPlayerPosition 函数,因为 onTouchEnded 等函数中的 this 与第①行代码 this 不是指代同一个对象,onTouchEnded 等函数中的 this 是EventListener 事件监听器对象,通过 cc.eventManager.addListener({...},...)添加事件管理器。第①行代码 this 是 HelloWorldLayer 层对象。

上述代码③行使用了 target.convertToNodeSpace(touchLocation)语句将精灵坐标转换为相对于当前层的模型坐标。

与 11.3.3 节比较,第④行代码 target.setPlayerPosition(playerPos)替换了_player.setPosition(playerPos),setPlayerPosition 是自定义的函数,这个函数的作用是移动精灵和检测碰撞。setPlayerPosition 代码如下:

```
    setPlayerPosition: function (pos) {
    //从像素点坐标转化为瓦片坐标
    var tileCoord =   this.tileCoordFromPosition(pos);                           ①
    //获得瓦片的 GID
```

```
var tileGid = _collidable.getTileGIDAt(tileCoord);                     ②

if (tileGid > 0) {                                                     ③
    var prop = _tileMap.getPropertiesForGID(tileGid);                  ④
    var collision = prop["Collidable"];                                ⑤

    if (collision == "true") {              //碰撞检测成功             ⑥
        cc.log("碰撞检测成功");
        cc.audioEngine.playEffect(res.empty_wav);                      ⑦
        return;
    }
}
//移动精灵
_player.setPosition(pos);
}
```

上述代码第①行 this.tileCoordFromPosition(pos)是调用函数，实现从像素点坐标转化为瓦片坐标。第②行代码_collidable.getTileGIDAt(tileCoord)是通过瓦片坐标获得 GID 值。第③行代码 tileGid > 0 可以判断瓦片是否存在，tileGid==0 是瓦片不存在情况。第④行代码_tileMap.getPropertiesForGID(tileGid)是通过地图对象的 getPropertiesForGID 返回，它的返回值是“键-值”对结构。第⑤行代码 var collision = prop["Collidable"]是将 prop 变量中的 Collidable 属性取出来。第⑥行代码 collision=="true"是碰撞检测成功情况。第⑦行代码是碰撞检测成功情况下处理，在本例中是播放一下音效。

tileCoordFromPosition 代码如下：

```
tileCoordFromPosition: function (pos) {
    var x = pos.x / _tileMap.getTileSize().width;                      ①
    //float 转换为 int
    x = parseInt(x, 10);                                               ②
    var y = ((_tileMap.getMapSize().height * _tileMap.getTileSize().height) - pos.y)
    / _tileMap.getTileSize().height;                                   ③
    //float 转换为 int
    y = parseInt(y, 10);                                               ④
    return cc.p(x, y);
}
```

在该函数中第①行代码 pos.x / _tileMap.getTileSize().width 是获得 x 轴瓦片坐标(单位是瓦片数)，pos.x 是触摸点 x 轴坐标(单位是像素)，_tileMap.getTileSize().width 是每个瓦片的宽度(单位是像素)。代码第②和④行是将 float 转换为 int 类型，因为瓦片的坐标都是整数。代码第③行是获得 y 轴瓦片坐标(单位是瓦片数)，这个计算有点麻烦，瓦片坐标的原点在左上角，而触摸点使用的坐标是 OpenGL 坐标，坐标原点在左下角，表达式(_tileMap.getMapSize().height * _tileMap.getTileSize().height) - pos.y)是反转坐标轴，结果除以每个瓦片的高度_tileMap.getTileSize().height，就得到 y 轴瓦片坐标了。

11.3.5 滚动地图

由于地图比屏幕要大，当移动精灵到屏幕的边缘时，那些处于屏幕之外的地图部分应该滚动到屏幕之内。这些需要重新设置视点(屏幕的中心点),使得精灵一直处于屏幕的中心。但是精灵太靠近地图的边界时,它有可能不在屏幕的中心。精灵与地图的边界距离的规定是,左右边界距离不小于屏幕宽度的一半,否则会出现如图 11-13 和图 11-14 所示的左右黑边问题。上下边界距离不小于屏幕高度的一半,否则也会出现上下黑边问题。

重新设置视点实现的方式很多,本章中采用移动地图位置实现这种效果。

在 app.js 中再添加一个函数 setViewpointCenter。添加后代码如下:

```
setViewpointCenter : function(pos) {
  cc.log("setViewpointCenter");
  var size = cc.director.getWinSize();

  //可以防止视图左边超出屏幕之外
  var x = Math.max(pos.x, size.width / 2);                                                    ①
  var y = Math.max(pos.y, size.height / 2);                                                   ②

      //可以防止视图右边超出屏幕之外
      x = Math.min(x, (_tileMap.getMapSize().width * _tileMap.getTileSize().width)
          - size.width / 2);                                                                  ③
      y = Math.min(y, (_tileMap.getMapSize().height * _tileMap.getTileSize().height)
          - size.height/2);                                                                   ④

      //屏幕中心点
      var pointA = cc.p(size.width/2, size.height/2);                                         ⑤
      //使精灵处于屏幕中心,移动地图目标位置
      var pointB = cc.p(x, y);                                                                ⑥

      //地图移动偏移量
      var offset = cc.pSub(pointA, pointB);                                                   ⑦
     //log("offset (%f, %f) ",offset.x, offset.y);
      this.setPosition(offset);                                                               ⑧
}
```

上述代码第①~④行是保障精灵移动到地图边界时不会再移动,防止屏幕超出地图之外,这一点非常重要。其中,第①行代码是防止屏幕左边超出地图之外(如图 11-13 所示),Math.max(pos.x, size.width / 2)语句表示当 position.x <size.width / 2 时,x 轴坐标始终是 size.width / 2,即精灵不再向左移动。第②行代码与第①行代码类似,不再解释。第③行代码是防止屏幕右边超出地图之外(如图 11-14 所示),Math.min(x, (_tileMap.getMapSize().width * _tileMap.getTileSize().width) - size.width / 2)语句表示当 x >(_tileMap.getMapSize().width * _tileMap.getTileSize().width) - size.width / 2)时,x 轴坐标取值为(_tileMap.getMapSize().width * _tileMap.getTileSize().width)表达式计算的结果。第④行代码与第③行代码类似,不再解释。

提示 size 表示屏幕的大小,(_tileMap.getMapSize().width * _tileMap.getTileSize().width) - size.width / 2)表达式计算的是地图的宽度减去屏幕宽度的一半。

图 11-13 屏幕左边超出地图

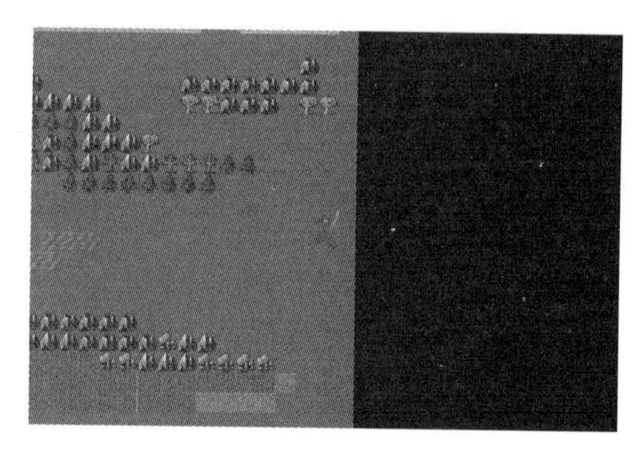

图 11-14 屏幕右边超出地图

代码第⑤～⑧行实现了移动地图效果，使得精灵一直处于屏幕的中心。理解这段代码，请参考图 11-15，*A* 点是目前屏幕的中心点，也是精灵的位置。玩家触摸 *B* 点，精灵会向 *B* 点移动。为了让精灵保持在屏幕中心，地图一定要向相反的方向移动（见图 11-15 中虚线）。

第⑤行代码是获取屏幕中心点（*A* 点）。第⑥行代码是获取移动地图目标位置（*B* 点）。第⑦行代码是计算 *A* 点与 *B* 点两者之差，这个差值就是地图要移动的距离。由于精灵的世界坐标就是地图层的模型坐标，即精灵的坐标原点是地图的左下角，因此第⑧行代码 this.setPosition(offset)是将地图坐标原点移动 offset 位置。

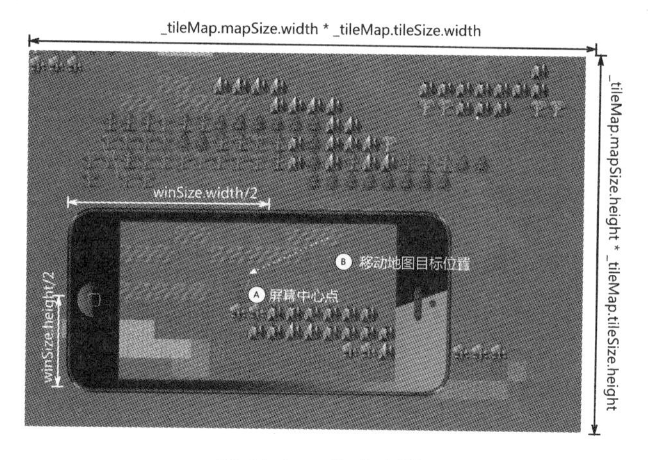

图 11-15 移动地图

本章小结

通过对本章的学习，应了解瓦片地图在解决大背景问题时的优势，熟悉 Cocos2d-JS 中瓦片地图的 API，掌握瓦片地图开发过程。

第 12 章

物理引擎

你玩过 Angry Birds(愤怒的小鸟)[①](如图 12-1 所示)和 Bubble Ball[②](如图 12-2 所示)吗？在 Angry Birds 中小鸟在空中飞行，它在空中飞行的轨迹是一个抛物线，符合物理规律，通过改变它的发射角度，让它飞得更远。还有建筑物的倒塌也与在现实生活中看到的一样。Bubble Ball 中的小球沿着木板的滚动非常的逼真，它滚动的距离与下落的高度、木板的倾斜角度和材质都有关系。

图 12-1　Angry Birds(愤怒的小鸟)游戏

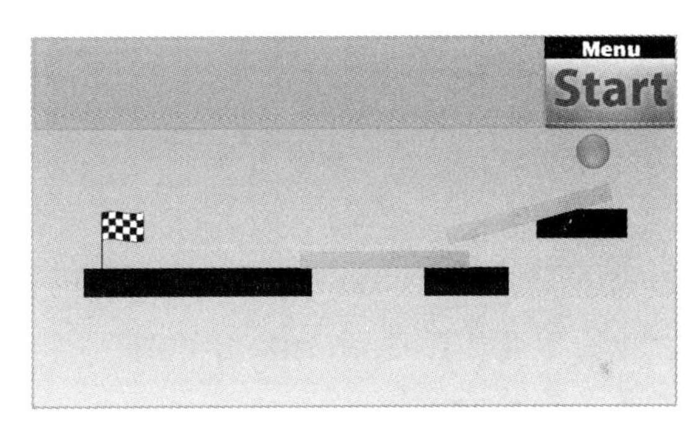

图 12-2　Bubble Ball 游戏

我们发现，这些游戏的共同特点是，场景中的精灵能够符合物理规律，与生活中看到的效果基本一样。这种在游戏世界中模仿真实世界物理运动规律能力，是通过“物理引擎”实现的。严格意义上说，“物理引擎”模仿的物理运动规律是指牛顿力学运动规律，而不符合量子力学运动规律。

---

① 《愤怒的小鸟》(芬兰语为 Vihainen Lintu，英语为 Angry Birds)是芬兰 Rovio 娱乐推出的一款益智游戏。在游戏中玩家控制一架弹弓发射无翅小鸟来打击建筑物和小猪，并以摧毁关中所有的小猪为最终目的。2009 年 12 月首先发布于苹果公司的 iOS 平台，自那时起，已经有超过 1200 万人在 App Store 付费下载，因而促使该游戏公司开发新的游戏版本以支持包括 Android、Symbian OS 等操作系统在内的拥有触控式功能的智能手机。——引自于维基百科(http://zh.wikipedia.org/zh-cn/愤怒的小鸟)

② Bubble Ball 是益智类游戏，玩家通过改变场景中木板的位置和角度，使得小球滚到小旗那里，玩家就赢得此关。它是由 Robert Nay 开发的，当时他只有 14 岁，在他母亲的帮助下，使用 Corona SDK 游戏引擎开发。截止 2011 年 1 月，Bubble Ball 这款游戏在苹果 AppStore 下载 200 万次。Robert Nay 令许多成年人感到汗颜！

12.1 使用物理引擎

物理引擎能够模仿真实世界物理运动规律，使得精灵做出自由落体、抛物线运动、互相碰撞、反弹等效果。

使用物理引擎还可以进行精确的碰撞检测，检测碰撞不使用物理引擎时，往往只是将碰撞的精灵抽象为矩形、圆形等规则的几何图形，这样算法比较简单。但是碰撞的真实效果就比较差了，而且自己编写时往往算法没有经过优化，性能也不是很好。物理引擎是经过优化的，所以建议还是使用已有的成熟的物理引擎。

目前主要使用的物理引擎有 Chipmunk 和 Box2D。在 Cocos2d-JS 中对 Chipmunk 引擎进行了封装，对 Chipmunk 支持很好，无论 Cocos2d-xJSB 本地运行还是 Cocos2d-html 的 Web 平台运行都没有问题。但是 Cocos2d-JS 对 Box2D 支持不是很好，Box2D 可以很好地在 Cocos2d-html 的 Web 平台上运行，但是不能在 Cocos2d-xJSB 本地运行。

考虑到需求的多样性，本章中对 Chipmunk 和 Box2D 这两个引擎都会详细介绍。

12.2 Chipmunk 引擎

本节介绍轻量级的物理引擎——Chipmunk。Chipmunk 物理引擎由 Howling Moon Software 的 Scott Lebcke 开发，用纯 C 语言编写。Chipmunk 的下载地址是 http://code.google.com/p/chipmunk-physics/，技术论坛是 http://chipmunk-physics.net/forum。

12.2.1 Chipmunk 核心概念

Chipmunk 物理引擎有一些自己的核心概念，主要包括：

(1) 空间(space)。物理空间，所有物体都在这个空间中发生。

(2) 物体(body)。物理空间中的物体。

(3) 形状(shape)。物体的形状。

(4) 关节(joint)。用于连接两个物体的约束。

12.2.2 使用 Chipmunk 物理引擎的一般步骤

使用 Chipmunk 物理引擎进行开发的一般步骤如图 12-3 所示。

从图 12-3 中可见，使用 Chipmunk 引擎步骤还是比较简单的。还需要自己在游戏循环中将精灵与物体连接起来，这能够使得精灵与物体的位置和角度等状态同步。最后的检测碰撞是根据业务需求而定，也可能是使用关节。

12.2.3 实例：HelloChipmunk

下面通过一个实例介绍在 Cocos2d-JS 中使用 Chipmunk 物理引擎的开发过程，以便熟悉这些 API 的使用。这个实例运行后的场景如图 12-4 所示。当场景启动后，玩家可以触摸单击屏幕，每次触摸时，就会在触摸点生成一个新的精灵，精灵的运行为自由落体运动。

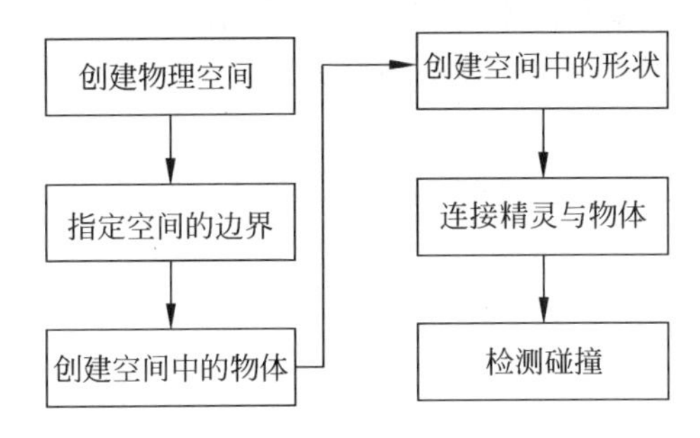

图 12-3　使用 Chipmunk 物理引擎的一般步骤

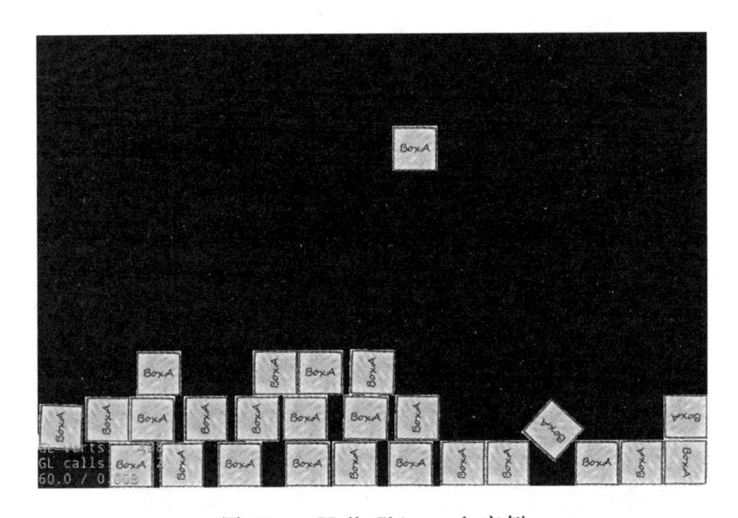

图 12-4　HelloChipmunk 实例

下面看一下代码部分。app.js 文件中 HelloWorldLayer 初始化相关代码如下：

```
var SPRITE_WIDTH = 64;                                  ①
var SPRITE_HEIGHT = 64;                                 ②
var DEBUG_NODE_SHOW = true;                             ③

  var HelloWorldLayer = cc.Layer.extend({               ④
      space: null,                                      ⑤
      ctor: function () {

          this._super();

          this.initPhysics();                           ⑥

          this.scheduleUpdate();                        ⑦

    }
```

```
    ...
});
```

上述第①行代码定义精灵宽度常量 SPRITE_WIDTH，第②行代码定义精灵高度常量 SPRITE_HEIGHT，第③行代码定义是否绘制调试遮罩开关常量 DEBUG_NODE_SHOW。第④行代码声明 HelloWorldLayer 层。第⑤行代码声明物理空间成员变量 space。第⑥行代码是在构造函数中调用 this.initPhysics()语句实现初始化物理引擎。第⑦行代码是在构造函数中调用 this.scheduleUpdate()语句开启游戏循环，一旦开启游戏循环就开始回调 update(dt)函数。

HelloWorldLayer 中调试相关函数 setupDebugNode 代码如下：

```
setupDebugNode: function () {
    this._debugNode = new cc.PhysicsDebugNode(this.space);            ①
    this._debugNode.visible = DEBUG_NODE_SHOW;                        ②
    this.addChild(this._debugNode);                                   ③
}
```

上述代码第①行创建 PhysicsDebugNode 对象，它是一个物理引擎调试 Node 对象，参数是 this.space 物理空间成员变量。第②行代码是设置绘制调试遮罩 visible 属性。第③行代码是将调试遮罩对象添加到当前层，如图 12-5 所示是设置 visible 属性为 true。

图 12-5　绘制调试遮罩

注意　绘制调试遮罩在 JSB 本地方式下运行没有效果，在 Web 浏览器下运行才能够看到效果。

HelloWorldLayer 中触摸事件相关的代码如下：

```
onEnter: function () {
    this._super();
    cc.log("onEnter");
```

```
        cc.eventManager.addListener({
            event: cc.EventListener.TOUCH_ONE_BY_ONE,
            onTouchBegan: this.onTouchBegan
        }, this);
    },
    onTouchBegan: function (touch, event) {
        cc.log("onTouchBegan");
        var target = event.getCurrentTarget();
        var location = touch.getLocation();
        target.addNewSpriteAtPosition(location);                                ①
        return false;
    },
    onExit: function () {
        this._super();
        cc.log("onExit");
        cc.eventManager.removeListeners(cc.EventListener.TOUCH_ONE_BY_ONE);
    }
```

上述代码第①行是调用当前层的 addNewSpriteAtPosition 函数实现在触摸点添加精灵对象，其中 target 是当前层对象，注意这里不能使用 this。

HelloWorldLayer 中初始化物理引擎 initPhysics()函数代码如下：

```
initPhysics: function () {

    var winSize = cc.director.getWinSize();

    this.space = new cp.Space();                                                ①
    this.setupDebugNode();                                                      ②

    //设置重力
    this.space.gravity = cp.v(0, -100);                                         ③
    var staticBody = this.space.staticBody;                                     ④

    //设置空间边界
    var walls = [ new cp.SegmentShape(staticBody, cp.v(0, 0),
                                cp.v(winSize.width, 0), 0),                     ⑤
        new cp.SegmentShape(staticBody, cp.v(0, winSize.height),
                                cp.v(winSize.width, winSize.height), 0),        ⑥
        new cp.SegmentShape(staticBody, cp.v(0, 0),
                                cp.v(0, winSize.height), 0),                    ⑦
        new cp.SegmentShape(staticBody, cp.v(winSize.width, 0),
                                cp.v(winSize.width, winSize.height), 0)         ⑧
    ];
    for (var i = 0; i < walls.length; i++) {
        var shape = walls[i];
        shape.setElasticity(1);                                                 ⑨
        shape.setFriction(1);                                                   ⑩
        this.space.addStaticShape(shape);                                       ⑪
    }
}
```

上述代码第①行 new cp. Space()是创建物理空间。第②行代码 this. setupDebugNode()是设置调试 Node 对象。第③行代码 this. space. gravity=cp. v(0, −100)是为空间设置重力,cp. v(0,−100)是创建一个 cp. v 结构体,cp. v 是 Chipmunk 中的二维矢量类型,参数(0,−100)表示只有重力作用物体,−100 表示沿着 y 轴向下,其中的 100 也是一个经验值。第④行代码 var staticBody=this. space. staticBody 表示从物理空间中获得静态物体。代码第⑤~⑧行是创建物理空间,它是由 4 条边线段形状构成的,从上到下分别创建了这 4 个线段形状(cp. SegmentShape),new cp. SegmentShape 语句可以创建一条线段形状,它的构造函数有 4 个参数,第一个参数是所附着的物体,由于是静态物体,本例中使用 this. space. staticBody 表达式获得静态物体。第二个参数是线段开始点,第三个参数是线段结束点,第四个参数是线段的宽度。代码第⑨~⑪行是设置线段形状属性,有 4 个边需要进行循环。其中,第⑨行代码是通过函数 shape. setElasticity(1)设置弹性系数属性为 1。第⑩行代码 shape. setFriction(1)设置摩擦系数。第⑪行代码 this. space. addStaticShape(shape)是将静态物体与形状关联起来。

HelloWorldLayer 中创建精灵 addNewSpriteAtPosition()函数代码如下:

```
addNewSpriteAtPosition: function (p) {
    cc.log("addNewSpriteAtPosition");

    var body = new cp.Body(1, cp.momentForBox(1, SPRITE_WIDTH, SPRITE_HEIGHT));     ①
    body.setPos(p);                                                                  ②
    this.space.addBody(body);                                                        ③

    var shape = new cp.BoxShape(body, SPRITE_WIDTH, SPRITE_HEIGHT);                  ④
    shape.setElasticity(0.5);
    shape.setFriction(0.5);
    this.space.addShape(shape);                                                      ⑤

    //创建物理引擎精灵对象
    var sprite = new cc.PhysicsSprite(res.BoxA2_png);                                ⑥
    sprite.setBody(body);                                                            ⑦
    sprite.setPosition(cc.p(p.x, p.y));
    this.addChild(sprite);
}
```

上述代码第①行是使用 cp. Body 构造函数创建一个动态物体,构造函数第一个参数是质量,这里的 1 是一个经验值,可以通过改变它的大小而改变物体的物理特性。第二个参数是惯性值,它决定了物体运动时受到的阻力,设置惯性值使用 cp. momentForBox 函数。cp. momentForBox 函数是计算多边形的惯性值,它的第一个参数是惯性力矩[①],这里的 1 也是一个经验值,第二个参数是设置物体的宽度,第三个参数是设置物体的高度,类似的函数

---

① 惯性力矩也叫 MOI,是 Moment Of Inertia 的缩写。惯性力矩是用来判断一个物体在受到力矩作用时,容不容易绕着中心轴转动的数值。——引自于百度百科(http://www.baike.com/wiki/惯性力矩)

还有很多，如 cp. momentForBox、cp. momentForSegment 和 cp. momentForCircle 等。第②行代码 body. setPos(p)是设置物体重心(物体的几何中心)的坐标。第③行代码 this. space. addBody(body)是把物体添加到物理空间中。第④行代码是创建 cp. BoxShape 形状对象。第⑤行代码 this. space. addShape(shape)是添加形状到空间中。第⑥行代码是创建物理引擎精灵对象，其中 cc. PhysicsSprite 是由 Cocos2d-JS 提供的物理引擎精灵对象，采用 cc. PhysicsSprite 类自动地将精灵与物体位置和旋转角度同步起来，在游戏循环函数中需要简单的语句就可以实现它们的同步。代码第⑦行 sprite. setBody(body)是设置精灵所关联的物体。

HelloWorldLayer 中创建精灵 update 函数代码如下：

```
update: function (dt) {
    var timeStep = 0.03;                                        ①
    this.space.step(timeStep);                                  ②
}
```

上述代码第①行的 timeStep 表示自上一次循环过去的时间，它影响到物体本次循环将要移动的距离和旋转的角度。不建议使用 update 的 dt 参数作为 timeStep，因为 dt 时间是上下浮动的，所以使用 dt 作为 timeStep 时间，物体的运动速度就不稳定。建议使用固定的 timeStep 时间。第②行代码 this. space. step(timeStep)是更新物理引擎世界。

最后要修改 project. json 文件，添加模块声明。代码如下：

```
{
    "project_type": "javascript",

    "debugMode" : 1,
    "showFPS" : true,
    "frameRate" : 60,
    "id" : "gameCanvas",
    "renderMode" : 2,
    "engineDir":"frameworks/cocos2d-html5",

        "modules" : ["cocos2d", "external"],                    ①

    "jsList" : [
        "src/resource.js",
        "src/app.js"
    ]
}
```

在第①行"modules"配置中添加 external 模块，external 模块包含 chipmunk 等子模块，这些模块的定义可以打开<工程目录>\frameworks\cocos2d-html5\ moduleConfig. json。这里有 Cocos2d-JS 的所有模块，以及每个模块所包含的 js 文件。

12.2.4 实例：碰撞检测

在 Chipmunk 中碰撞检测是通过 Space 的 addCollisionHandler 函数设定碰撞规则。

addCollisionHandler 函数的定义如下：

```
addCollisionHandler(a, b, begin, preSolve, postSolve, separate)
```

其中的参数说明如下：

(1) a 和 b。是两个形状的碰撞测试类型，它们是两个整数，只有当两个物体的碰撞测试类型相等时，碰撞才能发生，才能回调下面的函数。

(2) begin 事件。两个物体开始接触时触发该事件，在整个碰撞过程中只触发一次。它指定的函数的返回值是布尔值，如果返回 true，则会触发后面的事件。

(3) preSolve 事件。持续接触时触发该事件，它会被多次触发。它指定的函数返回值也是布尔值类型，如果返回 true，则 postSolve 事件会被触发。

(4) postSolve 事件。持续接触时触发该事件。

(5) separate。分离时触发该事件，在整个碰撞过程只触发一次。

HelloWorldLayer 中与碰撞检测初始化相关代码如下：

```
…
var COLLISION_TYPE = 1;                                                    ①

var HelloWorldLayer = cc.Layer.extend({
    space: null,
    …
    initPhysics: function () {
    …
        //设置检测碰撞
        this.space.addCollisionHandler(                                    ②
              COLLISION_TYPE,                                              ③
              COLLISION_TYPE,                                              ④
              this.collisionBegin.bind(this),                              ⑤
              this.collisionPre.bind(this),                                ⑥
              this.collisionPost.bind(this),                               ⑦
              this.collisionSeparate.bind(this)                            ⑧
        );
    },
    addNewSpriteAtPosition: function (p) {
        cc.log("addNewSpriteAtPosition");

        var body = new cp.Body(1, cp.momentForBox(1, SPRITE_WIDTH, SPRITE_HEIGHT));
        body.p = p;                                   //body.setPos(p);
        this.space.addBody(body);

        var shape = new cp.BoxShape(body, SPRITE_WIDTH, SPRITE_HEIGHT);
        shape.e = 0.5;
        shape.u = 0.5;
        shape.setCollisionType(COLLISION_TYPE);                            ⑨
        this.space.addShape(shape);
```

```
        //创建物理引擎精灵对象
        var sprite = new cc.PhysicsSprite(res.BoxA2_png);
        sprite.setBody(body);
        sprite.setPosition(cc.p(p.x, p.y));
        this.addChild(sprite);

        body.data = sprite;                                                  ⑩

    }
```

上述代码第①行是定义碰撞检测类型常量 COLLISION_TYPE。第②行代码是调用 addCollisionHandler 函数设置碰撞检测规则。第③行和第④行代码是为要碰撞的两个形状设置碰撞过程，两个形状能够碰撞的前提是碰撞检测类型相同。为此还需要在第⑨行代码通过 shape.setCollisionType(COLLISION_TYPE)语句为形状设置碰撞检测类型。第⑤～⑧行代码是绑定事件与回调函数，collisionBegin 函数是 begin 事件回调的函数，collisionPre 函数是 preSolve 事件回调的函数，collisionPost 函数是 postSolve 事件回调的函数，collisionSeparate 函数是 separate 事件回调的函数。另外，第⑩行代码 body.data＝sprite 也是新添加的，它的目的是把精灵放到物体的 data 数据成员中，这样在碰撞发生的时候可以通过下面的语句从物体取出精灵对象。

HelloWorldLayer 中与碰撞检测相关的 4 个回调函数代码如下：

```
    collisionBegin : function (arbiter, space) {                            ①
        cc.log('collision Begin');

        var shapes = arbiter.getShapes();                                    ②
        var bodyA = shapes[0].getBody();                                     ③
        var bodyB = shapes[1].getBody();                                     ④

        var spriteA = bodyA.data;                                            ⑤
        var spriteB = bodyB.data;                                            ⑥

        if (spriteA != null && spriteB != null){                             ⑦
            spriteA.setColor(new cc.Color(255, 255, 0, 255));                ⑧
            spriteB.setColor(new cc.Color(255, 255, 0, 255));                ⑨
        }

        return true;
    },

    collisionPre : function (arbiter, space) {                              ⑩
        cc.log('collision Pre');
        return true;
    },
```

```
    collisionPost : function (arbiter, space) {                                    ⑪
        cc.log('collision Post');
    },

    collisionSeparate : function (arbiter, space) {                                ⑫

        var shapes = arbiter.getShapes();
        var bodyA = shapes[0].getBody();
        var bodyB = shapes[1].getBody();

        var spriteA = bodyA.data;
        var spriteB = bodyB.data;

        if (spriteA != null && spriteB != null)     {
            spriteA.setColor(new cc.Color(255, 255, 255, 255));                    ⑬
            spriteB.setColor(new cc.Color(255, 255, 255, 255));                    ⑭
        }

        cc.log('collision Separate');
    }

});
```

上述代码第①行定义 collisionBegin 回调函数,其中第一个参数 arbiter 被称为"仲裁者",它包含了两个碰撞的形状和物体,第二个参数 space 是碰撞发生的物理空间。第②行代码 var shapes=arbiter.getShapes()是获得相互的碰撞形状集合,因为碰撞是发生在两个形状之上,所以可以通过 shapes[0]和 shapes[1]获得碰撞的两个形状对象。第③行和第④行代码是从两个形状对象中取出碰撞的两个物体。第⑤行和第⑥行代码是从两个碰撞物体的 data 成员中取出精灵对象。第⑦行代码判断是否能够成功地从两个碰撞物体的 data 成员取出精灵对象。如果成功,则进行碰撞处理。第⑧行和第⑨行代码设置两个精灵的颜色为黄色。第⑩行是定义 collisionPre 回调函数,第⑪行代码是定义 collisionPost 回调函数,第⑫行代码是定义 collisionSeparate 回调函数。第⑬行和第⑭行代码设置两个精灵的颜色为白色,事实上是清除了它们的颜色。

12.2.5 实例:使用关节

在游戏中可以通过关节约束两个物体的运动。下面通过一个距离关节实例介绍一下如何使用关节。

这个实例运行后的场景如图 12-6 所示。当场景启动后,玩家可以触摸单击屏幕,每次触摸时,就会在触摸点和附近生成两个新的精灵,它们的运行是自由落体运动,它们之间的距离是固定的。图 12-5 所示是开启了绘制调试遮罩。从图中可见,调试遮罩不仅会显示物体,还会显示关节。

图 12-6　使用距离关节实例

HelloWorldLayer 层中与使用关节相关的代码如下：

```
addNewSpriteAtPosition: function (p) {
    cc.log("addNewSpriteAtPosition");
    var body1 = this.createBody(res.BoxA2_png, p);                                  ①
    var body2 = this.createBody(res.BoxB2_png, cc.pAdd(p, cc.p(100, -100)));       ②
    this.space.addConstraint(new cp.PinJoint(body1, body2,
                                    cp.v(0,0), cp.v(0, SPRITE_WIDTH / 2)));         ③
},
createBody : function(fileName,  pos) {

    var body = new cp.Body(1, cp.momentForBox(1, SPRITE_WIDTH, SPRITE_HEIGHT));
    body.p = pos;
    this.space.addBody(body);

    var shape = new cp.BoxShape(body, SPRITE_WIDTH, SPRITE_HEIGHT);
    shape.e = 0.5;
    shape.u = 0.5;
    this.space.addShape(shape);

    //创建物理引擎精灵对象
    var sprite = new cc.PhysicsSprite(fileName);
    sprite.setBody(body);
    sprite.setPosition(pos);
    this.addChild(sprite);

    return body;
}
```

上面第①行代码通过调用 createBody 函数创建物体对象，在该函数中不仅创建物体对象，同时创建形状和精灵对象，并且把形状添加到物理空间，把精灵添加到当前层，最后把物体对象返回。第②行代码与第①行代码是类似的，区别在于位置上有所不同。第③行代码是物理空间的 addConstraint 函数添加关节约束，其中参数 cp. PinJoint 是关节对象。cp. PinJoint 的构造函数有 4 个参数，其中第一个参数是物体 1，第二个参数是物体 2，第三个参数是物体 1 的锚点，第四个参数是物体 2 的锚点。

注意 物理引擎关节所提的锚点与 Cocos2d-JS 中节点(Node)的锚点 anchorPoint 不同。Cocos2d-JS 中 Node 的锚点是相对于位置的比例，如图 12-7 所示锚点在 Node1 的中心，则它的锚点为(0.5,0.5)。物理引擎关节中的锚点不是相对值，而是绝对的坐标点表示，如图 12-8 所示，采用模型坐标(本地坐标)表示两个物体的锚点，Body1 的锚点位于 Body1 的中心，它的坐标为(0,0)。Body2 的锚点位于 Body2 的上边界的中央，它的坐标为(0,Body2. Width /2)，Body2. Width /2 表示 Body2 宽度的一半。

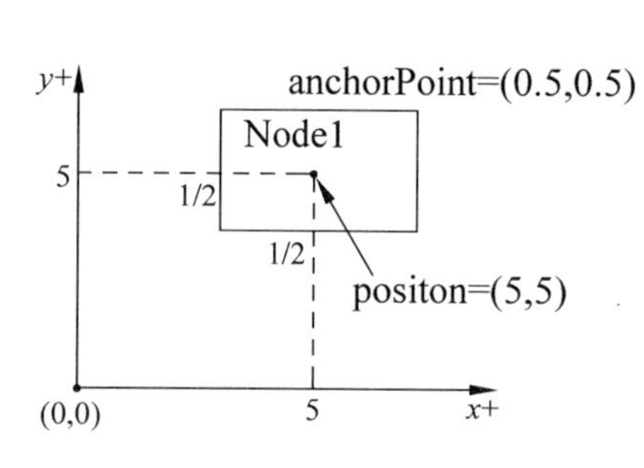

图 12-7 Cocos2d-JS 中节点的锚点

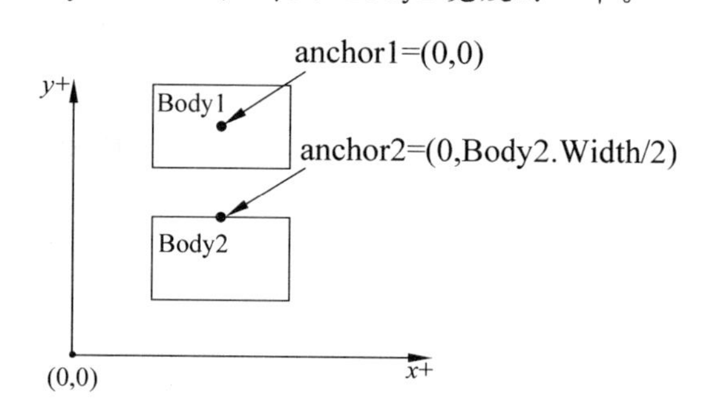

图 12-8 物理引擎关节的锚点

12.3 Box2D 引擎

上一节中介绍了 Chipmunk 引擎，并且 Cocos2d-JS 对它支持很好。对于 Box2D 引擎，Cocos2d-JS 只提供了 Web 平台下的支持，在 JSB 本地运行方式下还不能使用 Box2D。为了考虑不同用户的需求，本节介绍一下 Box2D 引擎。

Box2D 是一款免费的开源 2D 物理引擎，由 Erin Catto 使用 C++编写。它已被用于 Angry Birds(愤怒的小鸟)、Rolando、Fantastic Contraption、Incredibots、Tiny Wings、Transformice、Happy Wheels 等游戏的开发。Cocos2d 游戏引擎和 Corona Framework 中也都集成了 Box2D 引擎。

12.3.1 Box2D 核心概念

Box2D 物理引擎核心概念主要有：

(1) 世界(b2World)。引擎中的物理世界。

(2) 物体(b2Body)。物理世界中的物体。

(3) 形状(b2Shape)。物体的形状。

(4) 夹具(b2Fixture)。将形状固定于物体上的装置。有了形状的物体才能具有碰撞等物理特性。

(5) 关节(b2Join)。引擎中的关节。

12.3.2 使用 Box2D 物理引擎的一般步骤

使用 Box2D 引擎进行开发的一般步骤如图 12-9 所示。

比较图 12-9 和图 12-3(Chipmunk 物理引擎的一般步骤),会发现 Box2D 引擎使用步骤更为复杂。需要自己创建形状和夹具,然后使用夹具把形状固定到物体上。还需要自己在游戏循环中把精灵与物体连接起来,这能够使得精灵与物体的位置和角度等状态同步。最后的检测碰撞是根据业务需求而定,也可能是使用关节。

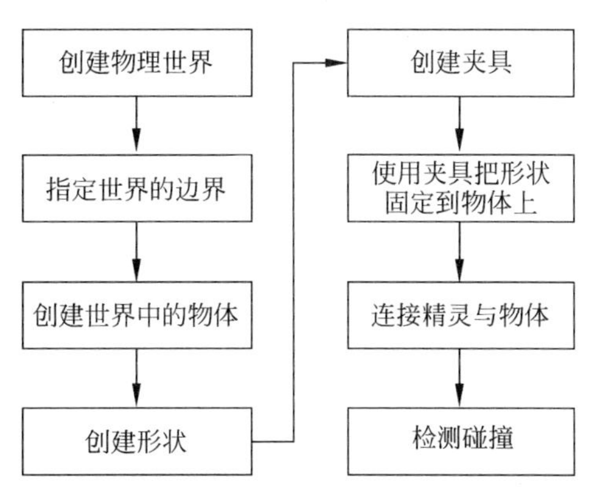

图 12-9 使用 Box2D 物理引擎的一般步骤

12.3.3 实例:HelloBox2D

这里通过重构 12.2.3 节实例,介绍一下任何在 Cocos2d-JS 中使用 Box2D 物理引擎,熟悉这些 API 的使用。

使用 Box2D 引擎进行开发过程,如图 12-9 所示。

app.js 文件中 HelloWorldLayer 初始化相关代码如下:

```
var PTM_RATIO = 32;                                              ①

var b2Vec2 = Box2D.Common.Math.b2Vec2
    , b2BodyDef = Box2D.Dynamics.b2BodyDef
    , b2Body = Box2D.Dynamics.b2Body
    , b2FixtureDef = Box2D.Dynamics.b2FixtureDef
    , b2World = Box2D.Dynamics.b2World
    , b2PolygonShape = Box2D.Collision.Shapes.b2PolygonShape
    , b2EdgeShape = Box2D.Collision.Shapes.b2EdgeShape
    , b2DebugDraw = Box2D.Dynamics.b2DebugDraw
    , b2ContactListener = Box2D.Dynamics.b2ContactListener;      ②

var HelloWorldLayer = cc.Layer.extend({                          ③
    world: null,                                                 ④
    ctor: function () {
        this._super();

        //初始化物理引擎
        this.initPhysics();                                      ⑤
        this.scheduleUpdate();                                   ⑥
```

```
            return true;
        }
        …
});
```

上述第①行代码定义 PTM_RATIO 常量,PTM_RATIO 是屏幕上多少像素为 1 米,32 表示屏幕上 32 像素为 1 米。在 Box2D 中单位使用 MKS 公制系统,即长度单位采用米,质量单位采用千克,时间单位采用秒。第②行代码声明一些 Box2D 中常用类型变量,如 b2Vec2=Box2D. Common. Math. b2Vec2 中,Box2D. Common. Math. b2Vec2 是 Box2D 中的数据类型,但是命名很长,使用起来不是很方便,使用变量 b2Vec2 代替 Box2D. Common. Math. b2Vec2 在程序代码中使用。如果使用过 C++ 版本的 Box2D 引擎,其中的数据类型就是采用 b2Vec2 和 b2World 等简便的命名方式。第③行代码声明 HelloWorldLayer 层。第④行代码声明物理世界变量 world。第⑤行代码是在构造函数中调用 this. initPhysics()语句实现初始化物理引擎。第⑥行代码是在构造函数中调用 this. scheduleUpdate()语句开启游戏循环,一旦开启游戏循环就开始回调 update(dt)函数。

HelloWorldLayer 中初始化物理引擎 initPhysics()函数代码如下:

```
initPhysics : function () {

        var size = cc.director.getWinSize();
        //创建世界
        this.world = new b2World(new b2Vec2(0, -10), true);                    ①
        //开启连续物理测试
        this.world.SetContinuousPhysics(true);                                 ②

        var fixDef = new b2FixtureDef;                                         ③
        fixDef.density = 1.0;                                                  ④
        fixDef.friction = 0.5;                                                 ⑤
        fixDef.restitution = 0.2;                                              ⑥

        var bodyDef = new b2BodyDef;                                           ⑦

        bodyDef.type = b2Body.b2_staticBody;                                   ⑧

        fixDef.shape = new b2PolygonShape;                                     ⑨
        var w =   size.width / PTM_RATIO;                                      ⑩
        var h = size.width / PTM_RATIO;                                        ⑪

        //设置宽度 w 的水平线
        fixDef.shape.SetAsBox(w/2, 0);                                         ⑫

        //顶部
        bodyDef.position.Set(w/2, h);                                          ⑬
        this.world.CreateBody(bodyDef).CreateFixture(fixDef);                  ⑭

        //底部
        bodyDef.position.Set(w/2, 0);                                          ⑮
```

```
        this.world.CreateBody(bodyDef).CreateFixture(fixDef);                ⑯

        //设置高度 h 的垂直线
        fixDef.shape.SetAsBox(0,h/2);                                        ⑰

        //左边
        bodyDef.position.Set(0, h/2);                                        ⑱
        this.world.CreateBody(bodyDef).CreateFixture(fixDef);                ⑲

        //右边
        bodyDef.position.Set(w, h/2);                                        ⑳
        this.world.CreateBody(bodyDef).CreateFixture(fixDef);                ㉑
    }
```

代码第①行 this.world=new b2World(new b2Vec2(0, −10), true)是创建物理世界，其中的参数 new b2Vec2(0, −10)是设置重力,(0,−10)表示只有重力作用物体,−10 表示沿着 y 轴向下。第二个参数是允许物体睡眠与否,如果允许休眠,可以提高物理世界中物体的处理效率，只有在发生碰撞时才唤醒该对象。第②行代码 this.world.SetContinuousPhysics(true)是开启连续物理测试[①]。第③行代码 var fixDef = new b2FixtureDef 是创建夹具定义对象。第④行代码 fixDef.density=1.0 是设置形状的密度。第⑤行代码 fixDef.friction=0.5 是设置摩擦系数,范围是 0.0～1.0。第⑥行代码 fixDef.restitution=0.2 是设置弹性系数,一般取值范围是 0.0～1.0。第⑦行代码 var bodyDef=new b2BodyDef 是创建夹具物体定义对象。第⑧行代码 bodyDef.type = b2Body.b2_staticBody 设置物体类型为静态物体。第⑨行代码是设置夹具的形状为多边形(b2PolygonShape)。第⑩行和第⑪行代码是计算屏幕的宽度和宽度,单位为米。第⑫行代码 fixDef.shape.SetAsBox(w/2, 0)是设置宽度 w 的水平线作为物理世界的顶部和底部边界。它是一个矩形盒子,只不过它没有厚度,它的长度是屏幕的宽度,SetAsBox 函数的第一个参数是矩形盒子中心点到左边距离,第二个参数是矩形盒子中心点到顶边距离。第⑬行代码 bodyDef.position.Set(w/2, h)是设置物理世界的上下边界的位置,注意：物体的坐标原点为矩形盒子中心点。(w/2, h)坐标是将物体置于世界的顶部。类似第⑮行代码是(w/2, 0)坐标是将物体置于世界的底部。第⑭、⑯、⑲、㉑行代码是使用夹具固定形状到物体上。代码第⑰行与第⑫行类似,是创建高度为 h 的垂直线,作为物理世界的左右边界线。代码第⑱行与第⑳行是设置物理世界的左右边界的位置,(0, h/2)坐标是将物体置于世界的左边,(w, h/2))坐标是将物体置于世界的右边。

HelloWorldLayer 中创建精灵 addNewSpriteAtPosition()函数代码如下：

```
addNewSpriteAtPosition: function (p) {
    cc.log("addNewSpriteAtPosition");
```

① 开启连续物理测试,这是因为计算机只能把一段连续的时间分成许多离散的时间点,再对每个时间点之间的行为进行演算,如果时间点的分割不够细致,速度较快的两个物体碰撞时就可能会产生“穿透”现象,开启连续物理将启用特殊的算法来避免该现象。

```
        //创建物理引擎精灵对象
        var sprite = new cc.Sprite(res.BoxA2_png);                          ①
        sprite.setPosition(p);
        this.addChild(sprite);

        //动态物体定义
        var bodyDef = new b2BodyDef;                                         ②
        bodyDef.type = b2Body.b2_dynamicBody;                                ③
        bodyDef.position.Set(p.x / PTM_RATIO, p.y / PTM_RATIO);              ④
        var body = this.world.CreateBody(bodyDef);                           ⑤
        body.SetUserData(sprite);                                            ⑥

        //定义 2 米见方的盒子形状
        var dynamicBox = new b2PolygonShape();                               ⑦
        dynamicBox.SetAsBox(1, 1);                                           ⑧

        //动态物体夹具定义
        var fixtureDef = new b2FixtureDef();                                 ⑨
        //设置夹具的形状
        fixtureDef.shape = dynamicBox;                                       ⑩
        //设置密度
        fixtureDef.density = 1.0;                                            ⑪
        //设置摩擦系数
        fixtureDef.friction = 0.3;                                           ⑫
        //使用夹具固定形状到物体上
        body.CreateFixture(fixtureDef);                                      ⑬

    }
```

上述代码第①行是创建精灵对象，精灵对象与物理引擎物体没有关系，需要在游戏循环函数中更新。代码第②行是声明动态物体定义变量。代码第③行 bodyDef. type=b2Body. b2_dynamicBody 是设置物体类型为动态物体，物体分为静态和动态物体。第④行代码是设置物体的位置，它的单位是米。第⑤行代码 var body=this. world. CreateBody(bodyDef)是创建物体对象。第⑥行代码 body. SetUserData(sprite)是将精灵放置到物体的 UserData 属性中，这样便于从物体中获取相关联的物体。第⑦行代码 var dynamicBox = new b2PolygonShape()是声明多边形形状定义变量。第⑧行代码 dynamicBox. SetAsBox(1, 1)是设置多边形为矩形盒子形状，SetAsBox(1,1)语句是设置一个 2m×2m 矩形盒子。

第⑨行代码是声明夹具定义变量。第⑩行代码是设置夹具的形状。第⑪行代码 fixtureDef. density=1.0 是设置形状的密度。第⑫行代码 fixtureDef. friction=0.3 是设置摩擦系数，范围是 0.0～1.0。第⑬行代码 body. CreateFixture(fixtureDef)是使用夹具固定形状到物体上，这样物体就有了形状。

HelloWorldLayer 中游戏循环函数 update 代码如下：

```
update: function (dt) {

    var velocityIterations = 8;                                              ①
```

```
    var positionIterations = 1;                                                    ②

    this.world.Step(dt, velocityIterations, positionIterations);                   ③

    for (var b = this.world.GetBodyList(); b; b = b.GetNext()) {                   ④
        if (b.GetUserData() != null) {                                             ⑤
            var sprite = b.GetUserData();                                          ⑥
            sprite.x = b.GetPosition().x * PTM_RATIO;                              ⑦
            sprite.y = b.GetPosition().y * PTM_RATIO;                              ⑧
            sprite.rotation = -1 * cc.radiansToDegrees(b.GetAngle());             ⑨
        }
    }                                                                              ⑩
}
```

上述代码是实现物理引擎中的物体与精灵位置和状态的同步。物理引擎中本身不包括精灵，它与精灵之间是相互独立的，精灵不会自动地跟着物理引擎中的物体做物理运动，通常需要编写代码将物体与精灵连接起来，同步它们的状态。

代码第①行 velocityIterations 变量是速度迭代次数，它的经验值是 8，超过 8 时迭代作用不明显，次数过小物体运行不稳定。代码第②行 positionIterations 变量是位置的迭代次数，它的经验值是 1。代码第③行 this. world. Step(dt, velocityIterations, positionIterations)更新物理引擎世界。第④行代码是循环遍历物理引擎中的物体，取得它们的位置和旋转角度，然后用来同步精灵。第⑤行代码判断物体中的 GetUserData 属性中是否包含数据，在本例中通过 body. SetUserData(sprite)语句将精灵对象放到物体的 GetUserData 属性中。第⑥行代码从物体中取出精灵对象。第⑦行和第⑧行代码是根据物体的位置更新精灵的位置。第⑨行代码是根据物体的旋转角度更新精灵的旋转角度。b. GetAngle()是获得物体的旋转角度，cc. radiansToDegrees 函数是将旋转的弧度转换为度，这里乘以－1 后再设置给精灵作为旋转的角度。为什么乘以－1 呢？是因为 Cocos2d-JS 中精灵顺时针旋转为正数，逆时针旋转为负数，而物理引擎中物体的旋转正好相反。

12.3.4 实例：碰撞检测

在 Box2D 中碰撞事件需要实现 Box2D. Dynamics. b2ContactListener 抽象类，这就需要重写如下函数：

(1) BeginContact(contact)。两个物体开始接触时会响应，但只调用一次。

(2) EndContact(contact)。分离时响应，但只调用一次。

(3) PreSolve(contact, oldManifold)。持续接触时响应，它会被多次调用。

(4) PostSolve(contact, impulse)。持续接触时响应，在 PreSolve 之后调用。

下面通过将 12.2.4 节的实例采用 Box2D 技术重构，了解一下 Box2D 物理引擎中如何检测碰撞。

在 12.3.3 节实例基础上添加 Box2D. Dynamics. b2ContactListener 相关代码就可以实现了。修改 app. js 文件，在 initPhysics()函数中添加如下代码：

```
var b2ContactListener = Box2D.Dynamics.b2ContactListener;
    …
initPhysics: function () {
    …

    //检测碰撞设置接收碰撞回调函数
    var listener = new b2ContactListener;                                    ①

    listener.BeginContact = function (contact) {                             ②
        cc.log("BeginContact");
        var bodyA = contact.GetFixtureA().GetBody();                         ③
        var bodyB = contact.GetFixtureB().GetBody();                         ④
        var spriteA = bodyA.GetUserData();                                   ⑤
        var spriteB = bodyB.GetUserData();                                   ⑥

        if (spriteA != null && spriteB != null)
        {
            spriteA.setColor(new cc.Color(255, 255, 0, 255));
            spriteB.setColor(new cc.Color(255, 255, 0, 255));
        }
    }

    listener.EndContact = function (contact) {                               ⑦
        cc.log("EndContact");
        var bodyA = contact.GetFixtureA().GetBody();
        var bodyB = contact.GetFixtureB().GetBody();
        var spriteA = bodyA.GetUserData();
        var spriteB = bodyB.GetUserData();

        if (spriteA != null && spriteB != null)
        {
            spriteA.setColor(new cc.Color(255, 255, 255, 255));
            spriteB.setColor(new cc.Color(255, 255, 255, 255));
        }
    }

    listener.PostSolve = function (contact, impulse) {                       ⑧
        cc.log("PostSolve");
    }

    listener.PreSolve = function (contact, oldManifold) {                    ⑨
        cc.log("PreSolve");
    }

    this.world.SetContactListener(listener);                                 ⑩

}
```

上述代码第①行是创建碰撞检测事件监听器对象。第②行代码实现碰撞事件BeginContact函数。第③行和第④行代码是获得接触双方物体对象。第⑤行和第⑥行代码是从物体对象的 UserData 属性中确定精灵对象，UserData 属性可以放置任何对象，这里能够通过 bodyA. GetUserData()语句取得精灵，那是因为在定义物体的时候通过 body. SetUserData(sprite)语句将精灵放入到物体的 UserData 属性。代码第⑦行是实现碰撞事件 EndContact 函数，函数的实现与 BeginContact 函数类似。第⑧和第⑨行代码是实现碰撞事件 PreSolve 和 PostSolve 函数，这两个函数通常用的不多。第⑩行代码是将碰撞监听器添加到层中。

12.3.5 实例：使用关节

下面将 12.2.5 节的实例使用 Box2D 物理引擎技术进行重构，以便能够掌握如何在 Box2D 中使用关节约束。

HelloWorldLayer 层中与使用关节相关的代码如下：

```
var b2DistanceJointDef = Box2D.Dynamics.Joints.b2DistanceJointDef;
...
addNewSpriteAtPosition: function (p) {
    cc.log("addNewSpriteAtPosition");

    var bodyA = this.createBody(res.BoxA2_png, p);                                    ①
    var bodyB = this.createBody(res.BoxB2_png, cc.pAdd(p, cc.p(100, -100)));          ②

    //距离关节定义
    var jointDef = new b2DistanceJointDef();                                          ③
    jointDef.Initialize(bodyA, bodyB, bodyA.GetWorldCenter(), bodyB.GetWorldCenter()); ④
    jointDef.collideConnected = true;                                                 ⑤
    this.world.CreateJoint(jointDef);                                                 ⑥

},
createBody: function (fileName, pos) {

    //创建物理引擎精灵对象
    var sprite = new cc.Sprite(fileName);
    sprite.setPosition(pos);
    this.addChild(sprite);

    //动态物体定义
    var bodyDef = new b2BodyDef;
    bodyDef.type = b2Body.b2_dynamicBody;
    bodyDef.position.Set(pos.x / PTM_RATIO, pos.y / PTM_RATIO);
    var body = this.world.CreateBody(bodyDef);
    body.SetUserData(sprite);

    //定义 2 米见方的盒子形状
    var dynamicBox = new b2PolygonShape();
    dynamicBox.SetAsBox(1, 1);

    //动态物体夹具定义
```

```
        var fixtureDef = new b2FixtureDef();
        //设置夹具的形状
        fixtureDef.shape = dynamicBox;
        //设置密度
        fixtureDef.density = 1.0;
        //设置摩擦系数
        fixtureDef.friction = 0.3;
        //使用夹具固定形状到物体上
        body.CreateFixture(fixtureDef);
        return body;
    }
```

上面代码第①行通过调用 createBody 函数创建物体对象，在该函数中不仅是创建物体对象、精灵、形状和夹具，并且使用夹具固定形状到物体上，最后把物体对象返回。第②行代码与第①行是类似的，区别在于位置上有所不同。第③～⑥行代码是添加距离关节，其中第③行代码 var jointDef = new b2DistanceJointDef()是声明距离关节定义，第④行代码 jointDef. Initialize(bodyA, bodyB, bodyA. GetWorldCenter(), bodyB. GetWorldCenter())是初始化距离关节定义，其中第一个和第二个参数是物体 A 和物体 B 的锚点，第三个参数和第四个参数是物体 A 和物体 B 的世界坐标，bodyA. GetWorldCenter()函数是获得物体 A 中心点的世界坐标。第⑤行代码 jointDef. collideConnected = true 是允许相连的物体碰撞。第⑥行代码 this. world. CreateJoint(jointDef)是通过物理世界对象创建关节。

在上面的实例中只是使用了距离关节，而 Box2D v2 版本中定义了很多关节。这些关节包括：

(1) 距离关节。两个物体之间保持固定的距离。每个物体上的点称为锚点。关节定义是 Box2D. Dynamics. Joints. b2DistanceJointDef。

(2) 旋转关节。允许物体围绕公共点旋转。关节定义是 Box2D. Dynamics. Joints. b2RevoluteJointDef。

(3) 平移关节。两个物体之间的相对旋转是固定的，它们可以沿着一个坐标轴进行平移。关节定义是 Box2D. Dynamics. Joints. b2PrismaticJointDef。

(4) 焊接关节。可以把物体固定在相同方向上。关节定义是 Box2D. Dynamics. Joints. b2WeldJointDef。

(5) 滑轮关节。滑轮关节用于创建理想的滑轮，两个物体位于绳子两端，绳子通过某个固定点(滑轮的位置)将两个物体连接起来。这样当一个物体升起时，另一个物体就会下降。滑轮两端的绳子总长度不变。关节定义是 Box2D. Dynamics. Joints. b2PulleyJointDef。

(6) 摩擦关节。降低两个物体之间的相对运动。关节定义是 Box2D. Dynamics. Joints. b2FrictionJointDef。

(7) 齿轮关节。控制其他两个关节(旋转关节或者平移关节)，其中的一个运动会影响另一个。关节定义是 Box2D. Dynamics. Joints. b2GearJointDef。

(8) 鼠标关节。单击物体上任意一个点可以在世界范围内进行拖动。关节定义是 Box2D. Dynamics. Joints. b2MouseJointDef。

这些关节定义初始化的时候参数都各不相同，但是参数都是比较类似的。此外，除了上面列出的关节外，还有一些其他的关节，这些关节不是很常用，这里不再一一介绍。

本章小结

通过对本章的学习，可以了解什么是物理引擎，以及 Cocos2d-JS 中的 Chipmunk 和 Box2D 物理引擎。

第三篇　数据与网络篇

第13章 数据持久化

信息和数据在现代社会中扮演着至关重要的角色，已成为生活中不可或缺的一部分。经常接触的信息有电话号码本、QQ通讯录、消费记录等。作为游戏引擎的Cocos2d-JS具有数据访问能力，这包括对数据持久化和数据交换格式的解码/编码等支持。本章重点介绍数据持久化实现，数据交换格式将在下一章中介绍。

13.1 Cocos2d-JS中的数据持久化

数据持久化就是数据能够存储起来，然后在需要的时候可以查找回来，即使设备重新启动也可以查找回来。Cocos2d-JS与Cocos2d-x相比在数据持久化方面有很多的区别，Cocos2d-JS是为Web网页游戏和本地游戏而设计的引擎，基于安全的考虑在Web网页中持久化数据到本地有很多限制。在HTML5中提供了两种持久化数据到本地方法：

(1) localStorage。没有时间限制的数据持久化。

(2) sessionStorage。针对一个Web会话的数据持久化。

Web会话会过期，不适合Cocos2d-JS，所以也只能使用localStorage实现数据持久化。localStorage是一种采用“键/值”对设计，类似于Cocos2d-x中的UserDefault持久化方式，“键/值”对设计不能保存大量数据，只能保存少量数据。Cocos2d-JS不支持Cocos2d-x中的属性列表和SQLite数据库。

13.2 localStorage数据持久化

localStorage采用“键/值”对设计，不适合存储关系数据，本节重点介绍sessionStorage数据持久化。

13.2.1 cc.sys.localStorage API函数

Cocos2d-JS提供了cc.sys.localStorage类实现localStorage数据持久化。但是与HTML5中的localStorage API还是有所区别的。

cc.sys.localStorage API 的主要函数如下：

(1) getItem(key)。通过 key 读取数据。

(2) setItem(key, value)。通过 key 保存数据。

(3) removeItem(key)。通过 key 删除数据。

示例代码如下：

```
var key = 'key_';
var ls = cc.sys.localStorage;
ls.setItem(key, "Hello world");
var r = ls.getItem(key);
ls.removeItem(key);
```

13.2.2　实例：MyNotes

下面通过一个实例来学习属性列表文件的读写过程。这个应用(MyNotes)是用来管理和记录我的备忘录信息，它具有增加、删除和查询备忘录的基本功能。图 13-1 所示是 MyNotes 应用的用例图。由于需求很简单，只需要保存备忘录(Note)信息和对应的时间即可。

这个实例有一个界面(如图 13-2 所示)，其中有 3 个菜单可以操作，每个菜单所完成的功能如菜单标签所示。所有操作信息都是输出到日志中，而没有输出到场景中。

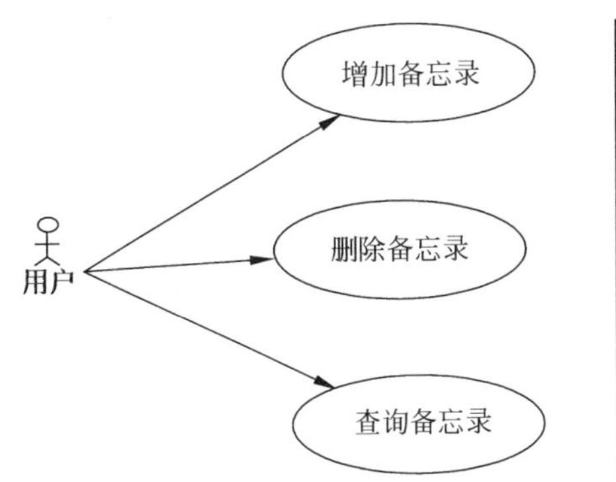

图 13-1　MyNotes 应用的用例图

图 13-2　MyNotes 实例

app.js 文件中 HelloWorldLayer 初始化相关代码如下：

```
var contentKey = 'content';
var dateKey = 'date';

var HelloWorldLayer = cc.Layer.extend({
    ctor:function () {
        this._super();
        var size = cc.director.getWinSize();

        var lblInsert = new cc.LabelBMFont("Insert Data", res.fnt_fnt);
```

```
        var menuItemInsert = new cc.MenuItemLabel(lblInsert, this.onMenuInsertCallback, this);

        var lblDelete = new cc.LabelBMFont("Delete Data", res.fnt_fnt);
        var menuItemDelete = new cc.MenuItemLabel(lblDelete,
                                          this.onMenuDeleteCallback, this);

        var lblRead = new cc.LabelBMFont("Read Data", res.fnt_fnt);
        var menuItemRead = new cc.MenuItemLabel(lblRead, this.onMenuReadCallback, this);

        var mn = new cc.Menu(menuItemInsert, menuItemDelete, menuItemRead);
        mn.alignItemsVertically();
        this.addChild(mn);

        return true;
    },

    onMenuInsertCallback:function (sender) {                                    ①

            cc.log("onMenuInsertCallback");
            var ls = cc.sys.localStorage;                                       ②

            var time = new Date().format('yyyy - MM - dd hh:mm:ss');            ③
            ls.setItem(dateKey, time);                                          ④
            ls.setItem(contentKey, "欢迎使用 MyNote.");                          ⑤
    },

    onMenuDeleteCallback:function (sender) {                                    ⑥
            cc.log("onMenuDeleteCallback");

            var ls = cc.sys.localStorage;
            ls.removeItem(dateKey);                                             ⑦
            ls.removeItem(contentKey);

    },

    onMenuReadCallback:function (sender) {                                      ⑧
        cc.log("onMenuReadCallback");
        var ls = cc.sys.localStorage;
        cc.log(" -------------- ");
        var rdate = ls.getItem(dateKey);                                        ⑨
        cc.log(rdate == null ? "No Date Data" : rdate);
        var rcontent = ls.getItem(contentKey);
        cc.log(rcontent == null ? "No Content Data" : rcontent);
    }
});

var HelloWorldScene = cc.Scene.extend({
    onEnter:function () {
        this._super();
        var layer = new HelloWorldLayer();
```

```
        this.addChild(layer);
    }
});
```

上述代码第①行定义单击插入数据菜单回调的函数。第②行代码获得 cc. sys. localStorage 对象，第③行代码创建日期对象，其中的 format 函数是格式化日期为中文习惯。需要注意的是，format 函数是在 MyUtility. js 文件中添加的。第④行和第⑤行代码是保存当前的时间到 localStorage。第⑥行代码是定义单击删除数据菜单回调的函数。第⑦行代码 ls. removeItem(dateKey)是按照键删除数据。第⑧行代码是定义单击查询数据菜单回调的函数。第⑨行代码 var rdate=ls. getItem(dateKey)是按照键获得数据。

MyUtility. js 文件中 format 函数是在 Date 对象上添加的格式化日期的功能函数。关于 format 函数的具体细节这里不再介绍。

添加一个新的 MyUtility. js 文件时，需要修改工程根目录下的 project. json 文件：

```
{
    "project_type": "javascript",

    "debugMode" : 1,
    "showFPS" : true,
    "frameRate" : 60,
    "id" : "gameCanvas",
    "renderMode" : 2,
    "engineDir":"frameworks/cocos2d - html5",

    "modules" : ["cocos2d"],

    "jsList" : [
        "src/resource. js",
        "src/app. js",
        "src/MyUtility. js"                                          ①
    ]
}
```

需要在"jsList"中添加 js 文件的声明，见第①行代码所示。

本章小结

通过对本章的学习，应了解 Cocos2d-JS 中的数据持久化方式，熟悉 cc. sys. localStorage 的使用。

第 14 章

基于 HTTP 网络通信

现在很多游戏需要网络通信，网络结构有：客户端服务器（Client Server，C/S）结构网络和点对点（Peer to Peer，P2P）结构网络。考虑到跨平台需要，Cocos2d-JS 引擎主要采用 C/S 结构网络。P2P 结构网络一般采用蓝牙通信，特定平台一般提供了访问 P2P 的本地 API，如 iOS 的 Game Kit，但是这些 API 不能使用在具有跨平台特性的 Cocos2d-JS 引擎。

本章介绍 Cocos2d-JS 中使用基于 HTTP 的网络通信，下一章介绍基于 Node.js 的 Socket.IO 客户端和服务器技术。

14.1 网络结构

网络结构是网络的构建方式，目前流行的有客户端服务器结构网络和点对点结构网络。

14.1.1 客户端服务器结构网络

客户端服务器（C/S）结构网络是一种主从结构网络。如图 14-1 所示，服务器一般处于等待状态，如果有客户端请求，服务器响应请求，建立连接，提供服务。服务器是被动的，有点像在餐厅吃饭时的服务员。而客户端是主动的，像在餐厅吃饭的顾客。

事实上，身边的很多网络服务都采用这种结构，如 Web 服务、文件传输服务和邮件服务等。虽然它们存在的目的不一样，但基本结构是一样的。这种网络结构与设备类型无关，服务器不一定是计算机，也可能是手机等移动设备。笔者曾经用过一款 iPhone 应用的内置 Web 服务，可以在计算机上通过浏览器下载手机中的图片和资料。

14.1.2 点对点结构网络

点对点结构网络也叫对等结构网络，每个节点之间是对等的。如图 14-2 所示，每个节点既是服务器又是客户端，这种结构有点像吃自助餐。

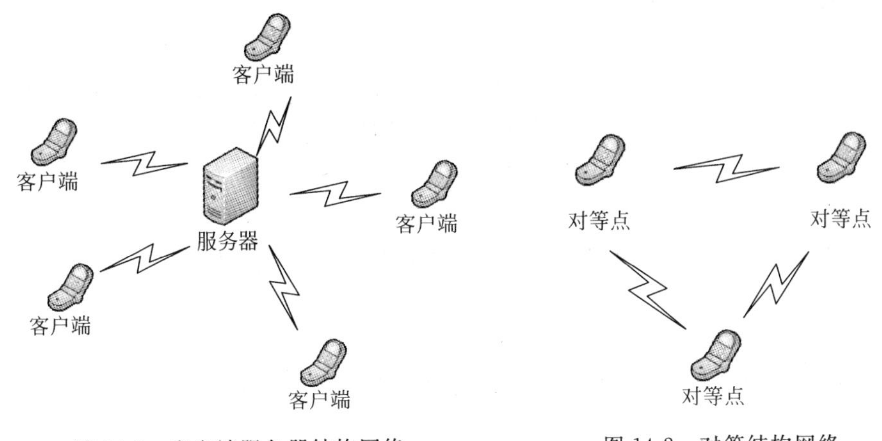

图 14-1 客户端服务器结构网络 图 14-2 对等结构网络

对等结构网络分布范围比较小,通常在一间办公室或一个家庭内,因此它非常适合于移动设备间的网络通信,网络链路层由蓝牙和 WiFi 实现。

14.2 HTTP 与 HTTPS

客户端服务器(C/S)应用层最主要采用的是 HTTP 和 HTTPS 等传输协议。因此有必要介绍一下 HTTP 和 HTTPS。如果对于这两个协议比较熟悉,可以跳过这一节,继续后面的学习内容。

1. HTTP

HTTP 是 Hypertext Transfer Protocol 的缩写,即超文本传输协议。Internet 的基本协议是 TCP/IP,目前广泛采用的 HTTP、HTTPS、FTP、Archie Gopher 等是建立在 TCP/IP 之上的应用层协议,不同的协议对应着不同的应用。

HTTP 是一个属于应用层的面向对象的协议。由于其简捷、快速的方式,适用于分布式超文本信息传输。它于 1990 年提出,经过二十多年的使用与发展,不断地完善和扩展。HTTP 支持客户端服务器网络结构,是无连接协议,即每一次请求时建立连接,服务器处理完客户端的请求后,应答给客户端,然后断开连接,不会一直占用网络资源。

HTTP/1.1 共定义了 8 种请求方法:OPTIONS、HEAD、GET、POST、PUT、DELETE、TRACE 和 CONNECT。作为 Web 服务器,至少需实现 GET 和 HEAD 方法,其他方法都是可选的。

GET 方法是向指定的资源发出请求,发送的信息显示在 URL 后面,GET 方法应该只用在读取数据,如静态图片等数据。GET 方法像是使用明信片给别人写信,“信内容”写在外面,接触到的人都可以看到,因此不安全。

POST 方法是向指定资源提交数据,请求服务器进行处理。例如,提交表单或者上传文件等。数据被包含在请求体中。POST 方法像是把“信内容”装入到信封中给别人写信,接触到的人都看不到，因此是安全的。

2. HTTPS

HTTPS是Hypertext Transfer Protocol Secure，即安全超文本传输协议，是超文本传输协议和SSL的组合，提供加密通信及对网络服务器身份的鉴定。

简单地说，HTTPS是HTTP的升级版，与HTTPS的区别是：HTTPS使用https://代替http://，HTTPS使用端口443，而HTTP使用端口80来和TCP/IP进行通信。SSL使用40位关键字作为RC4流加密算法，这对于商业信息的加密是合适的。HTTPS和SSL支持使用X.509数字认证，如果需要，用户可以确认发送者是谁。

14.3 使用XMLHttpRequest对象开发客户端

在Web前端开发中有一种异步刷新技术——AJAX（Asynchronous JavaScript and XML），AJAX的核心是JavaScript对象XMLHttpRequest。该对象在Internet Explorer 5中首次引入，它是一种支持异步请求的技术。借助于XMLHttpRequest对象可以使用JavaScript语言向服务器提出请求并处理响应。

14.3.1 使用XMLHttpRequest对象

由于在Web中使用XMLHttpRequest对象发出HTTP请求很普遍，Cocos2d-JS引擎对其进行了移植。可以在Cocos2d-JS引擎的Cocos2d-JS JSB本地平台和Cocos2d-html的Web平台中使用XMLHttpRequest对象。

XMLHttpRequest对象中常用的函数和属性如下：

（1）open()。与服务器连接，创建新的请求。

（2）send()。向服务器发送请求。

（3）abort()。退出当前请求。

（4）readyState属性。提供当前请求的就绪状态，其中4表示准备就绪。

（5）status属性。提供当前HTTP请求状态码，其中200表示成功请求。

（6）responseText属性。服务器返回的请求响应文本。

（7）onreadystatechange属性。设置回调函数，当服务器处理完请求后就会自动调用该函数。

其中，open和send函数，以及onreadystatechange属性是HTTP请求的关键。open函数有5个参数可以使用：

（1）request-type：发送请求的类型。典型的值是GET或POST，也可以发送HEAD请求。

（2）url：要请求连接的URL。

（3）asynch：如果希望使用异步连接，则为true，否则为false。该参数是可选的，默认为true。

(4) username：如果需要身份验证，则可以在此指定用户名。该可选参数没有默认值。

(5) password：如果需要身份验证，则可以在此指定口令。该可选参数没有默认值。

14.3.2 实例：重构 MyNotes

还记得第 13 章介绍的 MyNotes 实例吗？在第 13 章中 MyNotes 实例的数据是存储在本地的。而这里介绍的 MyNotes 实例的数据是存储在云服务器端数据库中（以后简称“云数据库”），为此搭建了一个远程服务器，客户端使用 XMLHttpRequest 与服务器通信。

由于服务器端已经搭建好了，只关系客户端的开发。客户端界面如图 14-3 所示。界面中有 4 个菜单可以操作，每个菜单都能与云服务器的 Web Service 交互，完成操作云数据库的 CRUD 功能。所有从云服务器返回的数据都输出到日志中，而没有输出到场景中。

在介绍客户端开发之前，有必要了解一下 MyNotes 实例的 Web Service API，它是由智捷课堂(http://www.cocoagame.net)提供的，要想使用这些 Web Service API，必须到 http://www.cocoagame.net 网站注册用户，在注册的时候需要提供一个邮箱，把这个邮箱作为一个 email 参数提交给 Web Service，具体细节可以参看后面代码部分。

图 14-3 MyNotes 实例

MyNote Web Service API 提供了 4 个操作(CRUD)调用，使用的 URL 都是 http://www.cocoagame.net/service/mynotes/WebService.php。采用 HTTP 请求方法，建议使用 POST 方法，这是因为 GET 请求静态资源，数据传输过程也不安全，而 POST 主要请求动态资源。这些方法调用都需要传递很多参数，它们之间的关系如表 14-1 所示。

表 14-1 WebService 方法调用与参数关系

调用方法	type 参数	action 参数	id 参数	date 参数	content 参数	email 参数
add	需要	需要	不需要	需要	需要	需要
modify	需要	需要	需要	需要	需要	需要
remove	需要	需要	需要	不需要	不需要	需要
query	需要	需要	需要	不需要	不需要	需要

表 14-1 中参数说明如下：

(1) type。是数据交换类型，Web Service 提供三种方式的数据：JSON、XML 和 SOAP，用户提供这三个参数之一，而且全部是大写。本书中主要使用 JSON 数据交换类型。

(2) action。是指定调用 Web Service 的哪一个方法，这些方法有 add、remove、modify 和 query，分别代表插入、删除、修改和查询处理。

(3) id。一条 Note 信息中的主键,它是隐藏在界面之后的,当删除和修改时需要把它传给 Web Service。

(4) date。一条 Note 信息中的日期字段数据。

(5) content。一条 Note 信息中的内容字段数据。

(6) email。是在 http://www.cocoagame.net 网站注册时,提供给网站的邮箱,注意不是用户 ID。

app.js 中初始化 HelloWorldLayer 的代码如下:

```
var BASE_URL = 'http://www.cocoagame.net/service/mynotes/WebService.php';    ①
//查询之后修改,用于删除和修改
var selectedRowId = 1448;                                                    ②

var HelloWorldLayer = cc.Layer.extend({
    ctor:function () {
        this._super();
        var size = cc.director.getWinSize();

        var lblInsert = new cc.LabelBMFont("Insert Data", res.fnt_fnt);
        var menuItemInsert = new cc.MenuItemLabel(lblInsert, this.onMenuInsertCallback, this);

        var lblDelete = new cc.LabelBMFont("Delete Data", res.fnt_fnt);
        var menuItemDelete = new cc.MenuItemLabel(lblDelete,
                                                 this.onMenuDeleteCallback, this);

        var lblUpdate = new cc.LabelBMFont("Update Data", res.fnt_fnt);
        var menuItemUpdate = new cc.MenuItemLabel(lblUpdate,
                                                 this.onMenuUpdateCallback, this);

        var lblRead = new cc.LabelBMFont("Read Data", res.fnt_fnt);
        var menuItemRead = new cc.MenuItemLabel(lblRead, this.onMenuReadCallback, this);

        var mn = new cc.Menu(menuItemInsert, menuItemDelete, menuItemUpdate,
                                                 menuItemRead);
        mn.alignItemsVertically();
        this.addChild(mn);

        return true;
    },

    …
});
```

上述第①行代码是定义一个全局变量 BASE_URL,它保存了请求服务器的 URL 网址,注意这里的 URL 网址是大小写敏感的。第②行代码是定义一个全局变量 selectedRowId,它保存了要删除或修改的记录 ID,这个 ID 获得是先单击 Read Data 菜单查询一下服务器上的相关数据,查询的结果输出到控制台,然后找到合法的 ID,修改 selectedRowId 值。这种测试的方式很显然不够"智能",从服务器返回的数据是 JSON 数据，通过程序读取 ID 需要 JSON 的解码，有关 JSON 的解码问题会在下一节介绍，本节先不考虑解码问题。因此，selectedRowId 的取值也采用手动赋值方式。

HelloWorldLayer 中 Read Data 菜单的查询代码如下：

```
onMenuReadCallback:function (sender) {
        cc.log("onMenuReadCallback");

        var xhr = cc.loader.getXMLHttpRequest();                                    ①
        var data = "email = {0}&type = {1}&action = {2}";                           ②

        data = data.replace("{0}", "<你的 www.cocoagame.net 用户邮箱>");             ③
        data = data.replace("{1}", "JSON");                                         ④
        data = data.replace("{2}", "query");                                        ⑤

        xhr.open("GET", BASE_URL + "?" + data);                                     ⑥
        xhr.onreadystatechange = function () {                                      ⑦
            if (xhr.readyState == 4 && xhr.status == 200) {                         ⑧
                var response = xhr.responseText;                                    ⑨
                cc.log(response);
            }
        };
        xhr.send();                                                                 ⑩
}
```

上述代码第①行通过 cc.loader.getXMLHttpRequest()函数创建 XMLHttpRequest 对象，cc.loader.getXMLHttpRequest()函数能够根据不同的平台创建相应的 XMLHttpRequest 对象。代码②行是准备要传递给服务器的数据，它们按照“键＝值”形式通过“&”符号连接起来。而“值”用{0}、{1}、{2}占位符占位，然后通过代码第③～⑤行使用实际的参数替换占位符。代码第⑥行 xhr.open("GET", BASE_URL ＋ "?" ＋ data)使用 open 函数与服务器建立连接创建请求对象，第一个参数是设置发送请求类型为 GET 方式，第二个参数是请求的地址，发送给服务器的数据放在地址后面用“?”符号连接。代码⑦行通过 xhr.onreadystatechange 属性指定回调函数。代码第⑧行中 xhr.readyState＝＝4 判断 HTTP 就绪状态。XMLHttpRequest 中有 5 种就绪状态：

(1) 0：请求没有发出，在调用 open()函数之前为该状态。

(2) 1：请求已经建立但还没有发出，在调用 send()函数之前为该状态。

(3) 2：请求已经发出正在处理中。

(4) 3：请求已经处理，响应中通常有部分数据可用，但是服务器还没有完成响应。

(5) 4：响应已完成，可以访问服务器响应并使用它。

代码第⑧行中 xhr.status＝＝200 判断 HTTP 状态码。常见的 HTTP 状态码如下：

(1) 401：表示所访问数据禁止访问。

(2) 403：表示所访问数据受到保护。

(3) 404：表示错误的 URL 请求，表示请求的服务器资源不存在。

(4) 200：表示一切顺利。

如果就绪状态是 4 而且状态码是 200 即可处理服务器的数据。

第⑨行代码通过 XMLHttpRequest 对象的 responseText 属性获得从服务器返回的数据。第⑩行代码使用 send()函数发送数据。

HelloWorldLayer 中插入、删除和修改数据的代码如下：

```
onMenuInsertCallback:function (sender) {                                          ①
        cc.log("onMenuInsertCallback");

        var xhr = cc.loader.getXMLHttpRequest();
        var data = "email = {0}&type = {1}&action = {2}&date = {3}&content = {4}";   ②

        data = data.replace("{0}", "<你的 www.cocoagame.net 用户邮箱>");
        data = data.replace("{1}", "JSON");
        data = data.replace("{2}", "add");
        data = data.replace("{3}", "2014 - 08 - 09");
        data = data.replace("{4}", "Tony insert data");                              ③

        xhr.open("POST", BASE_URL);                                                  ④
        xhr.onreadystatechange = function () {
            if (xhr.readyState == 4 && xhr.status == 200) {
                var response = xhr.responseText;
                cc.log(response);
            }
        };
        xhr.send(data);                                                              ⑤

  },

  onMenuDeleteCallback:function (sender) {                                           ⑥
        cc.log("onMenuDeleteCallback");

        if (selectedRowId == null) {
            cc.log("请先单击 Read Data,获得一个有效的 id.");
            return;
        }

        var xhr = cc.loader.getXMLHttpRequest();
        var data = "email = {0}&type = {1}&action = {2}&id = {3}";

        data = data.replace("{0}", "<你的 www.cocoagame.net 用户邮箱>");
        data = data.replace("{1}", "JSON");
        data = data.replace("{2}", "remove");
        data = data.replace("{3}", selectedRowId);

        xhr.open("POST", BASE_URL);
        xhr.onreadystatechange = function () {
            if (xhr.readyState == 4 && xhr.status == 200) {
                var httpStatus = xhr.statusText;
                var response = xhr.responseText;
```

```
                cc.log(response);
            }
        };
        xhr.send(data);

    },

    onMenuUpdateCallback:function (sender) {                                    ⑦
        cc.log("onMenuUpdateCallback");

        if (selectedRowId == null) {
            cc.log("请先单击 Read Data,获得一个有效的 id.");
            return;
        }
        var xhr = cc.loader.getXMLHttpRequest();
        var data = "email = {0}&type = {1}&action = {2}&date = {3}&content = {4}&id = {5}";

        data = data.replace("{0}", "<你的 www.cocoagame.net 用户邮箱>");
        data = data.replace("{1}", "JSON");
        data = data.replace("{2}", "modify");
        data = data.replace("{3}", "2014 - 08 - 18");
        data = data.replace("{4}", "Tom modify data");
        data = data.replace("{5}", selectedRowId);

        xhr.open("POST", BASE_URL);
        xhr.onreadystatechange = function () {
            if (xhr.readyState == 4 && xhr.status == 200) {
                var httpStatus = xhr.statusText;
                var response = xhr.responseText;
                cc.log(response);
            }
        };
        xhr.send(data);

    }
```

上述代码第①、⑥、⑦行定义的函数是菜单项 Insert Data、Delete Data、Update Data 单击时回调的函数。这三个函数的代码非常相似，只是请求的参数数据不同，这里重点介绍其中的一个。代码第②～③行设置请求数据。第④行代码 xhr.open("POST", BASE_URL) 通过 POST 方式请求服务器，与 GET 方式不同，不需要在 BASE_URL 后面提供参数数据(URL 中“?”之后内容)。这些参数数据是通过第⑤行代码 xhr.send(data)发送给服务器的。

提示　在测试删除或修改的时候，不要忘了先查询到一个有效的 ID，然后在代码中修改 selectedRowId 初始值，最后再进行删除或修改。

有些程序代码在通过 Web 浏览器运行时会出现如下错误，而采用 JSB 方式运行则没有问题：

```
XMLHttpRequest cannot load http://www.cocoagame.net/service/mynotes/WebService.php. No '
Access - Control - Allow - Origin' header is present on the requested resource. Origin 'http://
localhost:63342' is therefore not allowed access.onMenuReadCallback
```

这个错误是因为 XMLHttpRequest 不支持跨域调用所导致的。跨域调用是指程序在一个特定域下，如 http://localhost:63342 域下，去请求调用其他域资源，如：http://www.cocoagame.net/service/mynotes/WebService.php。

14.4 数据交换格式

数据交换格式是在两个程序之间对话的“语音”。这里从一个身边的故事开始引入数据交换的概念和意义。

笔者在上小学的时候，一次向同学借一本《小学生常用成语词典》，结果到他家时，他不在，于是笔者写了如图 14-4 所示的留言条。

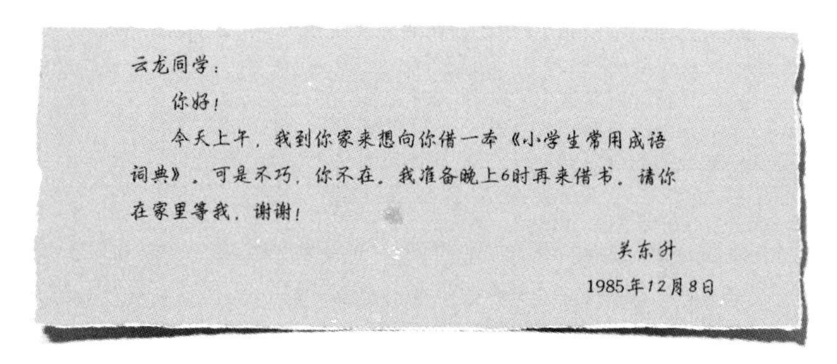

云龙同学：

你好！

今天上午，我到你家来想向你借一本《小学生常用成语词典》，可是不巧，你不在。我准备晚上6时再来借书，请你在家里等我，谢谢！

关东升

1985年12月8日

图 14-4 留言条

留言条与类似的书信都有一定的格式，笔者曾经也学习过如何写留言条。它有 4 个部分：称谓、内容、落款和时间，如图 14-5 所示。

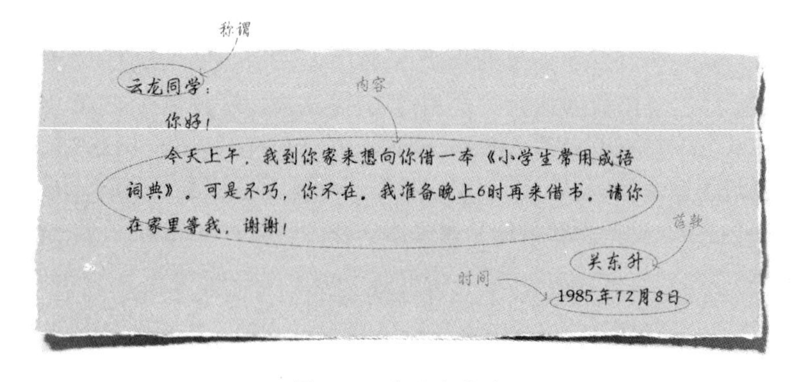

云龙同学：

你好！

今天上午，我到你家来想向你借一本《小学生常用成语词典》，可是不巧，你不在。我准备晚上6时再来借书，请你在家里等我，谢谢！

关东升

1985年12月8日

图 14-5 留言条格式

这4个部分是不能搞乱的，云龙同学也懂得这个格式，否则就会出笑话。他知道“称谓”部分是称呼他，“内容”部分是要做什么，“落款”部分是谁写给他的，“时间”部分是什么时候写的。

留言条是信息交换的手段，需要“写”与“看”的人都要遵守某种格式。计算机中两个程序之间的相互通信，也是要约定好某种格式。

数据交换格式就像两个人聊天，采用彼此都能听得懂的语言，你来我往。其中的语言就相当于通信中的数据交换格式。有的时候，为防止聊天被人偷听，可以采用暗语。同理，计算机程序之间也可以通过数据加密技术防止“偷听”现象。

数据交换格式主要分为CSV格式、XML格式和JSON格式。CSV格式是一种简单的逗号分隔交换方式。上面的留言条写成CSV格式如下：

```
"云龙同学","你好!\n今天上午,我到你家来想向你借一本《小学生常用成语词典》.可是不巧,你不在.我准备晚上6时再来借书.请你在家里等我,谢谢!","关东升","1985年12月08日"
```

留言条中的4部分数据按照顺序存放，各个部分之间用逗号分隔。有的时候数据量很小，可以采用这种格式。但是随着数据量的增加，问题也会暴露出来。我们总是搞乱它们的顺序，如果各个数据部分能有描述信息就好了。而XML格式和JSON格式可以带有描述信息，这叫作“自描述的”结构化文档。

上面的留言条写成XML格式如下：

```
<?xml version = "1.0" encoding = "UTF - 8"?>
< note >
        < to >云龙同学</to >
        < conent >你好!\n今天上午,我到你家来想向你借一本«小学生常用成语词典».可是不巧,你
不在.我准备晚上6时再来借书.请你在家里等我,谢谢!</conent >
        < from >关东升</from >
        < date >1985年12月08日</date >
</note >
```

我们看到位于尖括号内的内容（<to>…</to>等）就是描述数据的标识，在XML中称为“标签”。

上面的留言条写成JSON格式如下：

```
{to:"云龙同学",conent:"你好!\n今天上午,我到你家来想向你借一本«小学生常用成语词典».可是
不巧,你不在.我准备晚上6时再来借书.请你在家里等我,谢谢!",from:"关东升",date:"1985年12
月08日"}
```

数据放置在大括号“{}”中，每个数据项之前都有一个描述的名字（如to等），描述名字和数据项之间用冒号（:）分开。描述同样的信息会发现，一般来讲，JSON所用的字节数要比XML少，这也是很多人喜欢采用JSON格式的主要原因，因此JSON也被称为“轻量级”的数据交换格式。

Cocos2d-JS引擎本身没有提供特殊类来支持JSON和CSV格式，它们的支持都是JavaScript本身提供的。Cocos2d-JS引擎对于XML支持，只限于Cocos2d-html的Web平台。下面重点介绍JSON数据交换格式。

14.5 JSON数据交换格式

JSON (JavaScript Object Notation)是一种轻量级的数据交换格式。所谓的轻量级，是与XML文档结构相比而言，描述项目字符少，所以描述相同的数据所需的字符个数要少，那么传输的速度就会提高而流量也会减少。

如果留言条采用JSON描述，大体上可以设计成下面的样子：

```
{"to":"云龙同学",
"conent": "你好!\n今天上午,我到你家来想向你借一本《小学生常用成语词典》.可是不巧,你不在.
我准备晚上6时再来借书.请你在家里等我,谢谢!",
"from": "关东升",
"date": "1985年12月08日"}
```

由于Web和移动平台开发对流量要求尽可能少，对速度要求尽可能快，而轻量级的数据交换格式——JSON也就成为理想的数据交换语言。

14.5.1 文档结构

构成JSON文档两种结构：对象和数组。对象是“名称/值”对集合，它类似于Objective-C中的字典类型，数组是一连串元素的集合。

对象是一个无序的“名称/值”对集合，一个对象以“{”(左括号)开始，“}”(右括号)结束。每个“名称”后跟一个“:”(冒号)，“名称/值”对之间使用“,”(逗号)分隔。JSON对象语法结构图如图14-6所示。

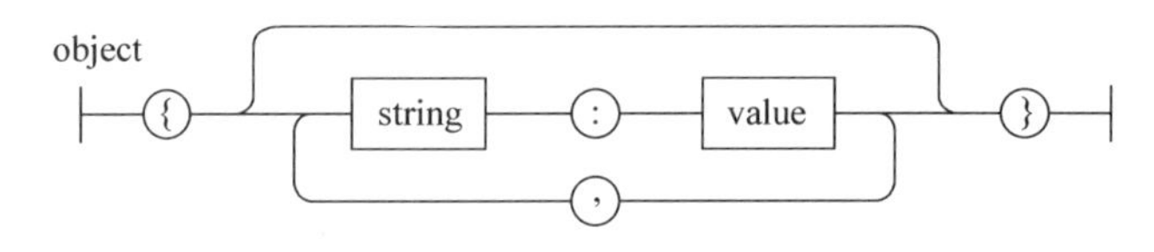

图14-6 JSON对象语言结构图

下面是一个JSON的对象例子：

```
{
"name":"a.htm",
"size":345,
"saved":true
}
```

数组是值的有序集合，一个数组以“[”(左中括号)开始，“]”(右中括号)结束，值之间使用“,”(逗号)分隔。JSON数组语法结构图如图14-7所示。

下面是一个JSON的数组例子：

```
["text","html","css"]
```

在JSON对象和数组中值可以是双引号括起来的字符串、数值、true、false、null、对象或者数组，而且这些结构可以嵌套。JSON 值语法结构图如图 14-8 所示。

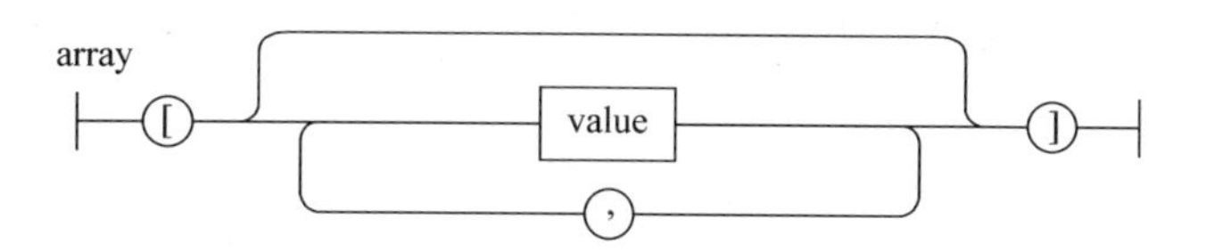

图 14-7 JSON 数组语言结构图

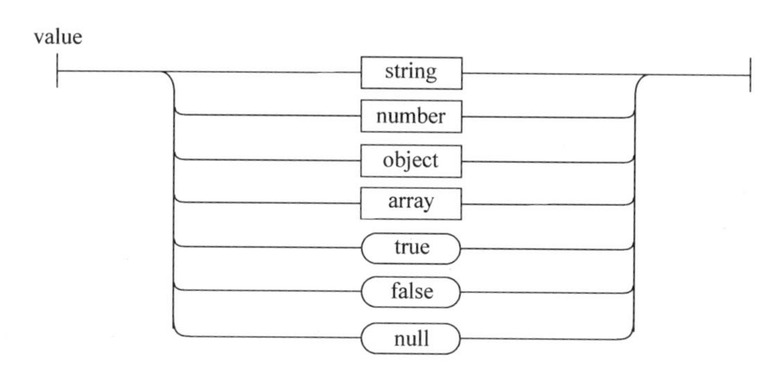

图 14-8 JSON 数组值的语法结构图

14.5.2 JSON 解码与编码

JavaScript 与 JSON 能够很好地配合，JavaScript 本身提供了 JSON 解码与编码的相关函数。

1. JSON 解码

JSON 解码主要是通过 JSON.parse(jsonStr)函数实现的，由于 JSON 有对象和数组之分，因此解码 JSON 字符串时，返回的结果有可能是 JSON 对象或 JSON 数组。下面的代码是解码 JSON 字符串返回 JSON 对象的示例：

```
var jsonStr = '{"ID":"1","CDate":"2012 - 12 - 23","Content":"发布 iOSBook0"}';
var jsonObj = JSON.parse(jsonStr);                                            ①
cc.log("JSON Object : " + jsonObj);
```

日志输出结果如下：

```
JS: JSON Object : [object Object]
```

这说明代码第①行成功地解码 jsonStr 字符串，返回 JSON 对象。

下面的代码是解码 JSON 字符串返回 JSON 数组的示例：

```
jsonStr = '[{"ID":"1","CDate":"2012 - 12 - 23","Content":"发布 iOSBook0"},
           {"ID":"2","CDate":"2012 - 12 - 24","Content":"发布 iOSBook1"}]';
var jsonArray = JSON.parse(jsonStr);                                          ①
cc.log("JSON Array : " + jsonArray);
```

日志输出结果如下：

```
JS: JSON Array : [object Object],[object Object]
```

这说明代码第①行成功地解码 jsonStr 字符串，返回 JSON 数组。

2. JSON 编码

JSON 编码是将 JSON 对象或 JSON 数组转变为 JSON 字符串解析，以便于存储和网络中数据的传输。JSON 编码主要是通过 JSON. stringify(jsonObj)函数实现的。下面的代码是 JSON 对象编码，返回 JSON 字符串示例：

```
var jsonObj = {"ID":"1","CDate":"2012 - 12 - 23","Content":"发布 iOSBook0"};          ①
cc.log("JSON Object : " + jsonObj);

var jsonArray = [{"ID":"1","CDate":"2012 - 12 - 23","Content":"发布 iOSBook0"},
                 {"ID":"2","CDate":"2012 - 12 - 24","Content":"发布 iOSBook1"}];      ②
cc.log("JSON Array : " + jsonArray);

var jsonStr = JSON.stringify(jsonObj);                                                ③
cc.log("JSON String : " + jsonStr);
```

上述代码第①行是创建并初始化 JSON 对象，注意与下面代码的区别，下面代码的右值是在单引号之间的，这说明下面代码 jsonStr 是字符串变量，而上述代码第①行右值没有放在单引号之间，前后使用{…}括起来，这说明 jsonObj 表示的是 JSON 对象。

```
jsonStr = '[{"ID":"1","CDate":"2012 - 12 - 23","Content":"发布 iOSBook0"},
            {"ID":"2","CDate":"2012 - 12 - 24","Content":"发布 iOSBook1"}]';
```

与上述代码第①行类似，第②行代码的 jsonArray 变量表示的是 JSON 数组，它的右值前后使用[…]括起来，这是 JSON 数组与 JSON 对象的区别。无论 JSON 数组还是 JSON 对象编码都是使用 var jsonStr=JSON. stringify(jsonObj)语句实现的。

日志输出结果如下：

```
JS: JSON Object : [object Object]
JS: JSON Array : [object Object],[object Object]
JS: JSON String : {"ID":"1","CDate":"2012 - 12 - 23","Content":"发布 iOSBook0"}
```

从日志输出结果可以看出，JSON 对象和 JSON 数组与 JSON 字符串的区别。

14.5.3 实例：完善 MyNotes

在 Cocos2d-JS 中使用实现 JSON 解码。在 14.3.2 节编写的 MyNotes 实例只是从服务器端返回 JSON 数据，还没有对这些 JSON 数据进行解析。本节就来完善这个实例。

app.js 中初始化 HelloWorldLayer 的代码如下：

```
var BASE_URL = 'http://www.cocoagame.net/service/mynotes/WebService.php';
//查询之后被赋值,selectedRowId 是查询的最后一条记录的 id
var selectedRowId = null;                                                             ①

var HelloWorldLayer = cc.Layer.extend({
    ctor:function () {
```

```
        this._super();
        var size = cc.director.getWinSize();

        var lblInsert = new cc.LabelBMFont("Insert Data", res.fnt_fnt);
        var menuItemInsert = new cc.MenuItemLabel(lblInsert, this.onMenuInsertCallback, this);

        var lblDelete = new cc.LabelBMFont("Delete Data", res.fnt_fnt);
        var menuItemDelete = new cc.MenuItemLabel(lblDelete,
                                            this.onMenuDeleteCallback, this);

        var lblUpdate = new cc.LabelBMFont("Update Data", res.fnt_fnt);
        var menuItemUpdate = new cc.MenuItemLabel(lblUpdate,
                                            this.onMenuUpdateCallback, this);

        var lblRead = new cc.LabelBMFont("Read Data", res.fnt_fnt);
        var menuItemRead = new cc.MenuItemLabel(lblRead, this.onMenuReadCallback, this);

        var mn = new cc.Menu(menuItemInsert, menuItemDelete, menuItemUpdate,
                                            menuItemRead);
        mn.alignItemsVertically();
        this.addChild(mn);

        return true;
    },

    …
});
```

上述第①行代码定义一个全局变量 selectedRowId，它的初始值为 null。

HelloWorldLayer 中 Read Data 菜单的查询代码如下：

```
  onMenuReadCallback:function (sender) {
    cc.log("onMenuReadCallback");

    var xhr = cc.loader.getXMLHttpRequest();
    var data = "email = {0}&type = {1}&action = {2}";

    data = data.replace("{0}", "test@51work6.com");
    data = data.replace("{1}", "JSON");
    data = data.replace("{2}", "query");

    xhr.open("GET", BASE_URL + "?" + data);
    xhr.onreadystatechange = function () {
        if (xhr.readyState == 4 && xhr.status == 200) {
            var httpStatus = xhr.statusText;
            var response = xhr.responseText;
            cc.log(response);

            var jsonObj = JSON.parse(response);                                   ①
            var resultCode = jsonObj['ResultCode'];                               ②
```

```
                if (resultCode == 0) {                                          ③
                    cc.log("read success.");

                    var jsonArray = jsonObj['Record'];                          ④
                    for (var i = 0; i < jsonArray.length; i++)
                    {
                        log("------------ [" + i +"]------------");
                        var row = jsonArray[i];                                 ⑤
                         cc.log("ID : " + row["ID"]);                           ⑥
                         cc.log("CDate : " + row["CDate"]);                     ⑦
                         cc.log("Content : " + row["Content"]);                 ⑧
                         selectedRowId = row["ID"];                             ⑨
                    }

                } else {
                    cc.log(resultCode.errorMessage());                          ⑩
                }
            }
        };
        xhr.send();
    }
```

上述代码第①行开始解码从服务器返回的JSON字符串。这个字符串内容如下：

```
{"ResultCode":0,"Record":[
{"ID":"1","CDate":"2012-12-23","Content":"发布 iOSBook0"},
{"ID":"2","CDate":"2012-12-24","Content":"发布 iOSBook1"},
{"ID":"3","CDate":"2012-12-25","Content":"发布 iOSBook2"},
{"ID":"4","CDate":"2012-12-26","Content":"发布 iOSBook3"},
{"ID":"5","CDate":"2012-12-27","Content":"发布 iOSBook4"}]}
```

上述代码第②行 var resultCode=jsonObj['ResultCode']是取 ResultCode 键对应的数值，如果 ResultCode 大于等于 0 则说明操作成功，如果 ResultCode 小于 0 则说明操作失败。−1～−7 定义了不同的错误编号，把错误编号翻译为错误消息是通过扩展 Number 实现的。为此在 MyUtility.js 文件中添加如下代码：

```
Number.prototype.errorMessage = function() {
  var errorStr = "";
  switch (this.valueOf()) {
  case -7:
    errorStr = "没有数据.";
    break;
  case -6:
    errorStr = "日期没有输入.";
    break;
  case -5:
    errorStr = "内容没有输入.";
    break;
  case -4:
    errorStr = "ID 没有输入.";
```

```
      break;
    case -3:
      errorStr = "数据访问失败.";
      break;
    case -2:
      errorStr = "您的账号最多能插入 10 条数据.";
      break;
    case -1:
      errorStr = "用户不存在,请到 http://cocoagame.net 注册.";
    }
    return errorStr;
}
```

上述代码定义的是 Number 的扩展函数 errorMessage，通过 Error Code 获得 Error Message。

通过第⑩行代码 cc.log(resultCode.errorMessage())调用 Number 的扩展函数 errorMessage。

HelloWorldLayer 中代码第④行通过 Record 键获得从服务器返回的记录集，它是一个 JSON 数组。第⑤行代码 var row=jsonArray[i]通过索引获得记录。代码第⑥～⑧行通过键返回 JSON 对象中的值。第⑨行代码 selectedRowId=row["ID"]是取出 ID 字段的数据赋值给 selectedRowId 全局变量，需要注意的是，最后循环结束后 selectedRowId 保存最后一条记录的 ID 字段的数据。

HelloWorldLayer 中插入、删除和修改数据的代码如下：

```
onMenuInsertCallback:function (sender) {
  cc.log("onMenuInsertCallback");

  var xhr = cc.loader.getXMLHttpRequest();
  var data = "email = {0}&type = {1}&action = {2}&date = {3}&content = {4}";

  data = data.replace("{0}", "test@51work6.com");
  data = data.replace("{1}", "JSON");
  data = data.replace("{2}", "add");
  data = data.replace("{3}", "2014 - 08 - 09");
  data = data.replace("{4}", "Tony insert data");

  xhr.open("POST", BASE_URL);
  xhr.onreadystatechange = function () {
       if (xhr.readyState == 4 && xhr.status == 200) {
           var httpStatus = xhr.statusText;
           var response = xhr.responseText;

           var jsonObj = JSON.parse(response);
           var resultCode = jsonObj['ResultCode'];
           if (resultCode > 0) {
                cc.log("insert success.");
           } else {
```

```
                    cc.log(resultCode.errorMessage());
                }
            }
        };
        xhr.send(data);

    },
    onMenuDeleteCallback:function (sender) {
      cc.log("onMenuDeleteCallback");

        if (selectedRowId == null) {
            cc.log("请先单击 Read Data,获得一个有效的 id.");
            return;
        } else {
            cc.log("Delete Data id :" + selectedRowId);
        }

    var xhr = cc.loader.getXMLHttpRequest();
    var data = "email = {0}&type = {1}&action = {2}&id = {3}";

    data = data.replace("{0}", "test@51work6.com");
    data = data.replace("{1}", "JSON");
    data = data.replace("{2}", "remove");
    data = data.replace("{3}", selectedRowId);

    xhr.open("POST", BASE_URL);
    xhr.onreadystatechange = function () {
        if (xhr.readyState == 4 && xhr.status == 200) {
            var httpStatus = xhr.statusText;
            var response = xhr.responseText;

            var jsonObj = JSON.parse(response);
            var resultCode = jsonObj['ResultCode'];
            if (resultCode > 0) {
                cc.log("delete success.");
                selectedRowId == null;
            } else {
                cc.log(resultCode.errorMessage());
            }
        }
    };
    xhr.send(data);

    },
    onMenuUpdateCallback:function (sender) {
      cc.log("onMenuUpdateCallback");

      if (selectedRowId == null) {
        cc.log("请先单击 Read Data,获得一个有效的 id.");
        return;
```

```
} else {
    cc.log("Update Data id :" + selectedRowId);
}
var xhr = cc.loader.getXMLHttpRequest();
var data = "email = {0}&type = {1}&action = {2}&date = {3}&content = {4}&id = {5}";

data = data.replace("{0}", "test@51work6.com");
data = data.replace("{1}", "JSON");
data = data.replace("{2}", "modify");
data = data.replace("{3}", "2014 - 08 - 18");
data = data.replace("{4}", "Tom modify data");
data = data.replace("{5}", selectedRowId);

xhr.open("POST", BASE_URL);
xhr.onreadystatechange = function () {
    if (xhr.readyState == 4 && xhr.status == 200) {
        var httpStatus = xhr.statusText;
        var response = xhr.responseText;

        var jsonObj = JSON.parse(response);
        var resultCode = jsonObj['ResultCode'];
        if (resultCode > 0) {
            cc.log("update success.");
            selectedRowId == null
        } else {
            cc.log(resultCode.errorMessage());
        }
    }
};
xhr.send(data);

}
});
```

上述代码与14.3.2节比较基本上没有太多的变化，这里不再赘述。

本章小结

通过对本章的学习，可以熟悉基于HTTP网络通信技术，重点需要掌握XMLHttpRequest对象实现HTTP网络通信，熟悉JSON数据交换格式的解码和编码。

第15章 基于Node.js的Socket.IO网络通信

前一章介绍了基于HTTP网络通信,服务器一般会使用Apache HTTP Server(简称Apache)和微软的Internet信息服务器(Internet Information Services,IIS)等。服务器端的技术包括Java Servlet/JSP、ASP.NET和PHP。一方面Apache和IIS这些HTTP服务器配置起来比较复杂,另一方面服务器端技术Java Servlet/JSP、ASP.NET和PHP学习成本很高。

本章推荐更加轻便的通信方式Socket.IO,它是基于Node.js技术,随着Node.js技术蓬勃发展,Socket.IO通信越来越受到广大开发人员的青睐。

本章介绍Cocos2d-JS中关于Socket.IO通信客户端技术、Socket.IO服务器端的实现,以及在Node.js服务器端如何访问SQLite3数据库。

15.1 Node.js

2009年2月,Ryan Dahl在博客上宣布准备编写一个基于Google V8 JavaScript引擎[①],轻量级的Web服务器并提供配套库。2009年5月,Ryan Dahl在GitHub上发布了最初版本的部分Node.js包。Node.js使用V8引擎,并且对V8引擎进行优化,提高Node.js程序的执行速度。

Node.js是一个事件驱动服务端JavaScript环境,只要是能够安装相应的模块包,就可以开发出需要的服务器端程序,如HTTP服务器端程序、Socket程序等。

15.1.1 Node.js安装

Node.js安装包括Node.js运行环境安装和Node.js模块包管理。首先安装Node.js运行环境。该环境在不同的平台下安装文件也不同,可以在http://nodejs.org/download/页面找到需要下载的安装文件,目前Node.js运行环境支持Windows、Mac OS X、Linux和SunOS等系统平台。由于笔者的计算机是Windows 8 64系统,所以下载的是node-v0.10.

---

① V8是Google开发的开源JavaScript引擎,用于Google Chrome中。V8在运行之前将JavaScript编译成了机器码,而非字节码或解释执行它,以此提升性能,它是目前最快的JavaScript引擎。基于它的开源和免费很多人移植到自己的平台,这样就可以执行JavaScript,这样安装了V8引擎的JavaScript程序执行速度大大提升。

26-x64.msi 文件，下载完成进行安装就可以了。

安装完成后需要确认，Node.js 的安装路径(C:\Program Files\nodejs\)是否添加到系统 Path 环境变量中。此时需要打开图 15-1 所示的对话框，在系统变量 Path 中查找是否有这个路径。

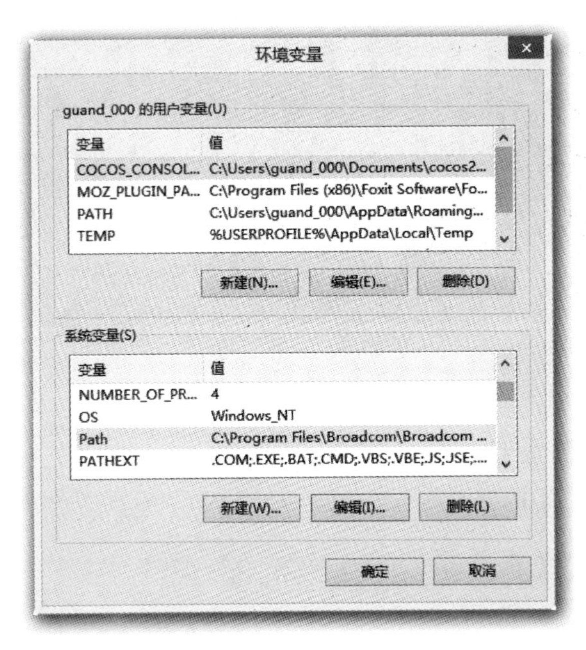

图 15-1　系统变量 Path 配置

15.1.2　Node.js 测试

现在编写一个最简单的 HTTP 服务器程序，客户端通过浏览器请求该服务器，并在浏览器页面中显示 Hello World。服务器端的 app.js 代码如下：

```
var http = require('http');
http.createServer(
    function (req, res) {
        res.writeHead(200, {
            'Content - Type': 'text/plain'
        });
        res.end('Hello World\n');
    }).listen(3000, '127.0.0.1');
console.log('Server running at http://127.0.0.1:3000/');
```

上述 Node.js 代码这里暂且不介绍，它主要完成的任务是在本机上监听 3000 端口，通过 HTTP 服务，向客户端输出 Hello World 字符串。

app.js 可以使用任何文本编辑器编辑和修改，但是保存的时候最好保存为 UTF-8 字符集，这样可以防止代码里的中文等字符乱码。运行的时候，通过 DOS 终端窗口进入 app.js

文件所在的目录,然后运行指令:

```
node app.js
```

启动界面如图 15-2 所示。

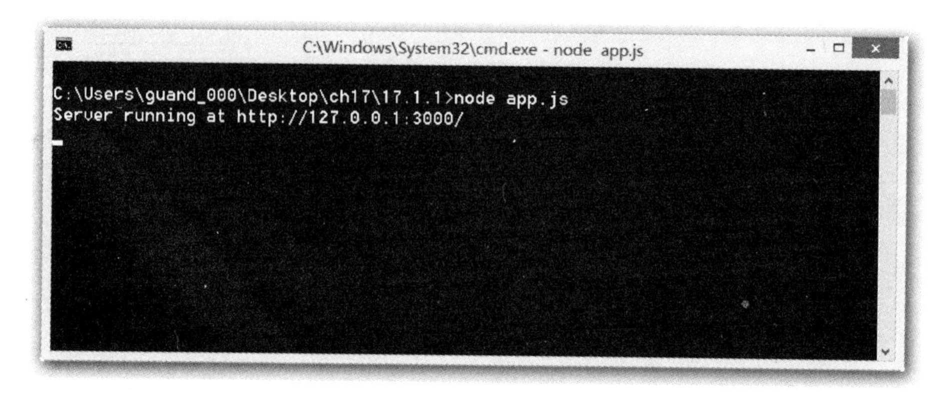

图 15-2 app.js 启动界面

然后打开浏览器,在地址栏中输入 http://127.0.0.1:3000/,如图 15-3 所示,会看到 Hello World 显示在页面中。

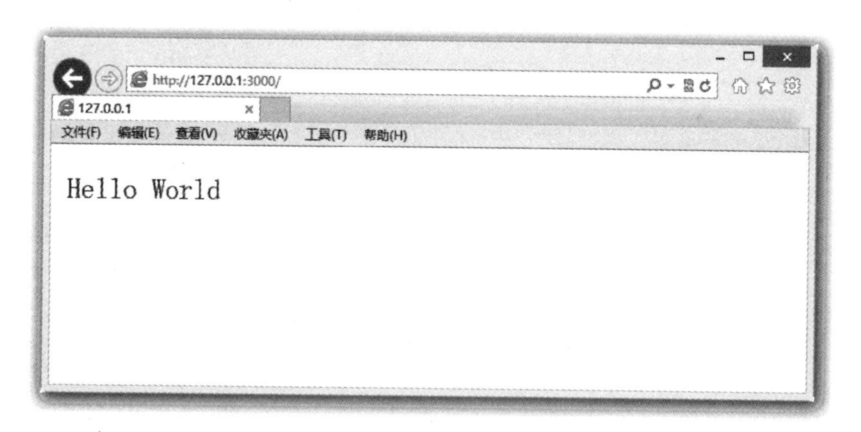

图 15-3 在浏览器中请求服务器

到此为止,就成功地安装和配置了 Node.js 运行环境。要想让 Node.js 处理更多的工作,还需要安装模块包。关于模块包的安装会在下一节介绍。

15.2 使用 Socket.IO

Node.js 提供了高效的服务器端运行环境,但是由于客户端(PC 浏览器、移动设备浏览器等)对 HTML5 的支持不一样,为了兼容所有浏览器,提供实时的用户体验,推出了

Socket. IO 技术。官方网站 http://socket.io/提供了 Socket. IO 技术的基本介绍。

具体地说，Socket. IO 是一个 WebSocket[①] 库，包括客户端的 JavaScript 库和服务器端的 Node. js 模块，它可以构建在不同浏览器和移动设备上使用的实时通信，Socket. IO 具有 Node. js 事件触发机制，能够实现客户端与服务器端双向通信。

15.2.1　Socket. IO 服务器端开发

要想开发 Socket. IO 服务器端程序，需要安装 Node. js 模块 Socket. IO 模块包。在 Node. js 中模块包的管理使用 npm 指令。安装 Socket. IO 模块包指令如下：

```
npm install socket.io
```

该指令需要在 DOS 终端窗口 js 文件所在的目录下运行。运行过程如图 15-4 所示。

```
选定 C:\Windows\System32\cmd.exe
Microsoft Windows [版本 6.2.9200]
(c) 2012 Microsoft Corporation。保留所有权利。

C:\Users\guand_000\Desktop\ch17\17.2\Server>npm install socket.io
npm          http://registry.cnpmjs.org/socket.io
npm          http://registry.cnpmjs.org/socket.io
npm          http://registry.cnpmjs.org/socket.io-client/0.9.16
npm          http://registry.cnpmjs.org/policyfile/0.0.4
npm          http://registry.cnpmjs.org/base64id/0.1.0
npm          http://registry.cnpmjs.org/redis/0.7.3
npm          http://registry.cnpmjs.org/socket.io-client/0.9.16
npm          http://registry.cnpmjs.org/policyfile/0.0.4
npm          http://registry.cnpmjs.org/redis/0.7.3
npm          http://registry.cnpmjs.org/base64id/0.1.0
npm          http://registry.cnpmjs.org/ws
npm          http://registry.cnpmjs.org/uglify-js/1.2.5
npm          http://registry.cnpmjs.org/xmlhttprequest/1.4.2
npm          http://registry.cnpmjs.org/active-x-obfuscator/0.0.1
npm          http://registry.cnpmjs.org/ws
npm          http://registry.cnpmjs.org/uglify-js/1.2.5
npm          http://registry.cnpmjs.org/active-x-obfuscator/0.0.1
npm          http://registry.cnpmjs.org/xmlhttprequest/1.4.2
npm          http://registry.cnpmjs.org/zeparser/0.0.5
npm          http://registry.cnpmjs.org/commander
npm          http://registry.cnpmjs.org/tinycolor
npm          http://registry.cnpmjs.org/options
npm          http://registry.cnpmjs.org/nan
npm          http://registry.cnpmjs.org/zeparser/0.0.5
npm          http://registry.cnpmjs.org/options
npm          http://registry.cnpmjs.org/nan
npm          http://registry.cnpmjs.org/tinycolor
npm          http://registry.cnpmjs.org/commander

> ws@0.4.31 install C:\Users\guand_000\Desktop\ch17\17.2\Server\node_modules\soc
ket.io\node_modules\socket.io-client\node_modules\ws
> (node-gyp rebuild 2> builderror.log) || (exit 0)


C:\Users\guand_000\Desktop\ch17\17.2\Server\node_modules\socket.io\node_modules\
socket.io-client\node_modules\ws>node "C:\Program Files\nodejs\node_modules\npm\
```

图 15-4　安装 Socket. IO 模块包

---

① WebSocket 是 HTML5 的一种新协议。它实现了浏览器与服务器全双向通信。

为了掌握Socket.IO服务器启动具体的开发细节，下面介绍一个最简单的Socket.IO案例。这个案例是客户端与服务器双向通信，当客户端与服务器建立连接的时候，服务器会把Hello Client字符串消息发送回客户端。客户端也可以触发服务器端的事件，把Hello Server字符串消息发送给服务器端。

现在编写一个最简单的HTTP服务器程序，客户端通过浏览器请求该服务器，并在浏览器页面中显示Hello World。

服务器端的app.js代码如下：

```
var io = require('socket.io').listen(3000);                                  ①
console.log('Server on port 3000.');                                         ②

io.sockets.on('connection', function (socket)                                ③
{
    //向客户端发送消息
    socket.send('Hello Cocos2d - JS');                                       ④
    //注册客户端消息
    socket.on('message', function (data)                                     ⑤
    {
        console.log(data);                                                   ⑥
    });

    //注册 callServerEvent 事件,便于客户端调用
    socket.on('callServerEvent', function (data)                             ⑦
    {
        console.log(data);                                                   ⑧
            //向客户端发送消息,调用客户端的 callClientEvent 事件
            socket.emit('callClientEvent', { message: 'Hello Client.' });    ⑨
    });

});
```

上述代码第①行var io=require('socket.io').listen(3000)引入socket.io模块，并且监听3000端口。第②行代码中的console.log函数是进行日志输出的。第③行代码io.sockets.on('connection', …)是注册Socket连接事件connection。

Socket.IO事件包括：

(1) connect。Socket连接事件。

(2) disconnect。Socket断开连接事件。

(3) reconnect。Socket重新连接事件。

(4) open。连接打开事件。

(5) close。连接关闭事件。

(6) error。错误发生事件。

(7) retry。重新尝试事件。

(8) message。接收消息事件。

上述代码第④行 socket. send('Hello Cocos2d-JS')是向客户端发送消息，它会触发客户端 message 事件，如果是 Cocos2d-JS 客户端则是 onMessage 事件。第⑤行代码 socket. on('message', function (data){…})是注册接收客户端 message 事件。第⑥行代码 console. log(data)是接收客户端后日志输出消息内容。第⑦行代码 socket. on('callServerEvent', function(data){…})注册 callServerEvent 事件，便于客户端调用，与 message 事件不同，callServerEvent 事件是自定义的。第⑧行代码 console. log(data)是触发 callServerEvent 事件后日志输出消息内容。第⑨行代码 socket. emit('callClientEvent', { message: 'Hello Client. ' })是向客户端发送消息，调用客户端的 callClientEvent 事件，callClientEvent 事件要求在客户端注册，客户端才能接收到调用。

综上所述，Socket. IO 是基于事件触发的，一旦建立连接，客户端与服务器的地位是对等的，都可以通过 socket. on(xx 事件, function(data){…})注册监听事件，对方可以使用 socket. emit(xx 事件,…)语句触发事件。

有些事件是系统定义好的，如 connect、message 等，不需要客户端 emit 函数显式地触发。而自定义事件需要对方使用 socket. emit(xx 事件,…)语句发生消息触发。

另外，需要注意的是触发 message 事件，不是通过 socket. emit 函数而是通过 socket. send 函数。

15.2.2　Cocos2d-JS 的 Socket. IO 客户端开发

在 Web 应用开发过程中，Socket. IO 客户端也是使用 JavaScript 语言开发的，运行环境是在浏览器中运行。Cocos2d-JS 引擎提供了 Socket. IO 客户端开发所需 SocketIO 库，这样在游戏中开发网络通信的相关应用就变得比较简单。

下面看看代码部分。app. js 中初始化 HelloWorldLayer 的代码如下：

```
var _sioClient;                                                         ①
var SocketIO = SocketIO || io;                                          ②

var HelloWorldLayer = cc.Layer.extend({
    ctor:function () {
        this._super();
        var size = cc.director.getWinSize();

        var lblSendMsg = new cc.LabelBMFont("Send Message", res.fnt_fnt);
        var menuItemSendMsg = new cc.MenuItemLabel(lblSendMsg,
                                    this.onMenuCallback, this);

        var mn = new cc.Menu(menuItemSendMsg);
        mn.alignItemsVertically();
        this.addChild(mn);

        _sioClient = SocketIO.connect("http://localhost:3000/");        ③
        _sioClient.tag = "Cocos2d - JS Client1";                        ④
```

```
            //注册服务器端事件
            _sioClient.on("callClientEvent", this.callClientEvent);          ⑤

            _sioClient.on("connect", function() {                            ⑥
                cc.log("connect called.");
            });
            _sioClient.on("message", function(data) {                        ⑦
                log(_sioClient.tag + " message received: " + data);          ⑧
            });
            _sioClient.on("error", function() {                              ⑨
                log("error called..");
            });

            return true;
        },
        …
    });
```

上述代码第①行声明一个SocketIO类型的全局变量_sioClient。代码第②行是创建一个SocketIO全局对象，语句SocketIO ‖ io表示SocketIO对象不存在情况，则把io对象返回。代码第③行通过SocketIO的connect函数创建SocketIO对象，connect函数第一个参数为服务器端地址。第④行代码是设置SocketIO请求对象的标签属性，利用这个标签属性判断是哪个SocketIO请求返回调用。第⑤行代码是注册服务器端调用事件，服务器端可以调用到客户端callClientEvent事件。第⑥行代码是注册connect事件，监听Socket连接事件。第⑦行代码是注册message事件，监听接收消息事件，其中第⑧行代码中的data是接收从服务器端传递过来的数据。第⑨行代码是注册error事件，监听错误发生事件。

HelloWorldLayer中的Send Message菜单项回调函数代码如下：

```
onMenuCallback:function (sender) {
  cc.log("onMenuCallback");
  //向服务器发出消息
  _sioClient.send("Hello Socket.IO!");                                       ①
  //触发服务器 callServerEvent 事件
  _sioClient.emit("callServerEvent","{\"message\":\"Hello Server.\"}");      ②
    },
```

在该函数中做了两件事情：向服务器发出消息和触发服务器callServerEvent事件。第①行代码_sioClient.send("Hello Socket.IO!")是向服务器发出消息，SocketIO的send函数发出消息后，会触发服务器端的message事件。服务器端对应代码如下：

```
socket.on('message', function (data)
{
     console.log(data);
});
```

第②行代码_sioClient.emit("callServerEvent","{\"message\":\"Hello Server.\"}")是触发服务器端的callServerEvent事件。服务器端对应代码如下：

```
socket.on('callServerEvent', function (data)
{
    console.log(data);
    socket.emit('callClientEvent', { message: 'Hello Client.' });
});
```

HelloWorldLayer 中服务器端回调 callClientEvent 事件代码如下：

```
//服务器端回调客户端事件
callClientEvent: function(data) {
        var msg = "Server CallBack: " + _sioClient.tag + " Data :" + data;
        cc.log(msg);
}
```

与该 callClientEvent 事件相对应的服务器端代码如下：

```
socket.emit('callClientEvent', { message: 'Hello Client.' });
```

最后要修改 project.json 文件，添加 external 模块声明。代码如下：

```
{
    "project_type": "javascript",

    "debugMode" : 1,
    "showFPS" : true,
    "frameRate" : 60,
    "id" : "gameCanvas",
    "renderMode" : 2,
    "engineDir":"frameworks/cocos2d-html5",

        "modules" : ["cocos2d", "external"],                              ①

    "jsList" : [
        "src/resource.js",
        "src/app.js"
    ]
}
```

在第①行代码"modules"配置中添加 external 模块，external 模块包含 Socket.IO 等子模块。

下面看看整个实例的运行情况。首先需要启动服务器。通过 DOS 终端窗口进入 app.js 文件所在的目录，运行指令 node app.js，启动服务器。

客户端与服务器交换分为两个过程：Cocos2d-JS 客户端启动和单击 Send Message 菜单。

1. Cocos2d-JS 客户端启动

启动 Cocos2d-JS 客户端程序，场景启动后的界面如图 15-5 所示。场景启动后与服务器建立

图 15-5　Cocos2d-JS 客户端场景启动后的界面

Socket 连接,Socket 状态显示在场景上的标签内。

虽然在标签上只看到最后的内容是"Cocos2d-JS Client1 received message.",但实际上经过了 onConnect 和 onMessage 两个状态的变化。客户端日志输出结果如下:

```
JS: connect called.                                                        ①
SIOClientImpl::onMessage received: 3:::Hello Cocos2d - JS
Message received: Hello Cocos2d - JS

JS: Cocos2d - JS Client1 message received: Hello Cocos2d - JS              ②
SIOClientImpl::onMessage received: 2::
```

上面日志第①行是 connect 事件触发时输出的,第②行日志是 message 事件触发时输出的,其他日志是基类输出的。

Socket 连接过程中服务器端日志信息如图 15-6 所示。

图 15-6 Socket 连接过程中服务器端日志信息

在日志信息中的 debug - websocket writing 3:::Hello Cocos2d-JS 说明服务器端向客户端发出过 Hello Cocos2d-JS 消息。对应的客户端会触发 message 事件。

2. 单击 Send Message 菜单

客户端启动后,可以单击 Send Message 菜单向服务器发出"Hello Socket.IO!"消息和触发服务器 callServerEvent 事件。客户端相关的日志信息如下:

```
JS: onMenuCallback
sending message: 3:::Hello Socket.IO!                                      ①
emitting event with data: 5:::{"name":"callServerEvent","args":{"message":"Hello Server."}}  ②
SIOClientImpl::onMessage received: 5:::{"name":"callClientEvent","args":[{"message":"Hello
Client."}]}
```

```
Event Received with data: {"name":"callClientEvent","args":[{"message":"Hello Client."}]}

SIOClient::fireEvent called with event name: callClientEvent and data:
{"name":"callClientEvent","args":[{"message":"Hello Client."}]}
JS: Server CallBack: Cocos2d - JS Client1Data : {"name":"callClientEvent","args":[{"
message":"Hello Client."}]}                                                        ③
SIOClient::fireEvent no native event with name callClientEvent found
```

其中，第①行日志信息是向服务器发出"Hello Socket. IO!"消息时输出的，第②行日志信息是触发服务器 callServerEvent 事件时输出的，第③行日志信息是从服务器返回数据回调 callClientEvent 事件时输出的。

服务器端相关的日志信息如下：

```
Hello Socket.IO!                                                                   ①
{ message: 'Hello Server.' }                                                       ②
debug - websocket writing 5:::{"name":"callClientEvent","args":[{"message":"Hello
Client."}]}                                                                        ③
```

日志中的第①和第②行代码是服务器端通过 console. log(data)语句输出的结果，第③行代码是底层 WebSocket 输出的结果。从这个消息{"name":"callClientEvent","args":[{"message":"Hello Client."}]}结构上看，name 描述的是事件名，args 是事件参数，这样消息服务器端会触发如下代码：

```
socket.on('callServerEvent', function (data)
{ … });
```

其中，callServerEvent 是 name 描述的内容，data 参数是 args 描述的[{"message":"Hello Client."}]内容。

15.3 实例：Socket.IO 重构 MyNotes

还记得第 14 章介绍的 MyNotes 实例吗？在第 14 章中 MyNotes 实例的数据是存储在云服务器端数据库中的，通过 XMLHttpRequest 对象访问云服务器，实现数据的 CRUD，但是并没有介绍云服务器技术和数据库技术。在本例中自己将搭建基于 Node. js 的服务器，并且采用 Socket. IO 继续网络通信，同时还会介绍在 Node. js 服务器端访问 SQLite 数据库。

图 15-7　MyNotes 实例

客户端界面如图 15-7 所示。其中有 4 个菜单可以操作，每个菜单都能与 Node. js 服务器程序交互，完成对服务器端 SQLite 数据库的 CRUD 操作。所有服务器返回的数据都输出到日志中，而没有输出到场景中。

15.3.1 Socket.IO服务器端开发

首先为服务器代码创建一个目录，然后按照上一节介绍的方法安装Socket.IO模块。具体过程这里不再介绍。

编写服务器端代码server.js。代码如下：

```
var io = require('socket.io').listen(3000);

io.sockets.on('connection', function (socket)
{
    socket.on('findAll', function (data)
    {

    });
    socket.on('create', function (data)
    {

    });
    socket.on('remove', function (data)
    {

    });
    socket.on('modify', function (data)
    {

    });
});
```

从上面代码可见，这只是实现数据库访问的骨架，注册了数据库交互的CRUD的4个事件。其中，socket.on('findAll', function (data) {… })注册查询函数，socket.on('create', function (data) {… })注册插入函数，socket.on('remove', function (data) {… })注册删除函数，socket.on('modify', function (data) {… })注册修改函数。

15.3.2 Node.js访问SQLite数据库

Node.js是一个服务器环境，有时需要访问数据库，可以在Node.js社区中找到MySQL、SQLite等数据库模块。本例中推荐使用SQLite数据库，关于SQLite数据在第13章介绍过，这里不再介绍。

这里先介绍SQLite模块node-sqlite3的安装。需要进入到DOS终端中，输入如下指令：

```
npm install sqlite3
```

安装完成node-sqlite3后，看看代码部分。以下是server.js中初始化数据库相关部分代码：

```
var io = require('socket.io').listen(3000);
```

```
//创建 databases 目录
var fs = require("fs");                                                    ①
if (!fs.existsSync("databases"))                                           ②
{
    fs.mkdirSync("databases", function (err)                               ③
    {
        if (err) {
            console.log(err);
            return;
        }
    });
}
var sqlite3 = require('sqlite3');                                          ④
//初始化数据库
var db = new sqlite3.Database('databases/NoteDB.sqlite3');                 ⑤
db.run("CREATE TABLE IF NOT EXISTS Note (cdate TEXT PRIMARY KEY, content TEXT)");   ⑥
db.close();                                                                ⑦
io.sockets.on('connection', function (socket)
{
    <CRUD 相关代码>
});
```

上述代码第①～④行是创建数据库文件所在的目录 databases，如果目录不存在，在数据打开的时候就会出错。其中，第①行代码是引入 fs 模块，它是 Node.js 中文件管理模块；第②行代码 fs.existsSync("databases")判断 databases 目录是否存在；第③行代码 fs.mkdirSync("databases", function (err){…})创建 databases 目录。第④行代码 var sqlite3＝require('sqlite3')是引入 sqlite3 模块；第⑤行代码 var db＝new sqlite3.Database('databases/NoteDB.sqlite3')是创建数据库对象，数据库文件 NoteDB.sqlite3 放置到 databases 目录下；第⑥行代码 db.run("CREATE TABLE IF NOT EXISTS Note (cdate TEXT PRIMARY KEY, content TEXT)")是执行 SQL 语句，数据库对象的 run 函数可以执行任何 SQL 语句，该函数一般不用来执行查询；第⑦行代码 db.close()是执行关闭数据库处理，数据打开(见第⑤行语句)之后一定不要忘记关闭。

在 Socket 连接成功后会触发 connection 事件，在该事件中注册 CRUD 函数。以下是这些 CRUD 代码：

```
socket.on('findAll', function (data)                                       ①
{
    var db = new sqlite3.Database('databases/NoteDB.sqlite3');             ②
    db.all("SELECT cdate,content FROM Note", function (err, res)           ③
    {
        if (!err) {                                                        ④
            var jsonObj = {
                ResultCode : 0, Record : res                               ⑤
            };
            socket.emit('findAllCallBack', jsonObj);                       ⑥
```

```
            }
        });
        db.close();                                                         ⑦
    });

    socket.on('create', function (data)                                     ⑧
    {
        if (data instanceof Object) {                                       ⑨
            console.log("JSON Object");
        } else {
            console.log("JSON String");
            data = JSON.parse(data);                                        ⑩
        }

        var db = new sqlite3.Database('databases/NoteDB.sqlite3');
        var stmt = db.prepare("INSERT OR REPLACE INTO
                                   note (cdate, content) VALUES (?,?)");    ⑪
        stmt.run(data.cdate, data.content);                                 ⑫
        stmt.finalize();                                                    ⑬
        db.close();
        socket.emit('createCallBack', {
            ResultCode : 0
        });
    });

    socket.on('remove', function (data)                                     ⑭
    {
        if (data instanceof Object) {
            console.log("JSON Object");
        } else {
            console.log("JSON String");
            data = JSON.parse(data);
        }

        console.log(data.cdate);
        var db = new sqlite3.Database('databases/NoteDB.sqlite3');
        var stmt = db.prepare("DELETE from note where cdate = ?");
        stmt.run(data.cdate);
        stmt.finalize();
        db.close();
        socket.emit('removeCallBack', {
            ResultCode : 0
        });
    });
    socket.on('modify', function (data)                                     ⑮
    {
        if (data instanceof Object) {
            console.log("JSON Object");
        } else {
            console.log("JSON String");
```

```
            data = JSON.parse(data);
        }

        console.log("call modify. " + data.cdate);
        console.log("call modify.content " + data.content);
        var db = new sqlite3.Database('databases/NoteDB.sqlite3');
        var stmt = db.prepare("UPDATE note set content = ? where cdate = ?");
        stmt.run(data.content, data.cdate);
        stmt.finalize();
        db.close();
        socket.emit('modifyCallBack', {
            ResultCode : 0
        });
    });
```

上述代码中的第①行 socket.on('findAll', function (data) {…})是注册监听 CRUD 中的 Read(查询)函数；类似的第⑧行 socket.on('create', function (data) {…})是注册监听 CRUD 中的 Create(插入)函数；第⑭行 socket.on('remove', function (data) {…})是注册监听 CRUD 中的 Delete(删除)函数；第⑮行 socket.on('modify', function (data) {…})是注册监听 CRUD 中的 Update(修改)函数。

在每一次数据库访问过程中都需要第②行 var db=new sqlite3.Database('databases/NoteDB.sqlite3')打开数据库，以及第⑦行的 db.close()关闭数据库。在查询函数中第③行代码 db.all("SELECT cdate,content FROM Note", function (err, res)是执行 SQL 查询操作时的数据库对象的 all 函数，回调函数中的 res 参数是符合条件的结果集对象，它可以直接转换为 JSON 数组。第④行代码判断是否有错误发生。第⑤行代码是为准备返回的 JSON 对象。JSON 对象实例如下：

```
{
    "ResultCode": 0,
    "Record": [
        {
            "cdate": "2014 - 04 - 01 16:51:55",
            "content": "Node.js insert."
        },
        {
            "cdate": "2014 - 04 - 02 18:18:42",
            "content": "Node.js insert."
        }
    ]
}
```

上述代码第⑥行 socket.emit('findAllCallBack', jsonObj)是将这个消息发送给客户端，它会触发客户端的 findAllCallBack 函数，参数 jsonObj 是 JSON 对象。代码第⑨行判断 data 参数是 JSON 对象还是 JSON 字符串，如果是 JSON 字符串，则通过第⑩行代码 JSON.parse(data)函数将 JSON 字符串转换为 JSON 对象。这是因为有的客户端传递过来的数据是 JSON 对象有的是 JSON 字符串。在 remove 和 modify 函数中也需要类似的转换。

在插入函数中代码第⑪行 var stmt=db. prepare("INSERT OR REPLACE INTO note (cdate, content) VALUES (?,?)")是预处理 SQL 语句，经过预处理后，可以提高执行效率，其中 SQL 语句中会有一些参数(?部分)，它们在执行 SQL 的时候，要通过第⑫行 stmt. run(data. cdate, data. content)语句绑定参数，并且要注意它们的顺序和数量。第⑬行代码 stmt. finalize()释放语句对象 stmt。语句对象是在 db. prepare 函数中创建的，它的返回值是 Statement 类型，它就是语句对象，通过它程序代码能够执行 SQL 语句。

删除和修改函数与插入函数类似，这里不再详细介绍。

15.3.3 Cocos2d-JS 的 Socket. IO 客户端开发

下面看看代码部分。app. js 中初始化 HelloWorldLayer 的代码如下：

```
var _sioClient;
//查询之后被赋值,selectedRowId是查询的最后一条记录的 id
var selectedRowId = null;
var HelloWorldLayer = cc.Layer.extend({
    ctor: function () {
        …
        _sioClient = SocketIO.connect("http://localhost:3000/");
        _sioClient.tag = "Cocos2d - JS Client1";

        //注册服务器端事件
        _sioClient.on("findAllCallBack", this.findAllCallBack);      ①
        _sioClient.on("createCallBack", this.createCallBack);        ②
        _sioClient.on("removeCallBack", this.removeCallBack);        ③
        _sioClient.on("modifyCallBack", this.modifyCallBack);        ④

        _sioClient.on("connect", function () {
            cc.log("connect called.");
        });
        _sioClient.on("message", function (data) {
            cc.log(_sioClient.tag + " message received: " + data);
        });
        _sioClient.on("error", function () {
            cc.log("error called..");
        });

        return true;
    },
    …
});
```

上述代码与 15. 2. 2 节类似，其中第①～④行代码是注册服务器端事件，当服务器 CRUD 完成后回调客户端。第①行代码注册服务器端查询所有数据事件 findAllCallBack。第②行代码注册服务器端插入数据事件 createCallBack。第③行代码注册服务器端删除数据事件 removeCallBack。第④行代码注册服务器端修改数据事件 modifyCallBack。

HelloWorldLayer 中的菜单项回调函数代码如下：

```
/*
 * Insert Data 菜单项回调函数
 */
onMenuInsertCallback: function (sender) {
    cc.log("onMenuInsertCallback");
    var time = new Date().format('yyyy-MM-dd hh:mm:ss');
    var content = '{"cdate":"' + time + '","content":"Node.js insert."}';       ①
    _sioClient.emit("create", content);                                         ②
},

/*
 * Delete Data 菜单项回调函数
 */
onMenuDeleteCallback: function (sender) {
    cc.log("onMenuDeleteCallback");
    if (selectedRowId == null) {
        cc.log("请先单击 Read Data,获得一个有效的 id.");
    } else {
        cc.log("Delete Data id :" + selectedRowId);
        var content = '{"cdate":"' + selectedRowId + '"}';                      ③
        _sioClient.emit("remove", content);                                     ④
    }
},

/*
 * Update Data 菜单项回调函数
 */
onMenuUpdateCallback: function (sender) {
    cc.log("onMenuUpdateCallback");
    if (selectedRowId == null) {
        cc.log("请先单击 Read Data,获得一个有效的 id.");
    } else {
        cc.log("Update Data id :" + selectedRowId);
        var content = '{"cdate":"' + selectedRowId + '","content":"Node.js modify."}';  ⑤
        _sioClient.emit("modify", content);                                     ⑥
    }
},
/*
 * Read Data 菜单项回调函数
 */
onMenuReadCallback: function (sender) {
    cc.log("onMenuReadCallback");
    _sioClient.emit("findAll", "{}");                                           ⑦
}
```

上述代码第①行是为插入数据准备数据，数据是 JSON 格式。实例如下：

```
{"cdate":"2014-04-03 00:26:19","content":"Node.js insert."}}
```

这里使用 var time=new Date().format('yyyy-MM-dd hh:mm:ss')获得时间,Date 对象的 format 方法是自己编写的函数,它是在 MyUtility.js 文件中定义的。第②行代码_sioClient.emit("create", content)是触发服务器端 create 事件。

第③行代码是为删除数据准备数据,数据是 JSON 格式。实例如下:

```
{"cdate":"2014-04-03 00:26:19"}}
```

删除数据不需要 content 字段内容,只需要 cdate 就可以了,cdate 是主键。第④行代码_sioClient.emit("remove", content)是触发服务器端 remove 事件。

第⑤行代码是为修改数据准备数据,数据是 JSON 格式。实例如下:

```
{"cdate":"2014-04-03 00:26:19","content":"Node.js modify."}}
```

第⑥行代码_sioClient.emit("modify", content)是触发服务器端 modify 事件。

第⑦行代码_sioClient.emit("findAll", "{}")是触发服务器端 findAll 事件。由于是无条件查询,因此只需要传递空的 JSON 数据"{}"就可以了。需要注意的是,不能为 null 或其他非 JSON 格式的字符串。

HelloWorldLayer 中服务器回调函数代码如下:

```
/*
 * 服务器回调函数 findAllCallBack
 */
findAllCallBack: function (data) {

    cc.log("findAllCallBack called with data: " + data);

    if (data instanceof Object) {                                    ①
        cc.log("JSON Object");
    } else {
        cc.log("JSON String");
        var jsonObj = JSON.parse(data);                              ②
        var args = jsonObj['args'];                                  ③
        data = args[0];                                              ④
    }
    var resultCode = data['ResultCode'];
    if (resultCode < 0) {
        cc.log(resultCode.errorMessage());
    } else {
        cc.log("read success.");
        var records = data['Record'];
        for (var i = 0; i < records.length; i++) {
            cc.log("---------- [" + i + "]----------");
            var row = records[i];
            cc.log("cdate : " + row["cdate"]);
            cc.log("content : " + row["content"]);
            selectedRowId = row["cdate"];
        }
    }
```

```
},
/*
 * 服务器回调函数 createCallBack
 */
createCallBack: function (data) {

    cc.log("createCallBack called with data: " + data);

    if (data instanceof Object) {
        cc.log("JSON Object");
    } else {
        cc.log("JSON String");
        var jsonObj = JSON.parse(data);
        var args = jsonObj['args'];
        data = args[0];
    }

    var resultCode = data['ResultCode'];

    if (resultCode < 0) {
        cc.log(resultCode.errorMessage());
    } else {
        cc.log(" create success.");
    }
},
/*
 * 服务器回调函数 removeCallBack
 */
removeCallBack: function (data) {
    cc.log("removeCallBack called with data: " + data);

    if (data instanceof Object) {
        cc.log("JSON Object");
    } else {
        cc.log("JSON String");
        var jsonObj = JSON.parse(data);
        var args = jsonObj['args'];
        data = args[0];
    }

    var resultCode = data['ResultCode'];

    if (resultCode < 0) {
        cc.log(resultCode.errorMessage());
    } else {
        cc.log("delete success.");
        selectedRowId == null;
    }
},
/*
```

```
 * 服务器回调函数 modifyCallBack
 */
modifyCallBack: function (data) {
    cc.log("modifyCallBack called with data: " + data);

    if (data instanceof Object) {
        cc.log("JSON Object");
    } else {
        cc.log("JSON String");
        var jsonObj = JSON.parse(data);
        var args = jsonObj['args'];
        data = args[0];
    }

    var resultCode = data['ResultCode'];

    if (resultCode < 0) {
        cc.log(resultCode.errorMessage());
    } else {
        cc.log("update success.");
        selectedRowId == null
    }
}
```

上述程序代码比较类似，关键是从服务器返回数据的解码。先看看回调 findAllCallBack 函数，函数的参数 data 是服务器端传递回来的数据，在不同平台下运行数据有的是 JSON 对象有的是 JSON 字符串。

如果 data 是 JSON 字符串，则内容如下：

```
{
    "name": "findAllCallBack",
    "args": [
        {
            "ResultCode": 0,
            "Record": [
                {
                    "cdate": "2014 - 04 - 01 16:51:55",
                    "content": "Node.js insert."
                },
                {
                    "cdate": "2014 - 04 - 01 08:52:48",
                    "content": "Node.js insert."
                }
            ]
        }
    ]
}
```

从上面 JSON 数据可以看出，name 是回调函数的名，args 是从服务器返回的参数，args 中的数据是需要的。第②行解码成功获得 jsonObj 对象。第③行代码 args 键对应的数据的返回结果是一个数组,这个数组只有一个元素。第④行代码是获得 args 数组的第一个元素,这个过程好像是“剥洋葱”,当“剥”到此时,data 变量的内容事实上才是服务器端返回给用户的。

如果从服务器返回的参数 data 是 JSON 对象,那么就不需要第②～④行的转换。data 对象内容如下:

```
{
    "ResultCode": 0,
    "Record": [
        {
            "cdate": "2014-04-01 16:51:55",
            "content": "Node.js insert."
        },
        {
            "cdate": "2014-04-01 08:52:48",
            "content": "Node.js insert."
        }
    ]
}
```

服务器回调函数 createCallBack、removeCallBack、modifyCallBack 是比较类似的,插入成功时从服务器端返回的数据是 JSON 字符串,内容如下:

```
{"name":"createCallBack","args":[{"ResultCode":0}]}
```

如果从服务器端返回数据是 JSON 对象,则内容如下:

```
{"ResultCode":0}
```

提示 在测试的时候,需要服务器在终端中运行 node server.js 指令,然后再启动服务器端程序。需要注意的是,每次在测试删除和修改之前一定要先查询一下,使得 selectedRowId 变量被赋值,再删除和修改数据。

本章小结

通过对本章的学习,应了解基于 Node.js 的 Socket.IO 网络通信技术,主要是采用 Node.js 技术实现的服务器端技术和 Cocos2d-JS 提供的 Socket.IO 客户端通信技术。

第四篇　优　化　篇

第16章 性能优化

相对计算机而言，移动设备具有内存少、CPU速度慢等特点，而且游戏程序本身也是非常耗费内存、大量占用资源的，因此移动开发人员需要尽可能优化游戏程序的性能。性能优化需要考虑的问题很多，本章介绍几个重要的优化方法。

16.1 缓存创建和清除

为了提高性能，Cocos2d-JS提供了几个缓存，分别应用于不同的情况。这些缓存类有纹理缓存（TextureCache）、精灵帧缓存（SpriteFrameCache）、动画缓存（AnimationCache）和着色器缓存（ShaderCache）。前三个缓存在第5章对其基本用法进行了介绍。而着色器缓存是为着色器程序提供缓存，在OpenGL 2.0之后每个渲染节点必须拥有它的着色器程序，程序开发人员很少使用着色器缓存。

在编程过程中（主要是纹理缓存和精灵帧缓存）缓存生命周期是非常重要的。程序什么时候创建缓存，什么时候清除缓存，都很有必要好好研究，麻烦的是不能“一刀切”，而是要具体问题具体分析、具体解决。

16.1.1 场景与资源

不同的场景中资源的占用不同，而资源的占用决定了缓存创建和清除的时机。图16-1所示是一个飞机大战游戏场景草图。从草图中可见主要有5个场景：主菜单场景（HelloWorldScene）、游戏场景（GameScene）、游戏结束场景（GameOverScene）、设置场景（SettingScene）、帮助场景（HelpScene）。

这些场景中玩家使用它们的时间并不是平等的。玩家几乎将所有的时间都花在游戏场景和结束场景中，而主菜单场景是进入游戏场景必须要经过的，设置场景和帮助场景可能很少光顾。或许玩家一辈子都不会去帮助场景看帮助。

场景中资源的占用如表16-1所示。从中可以看出一个大体上的时间比例。图片加载到内存，有纹理缓存管理。通过精灵帧缓存加载的图片，最后也被放到纹理缓存中。玩家花费较多时间的场景（如游戏场景）中的缓存应该长时间保持，而很少光顾的场景（如设置场景

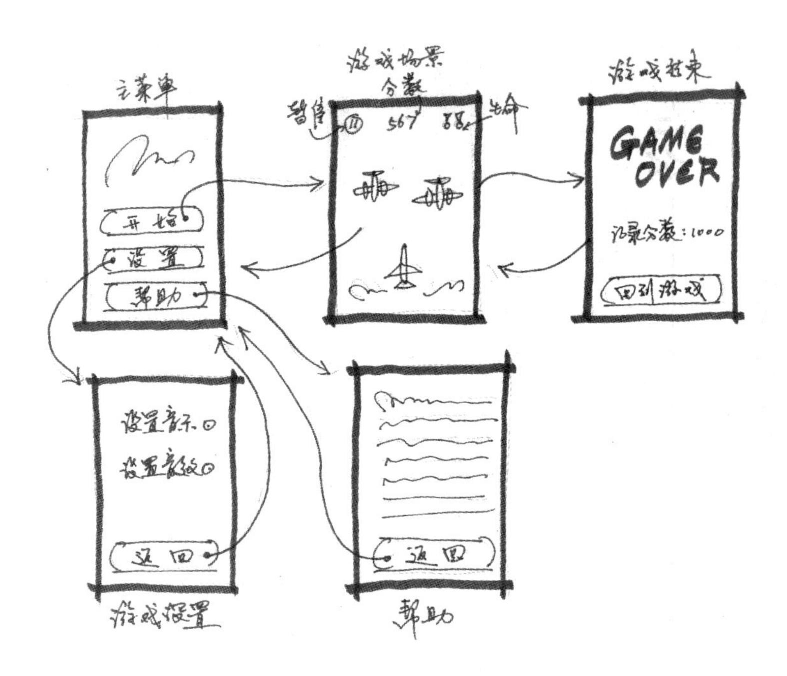

图 16-1 飞机大战游戏场景草图

和帮助场景)中缓存应该短时间保持,或者不用缓存。

表 16-1 场景中资源的占用

编号	游戏场景	玩家花费时间	资源
1	主菜单场景	6%	背景、菜单等
2	游戏场景	80%	背景、菜单、飞机、敌人、子弹等
3	游戏结束场景	10%	背景、菜单等
4	设置场景	3%	背景、菜单等
5	帮助场景	1%	背景、菜单等

下面通过飞机大战游戏,介绍缓存创建和清除时机。

16.1.2 缓存创建和清除时机

使用纹理和精灵帧缓存时,一个原则是:“尽可能将所有资源加载到缓存”。但是该命题正确的前提是:你的设备内存足够大。程序对内存需求,就像人的欲望一样,永无止境,内存足够大是相对而言。

事实上作为游戏开发人员,需要照顾那些配置比较低的设备,用户不可能采用“尽可能将所有资源加载到缓存”一刀切的方式,按照表 16-1 所示的情况适时地加载资源创建缓存。按照表 16-1 可将缓存分为短周期和长周期。

1. 短周期缓存

短周期缓存中内容一方面玩家花费时间短，另一方面不跨场景，没有必要长时间缓存。可以在该场景进入函数 onEnter()中创建缓存，在该场景退出函数 onExit()中清除。设置场景的示例代码如下：

```
onEnter: function () {
    this._super();
    cc.log("HelloWorldLayer onEnter");
    cc.spriteFrameCache.addSpriteFrames("res/SpirteSheet.plist", "res/SpirteSheet.png");
},
onExit: function () {
    this._super();
    cc.log("HelloWorldLayer onExit");
    cc.spriteFrameCache.removeSpriteFramesFromFile("res/SpirteSheet.plist");
}
```

在 onExit()函数中还可以使用 removeSpriteFrameByName(name)函数清除特定名字的帧。

注意 一定要慎重使用在 onExit()函数中的 removeSpriteFrames()函数，removeSpriteFrames()会清除所有缓存里的帧。

另外，纹理缓存 cc.textureCache 与帧缓存 cc.spriteFrameCache 具有类似的 API，使用原则也是一样的，这里不再赘述。

2. 长周期缓存

长周期缓存中内容一方面玩家花费时间长，另一方面可能跨场景，为了获得流畅的用户体验，不能经常反复创建和清除缓存，而是长时间缓存。长周期缓存可以分两种情况：贯穿整个游戏长周期缓存和关卡长周期缓存。

1）贯穿整个游戏长周期缓存

贯穿整个游戏长周期缓存是在游戏刚刚启动时，给用户展示 Loading 等信息时创建的缓存。以飞机大战游戏为例，可以在主菜单场景的 ctor 构造函数中添加如下代码：

```
var HelloWorldLayer = cc.Layer.extend({

    ctor:function () {
        this._super();
        var size = cc.director.getWinSize();

        cc.spriteFrameCache.addSpriteFrames("res/SpirteSheet.plist", "res/SpirteSheet.png");
        ...
        return true;
    }
    ...
});
```

还可以把 addSpriteFrames 语句放在层定义之外。代码如下：

```
cc.spriteFrameCache.addSpriteFrames("res/SpirteSheet.plist", "res/SpirteSheet.png");
var HelloWorldLayer = cc.Layer.extend({

    ctor:function () {
        this._super();
        var size = cc.director.getWinSize();
        ...
        return true;
    }
    ...
});
```

贯穿整个游戏长周期缓存不需要考虑清除缓存问题。

2）关卡长周期缓存

关卡长周期缓存是在开始某个特定关卡等场景时创建的缓存。以飞机大战游戏为例，也可以在游戏场景的 ctor 构造函数中添加如下代码：

```
cc.spriteFrameCache.addSpriteFrames("res/SpirteSheet.plist", "res/SpirteSheet.png");
```

清除的时候与贯穿整个游戏长周期缓存类似，一般不需要考虑清除缓存问题。如果在程序测试的过程中出现了内存问题，应该尽量考虑它的解决方案，如改变纹理图片格式等，清除其他的缓存等方式解决问题。如果这样处理后，加载这些纹理的时候还是有内存问题，建议将这些资源的加载改成短周期缓存方式。

提示 使用 addSpriteFrames 可以加载多个不同的精灵表 plist 文件，建议在做精灵表的时候把相关周期的精灵图片拼接在一起，以便于添加和清除。在 iOS 设备上，加载单个精灵表图片大小也是有限制的。例如，iPod touch 4 中单个图片大小不能超过 2048×2048 像素，可以将这个场景中需要的精灵图片放在几个不同的精灵表中，然后依次加载。

16.2 图片与纹理优化

在 2D 游戏中图片无疑是最为重要的资源文件，它会被加载到内存中转换为纹理，由 GPU 贴在精灵之上渲染出来。它能够优化的方面很多，包括图片格式、拼图和纹理格式等。下面就从这几个方面介绍一下图片和纹理的优化。

16.2.1 选择图片格式

需要先了解一下目前在移动平台所使用的图片文件格式，以及这些图片格式 Cocos2d-JS 是否支持。图片格式有很多，但是在移动平台主要推荐使用的 PNG、JPG 也可以考虑，而其他的文件格式最好转化成为 PNG 格式。先了解一下它们的特点。

1. PNG 文件

PNG 文件格式设计目的是替代 GIF 和 TIFF 文件格式，是一种位图存储格式。PNG 是采用无损压缩，可以有 Alpha 通道数据支持透明，但不支持动画。PNG 可以保存高保真的较复杂的图像，但是文件比较大。PNG 格式具体又分为 PNG8 和 PNG24，其中的数字则是代表这种 PNG 格式最多可以索引和存储的颜色值。

2. JPG 文件

JPG 全名是 JPEG。JPG 图片以 24 位颜色存储单个位图图形。JPG 是与平台无关的格式，支持最高级别的压缩，压缩比率可以高达 100：1，这种压缩是以牺牲图像质量为代价的，换取更小文件大小。JPG 不支持透明。JPG 比较支持摄影图像或写实图像作品，这是因为它们的颜色比较丰富。而对于所含颜色很少、具有大块颜色相近的区域或亮度差异十分明显的较简单的图片，JPG 就不太适合了。

那么选择 JPG 还是 PNG 呢？很多人认为 JPG 文件比较小，PNG 文件比较大，加载到内存纹理，JPG 占有更少的内存。这种观点是错误的。纹理与图片是不同的两个概念，如果纹理是野营帐篷，那么图片格式是收纳折叠后的帐篷袋子，装有帐篷的袋子大小，不能代表帐篷搭起来后的大小。特别是在 Cocos2d-JS 平台，JPG 加载后被转化为 PNG 格式，然后再转换为纹理，保存在内存中，这样无形中增加了对 JPG 文件解码的时间，因此无论 JPG 在其他平台表现的多么不俗，但是在移动平台下它一定无法与 PNG 相提并论。

提示 前面提到了 Alpha 颜色通道，那么什么是“颜色通道”？“颜色通道”是保存图像颜色信息的通道。根据图像颜色模式的不同，颜色通道的种类也各异。例如，RGB 和 CMYK 图像颜色模式，RGB 图像默认有 3 个通道：红（red）、绿（green）、蓝（blue）。CMYK 图像默认有 4 个通道，分别为青色、洋红、黄色、黑色。这些通道按照一定的比例表示颜色，如图 16-2 所示。有时还会加上 Alpha 通道，Alpha 通道还可以表示透明度。

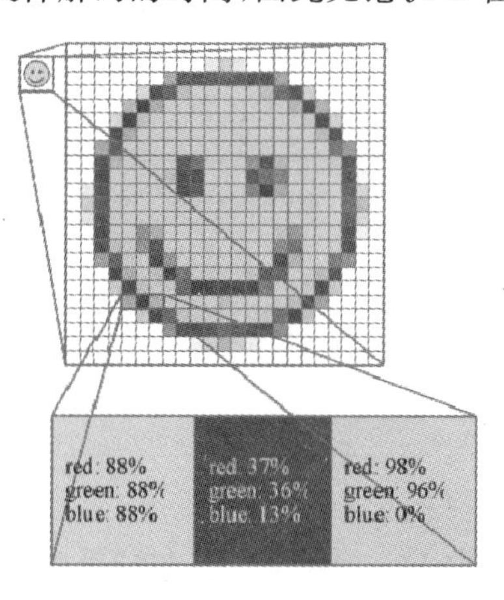

图 16-2 颜色通道

16.2.2 拼图

不知道大家是否有过这样的疑问，为什么要把场景中小图片都拼接成一个大图片呢？这个问题在使用精灵表的时候简单说了一下，本节详细介绍一下原因。

如果把多个小图拼接成为一个大图（纹理图或精灵表），可以减少 IO 操作。并且使用散图每次都要针对一个图，创建精灵添加到纹理缓存，如果很频繁而大量创建，对于 CPU 和内存的开销很高。而使用大图，则一次性将创建精灵帧缓存，并把它们的纹理添加到纹理缓存中，这样会明显地提高效率。

在进行图片拼接的时候，如果能够满足用户保真度，大图越小当然是越好。可以通过 TexturePacker 等纹理拼图工具设置纹理支持 NPOT，这些工具的使用可以参考《Cocos2d-x 实战：工具卷》。

那么什么是 NPOT 呢？NPOT 是 non power of two 的缩写，意思是非 2 的 *N* 次幂。在 OpenGL ES1.1 时纹理图片要求是 2 的 *N* 次幂（即 POT），否则纹理无法创建。POT 要求下使用纹理工具拼接成的大图可能会有很多的空白区域。如图 16-3 所示，右下角还有一些空白区域，造成了浪费，同时也会增加图片的大小。图 16-3 所示的图片大小是 2048KB。

OpenGL ES 2.0 和 HTML Canvas 支持了 NPOT，用户不需要为图片是否为 2 的 *N* 次幂而苦恼。图 16-4 所示是采用 NPOT 拼图，整个图片基本上没有大的空白区域，能充分地利用图片空间。图 16-4 所示的图片大小是 1822KB，与图 16-3 比较节省了 226KB，226KB 已经很了不起了。

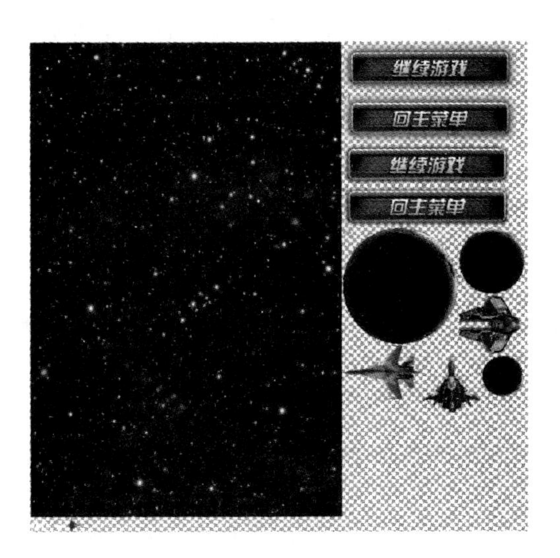

图 16-3 POT 拼图

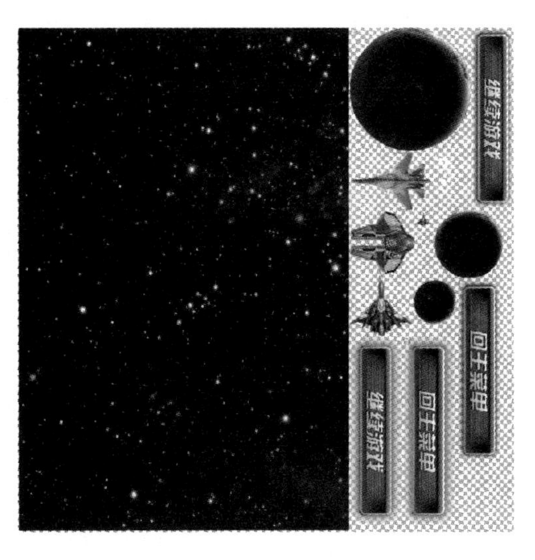

图 16-4 NPOT 拼图

16.2.3 纹理像素格式

纹理优化工作的另一重要的指标是纹理像素格式，能够最大程度满足用户对保真度要求的情况下，选择合适的像素格式，可以大幅提高纹理的处理速度。而且纹理像素格式与硬件有着密切的关系。

下面先了解一下纹理像素的格式。主要的格式有：

(1) RGBA8888。32 位色，它是默认的像素格式，每个通道 8 位（比特），每个像素 4 个字节。

(2) BGRA8888。32 位色，每个通道 8 位（比特），每个像素 4 个字节。

(3) RGBA4444。16 位色，每个通道 4 位（比特），每个像素 2 个字节。

(4) RGB888。24位色，没有Alpha通道，所以没有透明度。每个通道8位(比特)，每个像素3个字节。

(5) RGB565。16位色，没有Alpha通道，所以没有透明度。R和B通道是各5位，G通道是6。

(6) RGB5A1(或RGBA5551)。16位色，每个通道各4位，Alpha通道只用1位表示。

(7) PVRTC4。4位PVR压缩纹理格式，PVR格式是专门为iOS设备上面的PowerVR图形芯片而设计的。它们在iOS设备上非常好用，因为可以直接加载到显卡上面，而不需要经过中间的计算转化。

(8) PVRTC4A。具有Alpha通道的4位PVR压缩纹理格式。

(9) PVRTC2。2位PVR压缩纹理格式。

(10) PVRTC2A。具有Alpha通道的2位PVR压缩纹理格式。

此外，PVR格式在保存的时候还可以采用Gzip和zlib压缩格式进行压缩，对应的保存文件为pvr.gz和pvr.ccz。经过压缩，文件会更小，加载的时候使用更少的内存。虽然在转化为纹理的时候需要解压，但对于CPU影响很小。

16.2.4 背景图片优化

由于背景图片长时间在场景中保存，而且图片很多，可以对其进行一些优化。通过如下几个方面考虑优化。

1. 不要Alpha通道

背景图片的特点是不需要透明的，所以纹理格式可以采用不带有Alpha通道格式，故RGB565格式比较适合背景图片。

2. 拼图

背景图片与其他的图片纹理格式不同。在创建精灵表的时候，没有办法将RGB565格式的背景图片与其他的纹理图片(如RGBA4444)做在一个精灵表，所以基于格式的考虑可以将多个背景放置在一个精灵表中。但是要注意，这个精灵表拼接成的大图文件不能太大，一些老设备对于单个文件大小是有限制的，如iPod touch 4是单个文件，不能超过2048×2048像素。

3. 加载到纹理缓存的时机

什么时候加载背景图片到纹理缓存呢？这个问题主要看这个背景图片的场景使用频率。如果频率高就要在游戏初始化时加载。频率比较低的场景背景图片，可以考虑进入场景时加载。在图片进行加载的时候，由于背景图片比较大，加载时间比较长，可以考虑异步加载。

4. 考虑使用瓦片地图

背景可以考虑采用瓦片地图实现。瓦片地图由于只需要几个小图片就可以构建一个很大的游戏背景，它的性能自不用多说，但是它的缺点也是由于采用几个瓦片拼接而成，背景上有很多重复的区域，如果用户不在乎这些，当然选择瓦片地图构建背景是首选方式。另外，在设计瓦片地图的时候地图中的层不要超过4层。

16.2.5　纹理缓存异步加载

在启动游戏和进入场景时，由于需要加载的资源过多就会比较“卡”，用户体验不好。可以采用纹理缓存（TextureCache）异步加载纹理图片。TextureCache 类异步加载函数如下：

```
cc.textureCache.addImage(url, cb, target)
```

其中，第一个参数 url 为文件路径，第二个参数 cb 是回调函数，第三个参数 target 是回调函数所要执行的对象。下面通过一个实例介绍一下纹理缓存异步加载的使用。有 200 张小图片，加载到纹理缓存，加载过程会有一个进度显示在界面上，如图 16-5 所示。

图 16-5　纹理缓存异步加载实例

app.js 文件中 HelloWorldLayer 层主要代码如下：

```
var HelloWorldLayer = cc.Layer.extend({
    _labelLoading: null,                                          ①
    _labelPercent: null,                                          ②
    _numberOfSprites: 0,                                          ③
    _numberOfLoadedSprites: 0,                                    ④
    _imageOffset: 0,                                              ⑤
    ctor: function () {
        this._super();

        var size = cc.director.getWinSize();

        this._labelLoading = new cc.LabelTTF("loading...", "Arial", 35);
        this._labelLoading.x = size.width / 2;
        this._labelLoading.y = size.height / 2 - 20;

        this._labelPercent = new cc.LabelTTF("0 % ", "Arial", 35);
        this._labelPercent.x = size.width / 2;
        this._labelPercent.y = size.height / 2 + 20;

        this.addChild(this._labelLoading);
        this.addChild(this._labelPercent);

        this._numberOfLoadedSprites = 0;
```

```
            this._imageOffset = 0;
            this._numberOfSprites = res_icon.length;

            //load textrues
            for (var i in res_icon) {                                              ⑥
                var filename = "res/icons/" + res_icon[i];                         ⑦
                cc.textureCache.addImage(filename, this.loadingCallBack, this);    ⑧
            }
            return true;
        },
        loadingCallBack: function (texture) {                                      ⑨
            ++this._numberOfLoadedSprites;                                         ⑩
            this._labelPercent.setString(parseInt((this._numberOfLoadedSprites /
                                        this._numberOfSprites) * 100) + '%');      ⑪

            var i = ++this._imageOffset * 60;                                      ⑫
            var textureKey = "res/icons/" + res_icon[this._numberOfLoadedSprites - 1];  ⑬
            var sprite = new cc.Sprite(textureKey);                                ⑭
            sprite.setAnchorPoint(cc.p(0, 0));
            this.addChild(sprite, -1);

            var size = cc.director.getWinSize();
            sprite.x = parseInt(i % size.width);                                   ⑮
            sprite.y = parseInt(i / size.width) * 60;                              ⑯

            if (this._numberOfLoadedSprites == this._numberOfSprites) {            ⑰
                this._numberOfLoadedSprites = 0;
            }
        }
    });
```

上述代码第①～⑤行是声明成员变量。其中,_labelLoading 是展示加载中文字的标签;_labelPercent 是展示加载进度的标签;_numberOfSprites 是需要加载精灵的个数;_numberOfLoadedSprites 表示当前加载第几个精灵;_imageOffset 表示当前加载图片偏移量,用于计算精灵的位置。第⑥行代码是遍历集合 res_icon 变量。第⑦行代码是获得纹理图片路径。第⑧行代码 TextureCache 的 addImage 函数实现异步加载图片缓存,this.loadingCallBack 是回调函数,this 参数表示执行回调函数的目标对象。第⑨行代码是定义的回调函数实现。第⑩行代码是累加成员变量_numberOfLoadedSprites。第⑪行代码是设置_labelPercent 标签的内容,其中表达式 parseInt((this._numberOfLoadedSprites / this._numberOfSprites) * 100)是计算加载进度。第⑫行代码是计算精灵的位置偏移量,每次 60 像素。第⑬行代码获得纹理图片的路径,也就是纹理缓存中纹理 key。第⑭行代码是通过纹理 key 创建精灵。

提示 上述代码第⑨行的 texture 参数事实上就是当前加载的精灵纹理,可以用 new cc.Sprite(texture)语句创建精灵,但是在 Web 浏览器下运行,texture 不能回传回来,而在 JSB 本地方式运行可以获得纹理对象。

代码第⑮行 sprite. x=parseInt(i % size. width)是计算精灵的 x 轴坐标，第⑯行代码 sprite. y=parseInt(i / size. width) * 60 是计算精灵的 y 轴坐标。第⑰行代码 if (_numberOfLoadedSprites== this. _numberOfSprites)判断是否完成任务，_numberOfLoadedSprites 是已经加载的图片数，_numberOfSprites 是要加载的全部图片数。

资源变量是在 resource. js 中定义的。resource. js 文件的主要内容如下：

```
var res = {
};

var g_resources = [

];

for (var i in res) {
    g_resources.push(res[i]);
}

var res_icon = [                                                    ①
    "01 - refresh.png",
    "02 - redo.png",
    …
    "99 - umbrella.png"];

for (var i in res_icon) {                                           ②
    g_resources.push("res/icons/" + res_icon[i]);
}
```

代码第①行定义的 res_icon 是要加载资源文件的数组变量。第②行代码是通过循环将 res_icon 资源内容添加到 g_resources 中。在 Web 浏览器方式下运行 g_resources 变量中的资源文件会在场景启动的时下载到浏览器本地缓存中，而 JSB 本地方式运行则不需要。程序以 Web 浏览器方式运行时会出现 Cocos2d5 启动界面，如图 16-6 所示，这个过程中将资源文件从 Web 服务器下载到本地。Cocos2d5 启动界面是系统默认的，它的加载进度就是下载资源文件的进度。

图 16-6　Cocos2d5 启动界面

16.3 JSB内存管理

JavaScript语言有自己的内存管理机制，它是自动内存回收的，而在Cocos2d-JS中的JSB是通过Cocos2d-x在本地平台运行的，那么JSB的内存管理就离不开Cocos2d-x内存管理约束。

因此，使用Cocos2d-JS引擎开发游戏的时候，如果游戏运行于Web平台，它的内存管理是采用JavaScript固有的内存管理机制；如果游戏运行于JSB本地平台，那么引擎提供的特有对象(如cc.Node)采用Cocos2d-x引用计数①内存管理方式。

有这样的一个实例，单击场景中的closeItem菜单显示Cocos2d-x logo。看看实现代码：

```
var HelloWorldLayer = cc.Layer.extend({
    sprite:null,
    ctor:function () {
        this._super();
        var size = cc.winSize;

        var closeItem = new cc.MenuItemImage(
            res.CloseNormal_png,
            res.CloseSelected_png,
            this.onClickMenu, this);
        closeItem.attr({
            x: size.width - 20,
            y: 20,
            anchorX: 0.5,
            anchorY: 0.5
        });

        var menu = new cc.Menu(closeItem);
        menu.x = 0;
        menu.y = 0;
        this.addChild(menu, 1);

        this.sprite = new cc.Sprite(res.HelloWorld_png);                    ①
        this.sprite.attr({
            x: size.width / 2,
            y: size.height / 2,
            scale: 0.5,
            rotation: 180
        });
        return true;
```

---

① Cocos2d-x引用计数内存管理方式来源于Cocos2d-iphone，Cocos2d-iphone采用的开发语言是Objective-C语言，引用计数(reference count)是Objective-C语言内存管理方式。

```
    },
    onClickMenu :function() {
        this.addChild(this.sprite, 0);                                    ②
        this.sprite.runAction(
                cc.sequence(
                        cc.rotateTo(2, 0),
                        cc.scaleTo(2, 1, 1)
                )
        );
    }
});
```

上述代码如果在 Web 平台下运行没有任何问题，如果在 JSB 本地平台下运行就会出现如下错误：

```
jsb: ERROR: File
C:\Users\zhangchuanwei\Documents\cocos\PrebuiltRuntimeJs\frameworks\js-bindings\bindings\
auto\jsb_cocos2dx_auto.cpp: Line: 2627, Function: js_cocos2dx_Node_addChild
Invalid Native Object
JS: app.js:36:Error: Invalid Native Object
```

Invalid Native Object 只有在 JSB 本地平台才会出现，原因是该对象(sprite)内存已经释放。上述代码 ctor 构造函数中第①行创建了 sprite 成员变量，但是没有立即将 sprite 对象添加到层中，而是在单击场景中的 closeItem 菜单时将 sprite 对象添加到层中，如代码第②行所示，但是此时的 sprite 对象内存已经释放。

为什么没有保持 sprite 对象呢？Cocos2d-x 每个对象都有一个内部计数器，这个计数器跟踪对象的引用次数，被称为"引用计数"(RC)。当对象被创建时，引用计数为 1。为了保证对象的存在，可以调用 retain 函数保持对象，retain 会使其引用计数加 1，如果不需要这个对象，可以调用 release 函数，release 使其引用计数减 1。当对象的引用计数为 0 时，引擎就知道不再需要这个对象了，就会释放对象内存。

可以修改 HelloWorldLayer 代码：

```
var HelloWorldLayer = cc.Layer.extend({
    sprite:null,
    ctor:function () {
        this._super();
        var size = cc.winSize;

        var closeItem = new cc.MenuItemImage(
            res.CloseNormal_png,
            res.CloseSelected_png,
            this.onClickMenu, this);
        closeItem.attr({
            x: size.width - 20,
            y: 20,
            anchorX: 0.5,
            anchorY: 0.5
        });
```

```
            var menu = new cc.Menu(closeItem);
            menu.x = 0;
            menu.y = 0;
            this.addChild(menu, 1);

            this.sprite = new cc.Sprite(res.HelloWorld_png);
            this.sprite.attr({
                x: size.width / 2,
                y: size.height / 2,
                scale: 0.5,
                rotation: 180
            });
            this.sprite.retain();                                          ①

            return true;
        },
        onClickMenu :function() {
            this.addChild(this.sprite, 0);
            this.sprite.runAction(
                    cc.sequence(
                    cc.rotateTo(2, 0),
                    cc.scaleTo(2, 1, 1)
                    )
            );
        },
        onExit:function() {                                               ②
            this.sprite.release();                                        ③
            this._super();
        }
    });
```

在创建 sprite 对象之后，可以显式地调用 retain()函数保持对象，见代码第①行。sprite 对象是一个成员变量，需要在层退出的时候释放，所以在代码第②行添加 onExit 函数，在该函数中调用 release()函数，见代码第③行。

注意 每个 retain 函数一定要对应一个 release 函数。

在使用 Node 节点对象时，addChild 函数也可以保持 Node 节点对象，使引用计数加 1。通过 removeChild 函数移除 Node 节点对象，使引用计数减 1。它们都是隐式调用的，用户不需要关心它们的内存管理。这也正是为什么在前面的章节中无数次地使用了 Node 节点对象，而从来都没有担心过它们的内存问题。

16.4 使用 Bake 层

Cocos2d-JS 引擎开发的游戏运行于 Web 平台的时候，如果采用 Canvas 模式渲染场景中不怎么变动的内容，则会消耗大量的渲染时间。Canvas 模式渲染过程是调用 drawImage 绘制场景中的对象，即便静止不动也会逐一进行绘制。但是同样的渲染内容，对于 OpenGL

和 WebGL 渲染就不会有太大性能开销。

针对 Cocos2d-JS 中的 Web 平台 Canvas 渲染模式，可以使用 Bake 层，Bake 层可以将本身以及其子节点都备份（烘焙，Bake）到 Canvas 上，只要自身或其子节点不做修改，下次绘制时，将直接把 Canvas 上的内容一次渲染出去。这样，原来需要多次的渲染过程，现在只需要一次就可以完成了。

使用 Bake 层的实例代码如下：

```
var HelloWorldLayer = cc.Layer.extend({
    sprite: null,
    ctor: function () {
        this._super();
        var size = cc.winSize;

        var closeItem = new cc.MenuItemImage(
            res.CloseNormal_png,
            res.CloseSelected_png,
            this.onClickMenu, this);
        closeItem.attr({
            x: size.width - 20,
            y: 20,
            anchorX: 0.5,
            anchorY: 0.5
        });

        var menu = new cc.Menu(closeItem);
        menu.x = 0;
        menu.y = 0;
        this.addChild(menu, 1);

        for (var i = 0; i < 100; ++i) {
            var sprite = new cc.Sprite(res.Ball_png);
            var x = cc.random0To1() * 960;
            var y = cc.random0To1() * 640;
            sprite.setPosition(cc.p(x, y));
            this.addChild(sprite);                                    ①
        }

        this.bake();                                                  ②
        return true;
    },
    onClickMenu: function () {
    },
    onExit: function () {
        this.sprite.release();
        this._super();
    }
});
```

上述代码第①行是创建 100 个精灵，并把它们放到当前层中。第②行 bake()函数是设置当前层为 Bake 层，类似可以使用 unbake()函数设置当前层为非 Bake 层。

注意 如果是经常变化的节点对象，采用 Bake 层渲染不仅不会提高性能，反而会影响性能。

综上所述，Bake 层经常用于绘制复杂的 UI 层，层含有大量的面板和按钮控件，这些控件的绘制会有大量的绘图调用，而这些控件并不经常修改。Bake 层还可以用于游戏中静态背景或障碍物的层绘制。

16.5 使用对象池

当在程序中使用大量的临时对象时，采用对象池管理它们是不错的选择。例如，在射击类游戏中发射的子弹就是临时对象，它们大量地、不断地产生，然后消亡，再产生，再消亡，如果能够重复利用它们，就会减少内存消耗。使用对象池管理它们就可以实现这个目的。

16.5.1 对象池 API

Cocos2d-JS 3.0 提供了类对象池类 cc.pool，放入到池中的对象需要实现 unuse 和 reuse 函数。unuse 函数是对象被放入池中时调用，reuse 函数是从池中获得重用对象时使用的。

在使用对象池 cc.pool 时需要往对象池中添加对象。使用如下语句：

```
cc.pool.putInPool(object);
```

当调用 putInPool()函数添加对象时，cc.pool 底层将调用 object.unuse()函数进行初始化处理。

为了从对象池中查找对象可以通过如下语句实现：

```
var object = cc.pool.getFromPool("MySprite", args);
```

getFromPool()函数中的 MySprite 是类名，args 是参数，通过这个类名和 args 参数可以获得可重用对象。如果返回值为空，则说明没有找到合适的可重用对象。在对象被返回之前，cc.pool 底层将调用 reuse 函数，并用参数 args 来初始化该对象。

在使用 getFromPool()函数查找对象之前，最好使用如下函数判断一下池中是否存在可重用对象：

```
var exist = cc.pool.hasObject("MySprite");
```

从池中删除一个对象可以使用如下代码：

```
cc.pool.removeObj(object);
```

清空整个池可以使用如下代码：

```
cc.pool.drainAllPools();
```

16.5.2　实例：发射子弹

本节通过一个实例介绍对象池的使用。这个实例如图16-7所示，场景中有一架飞机不断地发射子弹，本例可以考虑飞机是静止的。

飞机发射子弹是非常典型的产生大量对象的操作，可以使用对象池。

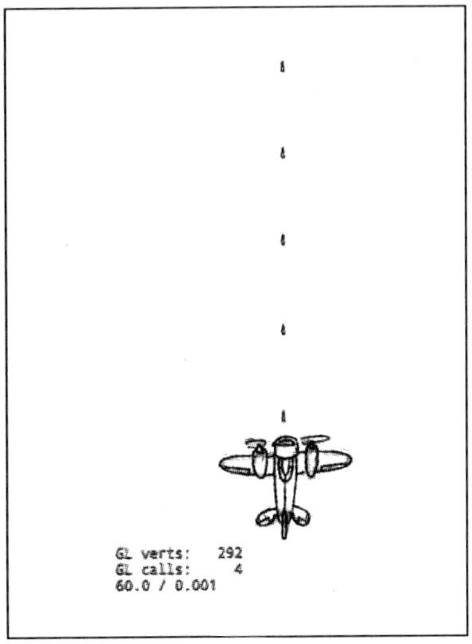

下面看看自定义 Bullet 精灵类。Bullet.js 代码如下：

GL verts: 292
GL calls: 4
60.0 / 0.001

图16-7　发射子弹

```
var Bullet = cc.Sprite.extend({
    velocity: 0,                    //速度
    ctor: function (spriteFrameName, velocity) {        ①
        this._super(spriteFrameName);
        this.velocity = velocity;
    },
    shootBulletFromFighter: function (p) {              ②
        this.setPosition(p);
        this.scheduleUpdate();
    },
    update: function (dt) {                             ③
        var size = cc.winSize;
        //计算移动位置
        this.x = this.x + this.velocity.x * dt;
        this.y = this.y + this.velocity.y * dt;
        if (this.y >= size.height) {
            this.unscheduleUpdate();
            this.removeFromParent();
        }
    },
    unuse: function () {                                                  ④
        this.retain();                     //if in jsb
        this.setVisible(false);
    },
    reuse: function (spriteFrameName, velocity) {                         ⑤
        this.spriteFrameName = spriteFrameName;
        this.velocity = velocity;
        this.setVisible(true);
    }
});

Bullet.create = function (spriteFrameName, velocity) {                    ⑥

    if (cc.pool.hasObject(Bullet)) {                                      ⑦
        cc.log("获得可重用对象.");
        return cc.pool.getFromPool(Bullet, spriteFrameName, velocity);    ⑧
    } else {
        cc.log("创建新对象.");
```

```
            return new Bullet(spriteFrameName, velocity);            ⑨
        }
    }
```

上面代码第①行是声明构造函数 ctor，其中，参数 spriteFrameName 是精灵的纹理图片；参数 velocity 是精灵移动的速度，它是 cc.p 对象。第②行代码 shootBulletFromFighter 是发射子弹时调用的函数，参数 p 是 cc.p 类型，其中 this.setPosition(p)是设置子弹的初始位置，this.scheduleUpdate()是开始游戏循环。游戏循环开始后调用第③行代码的 update()函数，在该函数中设置移动子弹的新位置，并判断子弹是否超出屏幕，如果超出屏幕，则停止游戏循环，并将子弹从父节点中移除。代码第④行的 unuse 函数是在对象被放入池中时调用，this.retain()代码是保持子弹内存不被释放，对于 JSB 是必需的。this.setVisible(false)代码是设置子弹不可见，子弹刚刚创建的时候不显示。代码第⑤行的 reuse 函数是从池中获得重用对象时使用的，在获得重用对象时，需要重新设置子弹的精灵纹理图片、速度和可视性。第⑥行代码是声明静态函数 create，其中，第⑦行代码判断对象池中是否有可重用对象；第⑧行代码是对象存在情况下获得可重用对象；第⑨行代码是对象不存在情况下创建新对象。

本章小结

通过对本章的学习，应了解性能优化方法，其中包括使用缓存、图片与纹理的优化、JSB 内存管理、使用 Bake 层和使用对象池等。这些内容都是非常重要的，希望认真掌握。

第五篇　多平台移植篇

第17章 移植到Web平台

Cocos2d-JS游戏引擎是为多平台设计的，包括Web平台下运行和本地平台运行。Web平台就是Cocos2d-JS工程移植到远程的Web服务器上，然后通过Web浏览器运行，这个过程涉及资源文件的下载。本章介绍如何将Cocos Code IDE和Webstorm等工具开发的Cocos2d-JS游戏工程移植到Web服务器。

17.1 Web服务器与移植

Web平台需要搭建Web服务器，Web服务器的主要功能是提供网上信息浏览服务。

下面介绍几种常用的Web服务器。

1. Apache

Apache HTTP Server仍然是世界上用的最多的Web服务器，市场占有率达60%左右。它的成功之处主要在于它的源代码开放支持跨平台的应用，可以运行在几乎所有的UNIX、Windows、Linux系统平台上。

2. Tomcat

Tomcat是一个开放源代码、运行Servlet和JSP Web应用软件的基于Java的Web应用软件容器。

3. IIS

Microsoft的Web服务器产品为Internet Information Services(IIS)，IIS是允许在公共Intranet或Internet上发布信息的Web服务器。IIS是目前最流行的Web服务器产品之一，很多著名的网站都是建立在IIS的平台上。

4. WebSphere

WebSphere Application Server是一种功能完善、开放的Web应用程序服务器，是IBM电子商务计划的核心部分，它是基于Java的应用环境，用于建立、部署和管理Internet和Intranet Web应用程序。

5. WebLogic

Oracle WebLogic Server是一种多功能、基于标准的Web应用服务器，为企业构建自己的应用提供了坚实的基础。Oracle WebLogic Server 在使应用服务器成为企业应用架构的基础方面继续处于领先地位。

从经济上考虑 Apache HTTP Server 和 Tomcat 是免费的，从易用性和健壮性方面考虑 Apache HTTP Server 和 Tomcat 也是非常优秀的。因此本节重点介绍 Apache HTTP Server 的安装和移植。

17.1.1　Apache HTTP Server 安装

Apache HTTP Server 和 Tomcat 都是 Apache 基金会[①]的项目，Apache HTTP Server 的网站是 http://httpd.apache.org/，可以在 http://httpd.apache.org/download.cgi 网址下载 Apache HTTP Server，其中可以下载源代码文件或二进制安装文件。

如果想在 Windows 操作系统上安装 Apache HTTP Server，则需要下载 Win32 版本，这里下载的是 httpd-2.2.25-win32-x86-no_ssl.msi，下载完成后双击该文件开始安装。启动界面如图 17-1 所示。

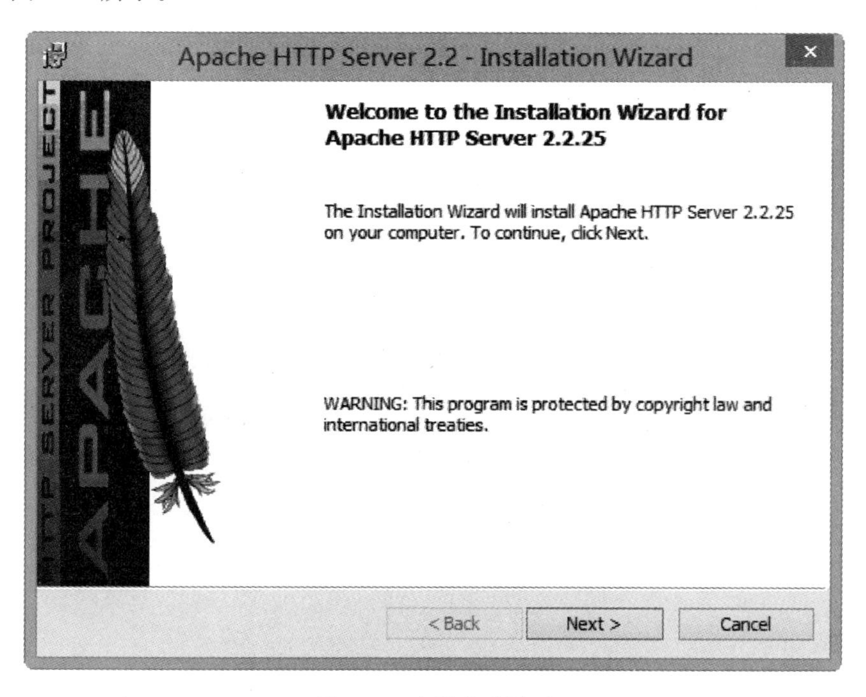

图 17-1　安装启动界面

在安装过程中，还需要输入内容，如图 17-2 所示。可根据自己的情况输入相应内容，还可以选择服务器端口，默认选择是 80 端口，但一般情况下 80 端口会被其他的程序占用。为

① Apache 软件基金会(Apache Software Foundation，ASF)，是专门为支持开源软件项目而办的一个非营利性组织。在它所支持的 Apache 项目与子项目中，所发行的软件产品都遵循 Apache 许可证(Apache License)。

了防止 80 端口被占用,可以选择 8080 端口。

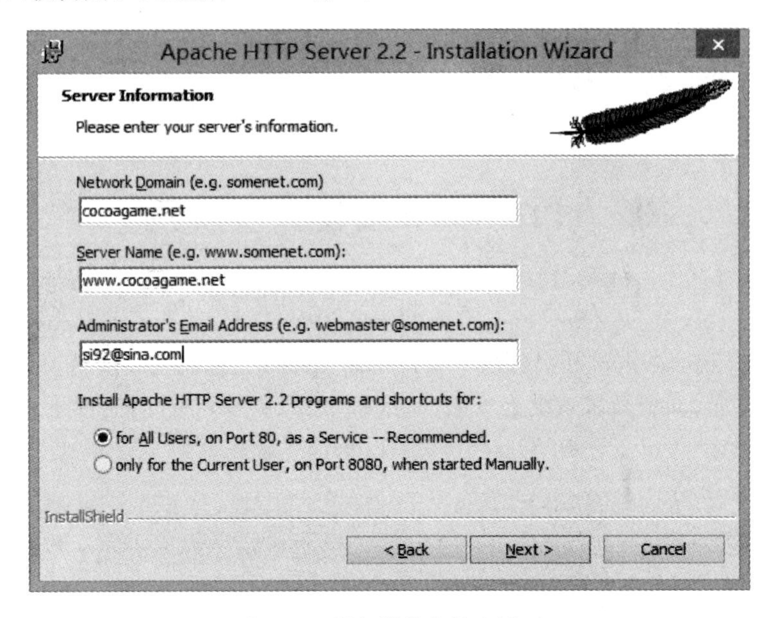

图 17-2 服务器信息输入界面

在安装过程中还可以选择安装目录,如图 17-3 所示,默认目录是 C:\Program Files (x86)\Apache Software Foundation\Apache2.2。可以通过后面的 Change 按钮改变安装目录。

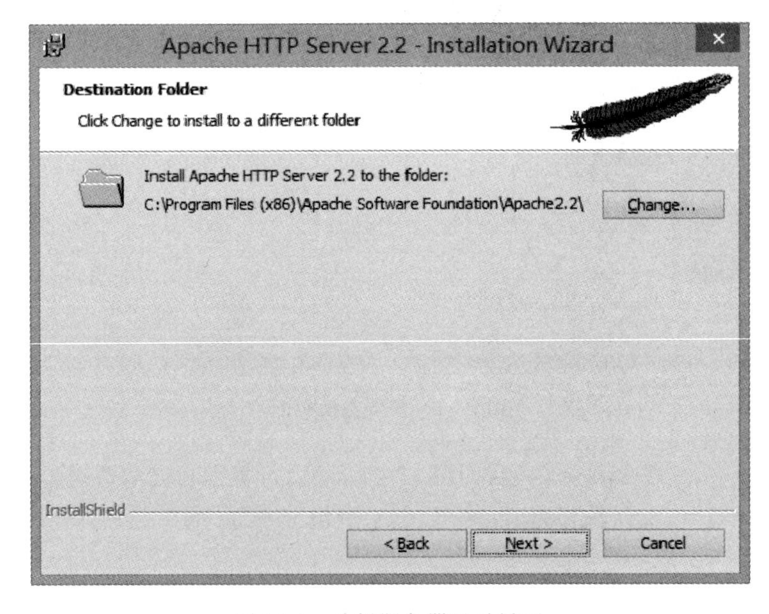

图 17-3 选择服务器目录界面

安装成功界面如图17-4所示，单击Finish按钮。安装成功后，可以在任务栏中看到图标，绿色箭头说明HTTP服务已经启动，如果是图标则说明HTTP服务没有启动。双击该图标弹出图17-5所示的服务器监控对话框，其中提供了启动、停止、重新启动等服务。

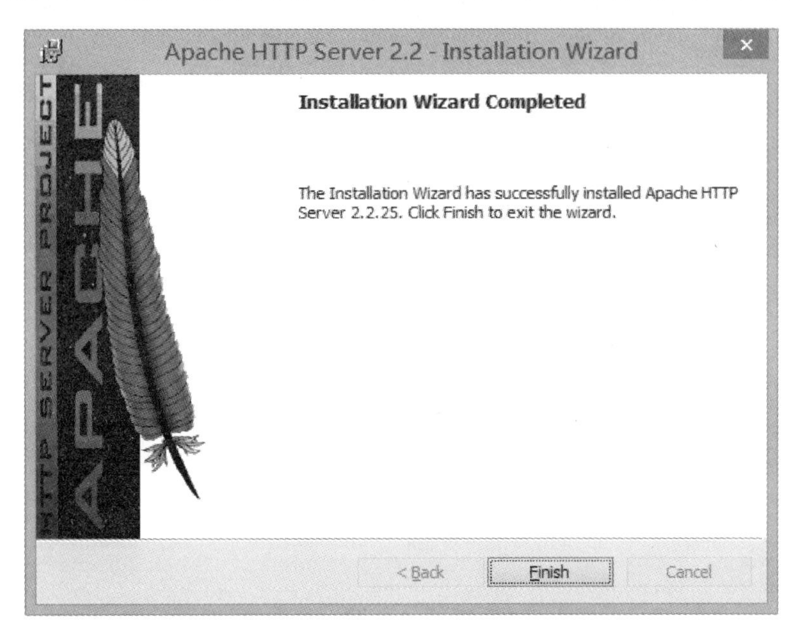

图17-4 安装成功界面

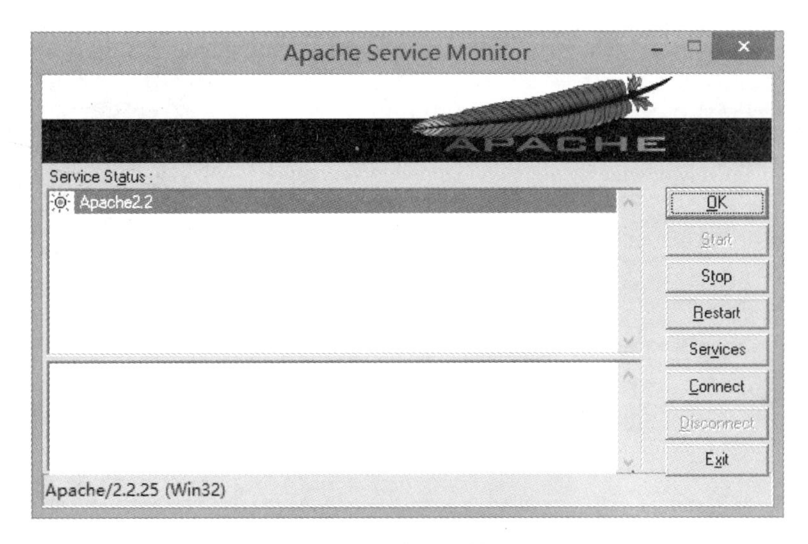

图17-5 服务器监控界面

如果HTTP服务启动起来，可以在浏览器的地址栏中输入localhost，然后按Enter键，浏览器显示如图17-6所示，这说明Apache HTTP Server安装成功。

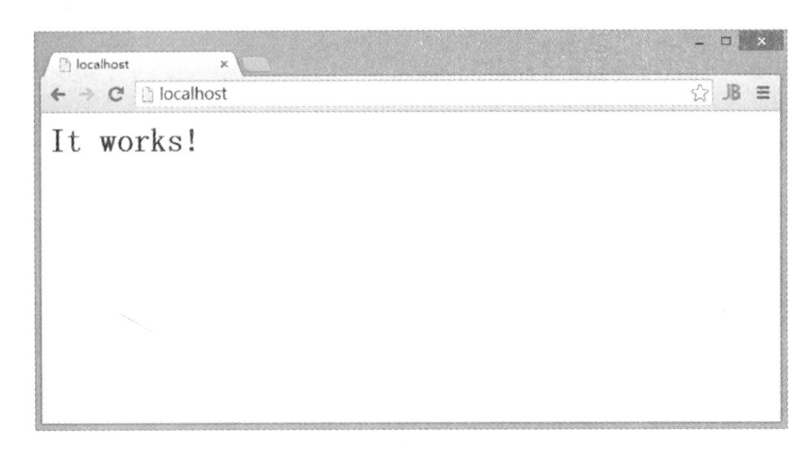

图 17-6　安装 Apache HTTP Server 成功页面

以上过程是在 Windows 下安装，如果想在 Mac OS X 下安装 Apache HTTP Server，就不必这样麻烦了，Mac OS X 默认都会安装 Apache HTTP Server，但是需要给它启动起来。在 Mac OS X 中进入终端，进入终端的方法有很多，可以选择“应用程序”→“使用工具”→“终端”，如图 17-7 所示。

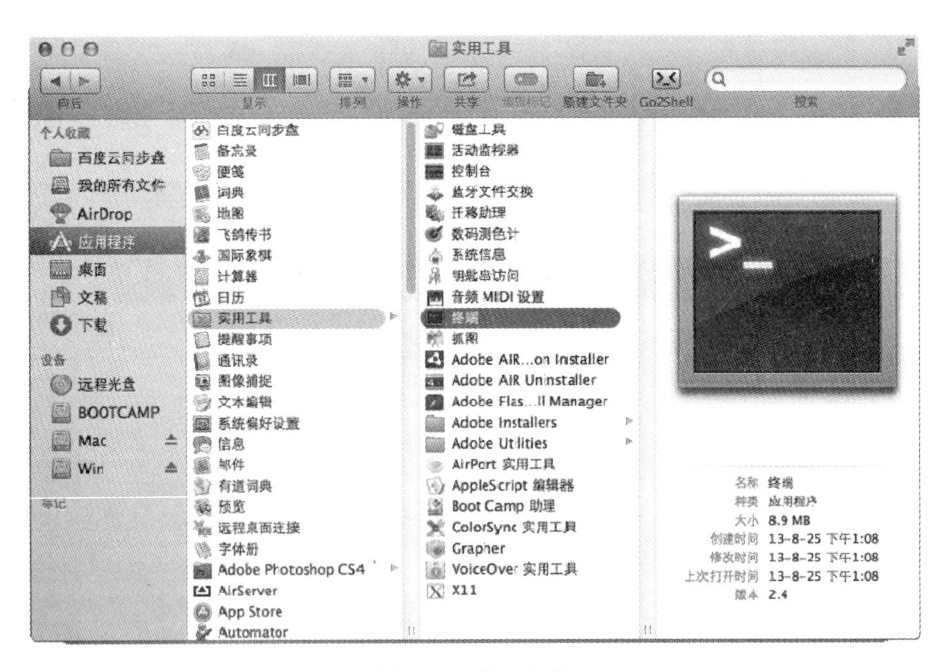

图 17-7　进入终端

进入终端后在终端中输入如下命令：

```
$ sudo apachectl start
```

这个过程中需要输入管理员密码才能执行，启动成功后还不能直接在浏览器上测试，打开 Mac OS X 中的 Apache HTTP Server 部署目录，该目录位置是/Library/WebServer/Documents，如图 17-8 所示。然后把文件 index. html. en 修改为 index. html，这个目录下的文件重写命名需要管理员权限，系统会提示输入管理员密码。重写命名之后，就可以打开浏览器进行测试了。

图 17-8 Apache HTTP Server 部署目录

17.1.2 移植到 Web 服务器

安装成功后就可以将编写的游戏移植到 Apache HTTP Server 下面。如果使用 Cocos Code IDE 编写游戏工程 CocosJSGame，则 CocosJSGame 的目录结构如图 17-9 所示。

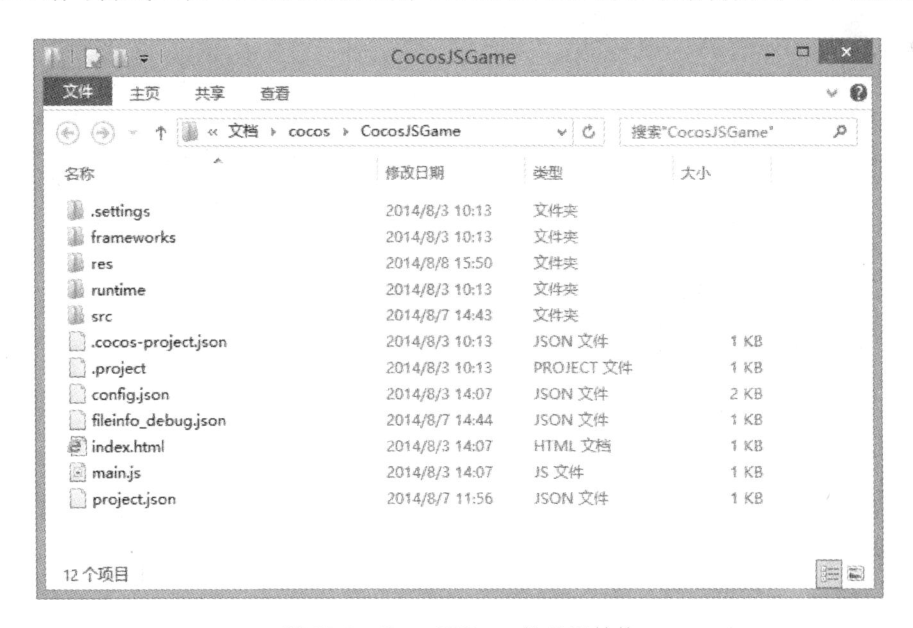

图 17-9 CocosJSGame 的目录结构

Apache HTTP Server 的安装目录中有一个 htdocs 目录，该目录是 Web 应用部署目录。可以把 CocosJSGame 目录整个复制到 htdocs 目录，如图 17-10 所示。

图 17-10　部署游戏

部署完成后，可以在浏览器地址栏中输入 http://localhost/CocosJSGame/index.html。然后在地址栏中按 Enter 键，浏览器中就可以运行游戏了，如图 17-11 所示。

图 17-11　游戏在浏览器中运行

17.2　问题汇总

Cocos2d-JS 程序在 Web 平台下运行与 JSB 本地运行有很多差别，从整个架构原理上看完全不同，因此遇到的问题也不同。下面归纳了移植到 Web 平台遇到的一些问题。

17.2.1　JS 文件的压缩与代码混淆

Web 浏览器中运行的文件是从服务器下载到本地的，因此文件越小下载速度越快。采用上一节介绍的移植方式的 JS 和 JSON 文本文件没有经过压缩，文件比较大，也可以采用 Cocos2d-x 团队提供的 cocos 工具对这些文件进行编译，编译的过程并非是生成二进制文件，而是对于文件的内容进行压缩，这些内容包括文件换行和空格等，并且编译过程中会把多个不同的 JS 文件合并成一个 JS 文件。

使用 cocos 工具为移植到 Web 平台进行编译的命令如下：

```
cocos compile -p web -m release
```

其中，cocos compile 命令是编译，之前介绍过 cocos new 命令；-p 是平台；web 是 Web 平台移植；-m 是模式；release 是发布模式。此外，还有 debug 模式。

cocos compile 命令要想执行成功，还要进行如下设置。

1. 安装 Python

cocos 工具是使用 Python 开发的，需要安装 Python 运行环境，首先到 https://www.python.org/网站下载 Python 2。需要注意的是，不要下载 Python 3，而且 Python 安装文件是有操作系统之分的，选择合适的操作系统版本就可以下载了。

在 Windows 下安装之后，还需要配置环境变量 Path。在 Windows 系统中打开“控制面板”→“系统和安全”→“系统”→“高级系统设置”，弹出如图 17-12 所示系统属性对话框。选择“高级”选项卡，然后单击“环境变量”按钮，弹出如图 17-13 所示系统变量设置对话框。

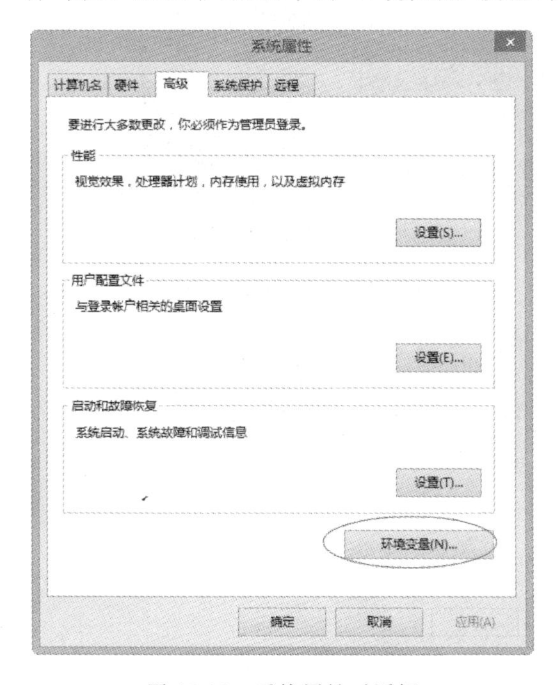

图 17-12　系统属性对话框

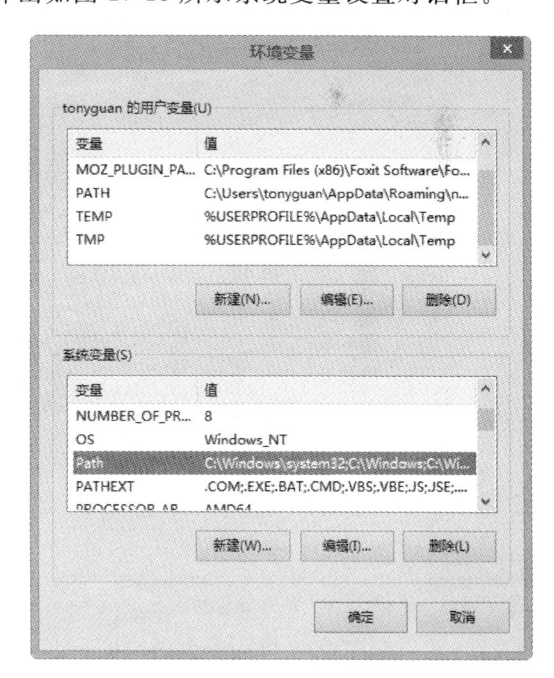

图 17-13　环境变量设置对话框

在图 17-13 中需要设置 Path 变量,然而 Path 变量在用户变量(上半部分,只影响当前用户)或系统变量(下半部分,影响所有用户)都有,用户可以根据自己的喜好自己决定在哪里设置。本例中是在系统变量中设置的。双击系统变量中 Path 变量,弹出如图 17-14 所示对话框,在 Path 后面追加 C:\Python27,注意两个 Path 之间要用英文分号";"分隔。

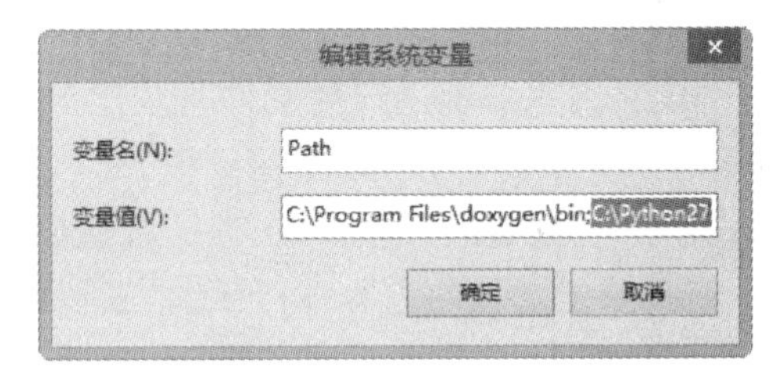

图 17-14 设置 Path 变量

2. 设置环境变量

Cocos2d-JS 3.0 之后提供了一个 setup.py 工具(位于 Cocos2d-JS 根目录下)。可以进入到 Cocos2d-JS 根目录所在 DOS 终端,运行 setup.py,如果这个过程中发现哪些变量没有设置,窗口的光标会停止在那儿,等待用户输入正确的路径,输入完成后按 Enter 键就可以继续了。设置成功之后的输出结果如图 17-15 所示。

图 17-15 设置环境变量

提示 设置过程中有关 Android 设置,如 NDK_ROOT、Android_SDK_ROOT 等先不用设置。会在 Android 平台移植的时候再介绍。

如果上面的环境配置成功，就可以运行 cocos compile 命令了，它需要在 Cocos Code IDE 创建的工程根目录下执行。例如工程是 CocosJSGame，执行命令过程，如图 17-16 所示。编译之后会在根目录下生成一个 publish\html5 目录，内容如图 17-17 所示。

```
C:\Windows\System32\cmd.exe
Microsoft Windows [版本 6.3.9600]
(c) 2013 Microsoft Corporation。保留所有权利。

C:\Users\tonyguan\Documents\cocos2\CocosJSGame>cocos compile -p web -m release
Running command: compile
Building mode: release
running: 'C:\adt-bundle-windows\apache-ant-1.9.3\bin\ant -f C:\Users\tonyguan\Do
cuments\cocos2\CocosJSGame\publish\html5\build.xml'

Buildfile: C:\Users\tonyguan\Documents\cocos2\CocosJSGame\publish\html5\build.xm
l

compile:
   [jscomp] Compiling 133 file(s) with 42 extern(s)
   [jscomp] 0 error(s), 0 warning(s)

BUILD SUCCESSFUL
Total time: 11 seconds
C:\Users\tonyguan\Documents\cocos2\CocosJSGame>
```

图 17-16　执行 cocos compile 命令

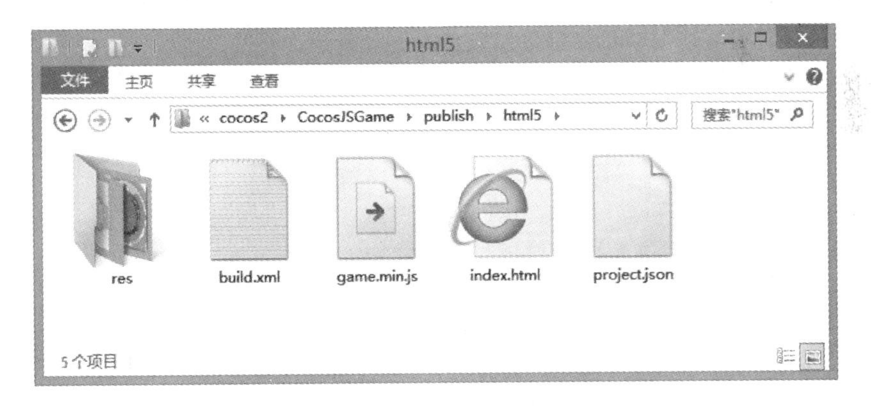

图 17-17　编译后生成的文件

从图 17-17 中可见，只有一个 JS 文件 game.min.js，这个文件就是将所有的 JS 文件合并为一个并且经过压缩而成的。如果对它的内容感兴趣，可以使用文本编辑软件打开。内容如下：

```
var cc = cc || {};cc._tmp = cc._tmp || {};cc._LogInfos = {};_p = window;_p = Object.prototype;
delete window._p;cc.newElement = function(a){return
```

```
document.createElement(a)};cc._addEventListener = function(a,b,c,d){a.addEventListener(b,c,d)};cc._
isNodeJs = "undefined"!== typeof require&&require("fs");cc.each = function(a,b,c){if(a)if(a
instanceof Array)for(var d = 0,e = a.length;d < e&&!1!== b.call(c,a[d],d);d++);else for(d in
a)if(!1 === b.call(c,a[d],d))break};
    cc.isCrossOrigin = function(a){if(!a)return cc.log("invalid URL"),!1;var b = a.indexOf
("://");if(-1 == b)return!1;b = a.indexOf("/",b + 3);return(-1 == b?a:a.substring(0,b))!=
location.origin};
    cc.AsyncPool = function(a,b,c,d,e){var
...
```

编译过程不仅可以压缩和合并 JS 文件，还可以起到混淆代码的作用，使得即便被人拿到.js 文件也很难看懂它的逻辑。此外，编译过程还压缩了 JSON 文件，project.json 文件内容也被压缩了。project.json 内容如下：

```
    {"showFPS": true, "frameRate": 60, "project_type": "javascript", "debugMode": 1, "renderMode":
2, "id": "gameCanvas"}
```

从代码中可以看见，.json 文件的回车、换行和空格都被删除了，这样可以减少文件大小，提高传输速度。无论 JS 还是 JSON 等文件都只是针对 Web 平台运行，而这些压缩工作对于 JSB 本地运行方式影响不大。

如果编译成功，可以将 publish\html5 目录内容复制到 Web 服务器的部署目录，具体过程可以参考 17.1.2 节。

17.2.2 判断平台

有的时候程序需要在不同平台下运行，此时需要动态地判断平台，并根据不同平台的特点编写代码。

Cocos2d-JS 提供了 cc.sys.isNative 布尔变量可以判断是本地平台还是 Web 平台。本地平台还包含移动平台和桌面平台。可以通过如下代码判断当前程序运行在哪个平台下。

```
if (cc.sys.isNative) {                                          ①
    cc.log("本地平台运行");
    if (cc.sys.isMobile) {                                      ②
        cc.log("本地移动平台运行");
        if (cc.sys.os == cc.sys.OS_ANDROID) {                   ③
               cc.log("本地 Android 平台运行");
        }
        if (cc.sys.os == cc.sys.OS_IOS) {                       ④
            cc.log("本地 iOS 平台运行");
        }
    }
} else {
    cc.log("Web 平台运行");
}
```

上述代码第①行通过 cc.sys.isNative 变量判断是否是本地运行，cc.sys.isNative 为 false 时是 Web 平台运行。在本地运行时还可以进一步进行判断，其中第②行代码 cc.sys.

isMobile变量可以判断是否是本地移动平台。第③行代码 cc.sys.os == cc.sys.OS_ANDROID判断是否为本地移动平台中的Android平台，其中cc.sys.os可以获取操作系统信息，cc.sys.OS_ANDROID是常量。类似代码第④行可以判断是否为iOS平台。

17.2.3　资源不能加载问题

Web平台的资源文件在开始场景启动时从Web服务下载到本地，在下载之前先要检查资源文件格式的有效性。而且在后面的场景中如果访问资源，仍然会检查文件格式的有效性。

例如有一个播放背景音乐的游戏程序，它的声音资源文件内容如下：

```
game_bg.aifc
game_bg.mp3
game_bg.wav
home_bg.aifc
home_bg.mp3
home_bg.wav
```

需要在resource.js文件中声明加载的资源。内容如下：

```
var res = {
    bgMusicSynth: 'res/sound/game_bg1.mp3',                ①
    bgMusicJazz: 'res/sound/home_bg.aifc'                  ②
};
var g_resources = [ ];
for (var i in res) {
    g_resources.push(res[i]);
}
```

上述代码第①行资源文件game_bg1.mp3是不存在的。第②行代码home_bg.aifc文件是aifc格式，Web平台不支持，它是苹果专用格式。很显然，这两个资源文件加载过程中都有问题。

在Web平台运行启动过程中，会发生如下的错误信息：

```
loader for [.aifc] not exists!                             ①
  cc.error CCDebugger.js:320
  cc.loader._loadResIterator CCBoot.js:692
  (anonymous function) CCBoot.js:768
  self._handleItem CCBoot.js:157
  self.flow CCBoot.js:189
  cc.loader.load CCBoot.js:777
  cc.LoaderScene.cc.Scene.extend._startLoading  CCLoaderScene.js:116
  cc.Timer.cc.Class.extend._doCallback  CCScheduler.js:154
  cc.Timer.cc.Class.extend.update CCScheduler.js:172
  cc.Scheduler.cc.Class.extend.update  CCScheduler.js:370
  cc.Director.cc.Class.extend.drawScene CCDirector.js:220
  cc.DisplayLinkDirector.cc.Director.extend.mainLoop CCDirector.js:869
  callback CCBoot.js:1801
```

```
GET http://localhost:63342/cocos2/CocosJSGame/res/sound/game_bg1.mp3 404 (Not Found)      ②
  cc.WebAudio.cc.Class.extend.load CCAudio.js:210
  cc._audioLoader._loadAudio  CCAudio.js:1129
  …
  cc.DisplayLinkDirector.cc.Director.extend.mainLoop CCDirector.js:869
  callback CCBoot.js:1801
GET http://localhost:63342/cocos2/CocosJSGame/res/sound/game_bg1.ogg 404 (Not Found)      ③
  cc.WebAudio.cc.Class.extend.load  CCAudio.js:210
  cc._audioLoader._loadAudio  CCAudio.js:1129
  cc._audioLoader._load  CCAudio.js:1082
  (anonymous function) CCAudio.js:1084
  (anonymous function) CCAudio.js:1123
  cc.WebAudio.cc.Class.extend._onError  CCAudio.js:255
GET http://localhost:63342/cocos2/CocosJSGame/res/sound/game_bg1.wav 404 (Not Found)      ④
  cc.WebAudio.cc.Class.extend.load  CCAudio.js:210
  cc._audioLoader._loadAudio  CCAudio.js:1129
  cc._audioLoader._load  CCAudio.js:1082
  cc._audioLoader._load  CCAudio.js:1078
  (anonymous function) CCAudio.js:1084
  (anonymous function) CCAudio.js:1123
  cc.WebAudio.cc.Class.extend._onError CCAudio.js:255
GET http://localhost:63342/cocos2/CocosJSGame/res/sound/game_bg1.mp4 404 (Not Found)      ⑤
  cc.WebAudio.cc.Class.extend.load  CCAudio.js:210
  cc._audioLoader._loadAudio  CCAudio.js:1129
  cc._audioLoader._load  CCAudio.js:1082
  (anonymous function)  CCAudio.js:1084
  (anonymous function) CCAudio.js:1123
  cc.WebAudio.cc.Class.extend._onError CCAudio.js:255
GET http://localhost:63342/cocos2/CocosJSGame/res/sound/game_bg1.m4a 404 (Not Found)      ⑥
  cc.WebAudio.cc.Class.extend.load  CCAudio.js:210
can not found the resource of audio! Last match url is : res/sound/game_bg1.m4a
```

错误信息第①行 loader for [.aifc] not exists! 说明不能加载 aifc 文件。错误信息第②行说明下载 game_bg1.mp3 文件时没有找到，然后加载器会尝试找 Web 平台支持的格式，如 Ogg、WAV、MP4 和 M4A，由于这些文件也不存在，下载仍然会失败，见错误信息第③～⑥行。

在 JSB 本地运行虽然不会抛出异常，但是由于资源文件格式的不支持，也无法成功加载资源文件。

所以无论 Web 平台运行还是 JSB 本地运行都需要在 resource.js 文件中正确地声明需要加载的资源文件，而且保证在该平台资源格式的有效性。

本章小结

通过对本章的学习，应该了解 Cocos2d-JS 工程移植到 Web 服务器需要做哪些工作，以及一些具体问题的汇总。

第 18 章

移植到本地 iOS 平台

上一章介绍了如何将 Cocos2d-JS 游戏工程移植到 Web 服务器，本章介绍如何将 Cocos2d-JS 游戏工程移植到本地 iOS 平台。

18.1 iOS 开发环境搭建

Xcode 是 Mac OS X 和 iOS 应用集成开发的工具。苹果公司于 2008 年 3 月 6 日发布了 iPhone 和 iPod Touch 的应用程序开发包。这里包括 Xcode 开发工具、iPhone SDK 和 iPhone 手机模拟器。第一个 Beta 版本是 iPhone SDK 1.2b1(build 5A147p)，它在发布后立即就能够使用，但是同时推出的 App Store 所需要的固件更新直到 2008 年 7 月 11 日才发布。编写本书时，iOS SDK8 本已经发布。

iOS 开发工具最主要就是 Xcode。自从 Xcode 3.1 发布以后，Xcode 就成为了 iPhone 软件开发工具包的开发环境。Xcode 可以开发 Mac OS X 和 iOS 应用程序，其版本是与 SDK 相互对应的，如 Xcode 3.2.5 与 iOS SDK 4.2 对应，Xcode 4.1 与 iOS SDK 4.3 对应，Xcode 4.2 与 iOS SDK 5 对应，Xcode 4.5 与 iOS SDK 6 对应，Xcode 5 与 iOS SDK 7 对应。

Xcode 4.1 之前还有一个配套使用的工具 Interface Builder，它是 Xcode 套件的一部分，用来设计窗体和视图，通过它可以“所见即所得”地拖曳控件并定义事件等，其数据以 XML 的形式被存储在.xib 文件中。在 Xcode 4.1 之后，Interface Builder 成为了 Xcode 的一部分，与 Xcode 集成在一起。

18.1.1 Xcode 安装和卸载

Xcode 必须安装在 Mac OS X 系统上，Xcode 的版本与 Mac OS X 系统版本有着严格的对应关系。Xcode 5 要求 Mac OS X 10.8 以上。

安装可以通过 Mac OS X 的 Dock 中 App Store 应用启动 App Store，如图 18-1 所示。如果需要安装软件或查询软件，则需要用户登录，这个用户只要输出 Apple ID 就可以了，弹出的登录对话框如图 18-2 所示。如果没有登录 Apple ID，则可以单击“创建 Apple ID”按钮创建。

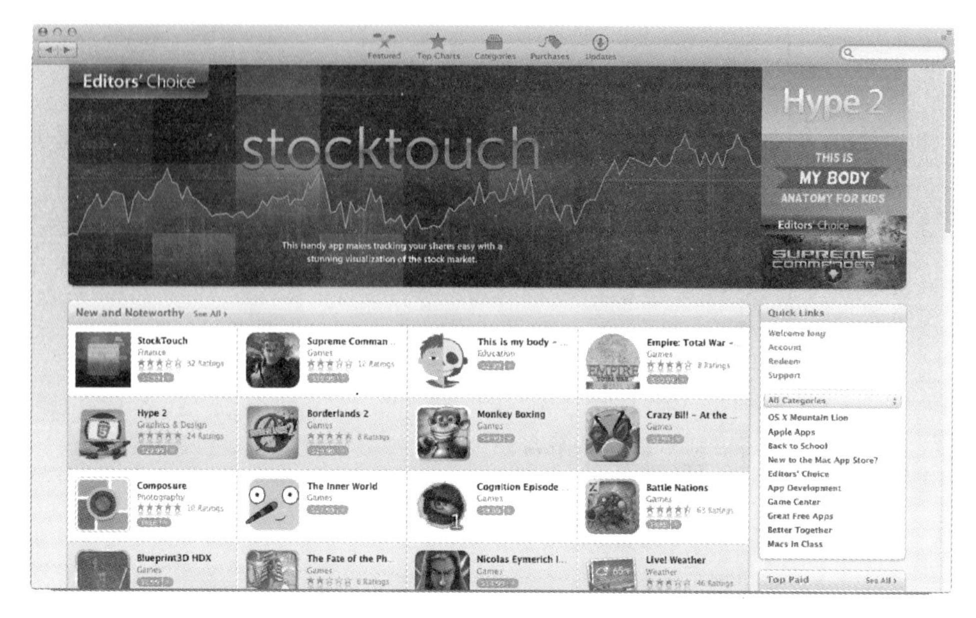

图 18-1　应用启动 App Store 界面

图 18-2　App Store 用户登录界面

之后，可以在右上角的搜索栏中输入要搜索的软件或工具名称 Xcode 关键字。搜索结果如图 18-3 所示。

单击 Xcode 进入 Xcode 信息介绍界面，如图 18-4 所示，单击“安装 App”按钮开始安装。

卸载 Xcode 非常简单，事实上，在 Mac OS X 中应用程序只是需要直接删除就可以了。如图 18-5 所示，打开应用程序，右击，从弹出的快捷菜单中选择 Xcode→“移到废纸篓”命令删除 Xcode 应用。如果想彻底删除，只需清空废纸篓就可以了。

18.1.2　Xcode 操作界面

打开 Xcode 工具，看到的主界面如图 18-6 所示。

界面主要分成 6 个区域，其中，①号区域是工具栏，其中的按钮可以完成大部分工作；②号区域是导航栏，主要是对工作空间中的内容进行导航；③号区域是故事板中的场景(Scene)视图，每一个创建就是一个新的视图控制器，视图控制器场景中包含了一些视图或

图 18-3　搜索 Xcode 工具

图 18-4　Xcode 安装

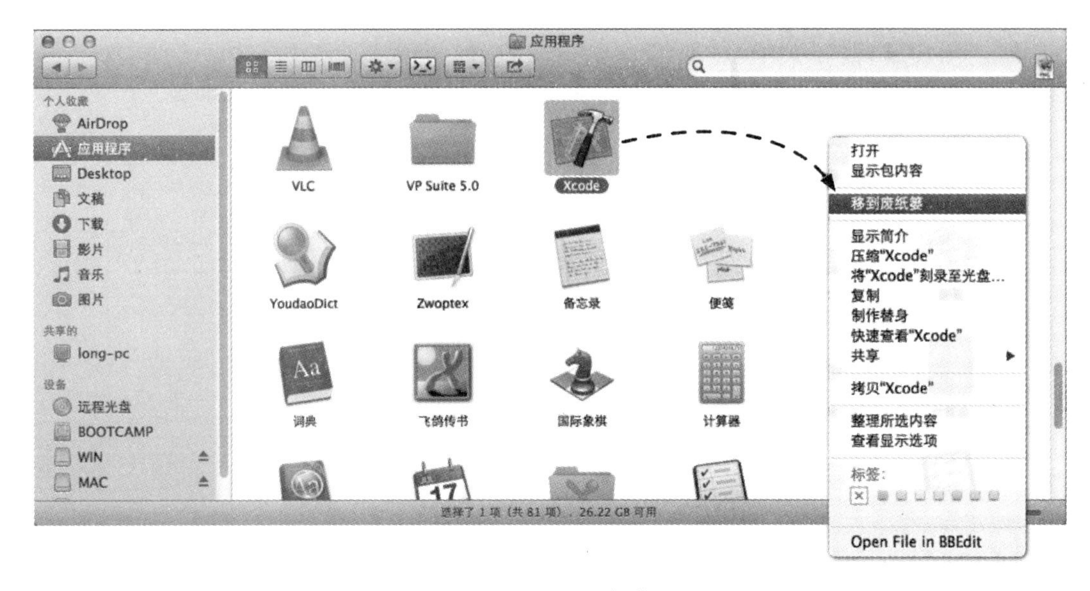

图 18-5　Xcode 卸载

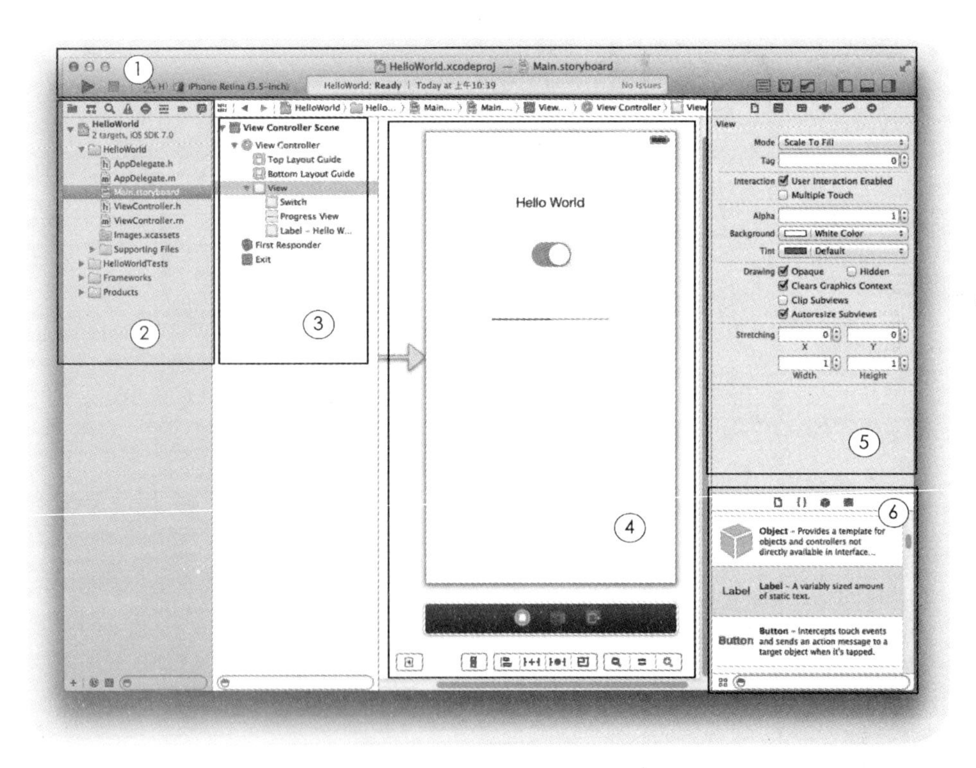

图 18-6　Xcode 工具主界面

控件；④号区域是界面设计区域，可以在这个界面中拖曳控件，摆放控件的位置和大小。在设计界面区域的下部还有很多按钮，如图 18-7 所示。

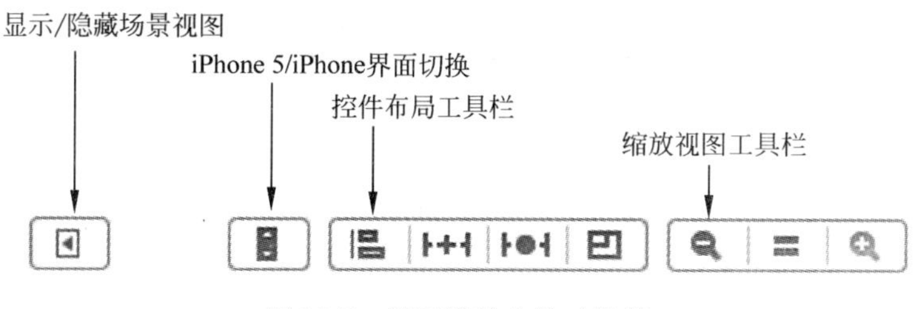

图 18-7　界面设计中的工具栏

⑤号区域是检查器窗口，其中包含 6 个检查器，如图 18-8 所示。设计师经常使用的是显示属性检查器和显示尺寸检查器。

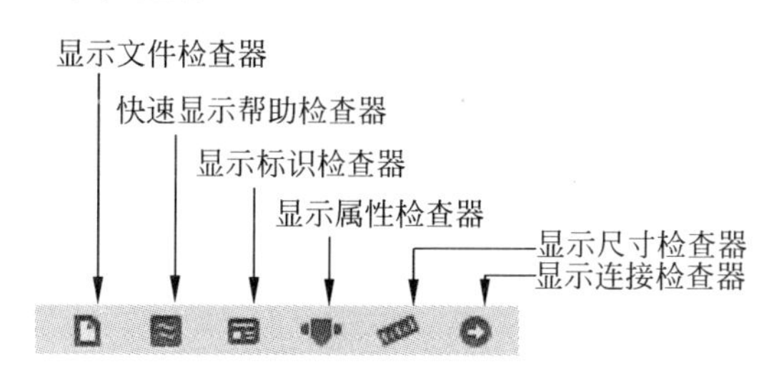

图 18-8　Xcode 工具中的检查器

⑥号区域是库窗口，其中第 3 个按钮是对象库窗口，它提供了一些 iOS 的标准控件，可以拖曳这些控件到设计窗口进行设计。

18.2　创建本地工程

在 iOS 和 Android 本地平台移植的时候，需要创建 Cocos2d-JS 本地工程，然后将 Cocos Code IDE 和 Webstorm 等工具开发的 Cocos2d-JS 游戏工程移植到本地平台，进行编译和运行。

创建 Cocos2d-JS 本地工程可以使用 cocos 工具，cocos 工具在 Web 平台移植的时候使用过 cocos compile 命令，现在需要使用 cocos new 命令。在创建之前请确保安装了 python，并使用 setup. py（位于 Cocos2d-JS 根目录下）设置了环境变量。

在 Mac OS X 中使用 cocos new 命令创建工程过程如下：

```
$ cocos new -p net.cocoagame -l js -d ~/Desktop/ HelloJS                    ①

Running command: new
> Copy template into /Users/tonymacmini/Desktop/HelloJS
> Copying cocos2d-html5 files...
> Copying files from template directory...
```

```
> Copying directory from cocos root directory...
> Copying cocos2d - x files...
> Rename project name from 'HelloJavascript' to 'HelloJS'
> Replace the project name from 'HelloJavascript' to 'HelloJS'
> Replace the project package name from 'org.cocos2dx.hellojavascript' to 'net.cocoagame'
```

在 cocos 命令中 new 表示创建新的工程。还有如下几个参数：

(1) run，编译和运行工程，并在设备上运行，在 Android 平台本地发布会使用到该命令。

(2) luacompile，编译 lua 文件。

(3) deploy，只是编译和发布工程。

(4) compile，编译当前工程。

(5) jscompile，编译 JavaScript 文件。

cocos 命令中-p 表示包名，在 Android 和 iOS 平台很重要，它一般是公司域名的反转，表示产品的唯一性。-l 表示生成的语言，js 表示 JavaScript，还有 cpp 和 lua 两种语言。-d 表示生成工程所在的目录。最后，HelloJS 表示工程名。

18.3 编译与移植

使用 cocos 创建好工程(本例是 HelloJS)后，需要将使用 Cocos Code IDE 和 Webstorm 等工具编写的程序文件复制到 HelloJS 工程中。编写的程序文件所在文件夹如图 18-9 所示，需要选择其中的文件 index. html、main. js 和 project. json，以及文件夹 src 和 res，然后将这些文件和文件夹复制到图 18-10 所示的 HelloJS 工程文件夹，并且覆盖之前的内容。

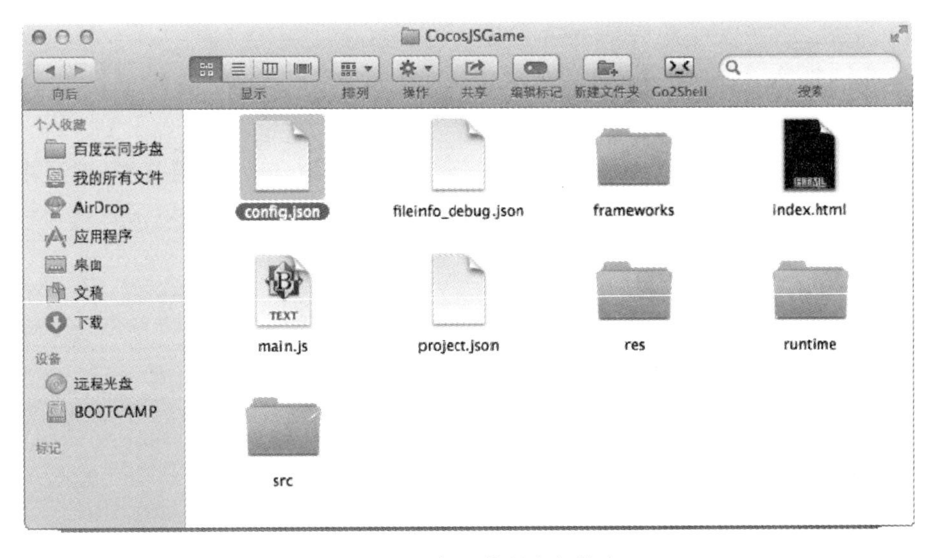

图 18-9 程序文件所在文件夹

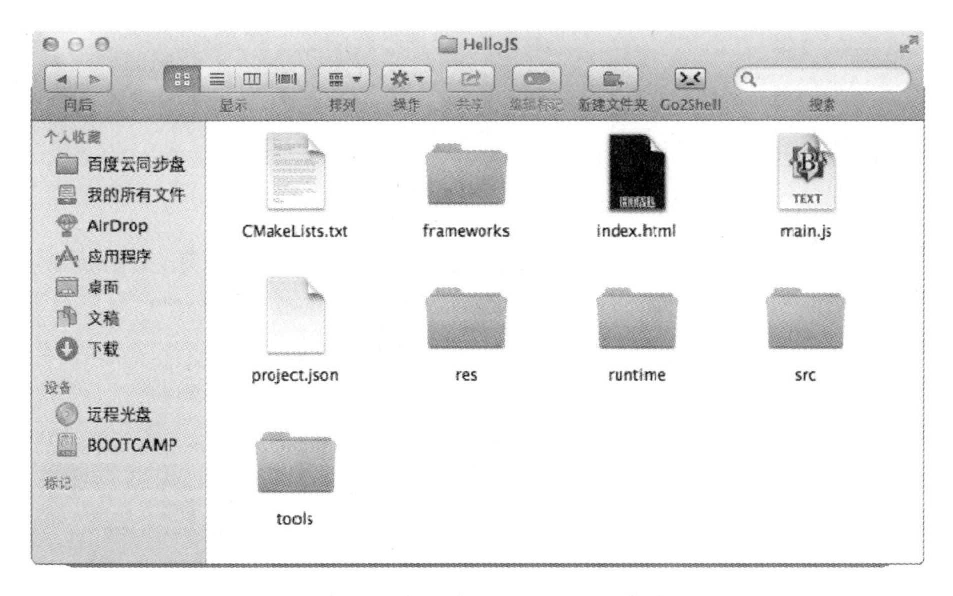

图 18-10 移植到 HelloJS 工程文件夹

接着打开 HelloJS 的 Xcode 工程文件，文件位置为 HelloJS/frameworks/runtime-src/proj. ios_mac/ HelloJS. xcodeproj。启动后的 Xcode 界面如图 18-11 所示。

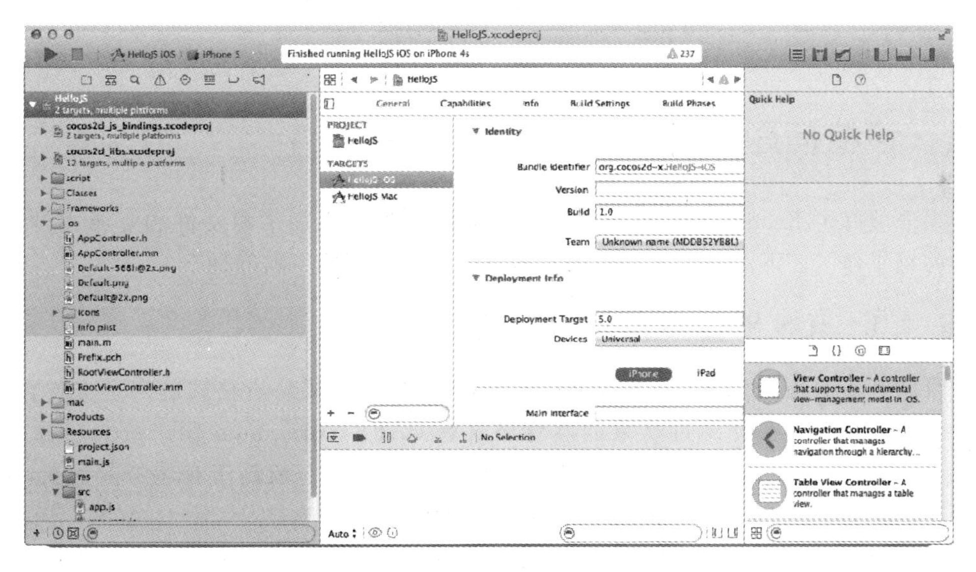

图 18-11 启动后的 Xcode 界面

打开工程，按照图 18-12 所示选择 HelloJS iOS→iPhone5 后，再单击“运行”按钮，编译并运行该工程。

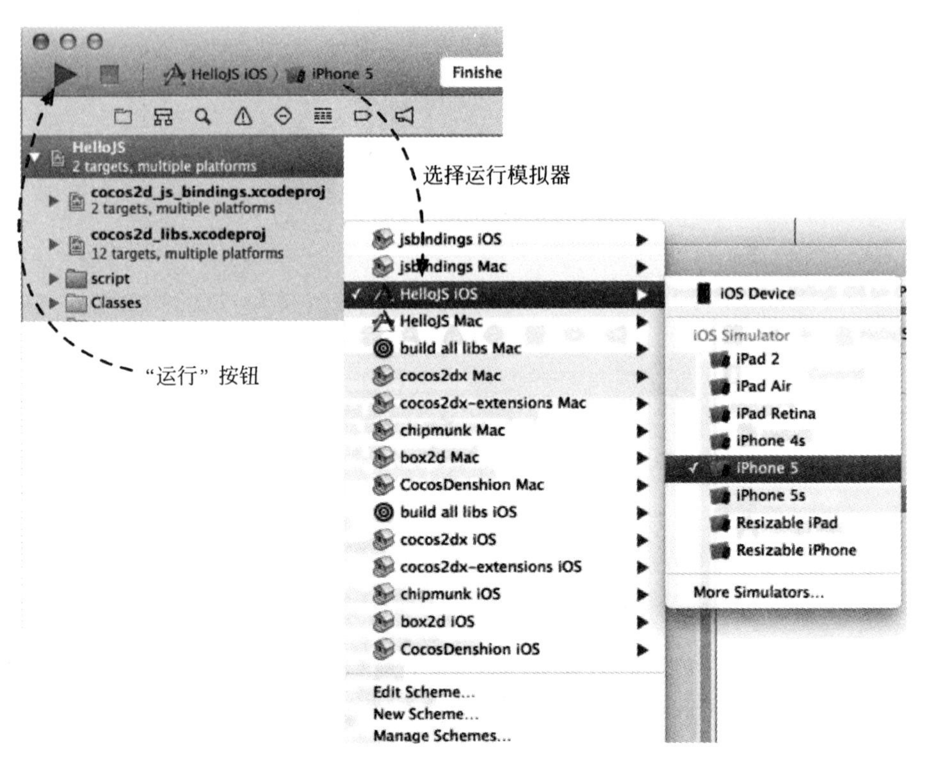

图 18-12　运行工程

18.4　移植问题汇总

如果安装好了 Xcode 工具，并且成功地在 iOS 工程中添加了源文件和资源文件，就可以开始移植工作了。下面归纳了移植到本地 iOS 平台遇到的一些问题。

18.4.1　iOS 平台声音移植问题

如果游戏要运行在 Mac OS X 或 iOS 平台，那么采用苹果特有格式的声音文件可以提升游戏性能。在第 9 章介绍过苹果的声音格式有 CAFF(core audio file format)和 AIFF (audio interchange file format)。CAFF 是无压缩音频格式，一般用于音乐特效优化，AIFF 和 AIFF-C 由于经过压缩，文件格式小，一般用于背景音乐。

下面以把第 9.3 节实例移植到 iOS 平台为例介绍一下声音移植问题。首先需要将文件格式进行转换。音效转换命令：

```
$ afconvert -f caff -d LEI16@44100 Blip.wav
```

其中，Blip.wav 是文件名。通过该命令将所有的 wav 文件转换为 caf 文件。

背景音乐转换命令：

```
$ afconvert -f AIFC -d ima4 Synth.mp3
```

其中，Synth. mp3 是文件名。通过该命令将所有的 MP3 文件转换为 aifc 文件。全部转换完成后，文件如图 18-13 所示。

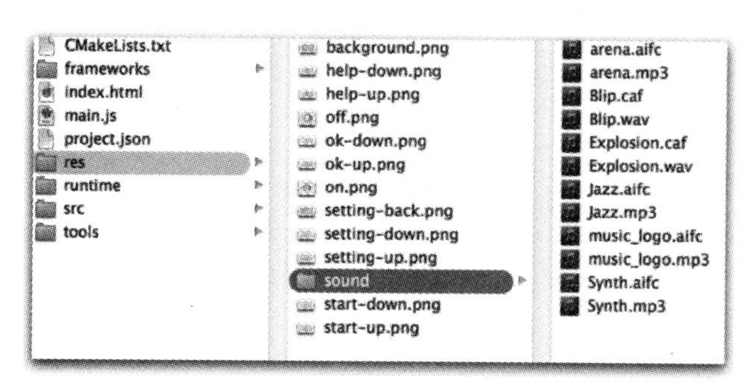

图 18-13　转换之后的文件

在程序代码中需要使用判断平台，然后选择加载是用哪些文件。需要修改 resource. js 文件。内容如下：

```
var res = {
    //image
    On_png: "res/on.png",
    Off_png: "res/off.png",
    background_png: "res/background.png",
    start_up_png: "res/start-up.png",
    start_down_png: "res/start-down.png",
    setting_up_png: "res/setting-up.png",
    setting_down_png: "res/setting-down.png",
    help_up_png: "res/help-up.png",
    help_down_png: "res/help-down.png",
    setting_back_png: "res/setting-back.png",
    ok_down_png: "res/ok-down.png",
    ok_up_png: "res/ok-up.png"
    //plist
    //fnt
    //tmx
    //bgm
};

var sound_res = { };                                                    ①

//本地 iOS 平台
var res_NativeiOS = {                                                   ②
    //音乐
    bgMusicSynth: 'res/sound/Synth.aifc',
    bgMusicJazz: 'res/sound/Jazz.aifc',
    //音效
    effectBlip: 'res/sound/Blip.caf'
```

```
};

//其他平台包括 Web 和 Android 等
var res_Other = {                                                    ③
    //音乐
    bgMusicSynth: 'res/sound/Synth.mp3',
    bgMusicJazz: 'res/sound/Jazz.mp3',
    //音效
    effectBlip: 'res/sound/Blip.wav'
};

var g_resources = [                                                  ④

];

for (var i in res) {                                                 ⑤
    g_resources.push(res[i]);
}

if (cc.sys.os == cc.sys.OS_IOS) {                                    ⑥
    sound_res = res_NativeiOS;                                       ⑦
} else {
    sound_res = res_Other;                                           ⑧
}

for (var i in sound_res) {                                           ⑨
    g_resources.push(sound_res[i]);
}
```

上述代码第①行定义声音资源集合变量 sound_res。第②行代码定义本地 iOS 平台声音资源集合变量 res_NativeiOS，在该变量中包含 iOS 平台特有声音资源文件。第③行代码定义一个声音资源集合变量 res_Other，在该变量中包含除 iOS 平台之外的声音资源文件，这里主要是 Web 和 Android 等平台。代码第④行定义数组集合变量 g_resources 用来保存需要加载的资源文件集合。第⑤行代码是通过循环将 res 内容添加到 g_resources 中。第⑥行代码可以判断是否是 iOS 平台，如果是 iOS 平台，则调用第⑦行代码 sound_res＝res_NativeiOS，sound_res 变量就会指向第②行的集合内容。如果不是 iOS 平台，则调用第⑧行代码 sound_res＝res_Other，sound_res 变量就会指向第③行的集合内容。第⑨行与第⑤行代码类似，通过循环将 sound_res 内容添加到 g_resources 中。

在程序中播放音效和声音文件代码如下：

```
var audioEngine = cc.audioEngine;
audioEngine.playMusic(sound_res.bgMusicJazz, true);
audioEngine.playMusic(sound_res.bgMusicSynth, true);
audioEngine.playEffect(sound_res.effectBlip);
```

18.4.2 使用 PVR 纹理格式

在第 16 章中也介绍过在 iOS 平台应该使用 PVR 纹理格式，PVR 纹理不需经过解码等处理能够直接被 iOS CPU 使用。

可以使用 TexturePacker 等工具制作纹理图集，需要注意的是，背景图片放到一个纹理集中，不需要有 Alpha 通道，可以选择使用 RGB565 格式。而其他图片放到一个纹理图集，可以采用 RGBA4444 格式。生成的文件如下：

(1) Texture.plist。非 iOS 平台纹理集 plist 文件。

(2) Texture.png。非 iOS 平台纹理集文件。

(3) Texture_bg.plist。非 iOS 平台背景图片纹理集 plist 文件。

(4) Texture_bg.png。非 iOS 平台背景图片纹理集文件。

(5) Texture_PVR_zlib.plist。iOS 平台纹理集 plist 文件。

(6) Texture_PVR_zlib.pvr.ccz。iOS 平台纹理集文件。

(7) Texture_bg_PVR_zlib.plist。iOS 平台背景图片纹理集 plist 文件。

(8) Texture_bg_PVR_zlib.pvr.ccz。iOS 平台背景图片纹理集文件。

需要修改 resource.js 文件。内容如下：

```
var res = { };

//本地 iOS 平台
var res_NativeiOS = {                                                    ①
    //texture 资源
    Texture_res: 'res/Texture/Texture_PVR_zlib.pvr.ccz',
    Texture_bg_res: 'res/Texture/Texture_bg_PVR_zlib.pvr.ccz',
    //plist
    Texture_plist: 'res/Texture/Texture_PVR_zlib.plist',
    Texture_bg_plist: 'res/Texture/Texture_bg_PVR_zlib.plist',
    //音乐
    bgMusicSynth: 'res/sound/Synth.aifc',
    bgMusicJazz: 'res/sound/Jazz.aifc',
    //音效
    effectBlip: 'res/sound/Blip.caf'
};

//其他平台包括 Web 和 Android 等
var res_Other = {                                                        ②
    //texture 资源
    Texture_res: 'res/Texture/Texture.png',
    Texture_bg_res: 'res/Texture/Texture_bg.png',
    //plist
    Texture_plist: 'res/Texture/Texture.plist',
    Texture_bg_plist: 'res/Texture/Texture_bg.plist',
    //music
    bgMusicSynth: 'res/sound/Synth.mp3',
    bgMusicJazz: 'res/sound/Jazz.mp3',
    //effect
```

```
    effectBlip: 'res/sound/Blip.wav'
};

var g_resources = [];

if (cc.sys.os == cc.sys.OS_IOS) {
    res = res_NativeiOS;
} else {
    res = res_Other;
}

for (var i in res) {
    g_resources.push(res[i]);
}
```

在 resource.js 文件中声明两个不同的变量 res_NativeiOS 和 res_Other，代码第①行的 res_NativeiOS 变量包含本地 iOS 平台资源，而代码第②行的 res_Other 变量包含其他平台资源。

18.4.3 横屏与竖屏设置问题

Cocos2d-JS 工程模板在 iOS 平台默认情况下是横屏显示的，需要修改设置，否则出现图 18-14 所示现象，图片会失真。正常显示应该是图 18-15 所示。

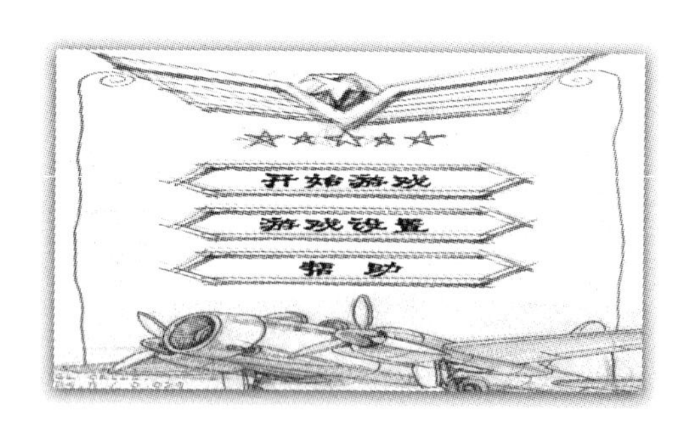

图 18-14 横屏显示竖屏内容

图 18-15 正常显示

具体设置过程是，打开 Xcode 工程，选择工程（如 HelloWorld）中的 TARGETS→HelloWorld iOS→General→Device Orientation，如图 18-16 所示，只选中 Portrait。Device

Orientation 属性设置设备的支持方向，Portrait 表示竖直朝上，Upside Down 表示竖直朝下，Landscape Left 和 Landscape Right 分别表示水平向左和水平向右。

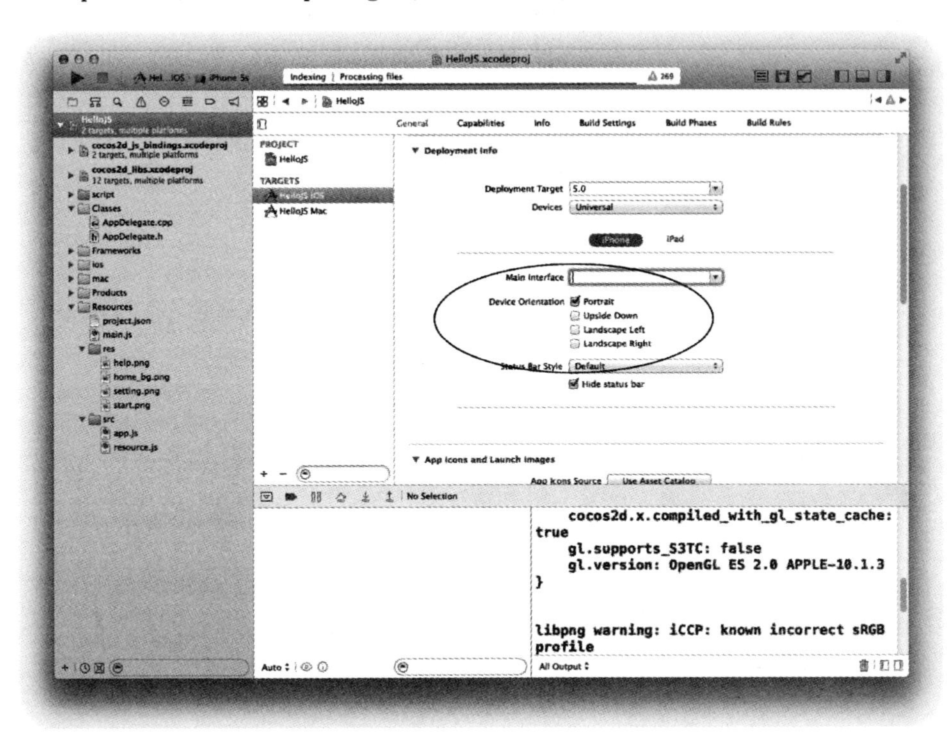

图 18-16　设置竖屏

修改完成，就可以运行一下看看效果了。

18.5　多分辨率屏幕适配

多分辨率屏幕适配问题在本书的开始就想介绍，但是考虑到 Cocos Code IDE 和 Webstorm 等工具开发这个问题并不突出，只有在移植到 Web、Android 和 iOS 等平台的时候这个问题会很突出。一方面，同一个平台下屏幕尺寸的适配问题，例如，在 Android 平台下多种设备屏幕适配，iOS 平台下 iPhone 3.5 英寸、iPhone 4 英寸和 iPad 等设备屏幕适配；另一方面，不同平台间屏幕尺寸适配的问题，例如，应用要能够适配 Android、iOS 和 Window Phone 主流尺寸屏幕。

18.5.1　问题的提出

很多初学者会感到困惑，设备屏幕适配真的有那么大的危害吗？下面比较一个 iOS 平台的实例。图 18-17 所示是屏幕适配有问题的情况。其中，图 18-17(a)所示是资源图片是

320×480像素,屏幕尺寸iPhone 3.5英寸Retina显示屏[1],分辨率是640×960像素设备,这种情况下图片太小了,周围用黑色填充。图18-17(b)所示是资源图片640×1136像素,屏幕尺寸是640×960像素设备,导致图片上下超出屏幕。图18-17(c)所示是资源图片640×960像素,屏幕尺寸是640×1136像素设备,导致屏幕上下有黑边。

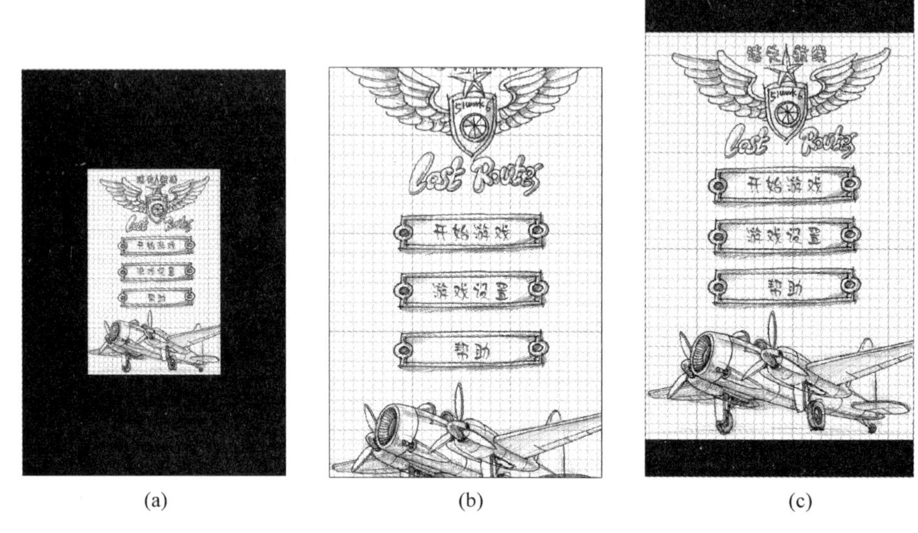

图18-17 多分辨率屏幕适配

18.5.2 分辨率策略

在前面的章节中讨论过工程根目录下的main.js文件,它的内容如下:

```
cc.game.onStart = function(){
    cc.view.setDesignResolutionSize(640, 960, cc.ResolutionPolicy.NO_BORDER);            ①
    cc.view.resizeWithBrowserSize(true);
    //load resources
    cc.LoaderScene.preload(g_resources, function () {
        cc.director.runScene(new HelloWorldScene());
    }, this);
};
cc.game.run();
```

上述代码第①行cc.view.setDesignResolutionSize()设置设计分辨率,其中,第一个参数是设计分辨率的宽,第二个参数是设计分辨率的高,第三个参数是分辨率策略。那么什么是设计分辨率呢?

在Cocos2d-x中定义了三种分辨率:资源分辨率、设计分辨率和屏幕分辨率。

(1) 资源分辨率,也就是资源图片的大小,单位是像素。

---

① Retina显示屏,是苹果高清显示屏,它在屏幕上的一个点是4个像素,高和宽是普通显示屏的两倍。例如,在iPhone 3.5英寸普通显示屏分辨率是320×480像素,而iPhone 3.5英寸Retina显示屏分辨率是640×960像素。

(2) 设计分辨率，逻辑上游戏屏幕大小，在这里设置了其分辨率为 320×480，那么在游戏中设置精灵的位置便可以参考该值。

(3) 屏幕分辨率，是以像素为单位的屏幕大小。对于 iPhone 3.5 英寸普通显示屏是 320×480，而对于 iPhone3.5 英寸 Retina 显示屏是 640×960。

资源文件显示到屏幕上分为两个阶段：资源分辨率到设计分辨率设置和设计分辨率到屏幕分辨率设置，如图 18-18 所示。

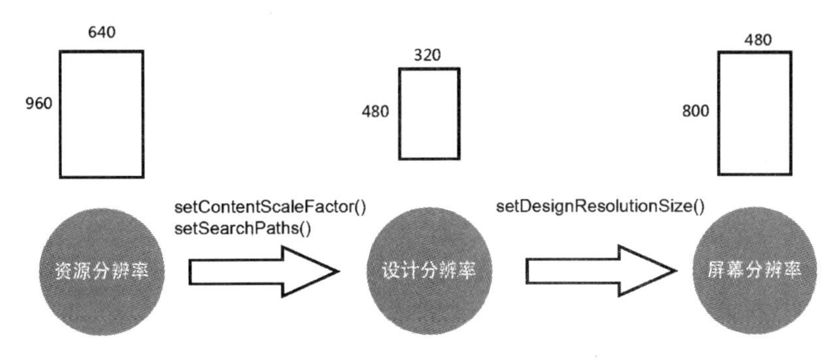

图 18-18　Cocos2d-x 资源文件显示到屏幕上的两个阶段

提示　图 18-18 所示的过程目前在 Cocos2d-x 引擎中已经实现，并有完善的 API 支持，但是在 Cocos2d-JS 引擎中从“资源分辨率”到“设计分辨率”过程没有能够支持，因此需要将“资源分辨率”和“设计分辨率”设计为大小相同的，也就是“设计分辨率”就是“资源分辨率”的大小。

在 cc.view.setDesignResolutionSize(640, 960, cc.ResolutionPolicy.NO_BORDER) 语句中 640 和 960 是设计分辨率的宽和高，这里之所以设置为 640×960，是因为背景图片资源的大小是 640×960。

屏幕分辨率是设备屏幕的大小，如果使用 Cocos Code IDE 工具的模拟器，那么是在 config.json 文件中设置的。具体内容如下：

```
{
  "init_cfg": {
    "isLandscape": false,
    "name": "CocosJSGame",
    "width": 640,                                                    ①
    "height": 1136,                                                  ②
    "entry": "main.js",
    "consolePort": 0,
    "debugPort": 0
  },
  "simulator_screen_size": [
    …
  ]
}
```

上述代码第①行和第②行是设置模拟器的宽和高，即模拟器屏幕分辨率。

在 setDesignResolutionSize 方法中，cc. ResolutionPolicy. NO_BORDER 是分辨率策略，它只是适配策略的一种，Cocos2d-JS 提供了 5 种适配策略。

这 5 种策略的表示常量如下：cc. ResolutionPolicy. NO_BORDER（无边策略）。cc. ResolutionPolicy. FIXED_HEIGHT（固定高度）。cc. ResolutionPolicy. FIXED_WIDTH（固定宽度）。cc. ResolutionPolicy. SHOW_ALL（全显示策略）。cc. ResolutionPolicy. EXACT_FIT（精确配合）。

1. NO_BORDER

屏幕宽、高分别和设计分辨率宽、高计算缩放因子，取较大者作为宽、高的缩放因子。保证了设计区域总能一个方向上铺满屏幕，而另一个方向一般会超出屏幕区域，如图 18-19 所示，设计分辨率是 320×480，屏幕分辨率是 480×800。

提示 图 18-19 中，SH 表示屏幕分辨率的高，SW 表示屏幕分辨率的宽，DH 表示设计分辨率的高，DW 表示设计分辨率的宽，这些表示方式在后面篇幅中含义一样，不再解释。另外，scaleX 是 X 轴缩放因子，scaleY 是 Y 轴缩放因子，MAX 函数表示取最大值。

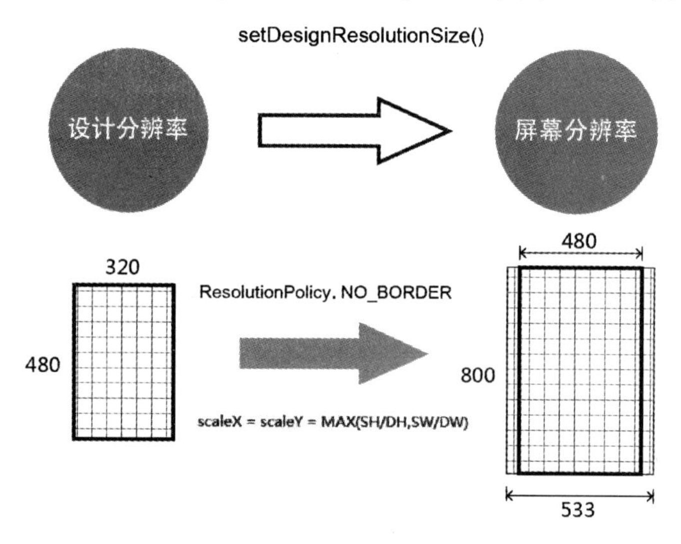

图 18-19 NO_BORDER 策略

NO_BORDER 没有拉伸图像，同时在一个方向上撑满了屏幕，是推荐的策略。但是这种策略有一个问题：它不能根据用户的意愿向特定方向拉伸，如果有这样的需要，可以使用 FIXED_HEIGHT 和 FIXED_WIDTH。

2. FIXED_HEIGHT 和 FIXED_WIDTH

FIXED_HEIGHT 和 FIXED_WIDTH 可以保证图像按照固定的高或宽无拉伸填充满屏幕，如图 18-20 所示。其中，ceilf 函数是取参数的上线，如 ceilf(5. 61)=6。

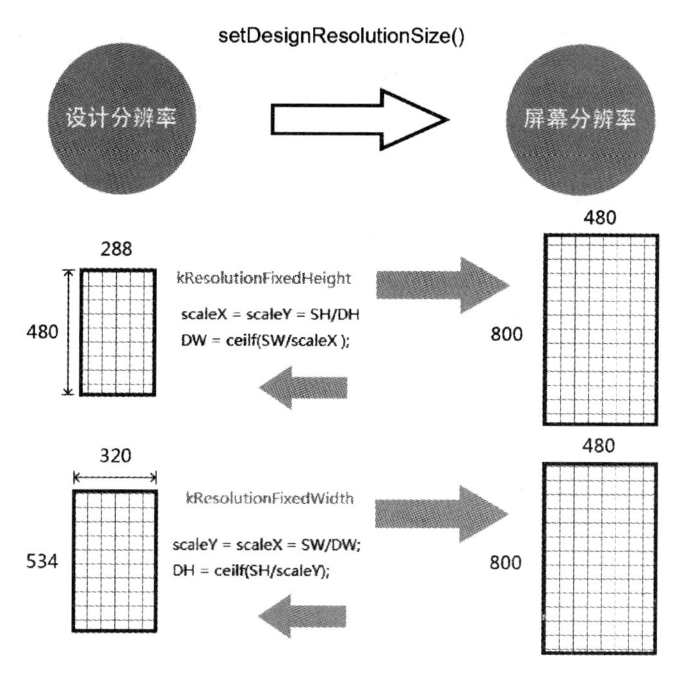

图 18-20　FIXED_HEIGHT 和 FIXED_WIDTH 策略

FIXED_HEIGHT 适合高方向需要填充满，宽方向可以裁剪的游戏界面。FIXED_WIDTH 适合宽方向需要填充满，高方向可以裁剪的游戏界面。

3. SHOW_ALL

屏幕宽、高分别和设计分辨率宽、高计算缩放因子，取较小者作为宽、高的缩放因子。保证了设计区域全部显示到屏幕上，但可能会有黑边，如图 18-21 所示。其中，MIN 函数是取最小值。

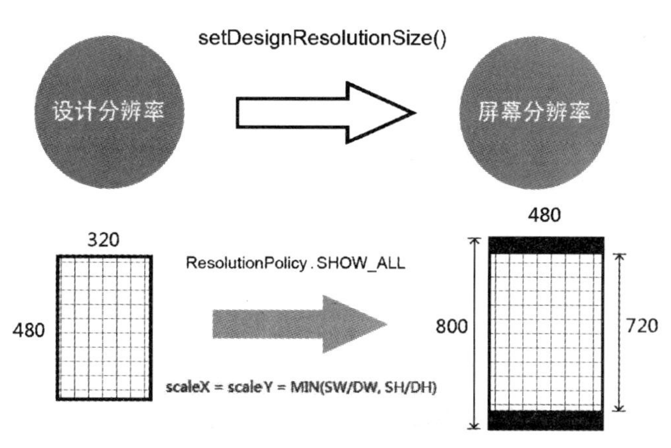

图 18-21　SHOW_ALL 策略

4. EXACT_FIT

屏幕分辨率宽与设计分辨率宽比例作为 x 轴方向的缩放因子，屏幕分辨率高与设计分辨率高比例作为 y 轴方向的缩放因子。保证了设计区域完全铺满屏幕，但是可能会出现图像拉伸，如图 18-22 所示。

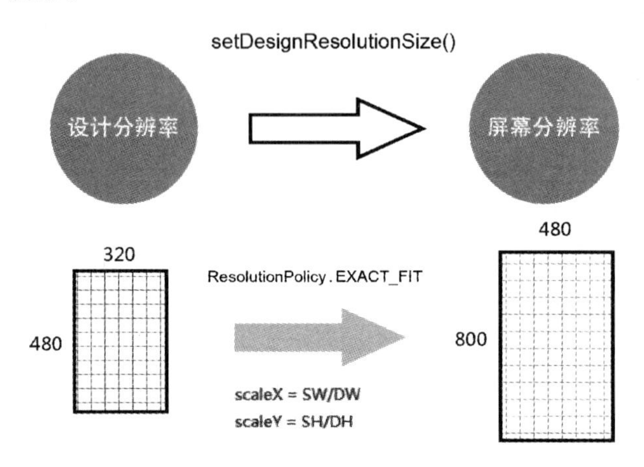

图 18-22　EXACT_FIT 策略

总结上面的 5 种策略，重点推荐使用 FIXED_HEIGHT 和 FIXED_WIDTH，次之是 NO_BORDER。除非特殊需要，一定要全部显示填充屏幕可以使用 EXACT_FIT，一定要全部无变形显示可以使用 SHOW_ALL。

本章小结

通过对本章的学习，可以了解到 Cocos2d-JS 工程移植到 iOS 平台需要做哪些工作，以及一些具体问题的汇总。

第19章 移植到本地 Android 平台

本章介绍如何使用 Cocos Code IDE 和 Webstorm 等工具进行游戏工程的开发，并移植到本地 Android 平台。

19.1 搭建交叉编译和打包环境

在 Windows 下使用的桌面电脑是基于 X86 架构[①] CPU 的，而手机等移动设备是基于 ARM 架构[②] CPU 的。由于两个 CPU 的指令集不同、架构不同，这样在 Windows 下编写的程序代码，如果要在手机上运行，就需要交叉编译，即把程序代码在 X86 CPU 下编译成为在 ARM CPU 下能够运行的二进制文件。

这个过程事实上跨越很大。不过不用担心，Android 提供了 NDK 开发工具包，可以帮助实现交叉编译过程。通过 Cocos2d-x 团队提供了一些工具使得编译和打包更加轻松。

这个编译过程可以在 Windows、Linux 和 Mac OS X 等操作系统之上执行，配置和执行过程基本类似。在 Windows 系统中能够满足需要的版本：Windows XP (32 位)、Vista (32 或 64 位)、Windows 7 (32 或 64 位)和 Windows 8(32 或 64 位)。如果在 Mac 平台，则要求 OS X 10.5.8 及以上。如果在 Linux 平台，则可以是 Ubuntu 10.04LTS 及以上。

这几个平台需要的软件都是类似的，这里以介绍 Windows 操作系统为主，其他的操作系统为辅。

编译需要准备的软件有 Cocos2d-JS、、JDK、Apache Ant、Python、Android SDK、Android NDK。

---

① X86 指令集是美国 Intel 公司为其第一块 16 位 CPU(i8086)专门开发的，美国 IBM 公司 1981 年推出的世界第一台 PC 中的 CPU——i8088(i8086 简化版)使用的也是 X86 指令。

② ARM 架构是一个 32 位精简指令集处理器架构，支持 Thumb(16 位)/ARM(32 位)双指令集，能很好地兼容 8 位/16 位器件。它的优点：体积小、低功耗、低成本、高性能。其广泛地使用在许多嵌入式系统设计。大部分移动设备，如 iPhone、iPad 等都是使用 ARM 架构 CPU。

1. Cocos2d-JS

Cocos2d-JS 要求 3.0 以上版本，到 Cocos2d-JS 官网 http://www.Cocos2d-x.org/下载相应版本就可以了，它没有操作系统之分。

2. JDK

由于 Ant 等软件需要 JDK，JDK 是必需的，要求 JDK 6 以上版本。图 19-1 所示是 JDK 7 下载界面，它的下载地址是 http://www.oracle.com/technetwork/java/javase/downloads/jdk7-downloads-1880260.html。其中有很多版本，注意选择对应的操作系统，以及 32 位还是 64 位安装的文件。

下载完成并默认安装完成之后，需要设置系统环境变量，主要是设置 JAVA_HOME 环境变量。打开环境变量设置对话框，如图 19-2 所示，可以在用户变量(上半部分，只影响当前用户)或系统变量(下半部分，影响所有用户)添加环境变量。一般情况下，在用户变量中设置环境变量。

Java SE Development Kit 7u51

You must accept the Oracle Binary Code License Agreement for Java SE to download this software.

Thank you for accepting the Oracle Binary Code License Agreement for Java SE; you may now download this software.

Product / File Description	File Size	Download
Linux ARM v6/v7 Hard Float ABI	67.7 MB	jdk-7u51-linux-arm-vfp-hflt.tar.gz
Linux ARM v6/v7 Soft Float ABI	67.68 MB	jdk-7u51-linux-arm-vfp-sflt.tar.gz
Linux x86	115.65 MB	jdk-7u51-linux-i586.rpm
Linux x86	132.98 MB	jdk-7u51-linux-i586.tar.gz
Linux x64	116.96 MB	jdk-7u51-linux-x64.rpm
Linux x64	131.8 MB	jdk-7u51-linux-x64.tar.gz
Mac OS X x64	179.49 MB	jdk-7u51-macosx-x64.dmg
Solaris x86 (SVR4 package)	140.04 MB	jdk-7u51-solaris-i586.tar.Z
Solaris x86	95.13 MB	jdk-7u51-solaris-i586.tar.gz
Solaris x64 (SVR4 package)	24.53 MB	jdk-7u51-solaris-x64.tar.Z
Solaris x64	16.28 MB	jdk-7u51-solaris-x64.tar.gz
Solaris SPARC (SVR4 package)	139.38 MB	jdk-7u51-solaris-sparc.tar.Z
Solaris SPARC	98.19 MB	jdk-7u51-solaris-sparc.tar.gz
Solaris SPARC 64-bit (SVR4 package)	23.92 MB	jdk-7u51-solaris-sparcv9.tar.Z
Solaris SPARC 64-bit	18.33 MB	jdk-7u51-solaris-sparcv9.tar.gz
Windows x86	123.64 MB	jdk-7u51-windows-i586.exe
Windows x64	125.46 MB	jdk-7u51-windows-x64.exe

图 19-1 下载 JDK

图 19-2 环境变量设置对话框

在用户变量部分单击“新建”按钮，系统弹出对话框如图 19-3 所示。设置“变量名”为 JAVA_HOME，“变量值”为 C:\Program Files\Java\jdk1.7.0_21，注意变量值的路径。

为了防止安装多个 JDK 版本对于环境的影响，还可以在环境变量 PATH 后追加 C:\Program Files\Java\jdk1.7.0_21\bin 路径。如图 19-4 所示，在用户变量中找到 PATH，双击打开 PATH 修改对话框，如图 19-5 所示，追加 C:\Program Files\Java\jdk1.7.0_21\bin，注意 PATH 之间用分号分隔。

图 19-3 设置 JAVA_HOME

图 19-4　环境变量 PATH 设置对话框

图 19-5　PATH 修改对话框

3. Apache Ant

Apache Ant 是一个自动化执行程序编译、测试、发布等步骤的工具，大多用于 Java 环境中的软件开发。由 Apache 软件基金会所提供。Apache Ant 需要 1.8 以上版本，下载地址为 http://ant.apache.org/，下载文件是一个压缩文件，可以在任何主流操作系统上解压使用，需要配置环境变量，把它的 bin 目录（如 C:\apache-ant-1.9.3\bin）追加到 PATH 环境变量后面。具体过程参考 JDK 的 PATH 设置。

4. Python

Python 的安装参考 17.2 节。

接下来重点介绍 Android SDK 和 Android NDK 的安装与配置。

19.1.1　安装 Android SDK

Android SDK 下载地址为 http://developer.android.com/sdk/index.html，在浏览器中打开该网址，如图 19-6 所示，可以单击 Download the SDK ADT Bundle for Windows 和 Download the SDK Tools for Windows。需要选择 Download the SDK Tools for Windows 下载安装文件，下载完成后双击解压缩就可以使用了。

Download the SDK Tools for Windows 提供了 Android SDK 安装文件，下载完成双击就可以安装了。

Download the SDK ADT Bundle for Windows 提供了一个工具包，它包括安装了 ADT

图 19-6 下载 Android SDK

插件的 Eclipse[①] 工具和 Android SDK。Eclipse 安装了 ADT 插件后就能够开发 Android 应用。在交叉编译过程中,并不需要 ADT 和 Eclipse。但推荐使用 ADT 和 Eclipse,它能够方便用户管理 Android 应用的发布、运行和调试,以及 Android 模拟器等。

19.1.2 管理 Android SDK

在 Android SDK 解压目录下有一个 SDK Manager.exe 文件,双击它则启动 Android SDK 安装管理对话框,如图 19-7 所示,可以下载和管理 Android SDK。

---

① Eclipse 是著名的跨平台开源集成开发环境(IDE)。最初主要用 Java 语言开发,目前亦有人通过插件使其作为 C++、Python、PHP 等其他语言的开发工具。Eclipse 本身只是一个框架平台,但是众多插件的支持,使得 Eclipse 拥有较佳的灵活性。许多软件开发商以 Eclipse 为框架开发自己的 IDE! ——引自于维基百科(http://zh.wikipedia.org/wiki/Eclipse)

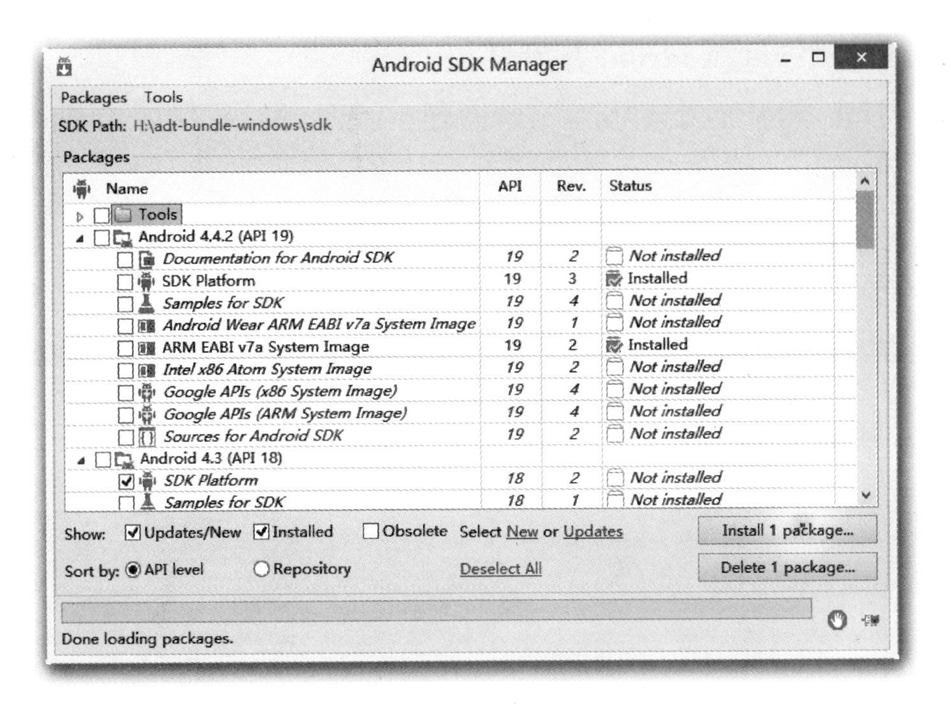

图 19-7　下载和管理 Android SDK

选择需要的 SDK 等内容，单击 Install 1 package…按钮弹出安装许可对话框，如图 19-8 所示。选择 Accept 单选按钮，然后再单击 Install 按钮就开始下载安装了。

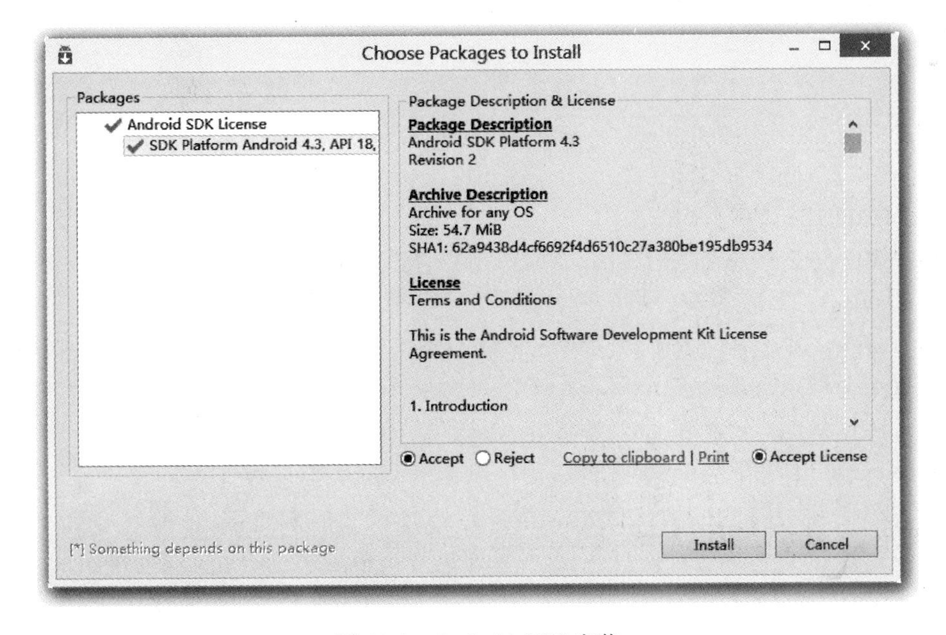

图 19-8　Android SDK 安装

19.1.3 管理 Android 开发模拟器

在开发手机应用程序时，开发环境一般都提供了模拟器。Android SDK 中 Android AVD Manager 工具可以创建和管理 Android 模拟器。

可以在 Android SDK 中直接运行 AVD Manager.exe 或者在 Eclipse ADT 插件中单击 Android AVD Manager 按钮，如图 19-9 所示。

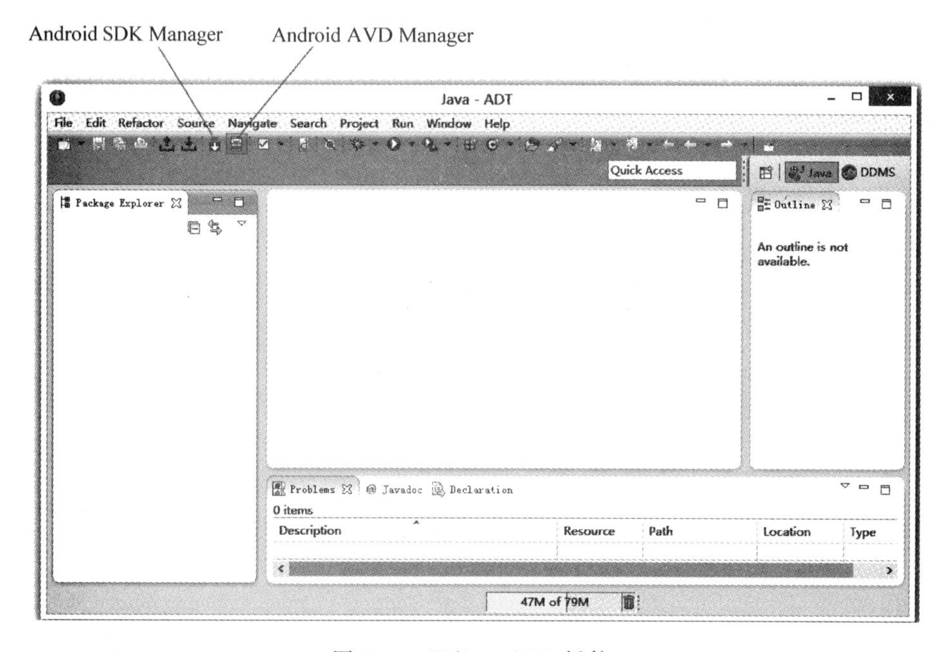

图 19-9 Eclipse ADT 插件

打开图 19-10 所示的 Android AVD Manager 对话框，单击 New 按钮后出现图 19-11 所示的创建模拟器对话框。

在图 19-11 中填写内容：

(1) AVD Name，是虚拟设备的名称，由用户自定义。这里输入 442。

(2) Device，选择预先设置好的设备模板。

(3) Target，选择不同的 SDK 版本(依赖目前 SDK 的 platform 中包含了哪些版本的 SDK)。这里选择 Android 4.4.2 - API Level 19。

(4) CPU/ABI，选择 CPU 类型，其中 ABI 是 ARM 体系结构。

(5) Keyboard，选中后面的复选框，则可以在模拟器中出现键盘。

(6) Skin，是皮肤，它的含义其实是仿真器运行尺寸的大小，默认的尺寸有 HVGA-P (320×480)、HVGA-L(480×320)等，也可以通过直接指定尺寸的方式指定屏幕的大小。

(7) Front/Back Camera，选中前、后摄像头开启，这需要计算机上硬件支持。

(8) Memory Options，内存选项，设置可以模拟器的内存，其中 RAM 是内存，VM

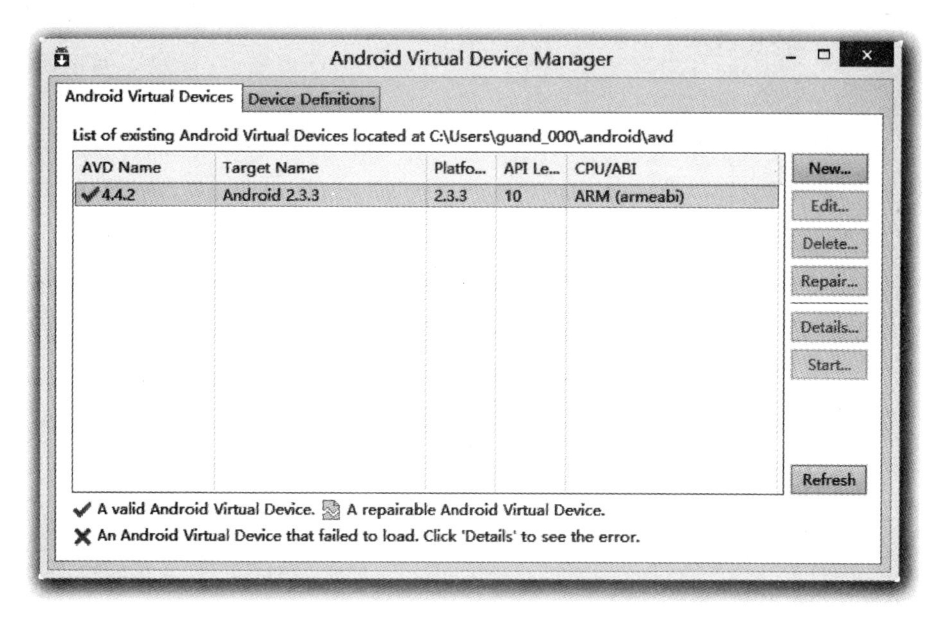

图 19-10　Android AVD Manager 对话框

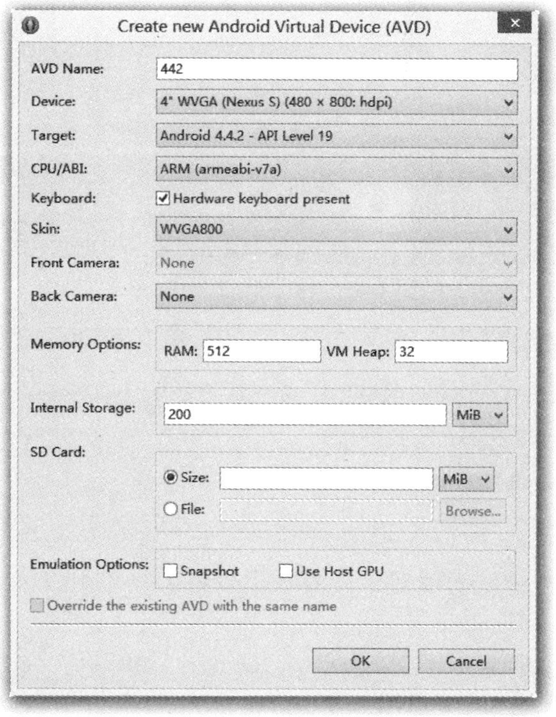

图 19-11　创建模拟器对话框

Heap 是堆内存大小。

(9) Internal Storage，内部存储，注意不要与 RAM 内存混淆，它还属于外设，访问它需要 IO 操作。

(10) SD Card，模拟 SD 卡，它是与内部存储(Internal Storage)对应的外部存储。可以选择大小或者一个 SD 卡映像文件，SD 卡映像文件是使用 mksdcard 工具建立的。不需要 SD 卡时可以不定义，这里就不定义 SD 卡。

单击 OK 按钮，在 AVD Manager 对话框里就出现了刚刚创建的模拟器。可以在 AVD Manager 对话框中选择一个设备，单击右侧的 Start 按钮，将启动虚拟设备，如图 19-12 所示。

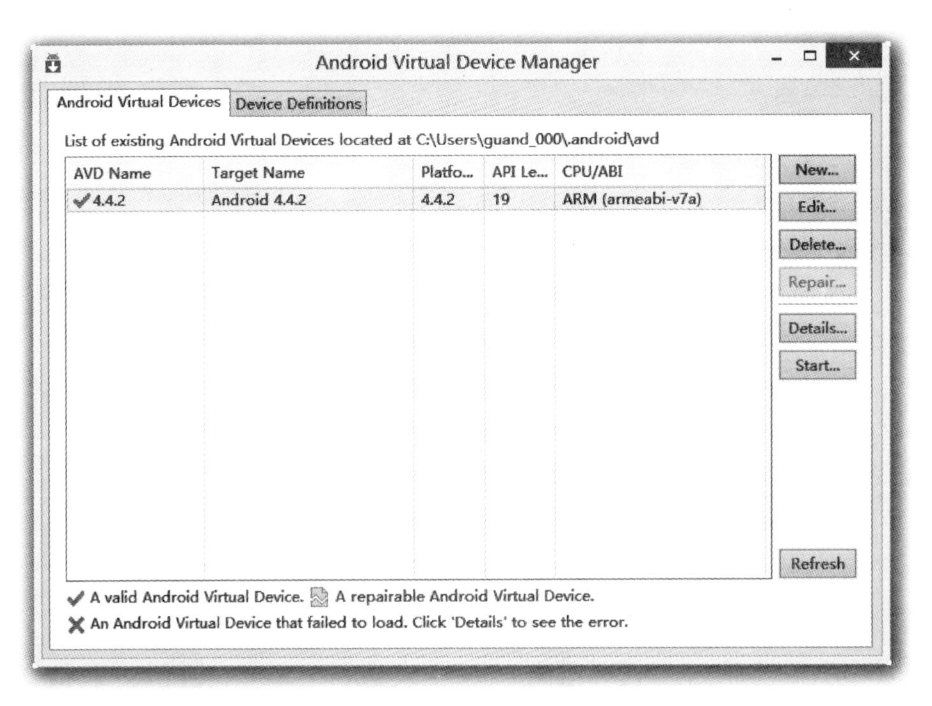

图 19-12 启动虚拟设备

19.1.4 安装 Android NDK

Android NDK(Native Development Kit)是一个工具包，它提供了构建 C(或 C++)的动态库，并能够交叉编译为 so(动态链接库)，也可以将 Java 代码编译，然后一起打包成 apk (Android 安装包)。

Android NDK 下载地址为 http://developer.android.com/tools/sdk/ndk/index.html，打开下载页面，如图 19-13 所示。其中有很多版本，注意选择对应的操作系统，以及 32 位还是 64 位安装的文件。

文件下载完后需要解压出来，保存好它的位置。

Downloads

Platform	Package	Size (Bytes)	MD5 Checksum
Windows 32-bit	android-ndk-r9d-windows-x86.zip	491440074	b16516b611841a075685a10c59d6d7a2
Windows 64-bit	android-ndk-r9d-windows-x86_64.zip	520997454	8cd244fc799d0e6e59d65a59a8692588
Mac OS X 32-bit	android-ndk-r9d-darwin-x86.tar.bz2	393866116	ee6544bd8093c79ea08c2e3a6ffe3573
Mac OS X 64-bit	android-ndk-r9d-darwin-x86_64.tar.bz2	400339614	c914164b1231c574dbe40debef7048be
Linux 32-bit (x86)	android-ndk-r9d-linux-x86.tar.bz2	405218267	6c1d7d99f55f0c17ecbcf81ba0eb201f
Linux 64-bit (x86)	android-ndk-r9d-linux-x86_64.tar.bz2	412879983	c7c775ab3342965408d20fd18e71aa45
Additional Download	**Package**	**Size (Bytes)**	**MD5 Checksum**
STL debug info	android-ndk-r9d-cxx-stl-libs-with-debug-info.zip	104947363	906c8d88e0f02295c3bfe6b8e98a1a35

With NDK revision 9 and higher, the release packages have been split to reduce download size. The first download for each platform contains the default NDK toolchain. The second download contains legacy NDK toolchains for that platform, which is only required if you are not using the current, recommended toolchain for your NDK builds.

图 19-13　下载 Android NDK

19.2　交叉编译

环境配置成功之后，就可以进行交叉编译了。能够进行交叉编译的方法很多，推荐使用 cocos 工具，它可以做很多事情。现在使用它进行交叉编译、打开 APK 安装包和安装 APK 到设备或模拟器上。

首先通过 DOS 进入到要编译的工程的根目录下，如图 19-14 所示，输入 cocos compile

图 19-14　命令行交叉编译

-p android 命令，其中的 HelloJS 是游戏工程根目录，然后按 Enter 键开始执行，如果一切都顺利则会出现图 19-15 所示的结果。

```
C:\Windows\System32\cmd.exe
[apkbuilder] Current build type is different than previous build: forced apkbuilder run.
[apkbuilder] Creating HelloJS-debug-unaligned.apk and signing it with a debug key...

-post-package:

-do-debug:
 [zipalign] Running zip align on final apk...
     [echo] Debug Package: C:\Users\tonyguan\Documents\projects\HelloJS\frameworks\runtime-src\proj.android\bin\HelloJS-debug.apk
[propertyfile] Creating new property file: C:\Users\tonyguan\Documents\projects\HelloJS\frameworks\runtime-src\proj.android\bin\build.prop
[propertyfile] Updating property file: C:\Users\tonyguan\Documents\projects\HelloJS\frameworks\runtime-src\proj.android\bin\build.prop
[propertyfile] Updating property file: C:\Users\tonyguan\Documents\projects\HelloJS\frameworks\runtime-src\proj.android\bin\build.prop
[propertyfile] Updating property file: C:\Users\tonyguan\Documents\projects\HelloJS\frameworks\runtime-src\proj.android\bin\build.prop

-post-build:

debug:

BUILD SUCCESSFUL
Total time: 10 seconds
Move apk to C:\Users\tonyguan\Documents\projects\HelloJS\runtime\android
build succeeded.
C:\Users\tonyguan\Documents\projects\HelloJS>_
```

图 19-15 交叉编译成功

提示 指令执行的最后环节是安装 APK 包，在此之前要求至少启动了一个模拟器或者一个 Android 设备，这就需要在图 19-12 所示的对话框中先选中模拟器，再单击 Start 按钮启动。

执行交叉编译成功后，会发现＜游戏工程＞\frameworks\runtime-src\proj.android\libs\armeabi 目录下有 libcocos2djs.so 文件。

19.3 打包运行

上一节介绍了在 Android 平台使用 cocos 工具进行交叉编译，本节介绍使用 cocos 工具在 Android 平台打包运行。

首先通过 DOS 进入到要编译的工程的根目录下，如图 19-16 所示，输入 cocos run -p android 命令，其中的 HelloJS 是游戏工程根目录，然后按 Enter 键开始执行，如果一切都顺利则会出现图 19-17 所示的结果，并且会把应用安装到 Android 设备和模拟器上。

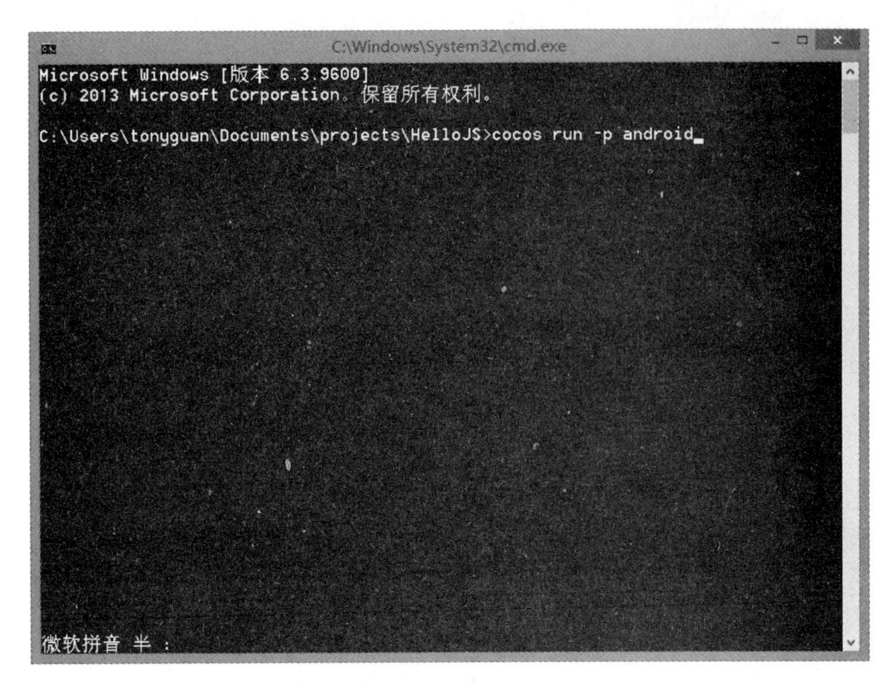

图 19-16　打包运行

```
C:\Windows\System32\cmd.exe
-post-build:

debug:

BUILD SUCCESSFUL
Total time: 11 seconds
Move apk to C:\Users\tonyguan\Documents\projects\HelloJS\runtime\android
build succeeded.
Running command: deploy
Deploying mode: debug
installing on device
running: '"C:\adt-bundle-windows\sdk\platform-tools\adb" uninstall net.cocoagame
'

Success
running: '"C:\adt-bundle-windows\sdk\platform-tools\adb" install "C:\Users\tonyg
uan\Documents\projects\HelloJS\runtime\android\HelloJS-debug.apk"'

2592 KB/s (8845957 bytes in 3.331s)
        pkg: /data/local/tmp/HelloJS-debug.apk
Success
Running command: run
starting application
running: '"C:\adt-bundle-windows\sdk\platform-tools\adb" shell am start -n "net.
cocoagame/org.cocos2dx.javascript.AppActivity"'

Starting: Intent { cmp=net.cocoagame/org.cocos2dx.javascript.AppActivity }
C:\Users\tonyguan\Documents\projects\HelloJS>
```

图 19-17　打包运行成功

19.4 移植问题汇总

Android 平台版本和设备碎片化很严重，因此当把游戏移植到 Android 平台时会遇到很多问题。下面归纳了移植到本地 Android 平台遇到的一些问题。

19.4.1 JS 文件编译问题

在 Android 和 iOS 等本地平台中的应用很容易被别人获得安装包文件。这些文件可以被解压，而 JS 源代码文件的内容很容易被别人看到。需要保护 JS 源代码文件，cocos jscompile 工具能够编译 JS 源代码文件为 JSC 文件，这样源代码内容就不会被他人看见了。JS 编译并非编译成为 C++的二进制机器码，而是字节码(bytecode)。

并不需要对 Cocos2d-JS 工程中的所有 JS 文件编译，只需要对自己编写的＜游戏工程目录＞\src 目录内容编译。为了运行的需要，还需要编写＜游戏工程目录＞\frameworks\js-bindings\bindings\script 中的 JS 文件进行编译。

具体步骤是通过 DOS 进入到要编译的工程的根目录下。执行命令如下：

```
cocos jscompile -s .\frameworks\js-bindings\bindings\script -d .\frameworks\js-bindings\bindings\script

del .\frameworks\js-bindings\bindings\script\*.js

cocos jscompile -s .\src -d .\src

del .\src\*.js
```

上面的命令同样适用于在 Mac OS X 的终端中执行。

提示 游戏工程根目录下的 main.js 文件不要编译为 main.jsc，否则无法打包运行。

19.4.2 横屏与竖屏设置问题

Cocos2d-JS 工程模板默认情况下是横屏显示的，而有的游戏是竖屏显示的，需要在 Android 工程中进行一些设置。打开＜游戏工程目录＞\frameworks\runtime-src\proj.android\AndroidManifest.xml 文件。AndroidManifest.xml 文件是 Android 工程的配置文件：

```
<?xml version="1.0" encoding="utf-8"?>
<manifest xmlns:android="http://schemas.android.com/apk/res/android"
      package="com.work6"
      android:versionCode="1"
      android:versionName="1.0">

    <uses-sdk android:minSdkVersion="9"/>
```

```
    <uses-feature android:glEsVersion="0x00020000" />

    <application android:label="@string/app_name"
                 android:icon="@drawable/icon">


        <activity android:name="org.cocos2dx.cpp.AppActivity"
                  android:label="@string/app_name"
                  android:screenOrientation="portrait"                               ①
                  android:theme="@android:style/Theme.NoTitleBar.Fullscreen"
                  android:configChanges="orientation">

            <!-- Tell NativeActivity the name of our .so -->
            <meta-data android:name="android.app.lib_name"
                       android:value="cocos2dcpp" />

            <intent-filter>
                <action android:name="android.intent.action.MAIN" />
                <category android:name="android.intent.category.LAUNCHER" />
            </intent-filter>
        </activity>
    </application>

    <supports-screens android:anyDensity="true"
                      android:smallScreens="true"
                      android:normalScreens="true"
                      android:largeScreens="true"
                      android:xlargeScreens="true"/>

    <uses-permission android:name="android.permission.INTERNET"/>
</manifest>
```

上述代码第①行把 android:screenOrientation="landscape" 改为 android:screenOrientation="portrait"，android:screenOrientation 属性取值 landscape 为横屏显示，portrait 为竖屏显示。

本章小结

通过对本章的学习，可以了解到 Cocos2d-JS 工程移植到 Android 平台需要做哪些工作，以及一些具体问题的汇总。

第六篇 实 战 篇

第 20 章 使用 Git 管理程序代码版本

笔者有个同事曾经做了一个时长 3 个月的项目，就在项目即将结束的时候他的硬盘坏了，数据全部丢失，而他之前从不做备份，结果可想而知。这件事对我的触动很大，我后来经常备份程序代码并将其备份在不同的计算机上。于是，有一段时间我每天下班的时候，都把程序代码备份到公司的服务器。随着时间的推移，备份到服务器上的数据越来越多，我很难快速查到想要的资料。在我与同事之间进行代码整合时，用 U 盘互相复制，由于版本不能及时更新造成了很多问题。其中必须要解决的问题有以下两个：

(1) 程序代码的备份。便于查到历史版本，能够进行比较，知道修改过什么地方，是谁修改了这些代码等。

(2) 代码共享与整合。能很容易得到团队其他人的代码，也能够很容易地把代码共享给其他成员。

解决这几个问题时，可以使用版本控制工具。版本控制工具是一种软件，开发人员要习惯使用版本控制工具，每日提交程序代码，提交的代码应该有清晰的注释，成员之间应该及时沟通。

版本控制工具很多，本章介绍 Git 代码版本控制工具。

20.1 代码版本管理工具——Git

版本控制的重要性毋庸置疑，必须要使用代码版本控制工具，每一个程序员和项目管理人员都必须深刻认识到这一点。

20.1.1 版本控制历史

版本控制的最早方式是将文件复制到文件服务器上，命名为“××年××月××日×××备份”目录，这在现在看来太原始了。作为软件工具，版本控制经历过两个阶段：集中管理模式和分布式管理模式。

(1) 集中管理模式。这以一个服务器作为代码库，团队人员本地没有代码库，只能与服务器进行交互。这种类型的版本控制工具有 VSS(Visual Source Safe，微软开发的

Microsoft Visual Studio 套件中的软件之一）、CVS（Concurrent Versions System，并发版本系统）、SVN（Subversion）等，其中 SVN 是目前这种模式的佼佼者。

（2）分布式管理模式。这是更为先进的模式，不仅有一个中心代码库，而且每位团队人员本地也都有代码库，在不能上网的情况下也可以提交代码。该类型的版本控制工具有 Git、Mercurial、Bazzar 和 Darcs。

Git 是为了帮助管理 Linux 内核开发项目而开发的一个开源的版本控制工具。之前，BitKeeper 工具是 Linux 内核开发人员使用的主要版本控制工具，它采用许可证管理版本，但 Linus Torvalds① 觉得 BitKeeper 不适合 Linux 开源社区的工作，在 2005 年开始着手开发 Git 来替代 BitKeeper。虽然 Git 最初是为了辅助 Linux 内核开发，但后来发现在很多其他软件项目中也都可以使用 Git。

20.1.2　术语和基本概念

版本控制工具涉及很多术语和概念，这里将常用的概念整理如下。

（1）代码库（repository）。存放项目代码以及历史备份的地方。

（2）分支（branch）。为了验证和实验一些想法、版本发布、缺陷修改等需要，建立一个开发主干之外的分支，这个分支被隔离在各自的开发线上。当改变一个分支中的文件时，这些更改不会出现在开发主干和其他分支中。

（3）合并分支（merging branch）。完成某分支工作后，将该分支上的工作成果合并到主分支上。

（4）签出（check out）。从代码库获得文件或目录，将其作为副本保存在工作目录下，此副本包含了指定代码库的最新版本。

（5）提交（commit）。将工作目录中修改的文件或目录作为新版本复制回代码库。

（6）冲突（conflict）。有时提交文件或目录时可能会遇到冲突，当两个或多个开发人员更改文件中的一些相同行时，将发生冲突。

（7）解决（resolution）。遇到冲突时，需要人为干预解决，这必须通过手动编辑该文件进行处理，必须有人逐行检查该文件，以接受一组更改并删除另一组更改。除非冲突解决，否则存在冲突的文件无法成功提交到代码库中。

（8）索引（index）。Git 工具特有的概念。在修改的文件提交到代码库之前被做出一个快照，这个快照被称为“索引”，它一般会暂时存储在一个临时存储区域中。

20.1.3　Git 环境配置

为了使用 Git 需要到 http://git-scm.com/网站下载 Git 工具，并需要根据操作系统选择不同安装程序。这里以 Windows 为例介绍一下环境的配置过程。下载的安装程序是 Git-1.9.4-preview20140815.exe，双击就可以安装，只需要根据向导进行安装，安装成功后，

---

① 著名的电脑程序员、黑客，Linux 内核的发明人及该计划的合作者。

在桌面双击快捷图标 或者在程序菜单 Git Bash 中双击 Git Bash 就可以运行软件。运行界面如图 20-1 所示。在 Git Bash 中可以接收 UNIX 命令，可以执行 Git 命令。

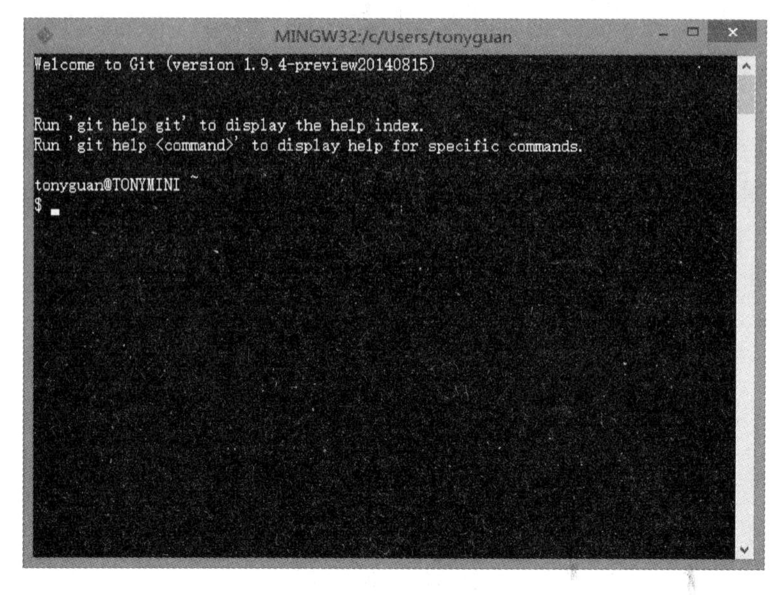

图 20-1　Git Bash 界面

Git Bash 在 Linux 和 Mac OS X 中是不需要安装的，在这两个平台下安装完 Git 软件后，直接进入终端，就可以执行 Git 命令。

20.1.4　Git 常用命令

无论项目是否需要与他人协同开发，都会用到 Git 的一些常用命令。本节中将介绍一些常用的 Git 命令，包括 git help、git log、git init、git add、git rm、git commit 和 git status 等命令。最后还介绍了 Git 图形界面辅助工具 gitk。

1. git help

第一个要掌握的是 git help，通过它可以自己查找命令的帮助信息。此时在终端中执行如下命令即可：

```
$ git help <命令>
```

其中，help 后面是要查询的命令。

2. git log

该命令可以查看 Git 的日志信息。在终端中执行 git log 命令：

```
$ git log
```

执行结果如下：

```
commit 2f027fbad790fa3e61ec9965a18415203f5e9683
```

```
Author: tonyguan <si92@sina.com>
Date: Wed Oct 31 12:57:13 2012 +0800

    a

commit ac29dd648c7e78bfed5682742855683b5242c27f
Author: git on zhao-VirtualBox <git@zhao-VirtualBox>
Date: Wed Oct 31 12:53:27 2012 +0800

    start
```

3. git init

该命令可以创建一个新的代码库或者初始化一个已存在的代码库。例如，想在本地创建一个 myrepo 代码库，可以先使用 mkdir 创建这个目录，然后再执行 git init。在终端中执行如下命令：

```
$ mkdir myrepo
$ cd myrepo
$ git init
Initialized empty Git repository in c:/Users/tonyguan/myrepo/.git/
```

使用 mkdir 创建 myrepo 目录(它只是一个普通的目录，并不是代码库)后，git init 会在 myrepo 目录下生成一个隐藏的.git 目录。

4. git add

该命令用来更新索引，记录下哪些文件有修改，或者添加了哪些文件。该命令并没有更新代码库，只有在提交的时候才将这些变化更新到代码库中。在终端中执行如下命令：

```
$ git add .
```

可以将当前工作目录和子目录下所有新添加和修改的文件添加到索引中。如果只想将某个文件添加到索引中，可以使用如下命令：

```
$ git add filename 或 $ git add *.txt
```

这里可以指定文件名，也可以使用通配符指定文件名。

5. git rm

该命令用于删除索引或代码库中的文件，然后通过提交命令将变化更新到代码库中。在终端中执行命令：

```
$ git rm filename 或 $ git rm *.txt
```

6. git commit

该命令用于更新缓存中的索引，但未被保存到代码库中的内容。在终端中执行命令：

```
$ git commit -m 'tony commit'
```

其中，-m 设定提交注释信息。

7. git status

该命令可以显示当前 git 的状态，包括哪些文件修改、删除和添加了，但是没有提交的信息。在终端中执行命令：

```
$ git status
```

会显示类似如下内容：

```
# On branch master
# Changes not staged for commit:
#   (use "git add <file>..." to update what will be committed)
#   (use "git checkout -- <file>..." to discard changes in working directory)
#   (commit or discard the untracked or modified content in submodules)
#
#   modified: .DS_Store
#   modified: HelloWorld (modified content, untracked content)
#
no changes added to commit (use "git add" and/or "git commit -a")
```

8. gitk

gitk 并不是一个命令，而是一个图形工具，用来辅助管理 Git，在终端中直接输入 gitk 就可以启动。图 20-2 所示是 gitk 图形界面。

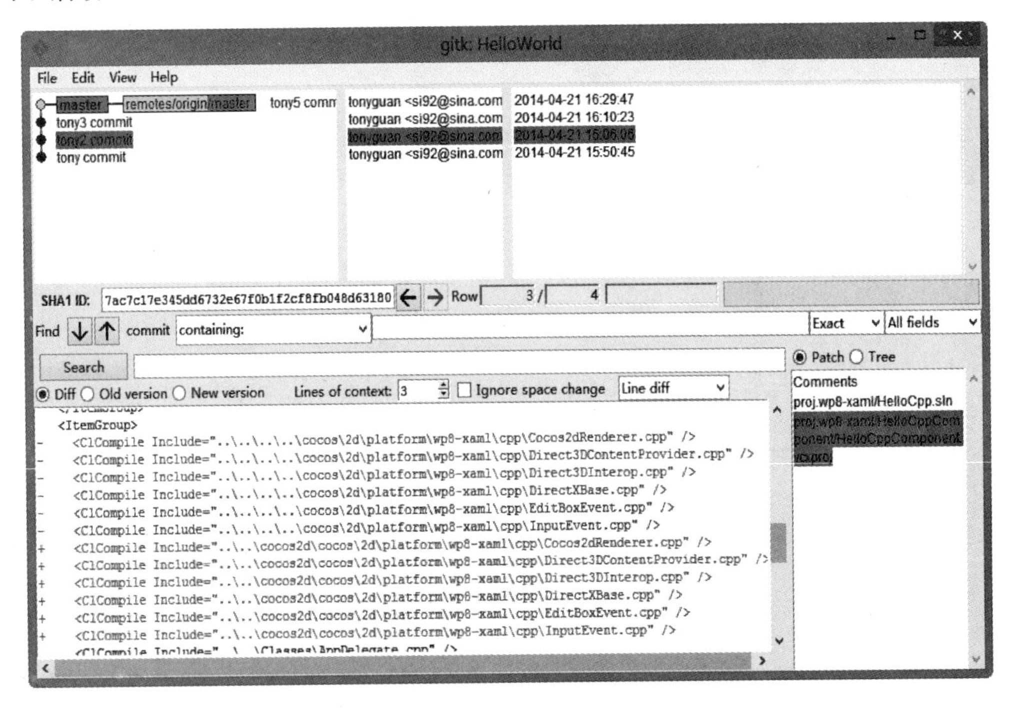

图 20-2 gitk 图形界面

在 gitk 工具中，可以查看日志、提交信息、注释、分支等，使用起来非常方便。

20.2 代码托管服务——GitHub

你的开发团队来自世界各地，你不想搭建 Git 服务器，因为这个投入还是比较大的。那么可以选择 Git 代码托管服务。这就有点像我们买不起房子，可以租房子住。

在众多 Git 代码托管服务中，GitHub(https://github.com)公认是最好的，GitHub 是全球最大的编程社区及代码托管网站，它可以提供基于 Git 版本控制系统的代码托管服务。GitHub 同时提供商业账户和免费账户：免费账户不能创建私有项目；每个公有项目不能超过 300MB 的存储空间，但是 300MB 的空间限制并非硬性限制，如果不存在滥用情况，则可以申请扩增托管空间。如果团队成员分散在不同的地方，使用 GitHub 代码托管服务是一个不错的选择。

20.2.1 创建和配置 GitHub 账号

只有用户注册了账号，GitHub 才能提供服务。进入 https://github.com/plans 网址(如图 20-3 所示)，创建免费账号、收费账号和收费组织。

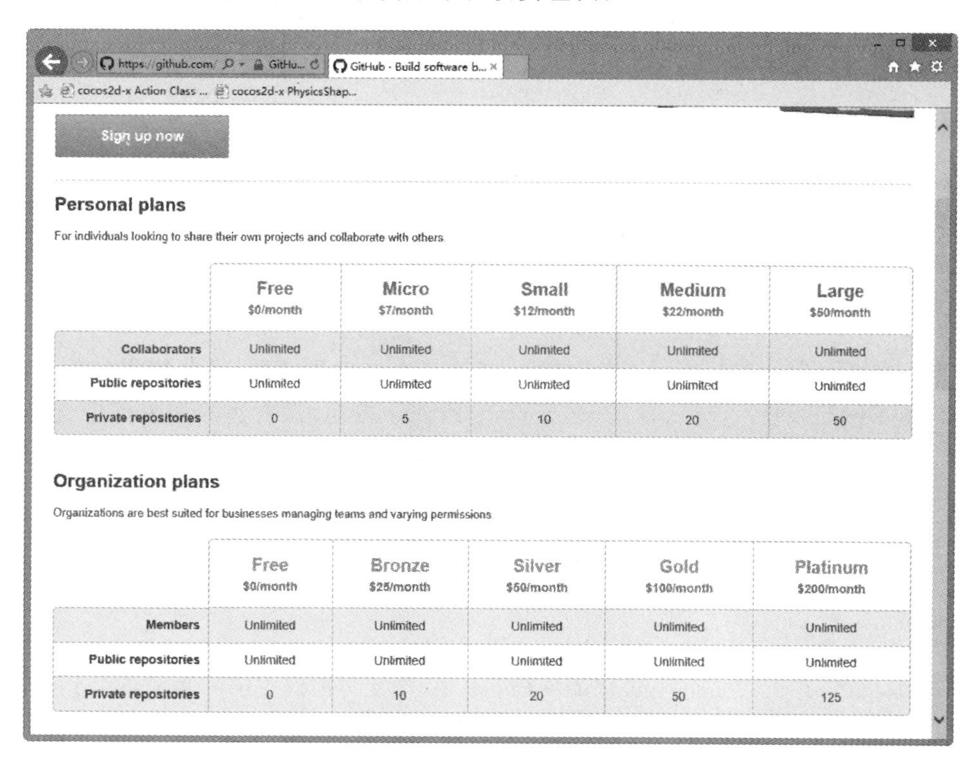

图 20-3 创建账号

这里创建免费账号。单击 Create a free accout 按钮，进入创建免费账号页面，输入账号、邮箱和密码，验证通过就可以创建了。进入网址 https://github.com/login 可以进行登录，这里可以使用刚才创建的账号测试一下。登录成功后的页面如图 20-4 所示。

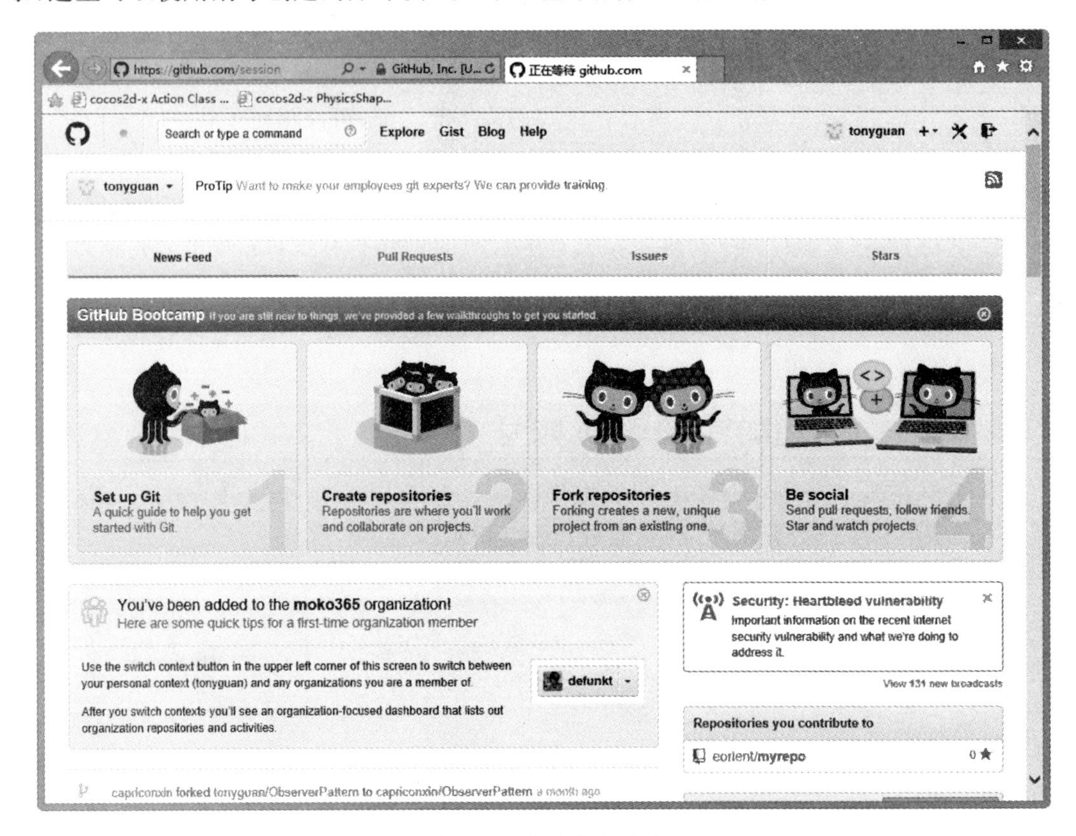

图 20-4　登录成功页面

我们知道，Git 常用的协议是 SSH 协议，需要在本机上生成后，将公钥提供给 GitHub 网站。单击＜你的账号＞，然后单击 Edit Your Profile 按钮，从右边的列表框中选择 SSH key 项，再单击 Add SSH key 按钮，此时会进入图 20-5 所示的页面。将本机生成的 SSH 公钥(在 id_rsa.pub 文件中)粘贴到 Key 文本框中，并在 Title 文本框中输入一个标题。另外，如果对生成 SSH key 不熟悉，则可以单击 generating SSH keys 超链接查看帮助。注意，在 Windows 下创建 SSH key 需要在 Git Bash 中执行 ssh-keygen 命令：

```
$ ssh-keygen -t rsa -C "your_email@example.com"
```

在 Title 文本框中输入名字，可以随便命名。在 Key 文本框中输入生成的公钥，用文本工具打开后将其复制到这里。然后单击 AddSSH key 按钮提交内容，接着需要再次确认密码才能成功。图 20-6 所示为添加 SSH key 成功的页面。

这里可以提交多个 key，用来管理同一用户在不同机器上的登录情况。

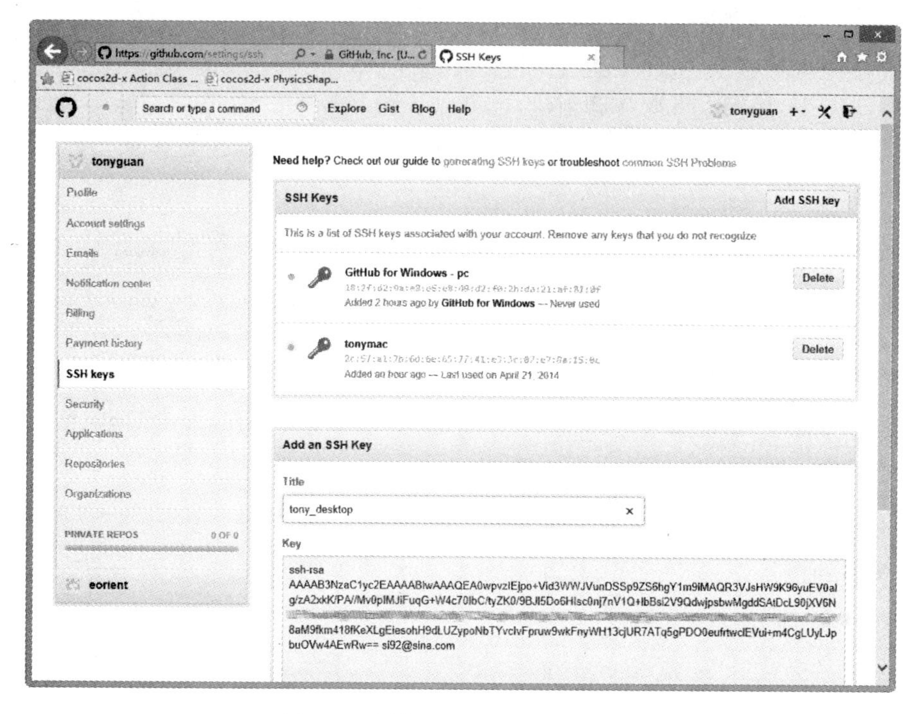

图 20-5　添加 SSH key 成功的页面

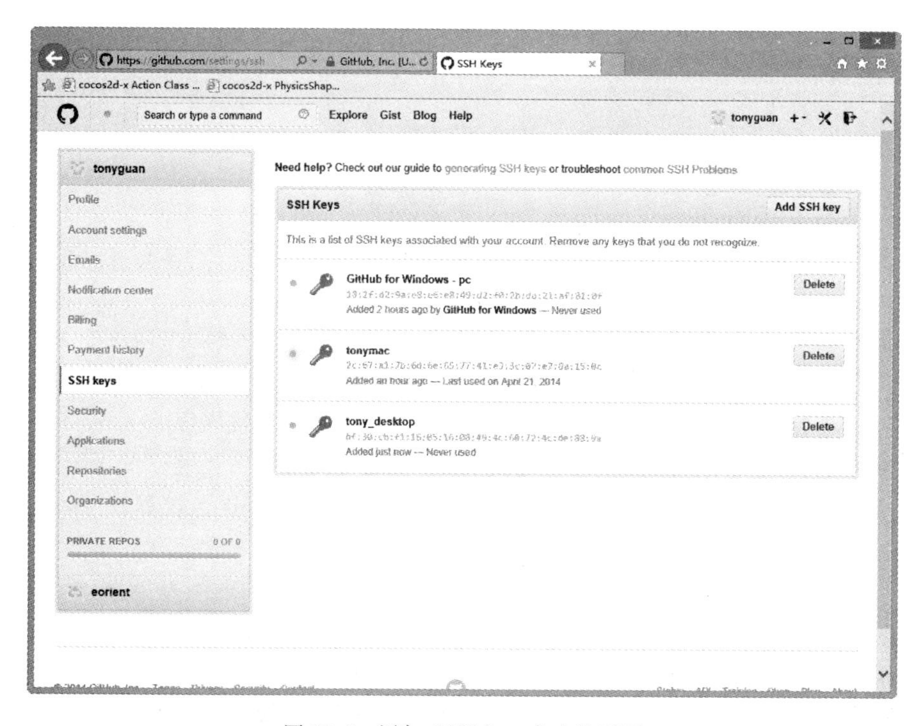

图 20-6　添加 SSH key 成功的页面

20.2.2 创建代码库

在 GitHub 中，代码库可以自己创建，也可以从别人那里派生(fork)过来。图 20-7 所示是代码库列表。其中，cocos2d-x 是从名为 cocos2d 的用户那里派生过来的，其他的两个库是自己创建的。

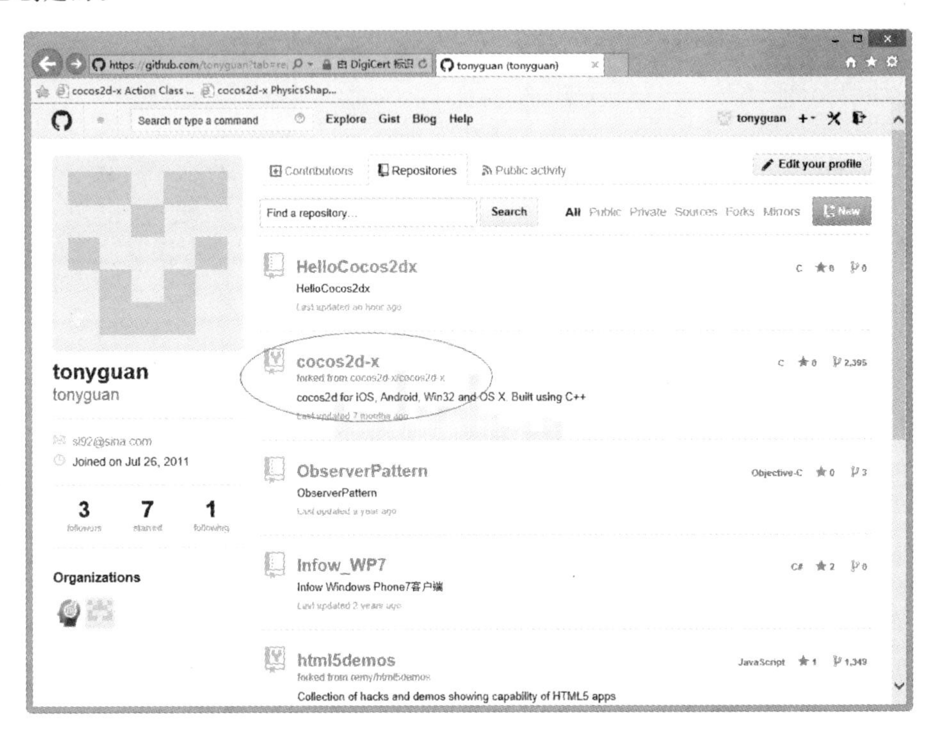

图 20-7 代码库列表

如果要在 GitHub 中创建代码库，可以在登录成功页面中的右下角单击 New repository 按钮，如图 20-8 所示。

此时进入图 20-9 所示的创建代码库页面，在这里可以输入代码库的名字和描述信息。在这里，可以创建私有代码库或公有代码库。需要说明的是，只有付费账户才可以创建私有库。此外，还可以选择是否创建一个 README 文件来说明这个代码库。

单击 Create repository 按钮即可创建代码库，但此时代码库中还是空的，需要在本地计算机中推送一个项目到 GitHub 代码库。下一节会详细介绍这个推送过程。

20.2.3 删除代码库

有时需要删除代码库，此时可以单击图 20-10 所示的 Settings 标签，进入图 20-11 所示的代码库维护页面，接着将页面滚动到下面，此时会看到 Delete this repository 按钮，单击该按钮后再次确认即可完成该操作。这个操作破坏性比较大，操作时一定要谨慎。

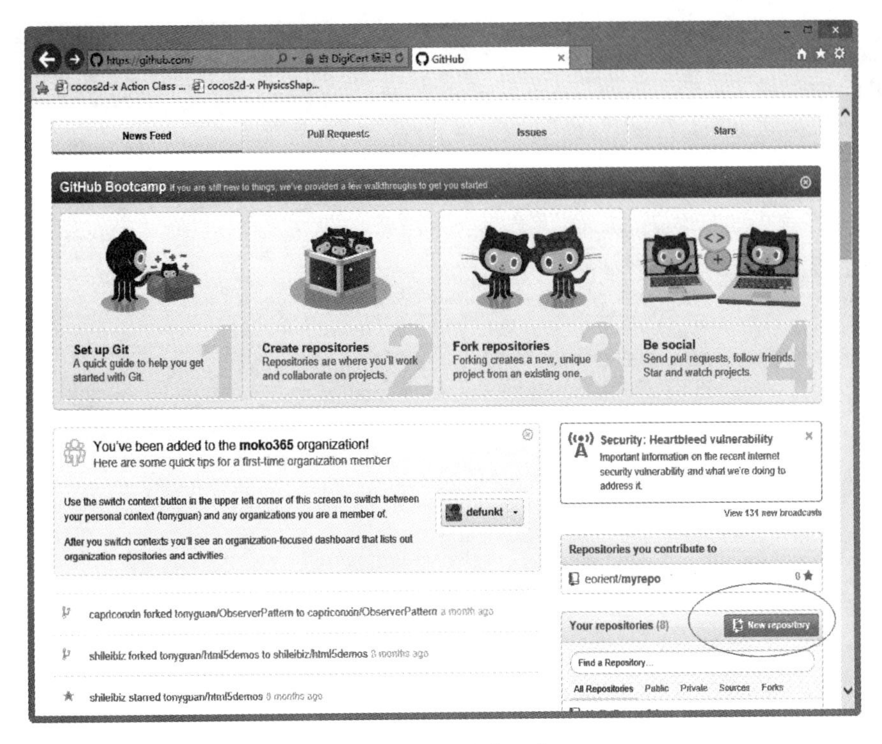

图 20-8　创建代码库

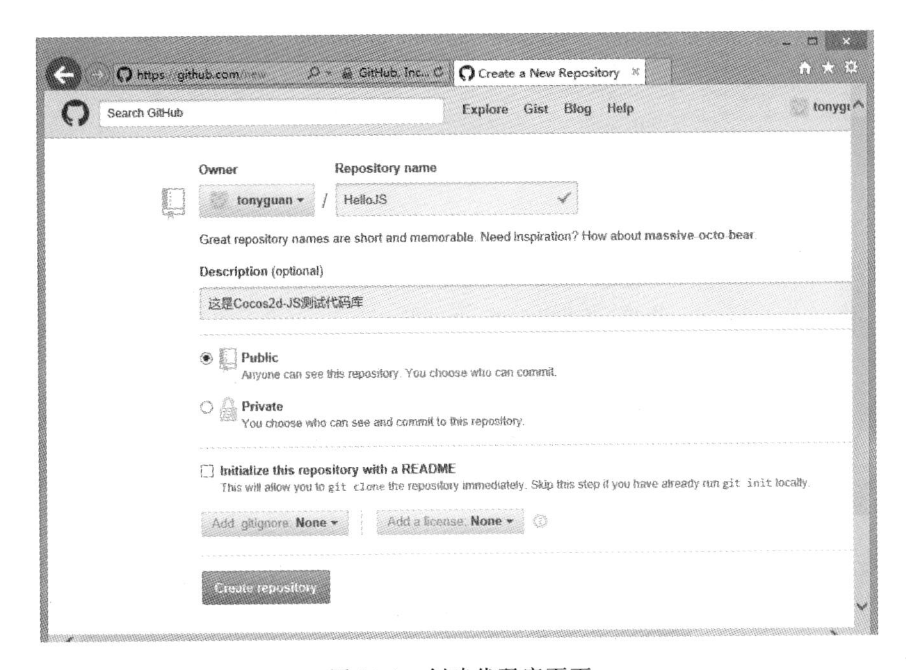

图 20-9　创建代码库页面

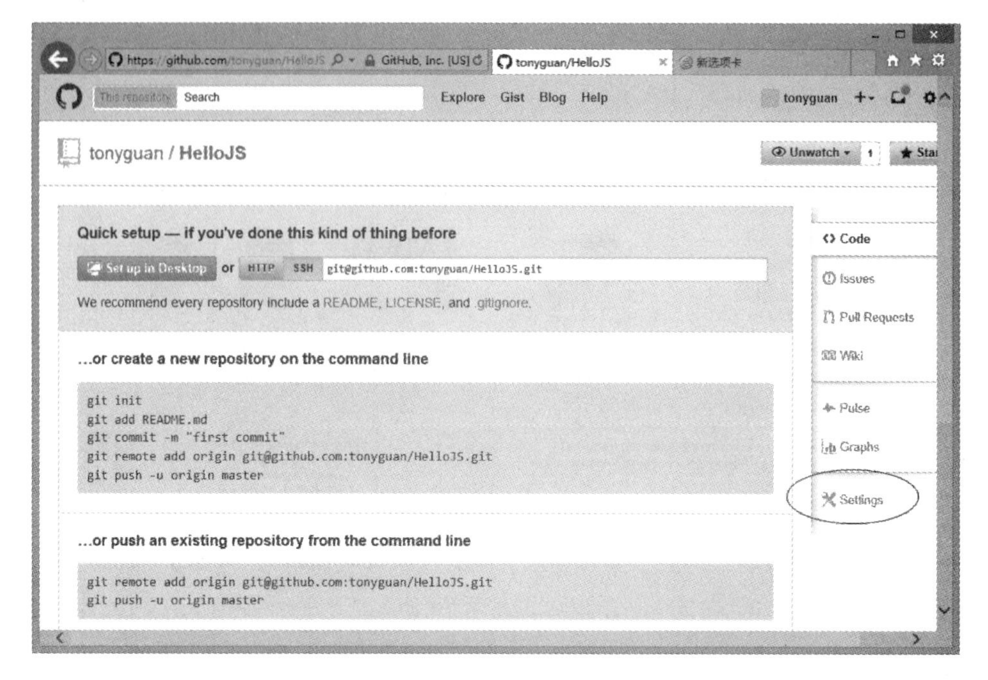

图 20-10　进入 Settings 页面

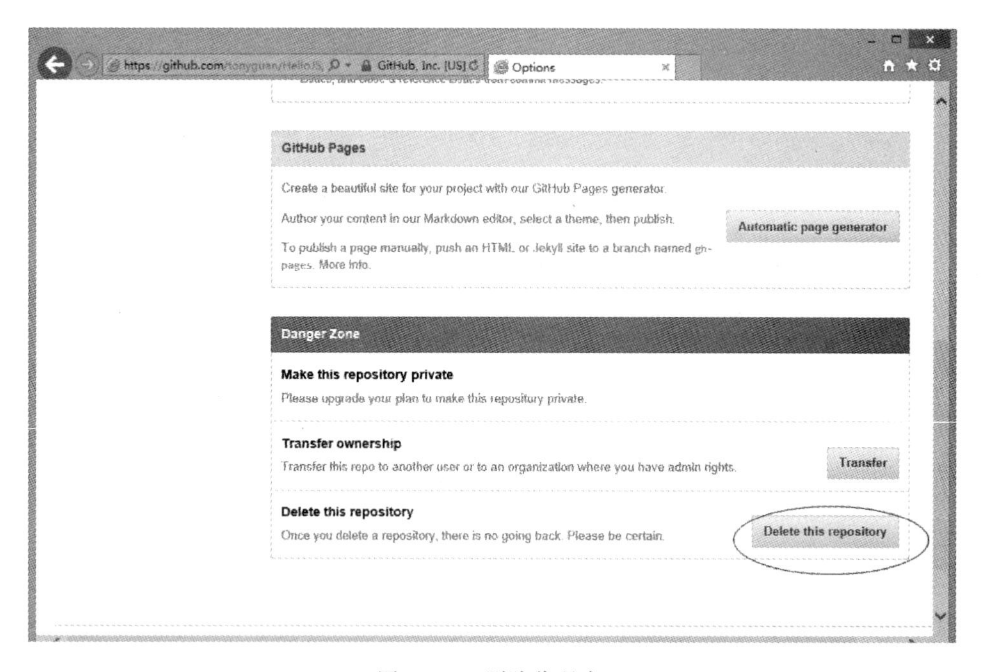

图 20-11　删除代码库

20.2.4 派生代码库

获得代码库的最简单方式是从别人那里派生代码库。可以修改该代码库，然后提供回开发者。因此派生与 Git 中的分支很像，可以把它理解为代码库级别的分支。

如果想从 cocos2d 用户那里派生 cocos2d-x 代码库，首先需要在 GitHub 中找到 cocos2d-x 代码库。GitHub 搜索功能在网址 https://github.com/search 的页面中提供了，如图 20-12 所示。

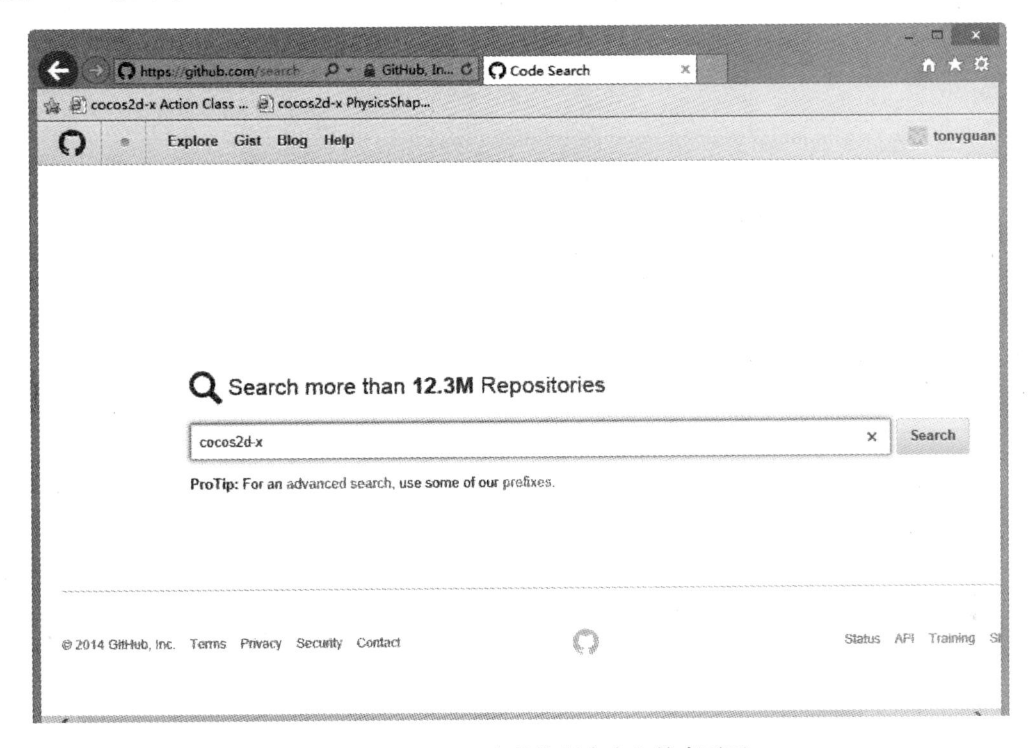

图 20-12　GitHub 中的执行命令和搜索页面

在这个网页中，在命令栏中输入命令并按 Enter 键就可以执行命令。在搜索栏中可以输入关键字 cocos2d-x。单击 Search 按钮即可进行搜索，得到的结果展示在下面，如图 20-13 所示。

单击 cocos2d/cocos2d-x 超链接，即可进入 cocos2d 账户下的 cocos2d-x 代码库，如图 20-14 所示。

单击右上角的 Fork 按钮，此时会弹出一个确认对话框，确认之后就可以把 cocos2d-x 代码库派生到当前账户下面，如图 20-15 所示。

此时，当前账号可以像使用自己创建的其他代码库一样使用这个库了。如果只是想参考别人的代码学习，这样派生过来后工作就结束了。

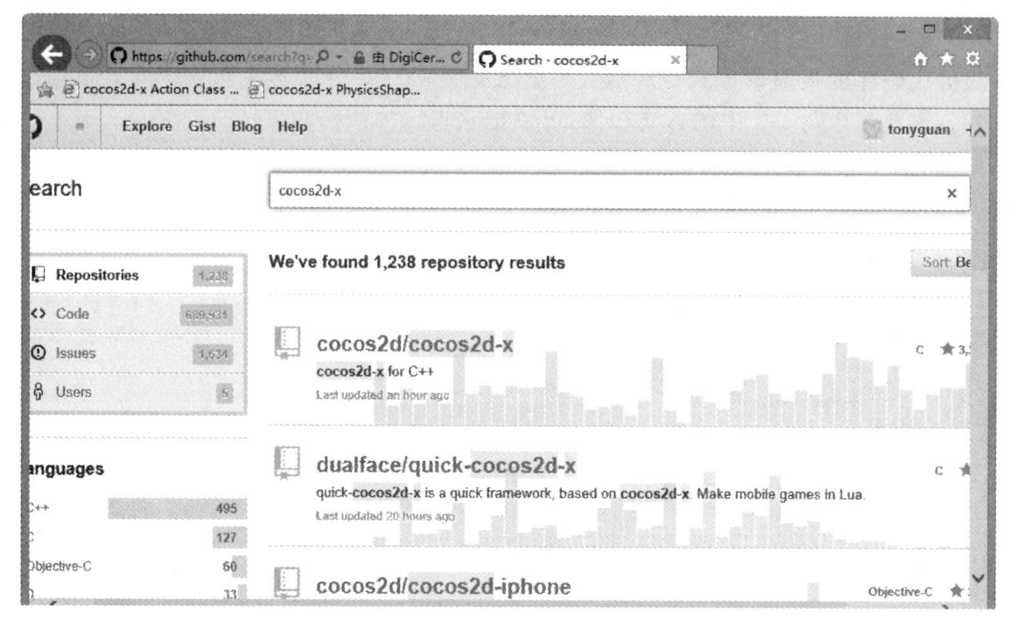

图 20-13 搜索结果

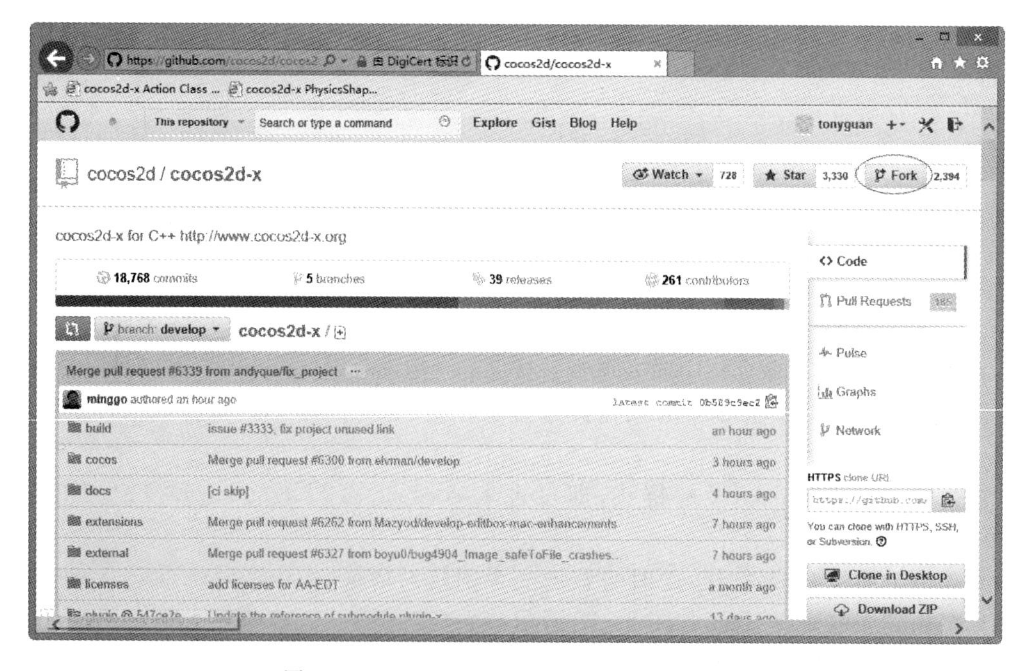

图 20-14 cocos2d 账户下的 cocos2d-x 代码库

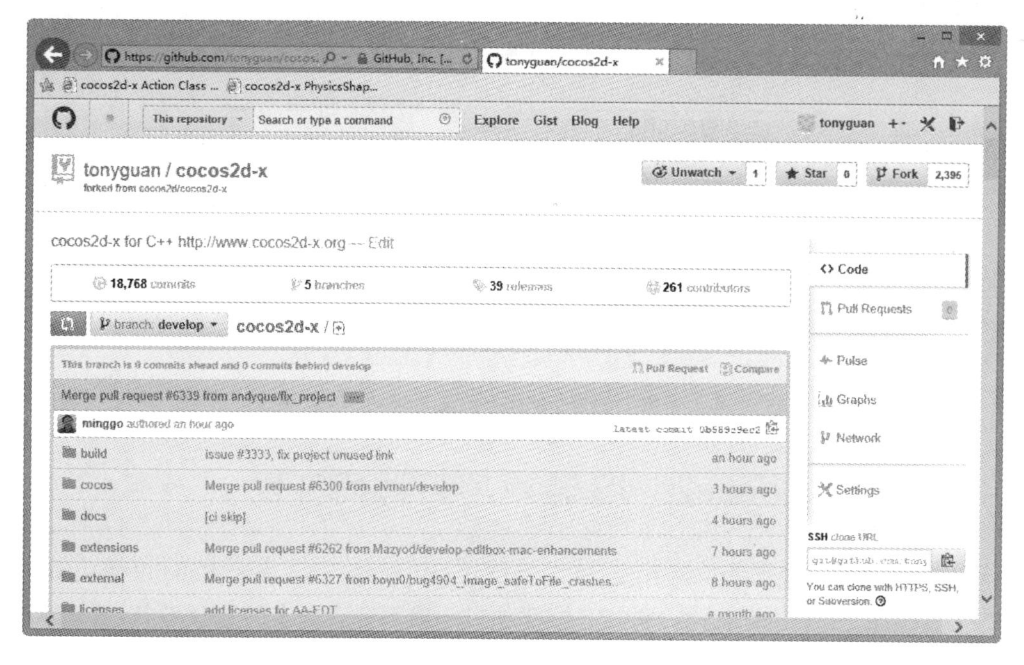

图 20-15 当前账号下的 cocos2d-x 代码库

20.2.5 GitHub 协同开发

使用 GitHub 协同开发有两种模式：一种是比较传统的，其中代码库与开发者之间是一对多的关系模式；另一种是代码库与开发者之间是多对多的关系模式。

一对多的关系模式如图 20-16 所示，这里一个 GitHub 用户作为项目 A 代码库的管理员。这种模式很传统，适合于沟通密切的小团队开发，开发人员基本上不需要登录 GitHub。

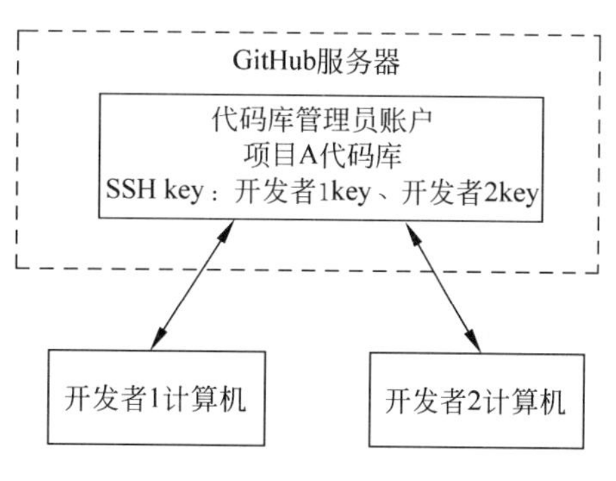

图 20-16 一对多的关系模式

多对多的关系模式如图 20-17 所示。此时在 GitHub 服务器上存在多个 A 项目的代码库，但是只有一个是“主”的，由管理员账户维护。管理员也可能就是一个开发者，其他开发者有自己的账号，维护自己的 A 项目代码库，但是他们的项目代码库是从管理者那里派生过来的，修改完后需要推送回管理者的主代码库中。这种模式很灵活，适用于复杂项目的大型团队，能够充分利用 GitHub 编程社区网站的功能。例如，可以实现建立组织、互发邮件和通知等功能。这种模式主要使用 GitHub 的派生功能。

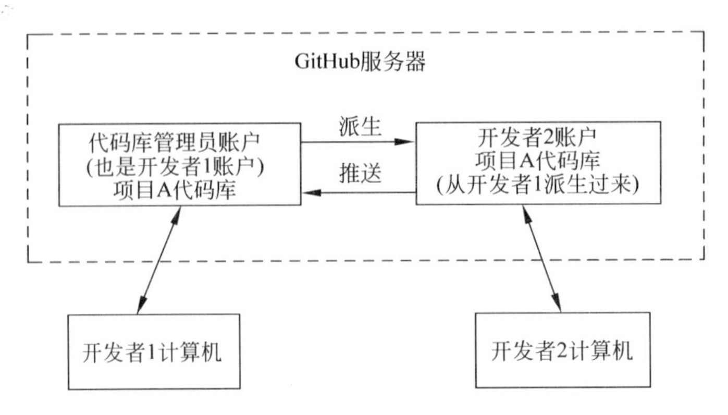

图 20-17　多对多的关系模式

20.3　实例：Cocos2d-JS 游戏项目协同开发

如果项目需要一个团队协同开发，就需要搭建 Git 服务器，考虑成本，可以使用 GitHub 作为服务器托管代码。而且 Cocos2d-JS 游戏项目一般不会有太多的人员参与，要求成员之间紧密合作，因此 GitHub 一对多模式就能够满足要求。这里直接把 20.2.2 节创建的 HelloJS 代码库拿过来使用。

现在只关心客户端就可以了。Webstorm、Cocos Code IDE（Eclipse 插件）、Xcode 和 Visual Studio 等工具都有 Git 客户端功能，但是在 Cocos2d-JS 游戏项目不推荐使用它们。每一个工具操作界面差别很大，这里推荐直接使用 Git 的协同开发常用命令：git clone、git fetch、git pull、git push 和 git remote add 等。下面通过解决实际工作中的一些问题来介绍 Cocos2d-JS 游戏项目协同开发。

在工作中遇到的几个问题如下：

(1) 开发者 1 如何在本地创建 HelloJS 工程代码库，然后提交到 GitHub 代码库？

(2) 开发者 2 如何从 GitHub 的 HelloJS 代码库克隆到本地代码库，对 HelloJS 工程进行修改，并重新提交给 HelloJS 代码库？

(3) 当开发者 2 重新提交给服务器代码库时，开发者 1 如何获得本地代码库？

20.3.1　提交到 GitHub 代码库

开发者 1 在本地创建 HelloJS 工程代码库，然后提交到 GitHub 代码库。开发者 1 在自己的计算机中创建了 HelloJS 工程，但是它并不是代码库需要进行初始化。开发者 1 使用 Cocos new 工具创建了 HelloJS 的 Cocos2d-JS 工程，然后启动 Git Bash，进入到 HelloJS 目录。执行命令如下：

```
$ cd ~/Documents/projects/HelloJS
$ git init
Initialized empty Git repository in c:/Users/tonyguan/Documents/projects/HelloJS/.git/
```

上述命令 cd ～/Documents/projects/HelloJS 是进入到 HelloJS 目录，HelloJS 目录是游戏工程的根目录，git init 是初始化 HelloJS 目录为本地代码库。

初始化完成之后开发者 1 就可以将 HelloJS 本地代码库提交到 GitHub 服务器代码库，但是提交之前要看看 HelloJS 工程中哪些需要提交哪些不需要提交。不应该把 HelloJS 工程目录的内容全部提交给服务器，否则每次上传和下载都比较耗时，那些能够在本地重建的文件不用提交。因此，有必要在 HelloJS 工程目录中建立一个不提交的文件和目录的列表，这个文件是个隐藏文件，命名为.gitignore。.gitignore 部分内容如下：

```
# Ignore thumbnails created by windows
Thumbs.db

# Ignore files build by Visual Studio
frameworks/
runtime/
tools/

# Ignore files built by WebStorm
.idea/

# Ignore files built by Cocos Code IDE
.settings/
.metadata/
```

在这个文件中，#号表示注释，可以使用正则表达式。.gitignore 文件非常重要，由于在 Cocos2d-JS 中经常在不同平台编译，会产生很多编译文件，最多情况下工程目录达到 4GB，如果不加以过滤，那么后果是很严重的。

提示　gitignore 文件内容可以参见本书配套代码中的 gitignore.txt 文件，然后把它复制到 HelloJS 工程目录下，但是如果试图在资源管理器下把 gitignore.txt 重新命名为.gitignore，则会发生错误。可以在 DOS 中进入 HelloJS 工程目录，通过 ren gitignore.txt .gitignore 命令重新命名。

这些工作准备好之后，就可以向 GitHub 服务器提交本地代码库。启动 Git Bash，进入到 HelloJS 目录，执行如下命令：

```
$ git add .
$ git commit -m "tony commit"
$ git remote add origin git@github.com:tonyguan/HelloJS.git
$ git push -u origin master
```

在命令执行过程中有时会出现下面的错误：

```
$ git push -u origin master
To git@github.com:tonyguan/HelloJS.git
! [rejected]       master -> master (fetch first)
error: failed to push some refs to 'git@github.com:tonyguan/HelloJS.git'
```

这是因为GitHub代码库中已经有内容了。这种情况下首先使用如下命令：

```
$ git fetch origin
```

从GitHub服务器端取数据，然后运行下面的命令：

```
$ git add .
$ git commit -m "tony commit"
$ git push -u origin master
```

如果命令成功执行，就可以在GitHub上看到刚刚提交的代码库。

20.3.2 克隆GitHub代码库

作为开发者2他需要从GitHub的HelloJS代码库克隆到本地代码库，对HelloJS工程进行修改，并重新提交给HelloJS代码库。

开发者2的计算机上没有HelloJS代码库，他不需要自己创建，而是从GitHub上克隆过来。此时可以在终端中执行如下命令：

```
$ git clone 'git@github.com:tonyguan/HelloJS.git'
```

然后他也对HelloJS做了一些修改，那么如何推送他的数据到服务器代码库呢？事实上，这个过程与开发者1的提交方式是一样的。这里就不再介绍了。

20.3.3 重新获得GitHub代码库

开发者1再次被告知他们的程序有新的版本，他需要从服务器代码库中获取新的程序。使用git fetch命令，可以从服务器代码库获取数据。相关命令如下：

```
 $ git fetch origin
remote: Counting objects: 7, done.
remote: Compressing objects: 100% (1/1), done.
remote: Total 4 (delta 3), reused 4 (delta 3)
Unpacking objects: 100% (4/4), done.
From github.com:tonyguan/HelloJS
   144841e..6c3b7b0 master      -> origin/master
```

这时打开修改的文件，发现没有变化，这是因为还需要使用git merge命令合并origin/master到本地master分支。相关代码如下：

```
 $ git merge origin/master
Updating 144841e..6c3b7b0
Fast-forward
 Classes/HelloJSScene.cpp | 1 +
 1 file changed, 1 insertion(+)
```

再看看修改的文件是否发生了变化。合并过程中也可能发生冲突，需要人为解决这些冲突再合并，这可以通过Git提供的更加简便的命令git pull来实现。git pull命令是git fetch和git merge命令的一个组合。相关代码如下：

```
 $ git pull origin master
remote: Counting objects: 7, done.
remote: Compressing objects: 100% (1/1), done.
remote: Total 4 (delta 3), reused 4 (delta 3)
Unpacking objects: 100% (4/4), done.
From github.com:tonyguan/HelloJS
  * branch master -> FETCH_HEAD
    6c3b7b0..76b1c8d master -> origin/master
Updating 6c3b7b0..76b1c8d
Fast-forward
 Classes/HelloJSScene.cpp | 2 +-
 1 file changed, 1 insertion(+), 1 deletion(-)
```

其中,origin 是远程代码库名,master 是要合并的本地分支。

本章小结

通过对本章的学习,应了解如何使用 Git 进行代码版本控制,其中包括 Git 服务器的搭建、Git 常用命令、协同开发,以及使用 GitHub 代码托管服务。

第 21 章　Cocos2d-JS 敏捷开发项目实战——迷失航线手机游戏

本章是项目实战，也是本书的画龙点睛之笔。通过一个实际的手机游戏，使用 Cocos2d-JS 引擎从设计到开发过程，使读者能够将前面讲过的知识点串联起来，了解当下最为流行的开发方法学——敏捷开发。在开发过程中，会发现敏捷方法非常适合于采用基于 Cocos2d-JS 引擎技术的手机游戏开发。

21.1　迷失航线游戏分析与设计

本节从计划开发这个项目开始，然后进行分析和设计，设计过程包括了原型设计、场景设计、脚本设计和架构设计。

21.1.1　迷失航线故事背景

这款游戏构思的初衷，是因为大英博物馆里珍藏的一份“二战”时期的飞行报告。讲述了一名英国皇家空军的飞行员在执行任务时遭遇了暴风雨，迫降在了不列颠的一个不知名的军用机场，看到绿色的跑道和米色的塔楼。等暴风雨平息后再次起飞却依然遭遇相同的困境，返航后提交飞行报告时却被告知根本不存在这个军用机场。迷惑的飞行员百思不得其解，直到 20 世纪 70 年代，他在又一次飞行中降落在一个刚刚竣工的军用机场，而目睹的一切与当年看到的情景完全一样(刚刚粉刷好的绿色的跑道和米色的塔楼)。因此，这份飞行记录成为关键证据，造就了世界知名的未解之谜。

这里以这个超现实主义的故事为背景，设计并制作一款简单、轻松的射击类游戏，让小飞机穿越时空进行冒险。

21.1.2　需求分析

这是一款非过关类的第三视角射击游戏。

游戏主角是一架“二战”时期的老式轰炸机，在迷失航线后穿越宇宙、穿越时空，与敌人激战的同时躲避虚拟时空里的生物和小行星。

由于是一款手机游戏，因此需要设计的操作简单，节奏明快，适合用户利用空闲或琐碎的时间来放松和娱乐。

在这里采用用例分析方法描述用例图,如图 21-1 所示。

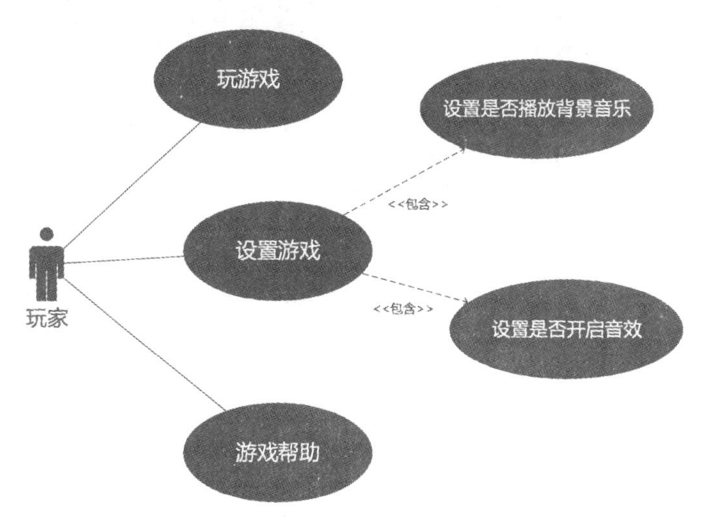

图 21-1　客户端用例图

21.1.3　原型设计

原型设计草图对于应用设计人员、开发人员、测试人员、UI 设计人员以及用户都是非常重要的。该案例的原型设计草图如图 21-2 所示。

图 21-2 所示是一个草图,它是最初的想法。一旦确定这些想法后,UI 设计师就会将这些草图变成高保真原型设计图,如图 21-3 所示。

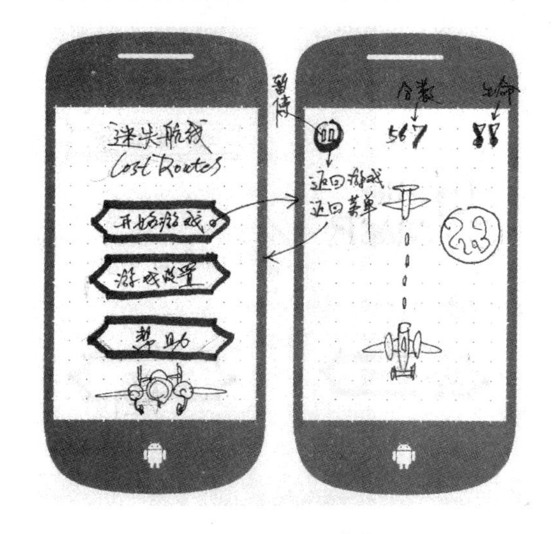

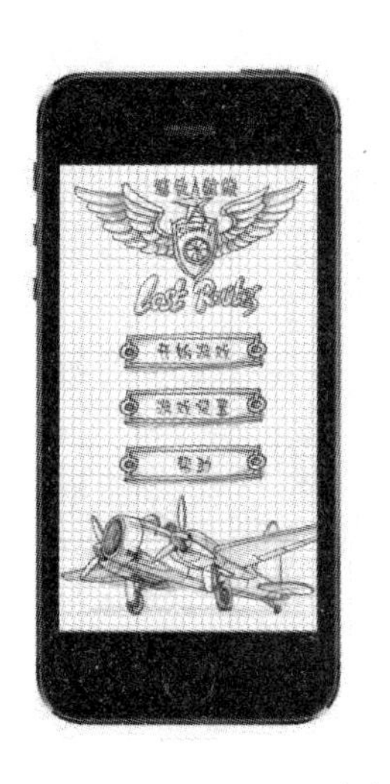

图 21-2　原型设计草图

图 21-3　高保真原型设计图

最终希望采用另类的圆珠笔手绘风格界面,并把战斗和冒险的场景安排在坐标纸上。这会给玩家带来耳目一新、超乎想象的个性体验。

21.1.4 游戏脚本

为了在游戏的实现过程中使团队的配合更加默契,工作更加有效,事先制作了一个简单的手绘游戏脚本,如图 21-4 所示。

图 21-4 手绘游戏脚本图

脚本描绘了界面的操作及交互流程和游戏的场景,包括场景中的敌人种类、玩家飞机位置、它们的生命值、击毁一个敌人获得的加分情况,同时每次加分超过 1000 分给玩家增加一条生命,等等。

21.2 任务1：游戏工程的创建与初始化

在开发项目之前，应该由一个人搭建开发环境，然后把环境复制给其他人使用。任务1完成后，将源代码提交到GitHub中，然后再由其他的成员克隆到本地。在项目开发过程中，要求严格遵守使用GitHub进行源代码的版本控制。

21.2.1 迭代1.1：创建工程

首先，使用Cocos2d-JS提供的Cocos Code IDE工具创建名为LostRoutes的Cocos JavaScript project工程，具体步骤可参考3.4.1节。并在WebStorm工具中设置Project Root为Cocos Code IDE的Workspace目录。具体步骤可参考3.4.3节。

为了在JSB本地平台编译、测试和发布游戏，还需要使用cocos new命令创建本地工程。如果使用Windows操作系统，则进入DOS终端，在DOS终端中进入bin目录。执行如下指令：

```
cocos new -p net.cocoagame -l js -d <保存工程的目录> LostRoutes
```

具体步骤可参考18.2节。

21.2.2 迭代1.2：添加资源文件

需要为LostRoutes游戏工程准备资源文件，目录结构如下：

```
res
├—fonts
|     BMFont.fnt
|     BMFont.png
├—loading
|     loading.jpg
├—map
|     blueBg.tmx
|     blueTiles.png
|     playBg.tmx
|     redBg.tmx
|     redTiles.png
├—particle
|     explosion.plist
|     fire.plist
|     light.plist
├—sound
|     Blip.caf
|     Blip.wav
|     Explosion.caf
|     Explosion.wav
|     gameBg.aifc
|     gameBg.mp3
```

```
|       homeBg.aifc
|       homeBg.mp3
└—texture
        LostRoutes_Texture.plist
        LostRoutes_Texture.png
        LostRoutes_Texture.pvr.ccz
        LostRoutes_Texture_pvr.plist
```

其中,fonts 目录保存位图字体两个文件; loading 目录保存加载图片; map 目录保存地图资源文件; particle 目录保存粒子系统的文件; sound 目录保存背景音乐和音效的文件; texture 目录保存纹理图集相关文件。

这个文件的创建过程在前面的章节已经介绍了,这里不再赘述。

21.2.3 迭代 1.3: 添加常量文件 SystemConst.js

在项目中为了方便管理常量,可以在一个 JS 文件中定义这些常量。在本例中添加 SystemConst.js 文件。SystemConst.js 代码如下:

```
//Home 菜单操作标识
HomeMenuActionTypes = {
    MenuItemStart: 100,
    MenuItemSetting: 101,
    MenuItemHelp: 102
};

//定义敌人类型
EnemyTypes = {
    Enemy_Stone: 0,                    //陨石
    Enemy_1: 1,                        //敌机 1
    Enemy_2: 2,                        //敌机 2
    Enemy_Planet: 3                    //行星
};

//定义敌人名称 也是敌人精灵帧的名字
EnemyName = {
    Enemy_Stone: "gameplay.stone1.png",
    Enemy_1: "gameplay.enemy-1.png",
    Enemy_2: "gameplay.enemy-2.png",
    Enemy_Planet: "gameplay.enemy.planet.png"
};

//游戏场景中使用的标签常量
GameSceneNodeTag = {
    StatusBarFighterNode: 301,
    StatusBarLifeNode: 302,
    StatusBarScore: 303,
    BatchBackground: 800,
    Fighter: 900,
    ExplosionParticleSystem: 901,
```

```
    Bullet: 100,
    Enemy: 700
};

//精灵速度常量
Sprite_Velocity = {
    Enemy_Stone: cc.p(0, -300),
    Enemy_1: cc.p(0, -80),
    Enemy_2: cc.p(0, -100),
    Enemy_Planet: cc.p(0, -50),
    Bullet: cc.p(0, 300)
};

//游戏分数
EnemyScores = {
    Enemy_Stone:5,
    Enemy_1:10,
    Enemy_2:15,
    Enemy_Planet:20
};

//敌人初始生命值
Enemy_initialHitPoints = {
    Enemy_Stone:3,
    Enemy_1:5,
    Enemy_2:15,
    Enemy_Planet:20
};

//我方飞机生命数
Fighter_hitPoints = 5;

//碰撞类型
Collision_Type = {
    Enemy: 1,
    Fighter: 1,
    Bullet: 1
};

//保存音效状态键
EFFECT_KEY = "sound_key";
//保存声音状态键
MUSIC_KEY  = "music_key";
//保存最高分记录键
HIGHSCORE_KEY = "highscore_key";

//自定义的布尔常量
BOOL = {
    NO:"0",
```

```
    YES:"1"
}
```

21.2.4 迭代1.4：多分辨率适配

游戏需要发布到多个不同平台，需要考虑多分辨率支持。相关技术内容可以参考18.5节。

美工设计了一套规格为640×960的资源文件，需要修改main.js代码如下：

```
cc.game.onStart = function(){
    cc.view.setDesignResolutionSize(640, 960, cc.ResolutionPolicy.FIXED_WIDTH);          ①
    cc.view.resizeWithBrowserSize(true);
    …

};
```

通过第①行代码设置游戏程序的设计分辨率是640×960，因为资源文件就是640×960，还设置了分辨率策略cc.ResolutionPolicy.FIXED_WIDTH，即固定宽度策略。

21.2.5 迭代1.5：发布到GitHub

LostRoutes工程创建完成并编译通过后，需要将工程代码分发给开发小组的其他成员，这里使用GitHub发布应用的第一个版本。注意，其他成员无须再创建LostRoutes工程，只需要从GitHub上克隆LostRoutes工程代码即可。

需要使用GitHub账号登录，并创建一个名为LostRoutes的代码库。创建完成后，需要将本地代码上传到GitHub服务器，具体步骤可参考20.2节。其他的成员使用$ git clone git@github.com:tonyguan/LostRoutes克隆到本地。

21.3 任务2：创建Loading场景

Loading场景是玩家看到游戏的第一个界面，在这里加载资源。而Web版本和JSB本地版本Loading场景是不同的。Web版本运行时会出现Cocos2d5启动界面，如图21-5所示。这个过程中是将资源文件从Web服务器下载到本地，可以修改启动界面，而在JSB版本运行时这个启动界面不会出现。事实上，图21-5所示的启动界面中的进度是资源从Web服务器下载的进度，而JSB本地运行时资源就在本地，当然也不需要这个界面。

提示 如果一定要想在JSB本地版本中有一个启动界面，则需要创建一个启动界面Loading场景类，在这个Loading场景中可以添加任何想要的动画，然后延时几秒后调到Home场景。这种设计在Cocos2d-x引擎中很常用，在Loading场景中可以异步加载资源。在本例中不打算介绍，如果感兴趣，可以参考本系列丛书的《Cocos2d-x实战：C++卷》第25章。

图 21-5　Cocos2d5 启动界面

21.3.1　迭代 2.1：修改启动界面

如果想修改图 21-5 所示的自带 Cocos2d-JS 的启动界面，则有很多种办法。简单点的方式是修改 cc._loaderImage 变量。修改 main.js 代码如下：

```
cc.game.onStart = function () {
    cc.view.setDesignResolutionSize(640, 960, cc.ResolutionPolicy.FIXED_WIDTH);
    cc.view.resizeWithBrowserSize(true);
    cc._loaderImage = res.loading_jpg;                                          ①
    //加载资源
    cc.LoaderScene.preload(g_resources, function () {
        cc.director.runScene(new HomeScene());
    }, this);
};

cc.game.run();
```

添加代码第①行 cc._loaderImage=res.loading_jpg，其中 res.loading_jpg 是在资源配置文件 resource.js 中定义的，指定的路径是"res/loading/loading.jpg"。

21.3.2　迭代 2.2：配置文件 resource.js

需要将所有的资源文件配置在 resource.js 文件中。代码如下：

```
var res = {                                                                      ①
    loading_jpg: "res/loading/loading.jpg",
    //瓦片地图中使用的图片
    red_tiles_png: "res/map/redTiles.png",
    blue_tiles_png: "res/map/blueTiles.png",
    //配置 plist
    explosion_plist: "res/particle/explosion.plist",
    fire_plist: "res/particle/fire.plist",
    light_plist: "res/particle/light.plist",
    //tmx
```

```
    blue_bg_tmx: "res/map/blueBg.tmx",
    red_bg_tmx: "res/map/redBg.tmx",
    play_bg_tmx: "res/map/playBg.tmx",
    //字体
    BMFont_png: "res/fonts/BMFont.png",
    BMFont_fnt: "res/fonts/BMFont.fnt"
};

var res_platform = { };                                              ②


//本地 iOS 平台
var res_NativeiOS = {                                                ③
    //texture 资源
    texture_res: 'res/texture/LostRoutes_Texture.pvr.ccz',
    //plist
    texture_plist: 'res/texture/LostRoutes_Texture_pvr.plist',
    //音乐
    musicGame: "res/sound/gameBg.aifc",
    musicHome: "res/sound/homeBg.aifc",
    //音效
    effectExplosion: "res/sound/Explosion.caf",
    effectBlip: "res/sound/Blip.caf"
};

//其他平台包括 Web 和 Android 等
var res_Other = {                                                    ④
    //texture 资源
    texture_res: 'res/texture/LostRoutes_Texture.png',
    //plist
    texture_plist: 'res/texture/LostRoutes_Texture.plist',
    //音乐
    musicGame: "res/sound/gameBg.mp3",
    musicHome: "res/sound/homeBg.mp3",
    //音效
    effectExplosion: "res/sound/Explosion.wav",
    effectBlip: "res/sound/Blip.wav"
};

var g_resources = [ ];

if (cc.sys.os == cc.sys.OS_IOS) {
    res_platform = res_NativeiOS;
} else {
    res_platform = res_Other;
}
//加载资源
for (var i in res) {
    g_resources.push(res[i]);
}
```

```
//加载特定平台资源
for (var i in res_platform) {
    g_resources.push(res_platform[i]);
}
```

上述代码第①行定义 res 变量保存了所有平台都使用的资源文件；第②行代码定义 res_platform 变量保存了特定平台使用的资源文件；第③行代码定义 res_NativeiOS 变量保存了 iOS 平台使用的资源文件；第④行代码定义 res_Other 变量保存了 Web 和 Android 等其他平台使用的资源文件。

21.4　任务3：创建 Home 场景

Home 场景是主菜单界面，通过它可以进入到游戏场景、设置场景和帮助场景。

21.4.1　迭代3.1：添加场景和层

首先需要通过 Cocos Code IDE 开发工具创建 Home 场景类文件 HomeScene.js。需要在 HomeScene.js 中声明一个主菜单层 HomeMenuLayer 类。HomeScene.js 代码如下：

```
//是否播放背景音乐状态
var musicStatus;
//是否播放音效状态
var effectStatus;
//屏幕大小
var winSize;
var HomeMenuLayer = cc.Layer.extend({

    ctor: function () {
        //////////////////////////////
        //1. super init first
        this._super();
        winSize = cc.director.getWinSize();
        //加载精灵帧缓存
        cc.spriteFrameCache.addSpriteFrames(res_platform.texture_plist,
                                            res_platform.texture_res);
        musicStatus = cc.sys.localStorage.getItem(MUSIC_KEY);
        effectStatus = cc.sys.localStorage.getItem(EFFECT_KEY);

        var bg = new cc.TMXTiledMap(res.red_bg_tmx);                    ①
        this.addChild(bg);

        var top = new cc.Sprite("#home-top.png");
        top.x = winSize.width / 2;
        top.y = winSize.height - top.getContentSize().height / 2;
        this.addChild(top);

        var end = new cc.Sprite("#home-end.png");
```

```
        end.x = winSize.width / 2;
        end.y = end.getContentSize().height / 2;
        this.addChild(end);

        return true;
    },
    onEnterTransitionDidFinish: function () {
        this._super();
        cc.log("HomeMenuLayer onEnterTransitionDidFinish");
        if (musicStatus == BOOL.YES) {
            cc.audioEngine.playMusic(res_platform.musicHome, true);
        }
    },
    onExit: function () {
        this._super();
        cc.log("HomeMenuLayer onExit");
    },
    onExitTransitionDidStart: function () {
        this._super();
        cc.log("HomeMenuLayer onExitTransitionDidStart");
        cc.audioEngine.stopMusic(res_platform.musicHome);
    }
});

var HomeScene = cc.Scene.extend({
    onEnter: function () {
        this._super();
        var layer = new HomeMenuLayer();
        this.addChild(layer);
    }
});
```

上述第①行代码 var bg=new cc.TMXTiledMap(res.red_bg_tmx)是场景瓦片地图背景,red_bg.tmx是设计的红色底纹的瓦片地图。

21.4.2 迭代3.2:添加菜单

在Home场景中有三个菜单,HomeScene.js中的相关代码如下:

```
var HomeMenuLayer = cc.Layer.extend({

    ctor: function () {
        …

        //开始菜单
        var startSpriteNormal = new cc.Sprite("#button.start.png");
        var startSpriteSelected = new cc.Sprite("#button.start-on.png");
        var startMenuItem = new cc.MenuItemSprite(
            startSpriteNormal,
            startSpriteSelected,
```

```
        this.menuItemCallback, this);
    startMenuItem.setTag(HomeMenuActionTypes.MenuItemStart);

    //设置菜单
    var settingSpriteNormal = new cc.Sprite("#button.setting.png");
    var settingSpriteSelected = new cc.Sprite("#button.setting-on.png");
    var settingMenuItem = new cc.MenuItemSprite(
        settingSpriteNormal,
        settingSpriteSelected,
        this.menuItemCallback, this);
    settingMenuItem.setTag(HomeMenuActionTypes.MenuItemSetting);

    //帮助菜单
    var helppriteNormal = new cc.Sprite("#button.help.png");
    var helpSpriteSelected = new cc.Sprite("#button.help-on.png");
    var helpMenuItem = new cc.MenuItemSprite(
        helppriteNormal,
        helpSpriteSelected,
        this.menuItemCallback, this);
    helpMenuItem.setTag(HomeMenuActionTypes.MenuItemHelp);

    var mu = new cc.Menu(startMenuItem, settingMenuItem, helpMenuItem);
    mu.x = winSize.width / 2;
    mu.y = winSize.height / 2;
    mu.alignItemsVerticallyWithPadding(10);

    this.addChild(mu);
    return true;
},

menuItemCallback: function (sender) {
    //播放音效
    if (effectStatus == BOOL.YES) {
        cc.audioEngine.playEffect(res_platform.effectBlip);
    }
    var tsc = null;
    switch (sender.tag) {
        case HomeMenuActionTypes.MenuItemStart:
            tsc = new cc.TransitionFade(1.0, new GamePlayScene());
            cc.log("StartCallback");
            break;
        case HomeMenuActionTypes.MenuItemHelp:
            tsc = new cc.TransitionFade(1.0, new HelpScene());
            cc.log("HelpCallback");
            break;
        case HomeMenuActionTypes.MenuItemSetting:
            tsc = new cc.TransitionFade(1.0, new SettingScene());
            cc.log("SettingCallback");
            break;
    }
```

```
            if (tsc) {
                cc.director.pushScene(tsc);
            }
        },
        …

});
```

三个菜单都回调 menuItemCallback 函数，在 menuItemCallback 函数中判断 MenuItem 的 tag 属性。

21.5 任务4：创建设置场景

创建设置场景过程中，首先需要通过 Cocos Code IDE 开发工具创建设置场景类文件 SettingScene.js。

SettingScene.js 中的主要代码如下：

```
var SettingLayer = cc.Layer.extend({

    ctor: function () {
        ////////////////////////////////
        //1. super init first
        this._super();

        var bg = new cc.TMXTiledMap(res.red_bg_tmx);
        this.addChild(bg);

        var settingPage = new cc.Sprite("#setting.page.png");
        settingPage.x = winSize.width / 2;
        settingPage.y = winSize.height / 2;
        this.addChild(settingPage);

        //音效
        var soundOnMenuItem = new cc.MenuItemImage(
                "#check-on.png", "#check-on.png");
        var soundOffMenuItem = new cc.MenuItemImage(
                "#check-off.png", "#check-off.png");
        var soundToggleMenuItem = new cc.MenuItemToggle(
                soundOnMenuItem,
                soundOffMenuItem,
            this.menuSoundToggleCallback, this);
        soundToggleMenuItem.x = winSize.width / 2 + 100;
        soundToggleMenuItem.y = winSize.height / 2 + 180;

        //音乐
        var musicOnMenuItem  = new cc.MenuItemImage(
                "#check-on.png", "#check-on.png");
        var musicOffMenuItem  = new cc.MenuItemImage(
```

```
            "#check-off.png", "#check-off.png");
    var musicToggleMenuItem = new cc.MenuItemToggle(
            musicOnMenuItem,
            musicOffMenuItem,
            this.menuMusicToggleCallback, this);
    musicToggleMenuItem.x = soundToggleMenuItem.x;
    musicToggleMenuItem.y = soundToggleMenuItem.y - 110;

    //OK 菜单
    var okNormal = new cc.Sprite("#button.ok.png");
    var okSelected = new cc.Sprite("#button.ok-on.png");
    var okMenuItem = new cc.MenuItemSprite(okNormal, okSelected,
                                          this.menuOkCallback, this);
    okMenuItem.x = 410;
    okMenuItem.y = 75;

    var mu = new cc.Menu(soundToggleMenuItem, musicToggleMenuItem, okMenuItem);
    mu.x = 0;
    mu.y = 0;
    this.addChild(mu);

    //设置音效和音乐选中状态
    if (musicStatus == BOOL.YES) {
        musicToggleMenuItem.setSelectedIndex(0);
    } else {
        musicToggleMenuItem.setSelectedIndex(1);
    }
    if (effectStatus == BOOL.YES) {
        soundToggleMenuItem.setSelectedIndex(0);
    } else {
        soundToggleMenuItem.setSelectedIndex(1);
    }

    return true;
},
menuSoundToggleCallback: function (sender) {
    cc.log("menuSoundToggleCallback!");
    if (effectStatus == BOOL.YES) {
        cc.sys.localStorage.setItem(EFFECT_KEY, BOOL.NO);                ①
        effectStatus == BOOL.NO
    } else {
        cc.sys.localStorage.setItem(EFFECT_KEY, BOOL.YES);
        effectStatus == BOOL.YES
    }
},
menuMusicToggleCallback: function (sender) {
    cc.log("menuMusicToggleCallback!");
    if (musicStatus == BOOL.YES) {
        cc.sys.localStorage.setItem(MUSIC_KEY, BOOL.NO);
        musicStatus = BOOL.NO;
        cc.audioEngine.stopMusic();
```

```
            } else {
                cc.sys.localStorage.setItem(MUSIC_KEY, BOOL.YES);
                musicStatus = BOOL.YES;
                cc.audioEngine.playMusic(res_platform.musicHome, true);
            }
        },
        menuOkCallback: function (sender) {
            cc.log("menuOkCallback!");
            cc.director.popScene();
            //播放音效
            if (effectStatus == BOOL.YES) {
                cc.audioEngine.playEffect(res_platform.effectBlip);
            }
        },
        onEnterTransitionDidFinish: function () {
            this._super();
            cc.log("SettingLayer onEnterTransitionDidFinish");
            if (musicStatus == BOOL.YES) {
                cc.audioEngine.playMusic(res_platform.musicHome, true);          ②
            }
        },
        onExit: function () {
            this._super();
            cc.log("SettingLayer onExit");
        },
        onExitTransitionDidStart: function () {
            this._super();
            cc.log("SettingLayer onExitTransitionDidStart");
            cc.audioEngine.stopMusic(res_platform.musicHome);                    ③
        }
    });

    var SettingScene = cc.Scene.extend({
        onEnter: function () {
            this._super();
            var layer = new SettingLayer();
            this.addChild(layer);
        }
    });
```

上述第①行代码 cc.sys.localStorage.setItem(EFFECT_KEY, BOOL.NO)是将播放音效状态保存在 cc.sys.localStorage 对象中；第②行代码是在 onEnterTransitionDidFinish 函数中播放背景音乐；第③行代码是在 onExitTransitionDidStart 函数中停止播放背景音乐。关于为什么在这两个函数中停止和播放背景音乐，可以参考第 9 章相关内容。

21.6 任务5：创建帮助场景

创建帮助场景过程中，首先需要通过 Cocos Code IDE 开发工具创建帮助场景类文件 HelpScene.js。

HelpScene.js 中的主要代码如下：

```
var HelpLayer = cc.Layer.extend({

    ctor: function () {
        ///////////////////////////////
        //1. super init first
        this._super();

        var bg = new cc.TMXTiledMap(res.red_bg_tmx);
        this.addChild(bg);

        var page = new cc.Sprite("#help.page.png");
        page.x = winSize.width / 2;
        page.y = winSize.height / 2;
        this.addChild(page);
        //OK 菜单
        var okNormal = new cc.Sprite("#button.ok.png");
        var okSelected = new cc.Sprite("#button.ok-on.png");
        var okMenuItem = new cc.MenuItemSprite(okNormal, okSelected,
                                    this.menuItemCallback, this);
        okMenuItem.x = 400;
        okMenuItem.y = 80;

        var mu = new cc.Menu(okMenuItem);
        mu.x = 0;
        mu.y = 0;
        this.addChild(mu);

        return true;
    },
    menuItemCallback: function (sender) {
        cc.log("Touch Start Menu Item " + sender);
        cc.director.popScene();
        //播放音效
        if (effectStatus == BOOL.YES) {
            cc.audioEngine.playEffect(res_platform.effectBlip);
        }
    },
    onEnterTransitionDidFinish: function () {
        this._super();
        cc.log("HelpLayer onEnterTransitionDidFinish");
        if (musicStatus == BOOL.YES) {
            cc.audioEngine.playMusic(res_platform.musicHome, true);
        }
    },
    onExit: function () {
        this._super();
        cc.log("HelpLayer onExit");
    },
```

```
    onExitTransitionDidStart: function () {
        this._super();
        cc.log("HelpLayer onExitTransitionDidStart");
        cc.audioEngine.stopMusic(res_platform.musicHome);
    }
});

var HelpScene = cc.Scene.extend({
    onEnter: function () {
        this._super();
        var layer = new HelpLayer();
        this.addChild(layer);
    }
});
```

上述代码比较简单,这里不再赘述。

21.7 任务6: 游戏场景实现

开发的主要工作是游戏场景的实现,首先需要通过Cocos Code IDE开发工具创建游戏场景类文件GamePlayScene.js。

21.7.1 迭代6.1: 创建敌人精灵

由于敌人精灵比较复杂,不能直接使用cc.Sprite类,而是根据需要进行封装,继承cc.Sprite类,并定义敌人精灵类Enemy的特有函数和成员。

Enemy.js主要代码如下:

```
var Enemy = cc.PhysicsSprite.extend({
    enemyType: 0,                         //敌人类型
    initialHitPoints: 0,                  //初始的生命值
    hitPoints: 0,                         //当前的生命值
    velocity: null,                       //速度
    space: null,                          //所在物理空间
    ctor: function (enemyType, space) {
        //精灵帧
        var enemyFramName = EnemyName.Enemy_Stone;
        //得分值
        var hitPointsTemp = 0;
        //速度
        var velocityTemp = cc.p(0, 0);
        switch (enemyType) {                                               ①
        case EnemyTypes.Enemy_Stone:
            enemyFramName = EnemyName.Enemy_Stone;
            hitPointsTemp = Enemy_initialHitPoints.Enemy_Stone;
            velocityTemp = Sprite_Velocity.Enemy_Stone;
            break;
        case EnemyTypes.Enemy_1:
```

```
            enemyFramName = EnemyName.Enemy_1;
            hitPointsTemp = Enemy_initialHitPoints.Enemy_1;
            velocityTemp = Sprite_Velocity.Enemy_1;
            break;
        case EnemyTypes.Enemy_2:
            enemyFramName = EnemyName.Enemy_2;
            hitPointsTemp = Enemy_initialHitPoints.Enemy_2;
            velocityTemp = Sprite_Velocity.Enemy_2;
            break;
        case EnemyTypes.Enemy_Planet:
            enemyFramName = EnemyName.Enemy_Planet;
            hitPointsTemp = Enemy_initialHitPoints.Enemy_Planet;
            velocityTemp = Sprite_Velocity.Enemy_Planet;
            break;
    }                                                                          ②

    this._super("#" + enemyFramName);                                          ③
    this.setVisible(false);

    this.initialHitPoints = hitPointsTemp;                                     ④
    this.velocity = velocityTemp;                                              ⑤
    this.enemyType = enemyType;                                                ⑥

    this.space = space;                                                        ⑦

    var shape;

    if (enemyType == EnemyTypes.Enemy_Stone
                || enemyType == EnemyTypes.Enemy_Planet) {
        this.body = new cp.Body(10, cp.momentForCircle(1, 0,
                        this.getContentSize().width / 2 - 5, cp.v(0, 0)));    ⑧
        shape = new cp.CircleShape(this.body,
                        this.getContentSize().width / 2 - 5, cp.v(0, 0));     ⑨
    } else if (enemyType == EnemyTypes.Enemy_1) {
        var verts = [
                    -5, -91.5,
                    -59, -54.5,
                    -106, -0.5,
                    -68, 86.5,
                    56, 88.5,
                    110, -4.5
                    ];
        this.body = new cp.Body(1, cp.momentForPoly(1, verts, cp.vzero));      ⑩
        shape = new cp.PolyShape(this.body, verts, cp.vzero);                  ⑪
    } else if (enemyType == EnemyTypes.Enemy_2) {
        var verts = [
                    2.5, 64.5,
                    73.5, -9.5,
                    5.5, -63.5,
                    -71.5, -6.5
```

```
                ];
            this.body = new cp.Body(1, cp.momentForPoly(1, verts, cp.vzero));
            shape = new cp.PolyShape(this.body, verts, cp.vzero);
        }

        this.space.addBody(this.body);                                    ⑫

        shape.setElasticity(0.5);                                         ⑬
        shape.setFriction(0.5);                                           ⑭
        shape.setCollisionType(Collision_Type.Enemy);                     ⑮
        this.space.addShape(shape);                                       ⑯
        this.body.data = this;                                            ⑰

        this.scheduleUpdate();
    },
    …
});
```

上述代码第①～②行根据不同敌人类型获得精灵帧名、生命值(承受的打击次数)、速度；第③行代码根据精灵帧名调用父类构造函数；第④行代码是初始化生命值成员变量；第⑤行代码是初始化速度成员变；第⑥行代码是初始化敌人类型成员变量；第⑦行代码是初始化敌人所在物理空间，使用物理空间引入物理引擎，进行碰撞检测。代码第⑧～⑰行是将敌人对象添加物理引擎支持，使之能够利用物理引擎精确检测碰撞。当然不使用物理引擎，也可以检测碰撞，一般情况下只能检测简单的矩形碰撞，不够精确。第⑧行代码是在敌人类型是陨石和行星情况下创建物体对象，cp.momentForCircle 函数是创建圆形物理惯性力矩，其中第一个参数是质量，1 是一个经验值；第二个参数是圆形内径；第三个参数是圆形外径；第四个参数是偏移量。第⑨行代码是为物体添加圆形形状，其中 this.getContentSize().width/2 是半径，－5 是一个修正值，美工做的图片如图 21-6 所示，球体与边界有一些空白。第⑩行代码是使用 verts 坐标数组创建物体；第⑪行代码是为物体添加多边形形状，这是针对飞机形状的敌人，如图 21-7(a)所示。需要指定形状的顶点坐标，其中 verts 是顶点坐标数组，顶点坐标个数是 6，如图 21-7(b)所示。

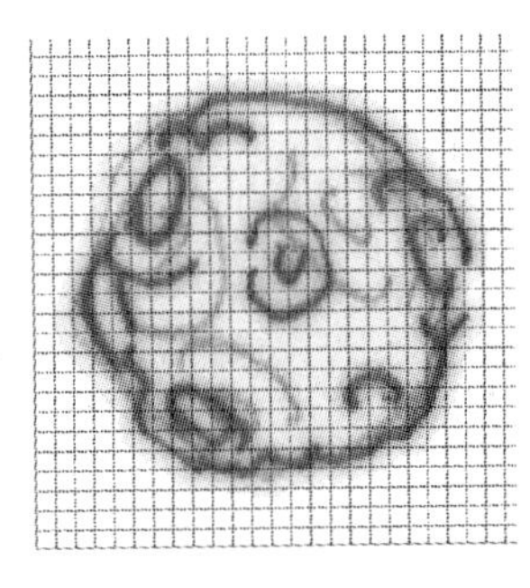

图 21-6　陨石图片的空白

提示　由于底层封装了 Chipmunk 引擎，Chipmunk 要求多边形顶点数据必须是按照顺时针，必须是凸多边形，如图 21-7(b)所示。如果遇到凹多边形，则可以把它分割为几个凸多边形。另外，顶点坐标的原点在图形的中心，并注意它的向上是 y 轴正方向，向右是 x 轴正方向，如图 21-7(b)所示。

代码第⑫行 this.space.addBody(this.body)是将上面定义好的物体对象添加到物理空间中。第⑬行代码 shape.setElasticity(0.5)是为形状设置弹性系数，第⑭行代码 shape.

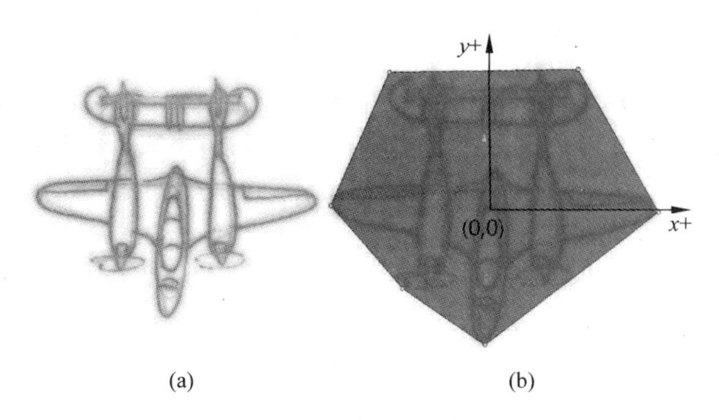

图 21-7　多边形顶点

setFriction(0.5)是为形状设置摩擦系数。第⑮行代码通过 shape.setCollisionType(Collision_Type.Enemy)语句为形状设置碰撞检测类型。第⑯行代码 this.space.addShape(shape)语句将形状添加到物理空间中。第⑰行代码 this.body.data=this 是把精灵放到物体的 data 数据成员中，这样在碰撞发生的时候可以通过下面的语句从物体取出精灵对象。

Enemy.js 中游戏循环调用函数和产生敌人函数的代码如下：

```
update: function (dt) {                                                    ①
    //设置陨石和行星旋转
    switch (this.enemyType) {
    case EnemyTypes.Enemy_Stone:
        this.setRotation(this.getRotation() - 0.5);                        ②
        break;
    case EnemyTypes.Enemy_Planet:
        this.setRotation(this.getRotation() + 1);                          ③
        break;
    }
    //计算移动位置
    var newX = this.body.getPos().x + this.velocity.x * dt;                ④
    var newY = this.body.getPos().y + this.velocity.y * dt;                ⑤

    this.body.setPos(cc.p(newX, newY));                                    ⑥

    //超出屏幕重新生成敌人
    if (this.body.getPos().y + this.getContentSize().height / 2 < 0) {     ⑦
        this.spawn();
    }
},
spawn: function () {                                                       ⑧
    var yPos = winSize.height + this.getContentSize().height / 2;          ⑨
    var xPos = cc.random0To1() * (winSize.width - this.getContentSize().width)
                                + this.getContentSize().width / 2;         ⑩
    this.body.setPos(cc.p(xPos, yPos));
```

```
        this.hitPoints = this.initialHitPoints;
        this.setVisible(true);
    }
```

上述代码第①行的 update 函数是游戏循环调用函数，在该函数中需要改变当前对象运动的位置和旋转的角度，这样就可以在场景中看到不断运动的敌人。第②行代码是逆时针旋转陨石类型敌人，－0.5 度表示逆时针旋转。第③行代码是顺时针旋转行星类型敌人，＋1 表示顺时针旋转。第④行和第⑤行代码是计算本次 update 敌人移动的距离，velocity 变量表示速度。第⑥行代码是根据新的位置设置物体的位置，只有物体的位置发生变化，那么对应的精灵也会跟物体一起同步。第⑦行代码是在判断敌人运动到屏幕之外调用重新生成敌人，图 21-8 所示虚线表示敌人。从图中可见，敌人运动到屏幕之外的判断语句是 this. body. getPos(). y ＋ this. getContentSize(). height / 2 ＜ 0。

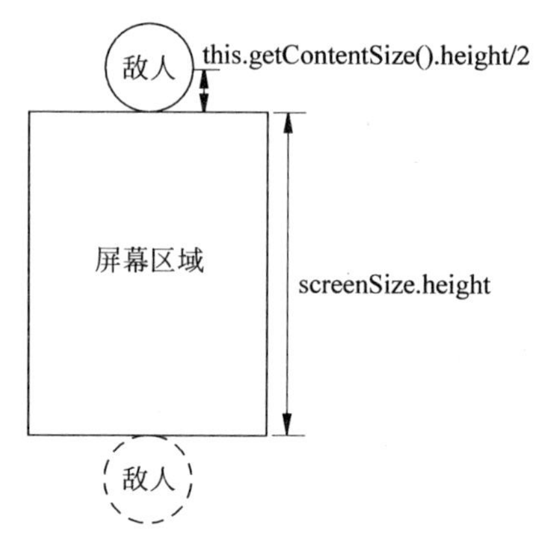

图 21-8 敌人运动示意图

第⑧行代码 spawn 是生成敌人精灵函数。第⑨行代码是生成敌人精灵 y 轴坐标，从坐标看它是在屏幕之外。第⑩行代码是生成敌人精灵 x 轴坐标，x 轴坐标生成是随机的。

21.7.2 迭代 6.2：创建玩家飞机精灵

玩家飞机精灵没有敌人精灵那么复杂，玩家飞机只有一种，需要继承 cc. Sprite 类，并定义飞机精灵类 Fighter 的特有函数和成员。

Fighter. js 代码如下：

```
var Fighter = cc.PhysicsSprite.extend({
        hitPoints: true,                    //当前的生命值
        space: null,                        //所在物理空间
        ctor: function (spriteFrameName, space) {
            this._super(spriteFrameName);
            this.space = space;                                          ①

            var verts = [
                -94, 31.5,
                -52, 64.5,
                57, 66.5,
                96, 33.5,
                0, -80.5];

            this.body = new cp.Body(1, cp.momentForPoly(1, verts, cp.vzero));
            this.body.data = this;
            this.space.addBody(this.body);
```

```
        var shape = new cp.PolyShape(this.body, verts, cp.vzero);
        shape.setElasticity(0.5);
        shape.setFriction(0.5);
        shape.setCollisionType(Collision_Type.Fighter);
        this.space.addShape(shape);                                              ②

        this.hitPoints = Fighter_hitPoints;

        var ps = new cc.ParticleSystem(res.fire_plist);                          ③
        //在飞机下面
        ps.x = this.getContentSize().width / 2;                                  ④
        ps.y = 0;                                                                ⑤
        ps.setScale(0.5);                                                        ⑥
        this.addChild(ps);                                                       ⑦
    },
        ...

});
```

上述代码第①～②行设置飞机所在的物理引擎特性，这里使用物理引擎的目的是进行精确碰撞检测。代码第③～⑦行是创建飞机后面喷射烟雾粒子效果，第④行和第⑤行代码是设置烟雾粒子在飞机的下面。由于粒子设计人员设计的粒子比较大，通过第⑥行代码 ps.setScale(0.5)缩小一半。第⑦行代码 this.addChild(ps)是将粒子系统添加到飞机精灵上。

Fighter.js 中的设置位置函数代码如下：

```
setPosition: function (newPosition) {

    var halfWidth = this.getContentSize().width / 2;
    var halfHeight = this.getContentSize().height / 2;
    var pos_x = newPosition.x;
    var pos_y = newPosition.y;

    if (pos_x < halfWidth) {                                                     ①
        pos_x = halfWidth;
    } else if (pos_x > (winSize.width - halfWidth)) {
        pos_x = winSize.width - halfWidth;                                       ②
    }

    if (pos_y < halfHeight) {                                                    ③
        pos_y = halfHeight;
    } else if (pos_y > (winSize.height - halfHeight)) {
        pos_y = winSize.height - halfHeight;                                     ④
    }

    this.body.setPos(cc.p(pos_x, pos_y));

}
```

在 setPosition 函数中重新设置飞机的位置，setPosition 函数事实上是重写父类的函数，重写它的目的是防止飞机超出屏幕。其中，代码第①～②行是计算飞机的 x 轴坐标，代码第③～④行是计算飞机的 y 轴坐标。

21.7.3 迭代 6.3：创建炮弹精灵

Bullet 也没有直接使用 cc. Sprite 类，而是进行了封装，让它继承 cc. Sprite 类。Bullet. js 主要代码如下：

```
var Bullet = cc.PhysicsSprite.extend({
    space: null,                                //所在物理空间
    velocity: 0,                                //速度
    ctor: function (spriteFrameName, space) {
        this._super(spriteFrameName);

        this.space = space;                                                        ①
        this.body = new cp.Body(1, cp.momentForBox(1, this.getContentSize().width,
                                              this.getContentSize().height));
        this.space.addBody(this.body);

        var shape = new cp.BoxShape(this.body, this.getContentSize().width,
                                              this.getContentSize().height);
        shape.setElasticity(0.5);
        shape.setFriction(0.5);
        shape.setCollisionType(Collision_Type.Bullet);
        this.space.addShape(shape);
        this.setBody(this.body);
        this.body.data = this;                                                     ②

    },
    shootBulletFromFighter: function (p) {                                         ③
        this.body.data = this;
        this.body.setPos(p);
        this.scheduleUpdate();
    },
    update: function (dt) {                                                        ④
        //计算移动位置
        this.body.setPos(cc.p(this.body.getPos().x + this.velocity.x * dt,
                              this.body.getPos().y + this.velocity.y * dt));
        if (this.body.getPos().y >= winSize.height) {
            this.unscheduleUpdate();
            this.body.data = null;
            this.removeFromParent();
        }
    },
    unuse: function () {                                                           ⑤
        this.retain();                          //if in jsb
        this.setVisible(false);
    },
```

```
    reuse: function (spriteFrameName, space) {                        ⑥
        this.spriteFrameName = spriteFrameName;
        this.space = space;
        this.setVisible(true);
    }
});

Bullet.create = function(spriteFrameName, space){                     ⑦
    if(cc.pool.hasObject(Bullet)) {                                   ⑧
        return cc.pool.getFromPool(Bullet, spriteFrameName, space);   ⑨
    } else {
        return new Bullet(spriteFrameName, space);                    ⑩
    }
}
```

上述代码第①～②行设置炮弹所在的物理引擎特性，这里使用物理引擎的目的是进行精确碰撞检测。代码第③行是发射炮弹函数，在该函数中主要是设置物体与精灵的关联。设置物体的位置，而不是炮弹的位置，物理引擎会同步物体与炮弹的位置。最后开启游戏循环。代码第④行是 update 函数，它的作用是根据炮弹物体的速度不断修改炮弹物体的位置，如果超出屏幕之外，将炮弹设置为不可见，并停止游戏循环，然后通过 this.body.data=null 停止炮弹物体与炮弹对象之间的关联，并且通过 this.removeFromParent()语句移除炮弹对象，这样炮弹对象就会被自动释放。代码第⑤行是 unuse 函数，代码第⑥行是 reuse 函数，代码第⑦～⑩行设置炮弹的对象池。由于炮弹精灵是大量重复产生，为了提高性能，可以使用对象池管理这些炮弹精灵对象。其中，代码第⑤行的 unuse 函数和第⑥行的 reuse 函数都是对象池设置所要求的，unuse 函数是对象被放入池中时调用，reuse 函数是从池中获得重用对象时使用的。代码第⑦～⑩行创建获得炮弹对象，其中第⑧行代码 cc.pool.hasObject(Bullet)判断对象池中是否有可以重用的炮弹对象，如果有，则通过 cc.pool.getFromPool(Bullet, spriteFrameName, space)语句获得可重用对象，见代码第⑨行。如果对象池中没有可重用对象，则可以通过第⑩行代码 new Bullet(spriteFrameName, space)创建一个新的炮弹对象。

21.7.4　迭代 6.4：初始化游戏场景

为了能够清楚地介绍游戏场景实现，将分几个部分进行介绍。

先来看看初始化游戏场景，在这一部分中涉及的函数有 ctor、onExit 和 onEnterTransitionDidFinish 和 initBG。

可以将 ctor 和 initBG 函数一起考虑，这两个函数是在场景初始化时调用。GamePlayScene.js 中的这两个函数代码如下：

```
ctor: function () {

    cc.log("GamePlayLayer ctor");
    this._super();
```

```
        this.initBG();

        return true;
    }
    //初始化游戏背景
    initBG: function () {

        //添加背景地图
        var bg = new cc.TMXTiledMap(res.blue_bg_tmx);
        this.addChild(bg, 0, GameSceneNodeTag.BatchBackground);

        //放置发光粒子背景
        var ps = new cc.ParticleSystem(res.light_plist);
        ps.x = winSize.width / 2;
        ps.y = winSize.height / 2;
        this.addChild(ps, 0, GameSceneNodeTag.BatchBackground);

        //添加背景精灵 1
        var sprite1 = new cc.Sprite("#gameplay.bg.sprite-1.png");
        sprite1.setPosition(cc.p(-50, -50));
        this.addChild(sprite1, 0, GameSceneNodeTag.BatchBackground);

        var ac1 = cc.moveBy(20, cc.p(500, 600));
        var ac2 = ac1.reverse();
        var as1 = cc.sequence(ac1, ac2);
        sprite1.runAction(cc.repeatForever(new cc.EaseSineInOut(as1)));

        //添加背景精灵 2
        var sprite2 = new cc.Sprite("#gameplay.bg.sprite-2.png");
        sprite2.setPosition(cc.p(winSize.width, 0));
        this.addChild(sprite2, 0, GameSceneNodeTag.BatchBackground);

        var ac3 = cc.moveBy(10, cc.p(-500, 600));
        var ac4 = ac3.reverse();
        var as2 = cc.sequence(ac3, ac4);
        sprite2.runAction(cc.repeatForever(new cc.EaseExponentialInOut(as2)));

        //添加陨石 1
        var stone1 = new Enemy(EnemyTypes.Enemy_Stone, this.space);
        this.addChild(stone1, 10, GameSceneNodeTag.BatchBackground);

        //添加行星
        var planet = new Enemy(EnemyTypes.Enemy_Planet, this.space);
        this.addChild(planet, 10, GameSceneNodeTag.Enemy);

        //添加敌机 1
        var enemyFighter1 = new Enemy(EnemyTypes.Enemy_1, this.space);
        this.addChild(enemyFighter1, 10, GameSceneNodeTag.Enemy);

        //添加敌机 2
```

```
    var enemyFighter2 = new Enemy(EnemyTypes.Enemy_2, this.space);
    this.addChild(enemyFighter2, 10, GameSceneNodeTag.Enemy);

    //玩家的飞机
    this.fighter = new Fighter("#gameplay.fighter.png", this.space);
    this.fighter.body.setPos(cc.p(winSize.width / 2, 70));
    this.addChild(this.fighter, 10, GameSceneNodeTag.Fighter);

    //创建触摸飞机事件监听器
    this.touchFighterlistener = cc.EventListener.create({
        event: cc.EventListener.TOUCH_ONE_BY_ONE,
        swallowTouches: true,               //设置是否吞没事件
        onTouchBegan: function (touch, event) {
            return true;
        },
        onTouchMoved: function (touch, event) {
            var target = event.getCurrentTarget();
            var delta = touch.getDelta();
            //移动当前按钮精灵的坐标位置
            var pos_x = target.body.getPos().x + delta.x;
            var pos_y = target.body.getPos().y + delta.y;
            target.body.setPos(cc.p(pos_x, pos_y));
        }
    });
    //注册触摸飞机事件监听器
    cc.eventManager.addListener(this.touchFighterlistener, this.fighter);
    this.touchFighterlistener.retain();

    //在状态栏中设置玩家的生命值
    this.updateStatusBarFighter();
    //在状态栏中显示得分
    this.updateStatusBarScore();

}
```

initBG 函数中创建了瓦片地图背景精灵、背景发光粒子，以及两个背景有动画效果的精灵。

GamePlayScene.js 中的 onExit 函数代码如下：

```
onExit: function () {

    cc.log("GamePlayLayer onExit");
    this.unscheduleUpdate();
    //停止调用 shootBullet 函数
    this.unschedule(this.shootBullet);
    //注销事件监听器
    if (this.touchFighterlistener != null) {                                   ①
        cc.eventManager.removeListener(this.touchFighterlistener);             ②
        this.touchFighterlistener.release();                                   ③
        this.touchFighterlistener = null;                                      ④
```

```
        }
        this.removeAllChildren(true);                                    ⑤
        cc.pool.drainAllPools();                                         ⑥
        this._super();
    }
```

上述代码第①～④行是注销事件监听器，其中第①行代码判断 this.touchFighterlistener 成员变量是否为 null；第②行代码是 this.touchFighterlistener 成员变量非 null 时注销监听器；第③行代码 this.touchFighterlistener.release()是要释放 touchFighterlistener 对象内存；第④行代码是将 touchFighterlistener 变量设置为 null。第⑤行代码是调用 this.removeAllChildren(true)语句移除所有子 Node 元素；第⑥行代码 cc.pool.drainAllPools()是释放炮弹对象池。

GamePlayScene.js 中的 onEnterTransitionDidFinish 函数主要代码如下：

```
onEnterTransitionDidFinish: function () {
    this._super();
    cc.log("GamePlayLayer onEnterTransitionDidFinish");
    if (musicStatus == BOOL.YES) {
        //播放背景音乐
        cc.audioEngine.playMusic(res_platform.musicGame, true);
    }
}
```

在该函数中主要初始化是否播放背景音乐。

21.7.5 迭代 6.5：游戏场景菜单实现

在游戏场景中有三个菜单：暂停、返回主页和继续游戏。暂停菜单位于场景的左上角，单击暂停菜单，会弹出返回主页和继续游戏菜单。

GamePlayScene.js 中的暂停菜单相关代码如下：

```
initBG: function () {
    …
    //初始化暂停按钮
    var pauseMenuItem = new cc.MenuItemImage(
        "#button.pause.png", "#button.pause.png",
        this.menuPauseCallback, this);

    var pauseMenu = new cc.Menu(pauseMenuItem);
    pauseMenu.setPosition(cc.p(30, winSize.height - 28));
    this.addChild(pauseMenu, 200, 999);
    …
},
menuPauseCallback: function (sender) {

    //播放音效
    if (effectStatus == BOOL.YES) {
        cc.audioEngine.playEffect(res_platform.effectBlip);
```

```
}

var nodes = this.getChildren();
for (var i = 0; i < nodes.length; i++) {
    var node = nodes[i];
    node.unscheduleUpdate();
    this.unschedule(this.shootBullet);
}

//暂停触摸事件
cc.eventManager.pauseTarget(this.fighter);                    ①

//返回主菜单
var backNormal = new cc.Sprite("#button.back.png");
var backSelected = new cc.Sprite("#button.back-on.png");

var backMenuItem = new cc.MenuItemSprite(backNormal, backSelected,
    function (sender) {                                        ②
        //播放音效
        if (effectStatus == BOOL.YES) {
            cc.audioEngine.playEffect(res_platform.effectBlip);
        }
        cc.director.popScene();

    }, this);                                                  ③

//继续游戏菜单
var resumeNormal = new cc.Sprite("#button.resume.png");
var resumeSelected = new cc.Sprite("#button.resume-on.png");

var resumeMenuItem = new cc.MenuItemSprite(resumeNormal, resumeSelected,
    function (sender) {                                        ④
        //播放音效
        if (effectStatus == BOOL.YES) {
            cc.audioEngine.playEffect(res_platform.effectBlip);
        }
        var nodes = this.getChildren();
        for (var i = 0; i < nodes.length; i++) {
            var node = nodes[i];
            node.scheduleUpdate();
            this.schedule(this.shootBullet, 0.2);
        }
        //继续触摸事件
        cc.eventManager.resumeTarget(this.fighter);
        this.removeChild(this.menu);

    }, this);                                                  ⑤

this.menu = new cc.Menu(backMenuItem, resumeMenuItem);
this.menu.alignItemsVertically();
```

```
        this.menu.x = winSize.width / 2;
        this.menu.y = winSize.height / 2;
        this.addChild(this.menu, 20, 1000);
    }
```

上述代码第①行是暂停触摸事件；第③行代码是创建返回主菜单；第⑤行代码是创建继续游戏菜单；第②行代码是单击返回主菜单时回调的函数；第④行代码是单击继续游戏菜单时回调的函数。

21.7.6 迭代6.6：玩家飞机发射炮弹

玩家飞机需要不断发射炮弹，这个过程不需要玩家控制，需要一个调度计划定时重复发射。在initBG函数中初始化了这个调度计划，相关代码如下：

```
initBG: function () {
    …
    //每0.2s调用shootBullet函数发射1发炮弹
    this.schedule(this.shootBullet, 0.2);
    …
}
//飞机发射炮弹
shootBullet: function (dt) {
    if (this.fighter && this.fighter.isVisible()) {
        var bullet = Bullet.create("#gameplay.bullet.png", this.space);              ①
        bullet.velocity = Sprite_Velocity.Bullet;                                       ②
        if (bullet.getParent() == null) {                                               ③
            this.addChild(bullet, 0, GameSceneNodeTag.Bullet);                          ④
            cc.pool.putInPool(bullet);                                                  ⑤
        }
        bullet.shootBulletFromFighter(cc.p(this.fighter.x,
                this.fighter.y + this.fighter.getContentSize().height / 2));           ⑥
    }
}
```

在shootBullet函数中需要判断飞机是否是可见的，如果不可见，则不能发射炮弹。代码第①行Bullet.create("#gameplay.bullet.png", this.space)是获得炮弹精灵对象；create中使用了对象池技术；第②行代码是设置炮弹的速度；第③行代码bullet.getParent() ==null判断当前的炮弹精灵对象是否已经添加到层中，如果没有添加，则通过代码第④行将炮弹精灵添加到层中；第⑤行代码cc.pool.putInPool(bullet)是将炮弹精灵放入到对象池中；第⑥行代码是通过bullet.shootBulletFromFighter()函数发射炮弹。

21.7.7 迭代6.7：炮弹与敌人的碰撞检测

在本游戏项目中需要检测碰撞的是：玩家发射的炮弹与敌人之间以及玩家飞机与敌人之间。碰撞检测中引入了物理引擎检测碰撞，这样会更加精确检测碰撞。为了能够在游戏场景中使用物理引擎，需要将当前场景变成具有物理世界的场景，为此，需要添加物理空间初始化函数 initPhysics 函数。GamePlayScene.js 中相关代码如下：

```
ctor: function () {
    this._super();
    this.initPhysics();                                                    ①
    this.initBG();
    this.scheduleUpdate();
    return true;
},

//物理空间初始化
initPhysics: function () {

    ////////////////////////////////物理空间初始化开始 ////////////////////////////////
    this.space = new cp.Space();                                           ②
    //设置重力
    this.space.gravity = cp.v(0, 0);        //cp.v(0, -100);               ③
    this.space.addCollisionHandler(Collision_Type.Bullet, Collision_Type.Enemy,
        this.collisionBegin.bind(this), null, null, null                   ④
    );
    ////////////////////////////////物理空间初始化结束 ////////////////////////////////
},
update: function (dt) {
    var timeStep = 0.03;
    this.space.step(timeStep);
}
```

需要在 ctor 中调用 initPhysics 函数，见代码第①行。在 initPhysics 函数中代码第②行是创建物理空间，第③行代码是设置重力。注意，设置的重力参数是 cp.v(0, 0)，说明是物体不受重力的影响，让物体处于“失重状态”。第④行代码是添加物体碰撞事件监听器，在发生碰撞接触时回调 collisionBegin 函数。collisionBegin 函数相关代码如下：

```
collisionBegin: function (arbiter, space) {

    var shapes = arbiter.getShapes();

    var bodyA = shapes[0].getBody();
    var bodyB = shapes[1].getBody();

    var spriteA = bodyA.data;
    var spriteB = bodyB.data;

    //检查到炮弹击中敌机
    if (spriteA instanceof Bullet && spriteB instanceof Enemy && spriteB.isVisible()) {    ①
        //使得炮弹消失
        spriteA.setVisible(false);                                         ②
        this.handleBulletCollidingWithEnemy(spriteB);                      ③
        return false;
    }
    if (spriteA instanceof Enemy && spriteA.isVisible() && spriteB instanceof Bullet) {    ④
```

```
            //使得炮弹消失
            spriteB.setVisible(false);
            this.handleBulletCollidingWithEnemy(spriteA);
            return false;
        }

        return false;
    }
```

上述代码第①行和第④行是检查到炮弹击中敌机，它们的两个判断是类似的，这里只介绍第①行的判断。这个判断为 true 时说明 spriteA 为炮弹精灵，通过第②行代码将炮弹设置为不可见。第③行代码是调用 this.handleBulletCollidingWithEnemy(spriteB)语句进行碰撞处理。

handleBulletCollidingWithEnemy 函数代码如下：

```
    handleBulletCollidingWithEnemy: function (enemy) {
        enemy.hitPoints--;                                                          ①
        if (enemy.hitPoints == 0) {                                                 ②
            var node = this.getChildByTag(GameSceneNodeTag.ExplosionParticleSystem);    ③
            if (node) {
                this.removeChild(node);
            }
            //爆炸粒子效果
            var explosion = new cc.ParticleSystem(res.explosion_plist);
            explosion.x = enemy.x;
            explosion.y = enemy.y;
            this.addChild(explosion, 2, GameSceneNodeTag.ExplosionParticleSystem);
            //爆炸音效
            if (effectStatus == BOOL.YES) {
                cc.audioEngine.playEffect(res_platform.effectExplosion);            ④
            }

            switch (enemy.enemyType) {                                              ⑤
                case EnemyTypes.Enemy_Stone:
                    this.score += EnemyScores.Enemy_Stone;
                    this.scorePlaceholder += EnemyScores.Enemy_Stone;
                    break;
                case EnemyTypes.Enemy_1:
                    this.score += EnemyScores.Enemy_1;
                    this.scorePlaceholder += EnemyScores.Enemy_1;
                    break;
                case EnemyTypes.Enemy_2:
                    this.score += EnemyScores.Enemy_2;
                    this.scorePlaceholder += EnemyScores.Enemy_2;
                    break;
                case EnemyTypes.Enemy_Planet:
                    this.score += EnemyScores.Enemy_Planet;
                    this.scorePlaceholder += EnemyScores.Enemy_Planet;
                    break;                                                          ⑥
```

```
        }
        //每次获得 1000 分数,生命值 加 1,scorePlaceholder 恢复 0
        if (this.scorePlaceholder >= 1000) {                              ⑦
            this.fighter.hitPoints++;                                     ⑧
            this.updateStatusBarFighter();                                ⑨
            this.scorePlaceholder -= 1000;
        }

        this.updateStatusBarScore();                                      ⑩
        //设置敌人消失
        enemy.setVisible(false);
        enemy.spawn();
    }
}
```

上述代码第①行 enemy.hitPoints--是给敌人生命值减 1；第②行代码是判断敌人生命值等于 0 情况下，即敌人应该消失、爆炸，并给玩家加分；代码第③～④行是实现敌人被击毁时爆炸音效和爆炸粒子效果；代码第⑤～⑥行是根据被击毁的敌人类型给玩家加不同的分值。代码第⑦～⑨行是每次玩家获得 1000 分数，生命值加 1；代码第⑧行是给玩家生命值加 1；代码第⑨行 this.updateStatusBarFighter()更新状态栏中的玩家生命值；代码第⑩行 this.updateStatusBarScore()是更新状态栏中玩家的得分值。

21.7.8 迭代 6.8：玩家飞机与敌人的碰撞检测

玩家飞机与敌人的碰撞检测和炮弹与敌人的碰撞检测类似，都是在 collisionBegin 函数中实现的。collisionBegin 函数相关代码如下：

```
collisionBegin: function (arbiter, space) {

    var shapes = arbiter.getShapes();

    var bodyA = shapes[0].getBody();
    var bodyB = shapes[1].getBody();

    var spriteA = bodyA.data;
    var spriteB = bodyB.data;

    <检查到炮弹击中敌机>

    //检查到敌机与我方飞机碰撞
    if (spriteA instanceof Fighter && spriteB instanceof Enemy && spriteB.isVisible()) {   ①
        this.handleFighterCollidingWithEnemy(spriteB);                                       ②
        return false;
    }
    if (spriteA instanceof Enemy && spriteA.isVisible() && spriteB instanceof Fighter) {   ③
        this.handleFighterCollidingWithEnemy(spriteA);
    }
```

```
        return false;
    }
```

上述代码第①行和第③行是检查到敌机与我方飞机碰撞，它们的两个判断是类似的；第②行 this.handleFighterCollidingWithEnemy(spriteB)语句进行碰撞处理。

handleFighterCollidingWithEnemy 函数代码如下：

```
handleFighterCollidingWithEnemy: function (enemy) {

    var node = this.getChildByTag(GameSceneNodeTag.ExplosionParticleSystem);
    if (node) {
        this.removeChild(node);
    }
    //爆炸粒子效果
    var explosion = new cc.ParticleSystem(res.explosion_plist);
    explosion.x = this.fighter.x;
    explosion.y = this.fighter.y;
    this.addChild(explosion, 2, GameSceneNodeTag.ExplosionParticleSystem);
    //爆炸音效
    if (effectStatus == BOOL.YES) {
        cc.audioEngine.playEffect(res_platform.effectExplosion);
    }
    //设置敌人消失
    enemy.setVisible(false);                                                    ①
    enemy.spawn();                                                              ②

    //设置玩家消失
    this.fighter.hitPoints --;                                                  ③
    this.updateStatusBarFighter();                                              ④
    //游戏结束
    if (this.fighter.hitPoints <= 0) {                                          ⑤
        cc.log("GameOver");
        var scene = new GameOverScene();                                        ⑥
        var layer = new GameOverLayer(this.score);                              ⑦
        scene.addChild(layer);                                                  ⑧
        cc.director.pushScene(new cc.TransitionFade(1, scene));
    } else {
        this.fighter.body.setPos(cc.p(winSize.width / 2, 70));                  ⑨
        var ac1 = cc.show();
        var ac2 = cc.fadeIn(3.0);
        var seq = cc.sequence(ac1, ac2);
        this.fighter.runAction(seq);                                            ⑩
    }
}
```

上述代码第①行 enemy.setVisible(false)是设置敌人不可见；第②行代码 enemy.spawn()重新生成敌人；第③行代码 this.fighter.hitPoints 给玩家生命值减少 1；第④行代码更新状态栏中的玩家生命值；代码第⑤行判断是否游戏结束(玩家生命值为 0)，在游戏结束时切换到游戏结束场景，游戏结束场景切换与其他的场景切换不同，需要把当前获得分值传递给游戏结束场景；第⑥行代码 var scene＝new GameOverScene()是创建游戏结束场景对象；第⑦行代码 var layer＝new GameOverLayer(this.score)是创建游戏结束层对象；第⑧行代码是将游戏结束层对象添加到游戏结束层中；第⑨～⑩行代码是在玩家飞机与敌人精灵碰撞，但玩家还有生命值情况下执行的。首先重新设置玩家飞机的位置，然后再设置显示、淡入等动作效果。

21.7.9　迭代6.9：玩家飞机生命值显示

玩家飞机生命值更新在生命值变化的时候才需要。在玩家飞机与敌人发生碰撞或者玩家每次得分超过1000分时，需要玩家飞机更新生命值，更新是通过调用 updateStatusBarFighter 函数实现的。

updateStatusBarFighter 函数代码如下：

```
updateStatusBarFighter: function () {
    //先移除上次的精灵
    var n = this.getChildByTag(GameSceneNodeTag.StatusBarFighterNode);
    if (n) {
        this.removeChild(n);
    }
    var fg = new cc.Sprite("#gameplay.life.png");
    fg.x = winSize.width - 80;
    fg.y = winSize.height - 28;

    this.addChild(fg, 20, GameSceneNodeTag.StatusBarFighterNode);

    //添加生命值 x 5
    var n2 = this.getChildByTag(GameSceneNodeTag.StatusBarLifeNode);
    if (n2) {
        this.removeChild(n2);
    }
    if (this.fighter.hitPoints < 0)
        this.fighter.hitPoints = 0;

    var lifeLabel = new cc.LabelBMFont("X" + this.fighter.hitPoints, res.BMFont_fnt);
    lifeLabel.setScale(0.5);
    lifeLabel.x = fg.x + 40;
    lifeLabel.y = fg.y;

    this.addChild(lifeLabel, 20, GameSceneNodeTag.StatusBarLifeNode);
}
```

21.7.10　迭代6.10：显示玩家得分情况

显示玩家得分更新是在击毁一个敌人后执行的。更新通过调用 updateStatusBarScore 函数实现。

updateStatusBarScore 函数代码如下：

```
    updateStatusBarScore: function () {
        cc.log(" this.score = " + this.score);
        var n = this.getChildByTag(GameSceneNodeTag.StatusBarScore);
        if (n) {
            this.removeChild(n);
        }

        var scoreLabel = new cc.LabelBMFont(this.score, res.BMFont_fnt);
        scoreLabel.setScale(0.8);
        scoreLabel.x = winSize.width / 2;
        scoreLabel.y = winSize.height - 28;

        this.addChild(scoreLabel, 20, GameSceneNodeTag.StatusBarScore);
    }
```

21.8 任务7：游戏结束场景

游戏结束场景是游戏结束后由游戏场景进入的。需要在游戏结束场景显示最高记录分，最高记录分被保存在cc.sys.localStorage中。在游戏结束场景实现的时候还要考虑接收前一个场景（游戏场景）传递的分数值。

先看看GameOverScene.js文件。代码如下：

```
var GameOverLayer = cc.Layer.extend({
    score: 0,                                   //当前玩家比赛分数
    touchListener: null,
    ctor: function (score) {                                              ①

        cc.log("GameOverLayer ctor");
        this._super();
        this.score = score;
        //添加背景地图
        var bg = new cc.TMXTiledMap(res.blue_bg_tmx);
        this.addChild(bg);

        //放置发光粒子背景
        var ps = new cc.ParticleSystem(res.light_plist);
        ps.x = winSize.width / 2;
        ps.y = winSize.height / 2 - 100;
        this.addChild(ps);

        var page = new cc.Sprite("#gameover.page.png");
        //设置位置
        page.x = winSize.width / 2;
        page.y = winSize.height - 300;
        this.addChild(page);

        var highScore = cc.sys.localStorage.getItem(HIGHSCORE_KEY);       ②
```

```
        highScore = highScore == null ? 0 : highScore;
        if (highScore < this.score) {
            highScore = this.score;
            cc.sys.localStorage.setItem(HIGHSCORE_KEY, highScore);
        }

        var hscore = new cc.Sprite("#Score.png");
        hscore.x = 223;
        hscore.y = winSize.height - 690;
        this.addChild(hscore);

        var highScoreLabel = new cc.LabelBMFont(highScore, res.BMFont_fnt);
        highScoreLabel.x = hscore.x;
        highScoreLabel.y = hscore.y - 80;
        this.addChild(highScoreLabel);

        var tap = new cc.Sprite("#Tap.png");
        tap.x = winSize.width / 2;
        tap.y = winSize.height - 860;
        this.addChild(tap);

        //创建触摸事件监听器
        this.touchListener = cc.EventListener.create({
            event: cc.EventListener.TOUCH_ONE_BY_ONE,
            swallowTouches: true,          //设置是否吞没事件
            onTouchBegan: function (touch, event) {
                //播放音效
                if (effectStatus == BOOL.YES) {
                    cc.audioEngine.playEffect(res_platform.effectBlip);
                }
                cc.director.popScene();

                return false;
            }
        });
        //注册触摸事件监听器
        cc.eventManager.addListener(this.touchListener, this);
        this.touchListener.retain();
        return true;
    },
    onEnter: function () {
        this._super();
        cc.log("GameOverLayer onEnter");
    },
    onEnterTransitionDidFinish: function () {
        this._super();
        cc.log("GameOverLayer onEnterTransitionDidFinish");
        if (musicStatus == BOOL.YES) {
            cc.audioEngine.playMusic(res_platform.musicGame, true);
        }
```

```
    },
    onExit: function () {
        this._super();
        cc.log("GameOverLayer onExit");
        //注销事件监听器
        if (this.touchListener != null) {
            cc.eventManager.removeListener(this.touchListener);
            this.touchListener.release();
            this.touchListener == null;
        }
    },
    onExitTransitionDidStart: function () {
        this._super();
        cc.log("GameOverLayer onExitTransitionDidStart");
        cc.audioEngine.stopMusic(res_platform.musicGame);
    }
});

var GameOverScene = cc.Scene.extend({
    onEnter: function () {
        this._super();
    }
});
```

上述代码第①行是定义构造函数 ctor:function(score),在该函数中通过参数初始化 score 成员变量,它是从 GamePlayScene 传递过来的。第②行代码是从 cc.sys.localStorage 中取出最高分数记录,如果当前得分大于这个记录,则使用当前得分更新 cc.sys.localStorage 中最高分数记录。

本章小结

本章介绍了完整的游戏项目分析与设计、编程过程,使得广大读者能够了解 Cocos2d-JS 游戏开发过程,而且通过本章的学习能够将前面介绍的知识串联起来。

第22章 为迷失航线游戏添加广告

在应用中添加广告是一个很不错的盈利模式。现在移动设备的用户量相当大，但由于一些消费观念等问题，他们不愿意付费下载应用，更希望使用免费的应用。开发者可以在免费应用中添加广告，这对开发者来说是一个盈利模式。

从用户角度看，他们会比较反感广告，会担心广告影响使用或造成不便。开发者在设计时要把这些情况考虑在内，把广告的负面影响降到最低，让用户能接受带广告的应用。

可使用移动广告平台很多，但比较有影响力的是谷歌 AdMob 和苹果 iAd 广告。苹果 iAd 广告使用的国家有限，而且只能在 iOS 平台使用。而谷歌 AdMob 广告可以在多个移动平台下使用。因此，推荐使用 AdMod 广告。

22.1 使用谷歌 AdMob 广告

在一些无法显示 iAd 广告的国家，使用谷歌的 AdMob 广告是一个非常不错的选择。

22.1.1 注册 AdMob 账号

要为应用添加 AdMob 广告，首先需要注册 AdMob 账号。AdMob 主页是 https://apps.admob.com/。登录时需要使用谷歌账户。如果没有谷歌账户，则需要先注册一个谷歌账户，然后再登录。如果是第一次登录，还需要为 AdMob 填写完整的信息，如图 22-1 所示。填写必要而完整的信息后，提交信息就可以了。

22.1.2 管理 AdMob 广告

登录成功之后，就可以管理应用。选择"获利"选项卡，进入获利管理页面，如图 22-2 所示，单击"通过新应用获利"按钮可以添加应用。

在图 22-2 所示的页面中，可以选择的应用有：

(1) 搜索您的应用：适合于已经上线的应用，可以在 Google Play 和 iTunes App Store 应用商店中搜索。

(2) 手动添加您的应用：适合于新创建一个应用。

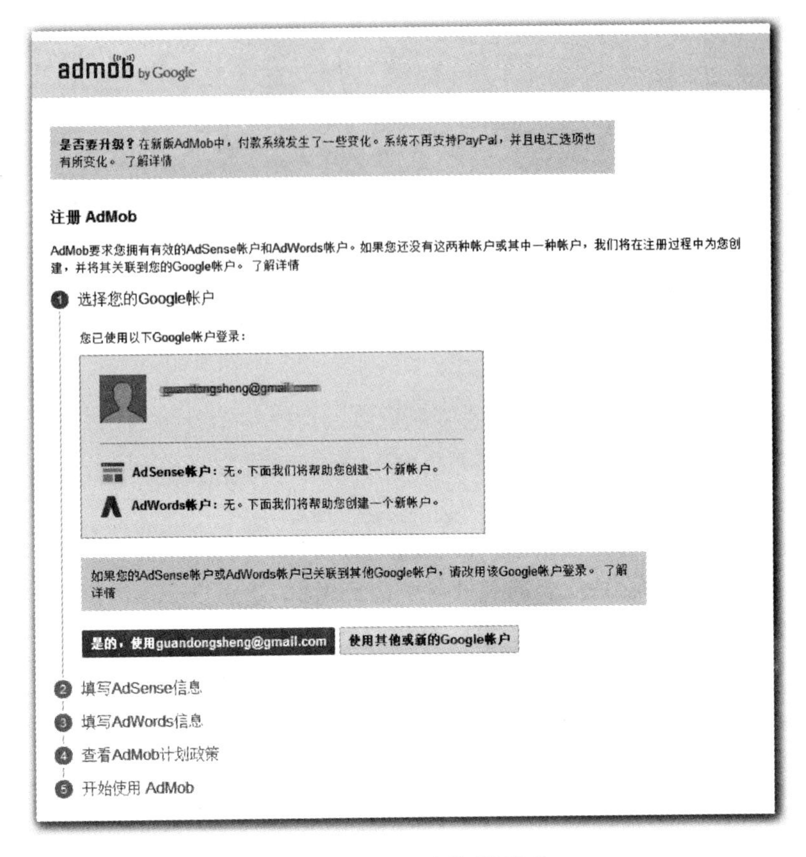

图 22-1 AdMob 注册页面

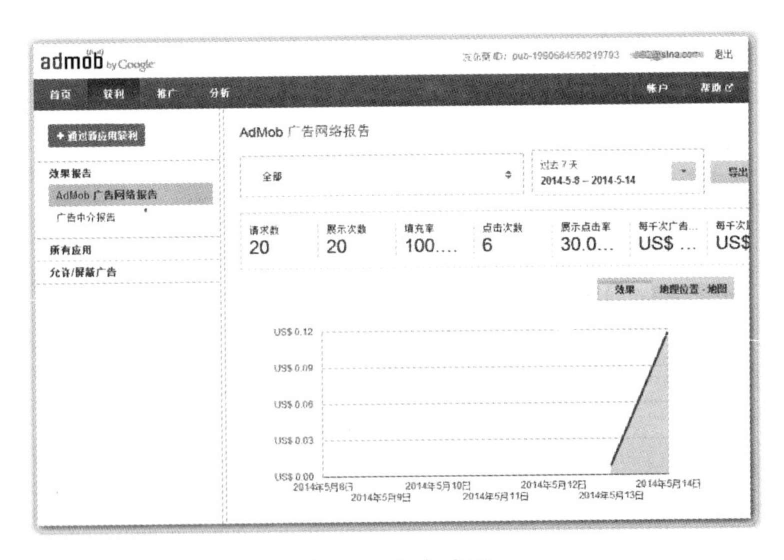

图 22-2 添加应用

(3) 从您添加的应用中选择：可以从现有的应用中选择添加。

选择“手动添加您的应用”选项卡，如图 22-3 所示，输入应用名称并选择平台，单击“添加应用”按钮，系统弹出如图 22-4 所示对话框。

图 22-3　手动添加应用

图 22-4　为应用添加广告

在图 22-4 所示的页面中，可以单击“横幅广告”或“插页式广告”按钮，如果单击“横幅广告”，则进入图 22-5 所示的创建广告单元页面。“自动刷新”和“文字广告样式”可以保持默认值,在“广告单元名称”文本框中输入一个具有唯一性的名称,以便日后管理使用,然后单击“保存”按钮,则进入图 22-6 所示的页面。在这个页面中单击“完成”按钮就创建了广告单元。

图 22-5　创建广告单元

图 22-6　创建广告单元完成

创建完成后页面中会有广告单元 ID，这个 ID 在编程的时候需要，谷歌根据这个 ID 判断是谁投放的广告。

22.1.3 AdMob 广告类型

AdMob 和 iAd 广告分为横幅广告和插页广告。

横幅广告像"条幅"一样挂在屏幕上，在屏幕中某一位置占有部分空间。当单击横幅广告时，导航到另外的一个应用或者弹出窗口以呈现广告的细节。单击关闭广告按钮，可以回到原始的屏幕。无论横屏还是竖屏的情况，横幅广告在不同设备中的尺寸都是固定的，如图 22-7 所示。

图 22-7 AdMob 横幅广告

AdMob 插页广告与横幅广告不同，插页广告可以占用屏幕的全部空间。在应用启动、视频前贴片或游戏关卡加载时显示广告，这称为"启动场景"AdMob 插页广告，如图 22-8 所示。还有一种是在视频播放结束或游戏结束时显示的，称为"结束场景"AdMob 插页广告，如图 22-9 所示。

图 22-8 启动场景的 AdMob 插页广告

22.1.4 下载谷歌 AdMob Ads SDK

谷歌为开发人员提供了一个帮助网站 https://developers.google.com/mobile-ads-sdk/，可以在这里下载 AdMob Ads SDK。下载页面如图 22-10 所示。其中可以下载的 SDK 有 4 种：

图 22-9　结束场景的 AdMob 插页广告

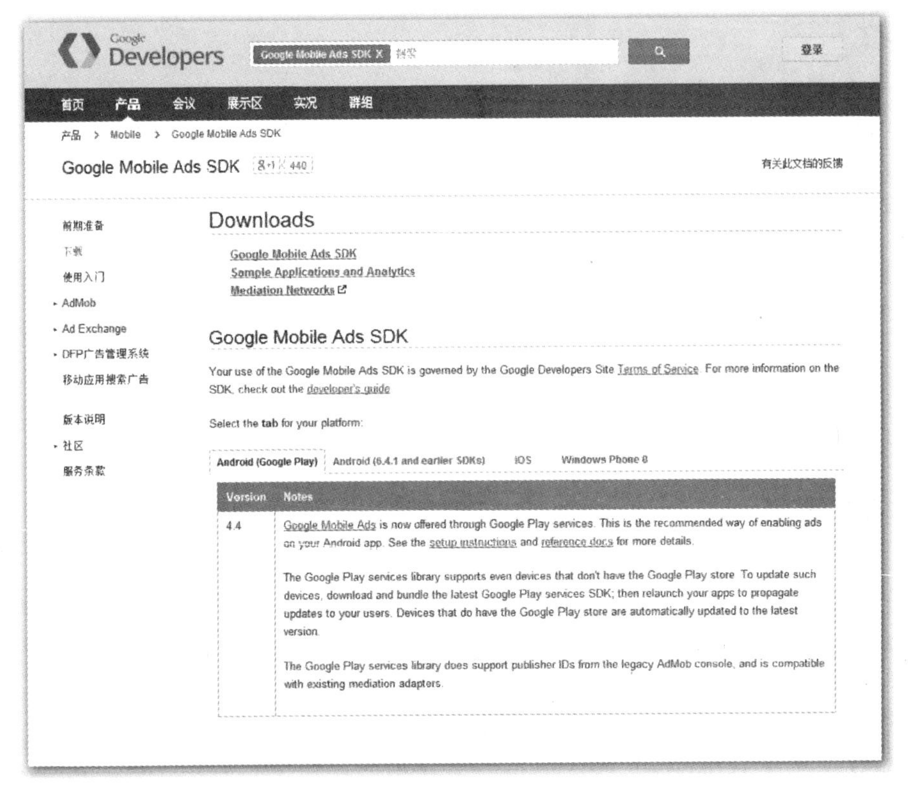

图 22-10　AdMob Ads SDK 下载页面

（1）Android（Google play）。是使用 Android 系统需要的 SDK，它使用了 Google play 服务 API，在 Android 系统中推荐使用这个 SDK。

（2）Android（6.4.1 and earlier SDKs）。是使用 Android 系统需要的 SDK，它是给低版本的 Android 系统使用的。

（3）iOS。为 iOS 平台提供 SDK。

（4）Windows Phone 8。为 Windows Phone 8 平台提供 SDK。

需要下载 Android（Google play）和 iOS 两个系统的 SDK。

22.2　为迷失航线游戏 Android 平台添加 AdMob 广告

由于迷失航线游戏需要在 Android 和 iOS 两个平台发布，故需要为这两个平台添加 AdMob 广告。Cocos2d-JS 本身没有 AdMob 广告 API，因此需要针对每个不同平台进行添加，这个过程中会使用每个平台本地 API。这里先从 Android 平台添加 AdMob 横幅广告开始。

22.2.1　Google play 服务下载与配置

AdMob 广告 SDK 需要使用 Google play 服务，开发和编译环境最好使用 Eclipse＋ADT 插件。首先下载 Google play 服务。具体步骤：在 Android SDK 的安装目录下有一个 SDK Manager.exe 文件，双击它则启动 Android SDK 安装管理对话框，如图 22-11 所示，选

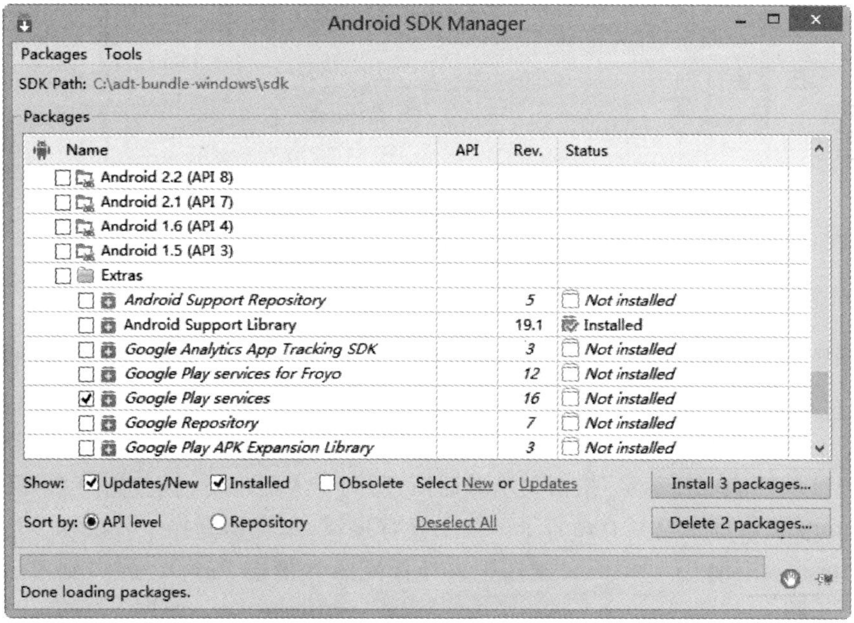

图 22-11　下载 Google play 服务

中 Extras 下的 Google play services，单击 Install 3 packages...按钮就可以下载 Google play 服务了。

下载 Google play 服务后，需要将 Google play 服务库工程（google-play-services_lib）导入 Eclipse 环境中。google-play-services_lib 工程位置是<Android SDK 按目录>\extras\google\google_play_services\libproject\google-play-services_lib。

具体步骤：启动 Eclipse 后，选择 File→Import 命令，弹出图 22-12 所示的导入工程对话框，选择 Android→Existing Android Code Into Workspace，单击 Next 按钮弹出图 22-13 所示对话框。

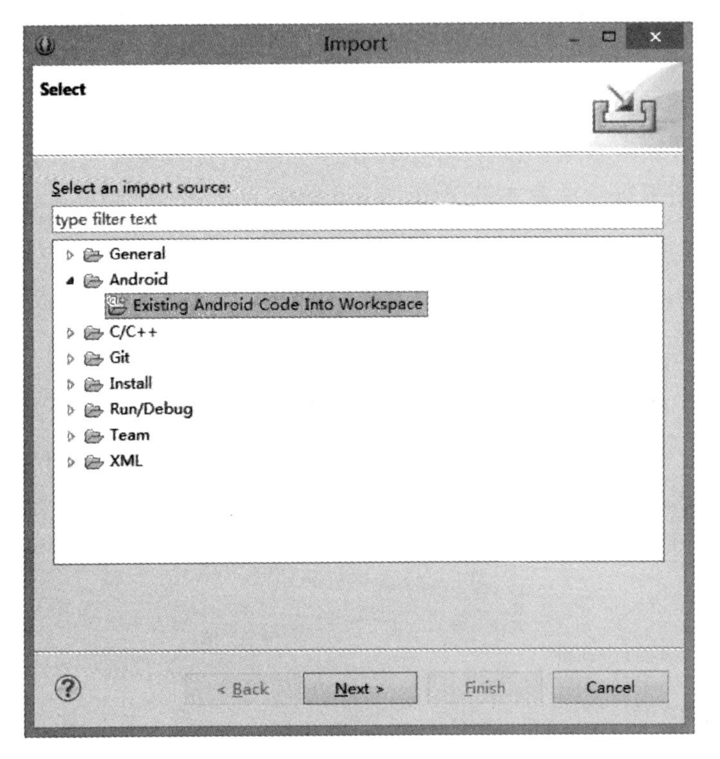

图 22-12 导入工程对话框

在选择导入工程对话框中单击 Browse 按钮，弹出图 22-14 所示的选择目录对话框。注意，选择目录是<Android SDK 按目录>\extras\google\google_play_services\libproject\google-play-services_lib。

选择好目录后，单击"确定"按钮关闭对话框，回到导入工程对话框，如图 22-15 所示，在 Root Directory 文本框中已经有内容了。如果没有报错，则说明选择工程成功。注意，不要选中 Copy projects into workspace 复选框。选择完成后单击 Finish 按钮，则 Eclipse 开始导入并编译工程。

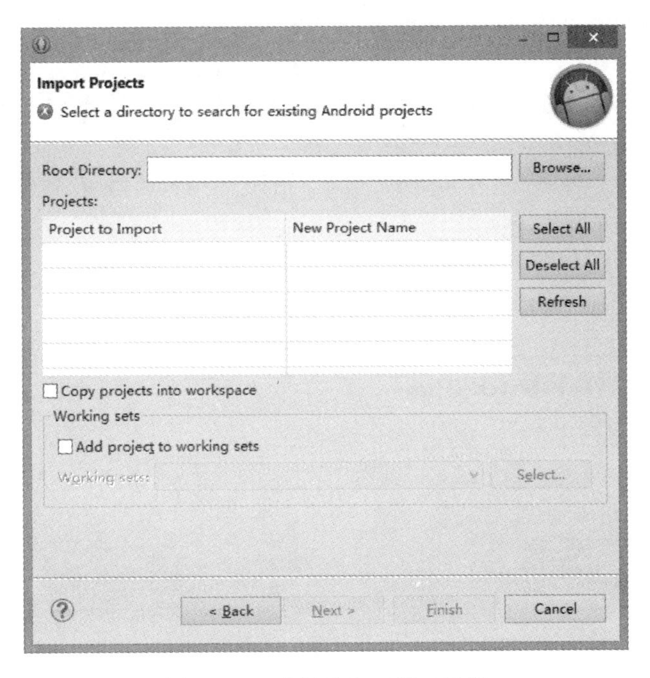

图 22-13　选择导入工程对话框

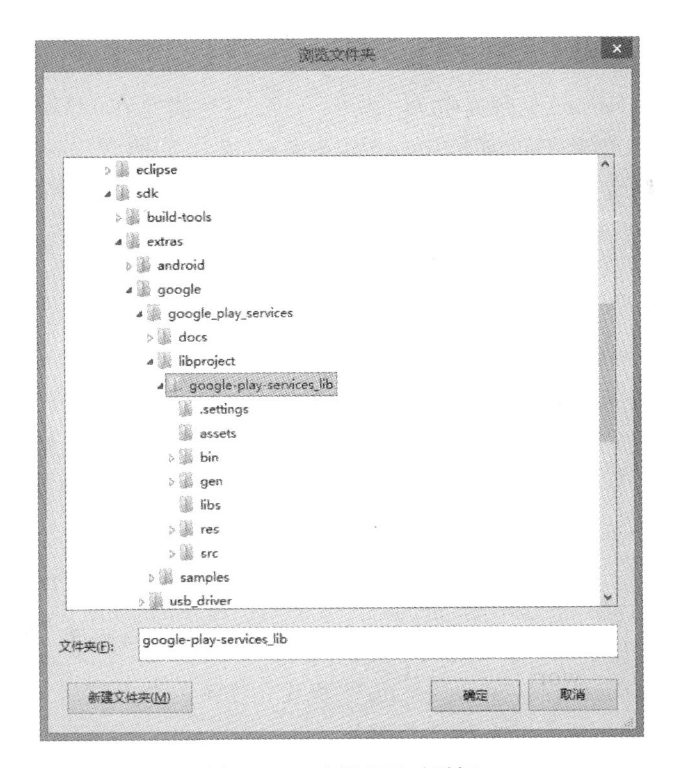

图 22-14　选择目录对话框

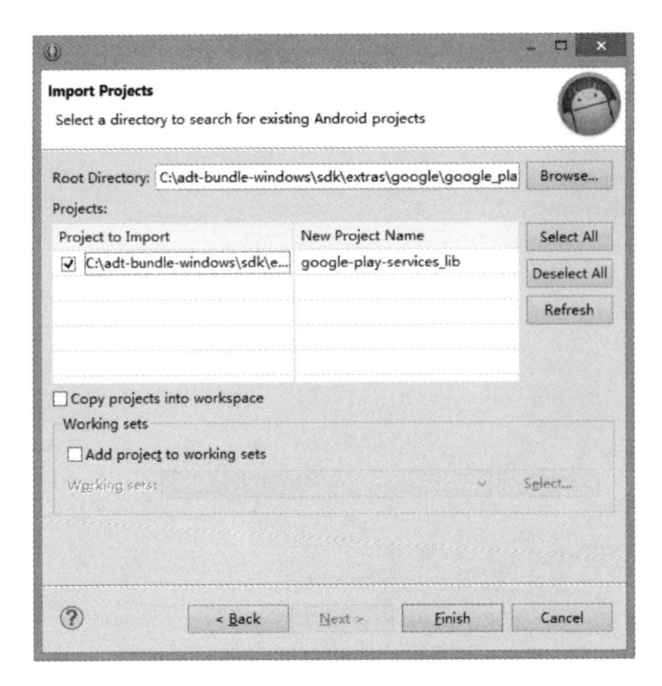

图 22-15 选择工程成功

22.2.2 导入 libcocos2dx 类库工程到 Eclipse

Cocos2d-JS 在 Android 平台提供了一些 Java 类，这些类是在 libcocos2dx 类库工程中，需要导入 libcocos2dx 类库工程到 Eclipse 中，参考 22.2.1 节的方法导入 libcocos2dx 类库工程。libcocos2dx 类库工程所在的目录是<游戏工程路径>\frameworks\js-bindings\cocos2d-x\cocos\platform\android\java。

22.2.3 导入 LostRoutes 工程到 Eclipse

最后需要导入 LostRoutes 游戏工程到 Eclipse。首先需要将 Cocos Code IDE 工具中的 LostRoutes 工程中的相关内容复制到 cocos 创建的工程目录下，具体细节请参考 18.3 节。

复制完后再参考 22.2.1 节的方法导入 LostRoutes 工程，选择目录是<LostRoutes 工程路径>\frameworks\runtime-src\proj.android。全部导入成功界面如图 22-16 所示。

接下来需要配置一下编译环境。要为 LostRoutes 和 google-play-services_lib 工程建立依赖关系，右击 LostRoutes 工程，在弹出的快捷菜单中选择 Properties 命令，弹出图 22-17 所示的属性对话框。单击 Add 按钮，弹出图 22-18 所示的对话框。选中 google-play-services_lib 工程后，单击 OK 按钮关闭该对话框并回到属性对话框。

LostRoutes 和 google-play-services_lib 工程建立依赖关系后，需要修改编译 Target，因为默认 Target 是 Android 2.3.3，需要将其修改为 Android 4.0 以上。本例中修改 Target 为 Android 4.2.2，如图 22-19 所示，设置完成后单击 OK 按钮就可以了。

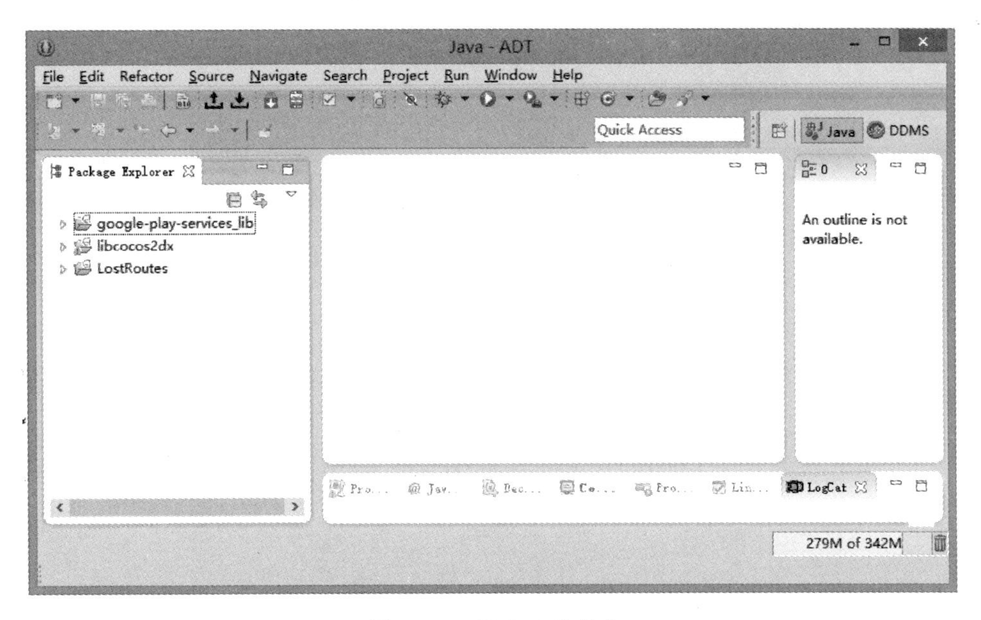

图 22-16　导入工程成功

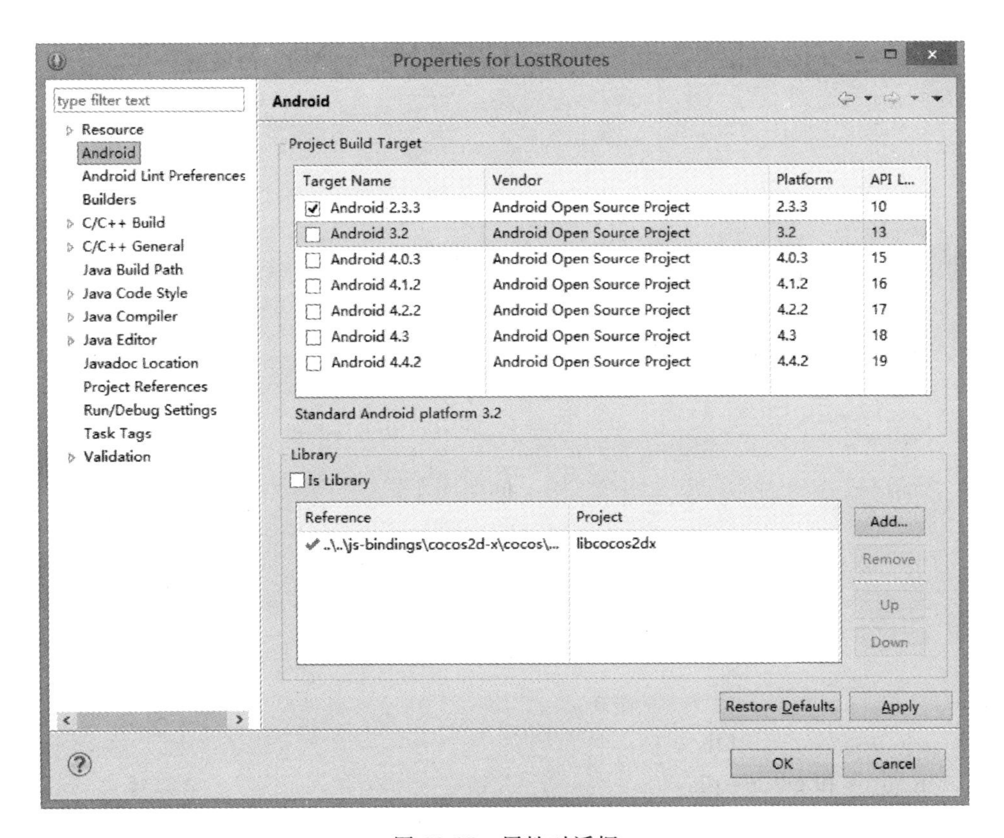

图 22-17　属性对话框

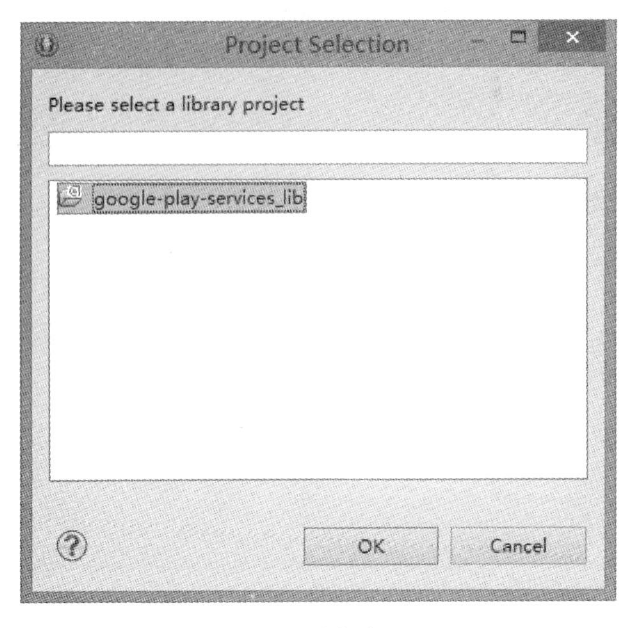

图 22-18　选择库工程

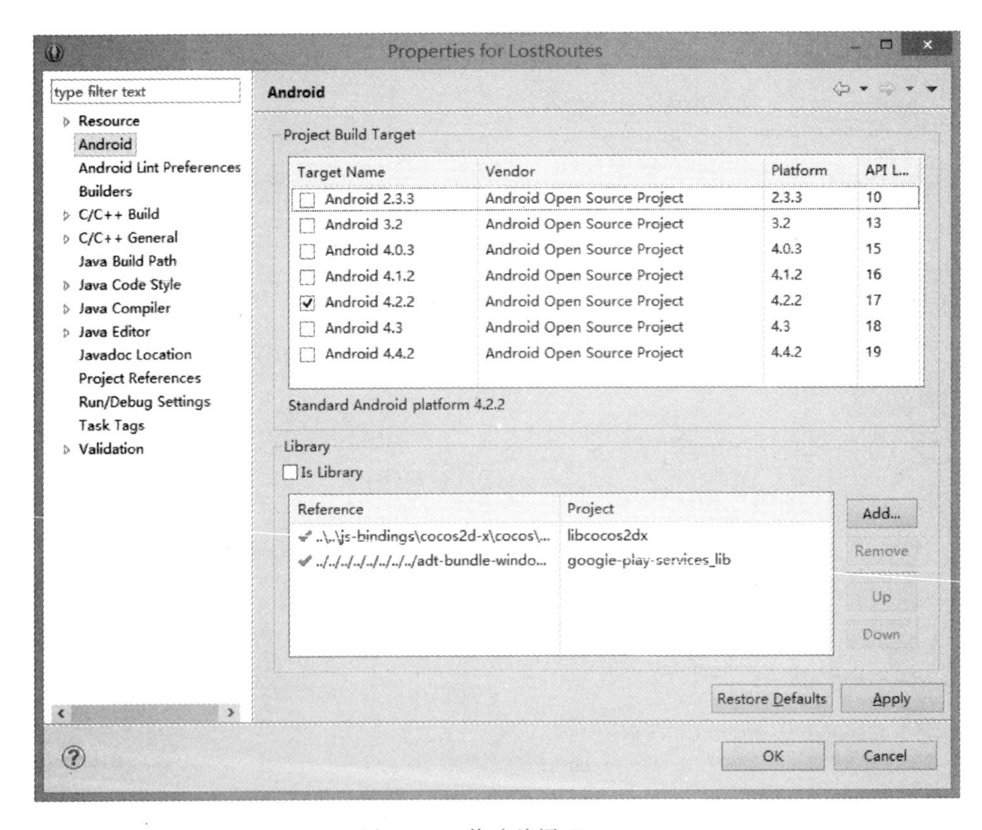

图 22-19　修改编译 Target

22.2.4 编写 AdMob 相关代码

搭建好环境之后，就可以编写相关代码了，代码部分主要是在 Android 中添加。在 Eclipse 中打开 LostRoutes 工程中的 AppActivity.java 文件，修改 AppActivity 代码如下：

```
package org.cocos2dx.javascript;

import org.cocos2dx.lib.Cocos2dxActivity;
import org.cocos2dx.lib.Cocos2dxGLSurfaceView;

import android.graphics.Color;
import android.os.Bundle;
import android.view.Gravity;
import android.view.ViewGroup.LayoutParams;
import android.view.WindowManager;
import android.widget.FrameLayout;

import com.google.android.gms.ads.AdRequest;                                    ①
import com.google.android.gms.ads.AdSize;                                       ②
import com.google.android.gms.ads.AdView;

public class AppActivity extends Cocos2dxActivity {

    @Override
    public Cocos2dxGLSurfaceView onCreateView() {
        Cocos2dxGLSurfaceView glSurfaceView = new Cocos2dxGLSurfaceView(this);
        //TestCpp should create stencil buffer
        glSurfaceView.setEGLConfigChooser(5, 6, 5, 0, 16, 8);

        return glSurfaceView;
    }

    private AdView adView;
    private static final String AD_UNIT_ID = "ca-app-pub-1990684556219793/4224599995";   ③

    @Override
    protected void onCreate(Bundle savedInstanceState) {
        super.onCreate(savedInstanceState);

        getWindow().addFlags(WindowManager.LayoutParams.FLAG_KEEP_SCREEN_ON);

        adView = new AdView(this);                                              ④
        adView.setAdSize(AdSize.BANNER);                                        ⑤
        adView.setAdUnitId(AD_UNIT_ID);                                         ⑥

        AdRequest adRequest = new AdRequest.Builder()
                .addTestDevice(AdRequest.DEVICE_ID_EMULATOR)
                .addTestDevice("57AF26B8D95B38A737890E036A59F40F").build();     ⑦
```

```
        adView.loadAd(adRequest);                                            ⑧
        adView.setBackgroundColor(Color.BLACK);
        adView.setBackgroundColor(0);

        FrameLayout.LayoutParams params = new FrameLayout.LayoutParams(
                LayoutParams.WRAP_CONTENT, LayoutParams.WRAP_CONTENT);       ⑨
        params.gravity = Gravity.BOTTOM;                                     ⑩

        addContentView(adView, params);                                      ⑪

    }

    @Override
    protected void onResume() {                                              ⑫
        super.onResume();
        if (adView != null) {
            adView.resume();
        }
    }

    @Override
    protected void onPause() {                                               ⑬
        if (adView != null) {
            adView.pause();
        }
        super.onPause();
    }

    @Override
    protected void onDestroy() {                                             ⑭
        adView.destroy();
        super.onDestroy();
    }

}
```

上述代码第①行是引入 com.google.android.gms.ads 包中的 AdRequest 类，需要注意的是，com.google.ads 包中也有一个 AdRequest 类，它们是同名不同包，这是使用 Java 语言经常遇到的问题，必须清楚要使用的那个类在哪个包中。同样的问题也会出现在第②行代码引入 AdSize 类中，使用的包是 com.google.android.gms.ads，但在 com.google.ads 包中也有一个 AdSize 类。第③行代码是定义一个广告单元 ID 静态常量，需要将上一节创建的广告单元 ID 设置在这里。onCreate 方法是重写父类 Cocos2dxActivity 的方法，在这个方法中主要是初始化 Android 的屏幕视图。其中，第④行代码是创建 AdView 对象，它是一个 AdMob 横幅广告条视图对象；第⑤行代码 adView.setAdSize(AdSize.BANNER)设置广告尺寸，AdSize.BANNER 是标准横幅广告尺寸。在 Android 平台 AdMob 有几种不同的横幅广告尺寸，如表 22-1 所示。

表 22-1 Android 平台 AdMob 横幅广告尺寸

尺 寸	适用范围	说 明	AdSize 常量
320x50	手机和平板电脑	标准横幅广告	BANNER
300x250	平板电脑	IAB[①] 中矩形	MEDIUM_RECTANGLE
468x60	平板电脑	IAB 全尺寸横幅广告	FULL_BANNER
728x90	平板电脑	IAB 页首横幅广告	LEADERBOARD
任意屏幕尺寸、任何屏幕方向	手机和平板电脑	智能横幅广告	SMART_BANNER

上述代码第⑥行 adView.setAdUnitId(AD_UNIT_ID)设置广告单元 ID。第⑦行代码是创建 AdRequest 广告请求对象，其中 addTestDevice 方法是设置测试设备 ID，应该增加 addTestDevice(<设备 ID>)语句添加更多测试设备。AdRequest.DEVICE_ID_EMULATOR 是指模拟器测试。设备 ID 可以在 logcat 的日志中找到。第⑧行代码 adView.loadAd(adRequest)是通过广告栏视图中请求填充广告。第⑨～⑪行代码是设置广告视图的布局。需要注意的是，在 Android 平台可以使用 XML 文件作为界面布局，也可以通过程序代码实现界面布局，但是 Cocos2d-x 引擎下使用 Android 就只能通过程序代码实现布局。其中，第⑨行代码是设置 FrameLayout 布局管理器的布局参数，LayoutParams.WRAP_CONTENT 表示与屏幕一样高和宽；第⑩行代码 params.gravity = Gravity.BOTTOM 设置视图摆放的位置是屏幕的底部，如果是 Gravity.TOP 常量，则视图摆放的位置是屏幕的顶部；第⑪行代码 addContentView(adView, params)是将广告栏视图和刚刚设置的布局参数添加到屏幕的内容视图中。代码第⑫行的 onResume()方法是重写父类的方法，它将在应用暂停之后的继续时调用。类似的第⑬行代码 onPause()方法，它将在应用暂停的时候调用；第⑭行的 onDestroy()方法将在 AppActivity 销毁的时候调用。

代码编写完成，还要修改一下 Android 工程的 AndroidManifest.xml 文件，它是 Android 工程的注册文件。修改 AndroidManifest.xml 文件内容如下：

```
<?xml version = "1.0" encoding = "utf - 8"?>
<manifest xmlns:android = "http://schemas.android.com/apk/res/android"
    package = "net.cocoagame"
    android:versionCode = "1"
    android:versionName = "1.0" >

    <uses - sdk android:minSdkVersion = "9" />

    <uses - feature android:glEsVersion = "0x00020000" />

    <application
        android:icon = "@drawable/icon"
        android:label = "@string/app_name" >
```

① Interactive Advertising Bureau，美国互动广告局。

```
            <meta-data
                android:name="android.app.lib_name"
                android:value="cocos2djs" />

            <activity
                android:name="org.cocos2dx.javascript.AppActivity"
                android:configChanges="orientation"
                android:label="@string/app_name"
                android:screenOrientation="portrait"
                android:theme="@android:style/Theme.NoTitleBar.Fullscreen" >

                <!-- Tell NativeActivity the name of our .so -->
                <meta-data
                    android:name="android.app.lib_name"
                    android:value="cocos2dcpp" />

                <intent-filter>
                    <action android:name="android.intent.action.MAIN" />

                    <category android:name="android.intent.category.LAUNCHER" />
                </intent-filter>
            </activity>

            <meta-data
                android:name="com.google.android.gms.version"
                android:value="@integer/google_play_services_version" />                    ①

            <activity
                android:name="com.google.android.gms.ads.AdActivity"
                        android:configChanges="keyboard|keyboardHidden|orientation|
                            screenLayout|uiMode|screenSize|smallestScreenSize" />  ②
        </application>

        <supports-screens
            android:anyDensity="true"
            android:largeScreens="true"
            android:normalScreens="true"
            android:smallScreens="true"
            android:xlargeScreens="true" />

        <uses-permission android:name="android.permission.INTERNET" />
        <uses-permission android:name="android.permission.CHANGE_NETWORK_STATE" />
        <uses-permission android:name="android.permission.CHANGE_WIFI_STATE" />
        <uses-permission android:name="android.permission.ACCESS_NETWORK_STATE" />
        <uses-permission android:name="android.permission.ACCESS_WIFI_STATE" />
        <uses-permission android:name="android.permission.MOUNT_UNMOUNT_FILESYSTEMS" />
        <uses-permission android:name="android.permission.WRITE_EXTERNAL_STORAGE" />
    </manifest>
```

上述代码中的第①行和第②行是添加的。有关更多的 Java 和 Android 开发方面的知识可以参考其他的书籍，本书不深入地解释。

22.2.5　交叉编译、打包和运行

交叉编译、打包和运行最简单的方法是使用 Cocos2d-JS 提供的 cocos run 命令一步完成。使用的命令如下：

```
cocos run - p android
```

cocos run 命令具体细节可以参考 19.3 节，执行成功运行结果如图 22-20 所示。从图 22-20 中可以看出，这是一个 AdMob 测试广告栏。

图 22-20　添加 AdMob 的运行结果

22.3　为迷失航线游戏 iOS 平台添加 AdMob 广告

上一节介绍了在迷失航线游戏 Android 平台添加 AdMob 广告。本节介绍如何在 Cocos2d-JS 引擎的 iOS 平台中添加 AdMob 横幅广告。

22.3.1　Cocos2d-x 引擎 iOS 平台下搭建 AdMob 开发环境

首先将下载的 AdMob iOS SDK 压缩文件 googlemobileadssdkios.zip 解压。内容如下：

```
GoogleMobileAdsSdkiOS-6.11.1 目录
|____ Add-ons
|____ GADAdMobExtras.h
|____ GADAdNetworkExtras.h
|____ GADAdSize.h
|____ GADBannerView.h
|____ GADBannerViewDelegate.h
|____ GADInAppPurchase.h
```

```
|____ GADInAppPurchaseDelegate.h
|____ GADInterstitial.h
|____ GADInterstitialDelegate.h
|____ GADModules.h
|____ GADRequest.h
|____ GADRequestError.h
|____ libGoogleAdMobAds.a
|____ README.txt
```

一般只需要.h文件和.a文件就可以了，而Add-ons目录是存放插件，如广告搜索定位等功能。需要将用到的.h文件和.a文件添加到Xcode工程中，一般是将这些文件复制到的<LostRoutes工程目录>\proj.ios_mac\目录，并为其创建一个文件夹，如图22-21所示。

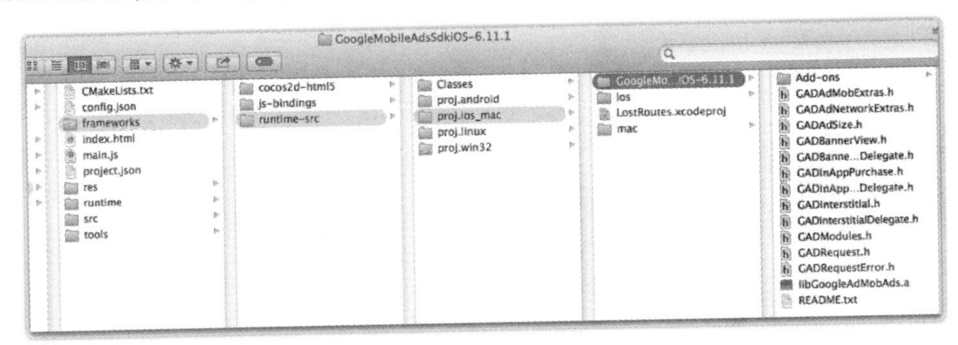

图 22-21　添加.h文件和.a文件

然后打开<LostRoutes工程目录>\frameworks\runtime-Svc\proj.ios_mac\LostRoutes.xcodeproj文件，则会在Xcode中启动该工程。找到LostRoutes工程下的ios组，右击弹出快捷菜单，如图22-22所示。选择Add Files to "LostRoutes…"命令，弹出添加文件对话框。需要按照图22-23所示内容选择文件，其他的选项按图选择，完成后单击Add按钮，添加文件并关闭对话框。

添加.h文件和.a文件后，还不能编译，此时还需要引入一些框架：StoreKit.framework、CoreTelephony.framework、SystemConfiguration.framework、MessageUI.framework、MediaPlayer.framework、AdSupport.framework、AudioToolbox.framework、AVFoundation.framework、CoreGraphics.framework、QuartzCore.framework和GameController、framework。

具体引入框架操作这里以StoreKit.framework引入为例进行介绍。具体步骤是：在Xcode中选择工程LostRoutes中的TARGETS→LostRoutes iOS→Build Phases→Link Binary With Libraries，展开Link Binary With Libraries，单击左下角的"+"按钮，从弹出的对话框中选择StoreKit.framework，单击Add按钮添加，如图22-24所示。

引入框架后，还需要设置编译参数Other Linker Flags，把它的Debug和Release参数都设置为-ObjC，如图22-25所示。

还需要在编译参数中设置Library Search Paths，如图22-26所示，将Library Search Paths中原来的AdMob类库路径修改为$(SRCROOT)/GoogleMobileAdsSdkiOS-6.11.1，其

中＄(SRCROOT)是 Xcode 代码根路径环境变量，它所指的工程文件. xcodeproj 所在的目录。采用环境变量更加灵活，否则当工程所在的路径变更后很可能出现找不到引用的类库错误。

配置好后就可以编译了，如果前面的设置没有问题，应该能够编译成功。

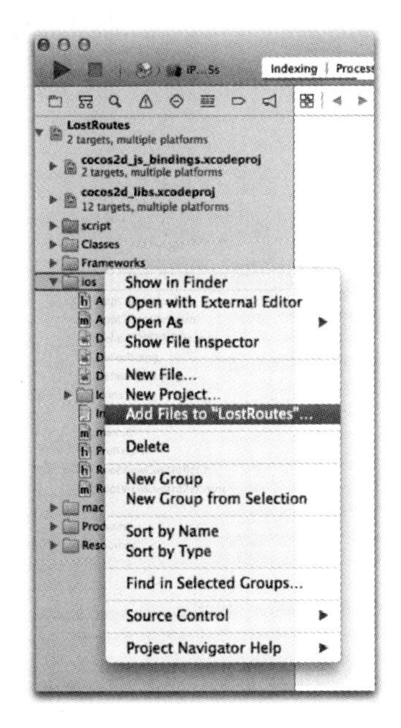

图 22-22　添加文件到 Lost Routes

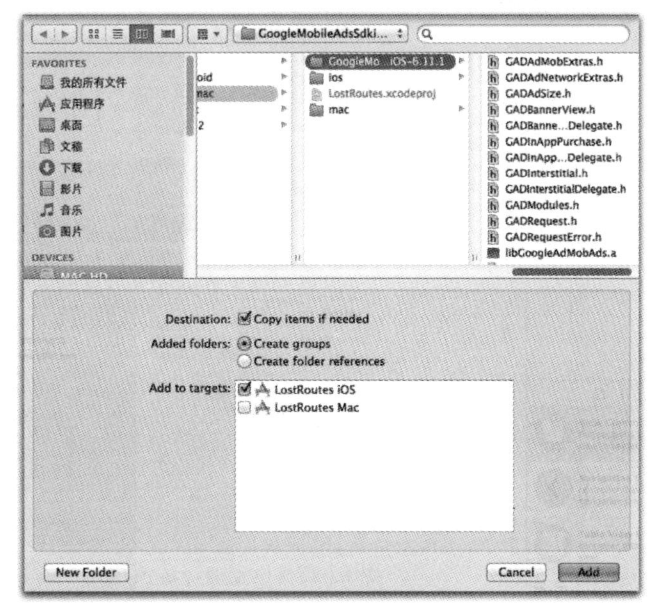

图 22-23　添加文件对话框

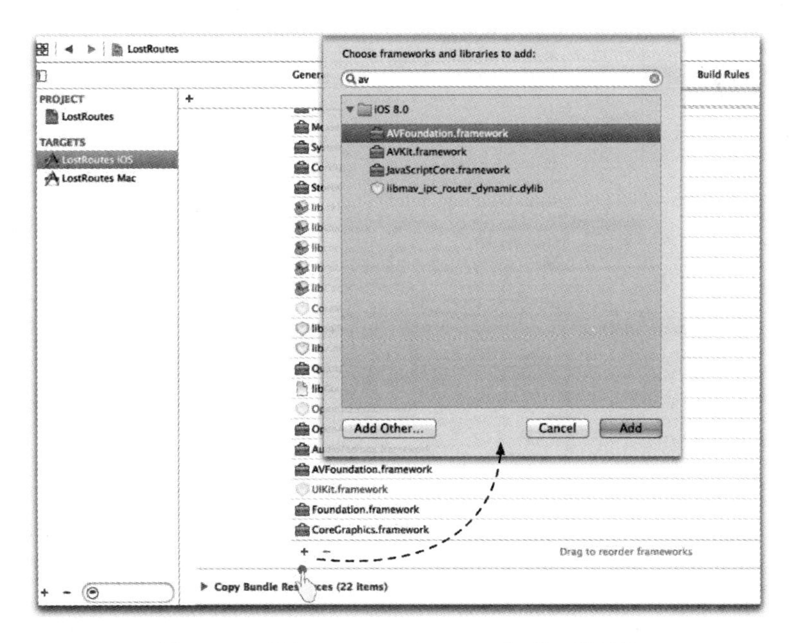

图 22-24　添加 StoreKit. framework 到工程环境

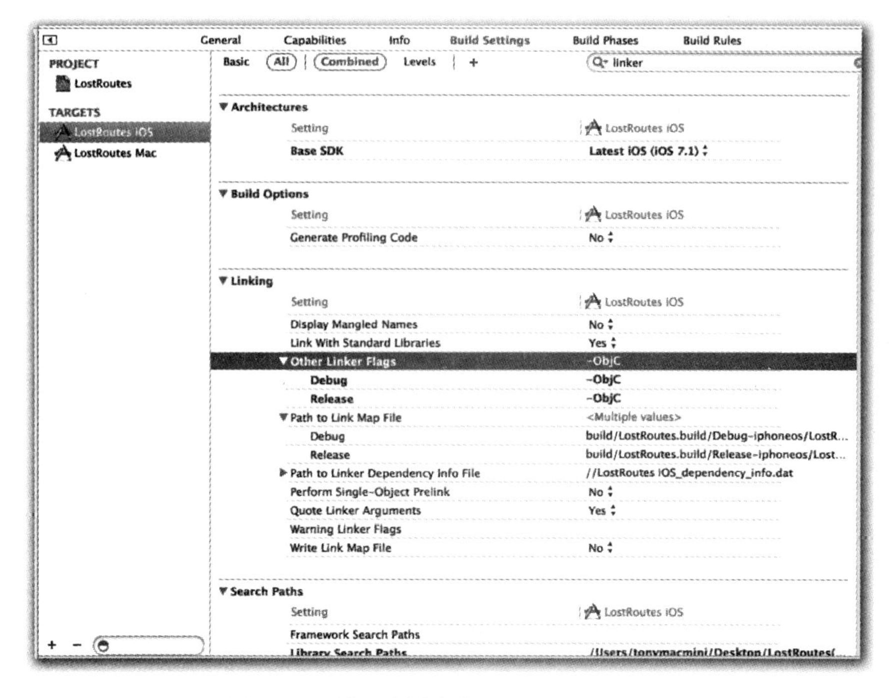

图 22-25 设置编译参数 Other Linker Flags

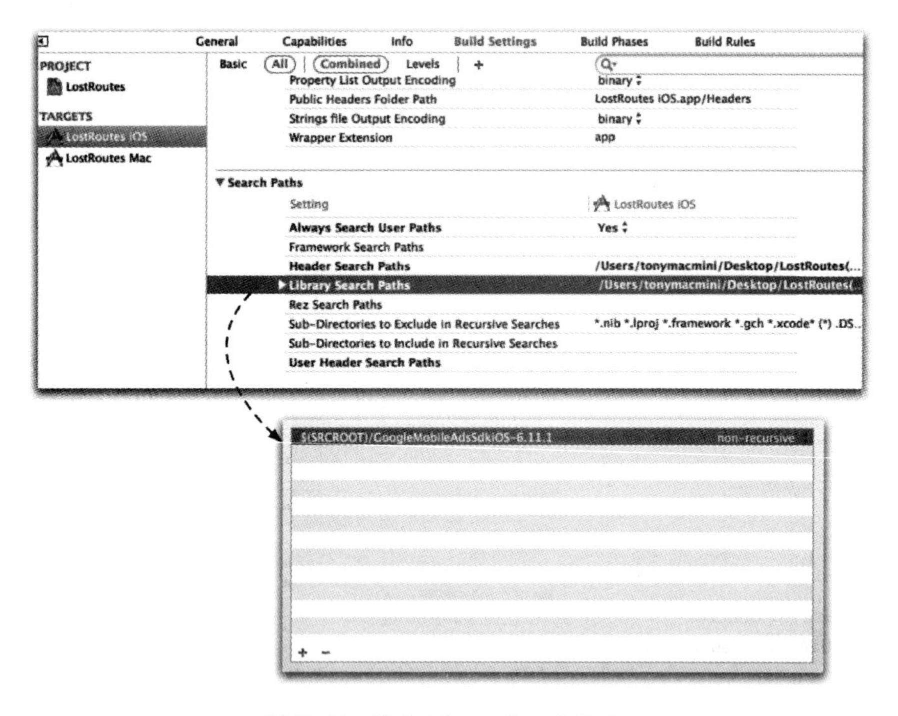

图 22-26 修改 Library Search Paths

22.3.2　编写 AdMob 相关代码

当搭建好环境之后，就可以编写相关代码了，添加横幅广告在一般的 iOS 应用中可以在视图控制器的 viewDidLoad 方法中实现，但是作为 Cocos2d-JS 引擎下的 iOS 游戏应用只有一个根视图控制器 RootViewController，它的 viewDidLoad 方法被注释掉了，而且 RootViewController 中能够进行初始化的几个方法都注释掉了。RootViewController. mm 中相关代码如下：

```
/*
//The designated initializer. Override if you create the controller programmatically and want
to perform customization that is not appropriate for viewDidLoad.
- (id)initWithNibName:(NSString *)nibNameOrNil bundle:(NSBundle *)nibBundleOrNil {
    if ((self = [super initWithNibName:nibNameOrNil bundle:nibBundleOrNil])) {
        //Custom initialization
    }
    return self;
}
*/

/*
//Implement loadView to create a view hierarchy programmatically, without using a nib.
- (void)loadView {
}
*/

/*
//Implement viewDidLoad to do additional setup after loading the view, typically from a nib.
- (void)viewDidLoad {
    [super viewDidLoad];
}

*/
```

这些注释说明 Cocos2d-JS 并不希望我们使用它们。虽然可以打开这些注释，添加 AdMob 广告代码，但是不建议这样做。这里将 AdMob 广告代码添加到 AppController. h 和 AppController. mm 文件中，它们是 iOS 工程中的应用程序委托对象。在 AppController. h 文件中添加代码如下：

```
#import "GADBannerView.h"                                                    ①

@class RootViewController;

@interface AppController : NSObject <UIAccelerometerDelegate,
        UIAlertViewDelegate, UITextFieldDelegate,UIApplicationDelegate,
            GADBannerViewDelegate>                                           ②
{
    UIWindow *window;
```

```
    RootViewController * viewController;
}

@property(nonatomic, strong) GADBannerView * adBanner;                                    ③
- (GADRequest * )request;                                                                ④

@end
```

上述代码第①行引入头文件 GADBannerView.h，它是使用横幅广告所需要的；第②行代码声明实现委托协议 GADBannerViewDelegate；第③行代码声明 GADBannerView 类型的属性；第④行代码声明请求方法。

对于 AppController.mm 文件，则需要在 application:didFinishLaunchingWithOptions 启动方法中添加代码。修改代码如下：

```
- (BOOL)application:(UIApplication * )application
        didFinishLaunchingWithOptions:(NSDictionary * )launchOptions {

    …
    viewController = [[RootViewController alloc] initWithNibName:nil bundle:nil];
    viewController.wantsFullScreenLayout = YES;
    viewController.view = eaglView;

    …

    /////////admob start ////////
    CGPoint origin = CGPointMake(0.0,
            viewController.view.frame.size.height - kGADAdSizeBanner.size.height);      ①
    self.adBanner = [[GADBannerView alloc] initWithAdSize:kGADAdSizeBanner origin:origin];   ②

    self.adBanner.adUnitID = @"ca-app-pub-1990684556219793/1962464393";                  ③
    self.adBanner.delegate = self;                                                       ④
    self.adBanner.rootViewController = viewController;                                   ⑤
    [viewController.view addSubview:self.adBanner];                                      ⑥
    [self.adBanner loadRequest:[self request]];                                          ⑦
    /////////admob end ////////

    return YES;
}

- (GADRequest * )request {                                                               ⑧
    GADRequest * request = [GADRequest request];                                         ⑨

    request.testDevices = @[
                            @"7740674c81cf31a50d2f92bcdb729f10",
                            GAD_SIMULATOR_ID
                            ];                                                           ⑩
    return request;
}
```

```
- (void)adViewDidReceiveAd:(GADBannerView * )adView {                    ⑪
    NSLog(@"Received ad successfully");
}

- (void)adView:(GADBannerView * )view
          didFailToReceiveAdWithError:(GADRequestError * )error {         ⑫
    NSLog(@"Failed to receive ad with error: %@", [error localizedFailureReason]);
}
```

上述代码第①行是初始化横幅广告栏的坐标原点位置，CGPointMake 函数能够创建一个 CGPoint 结构体对象，其中的参数 0.0 是 x 轴坐标，viewController. view. frame. size. height - kGADAdSizeBanner. size. height 是 y 轴坐标。注意，iOS 视图坐标原点在左上角。第②行代码是创建 GADBannerView 对象，GADBannerView 是横幅广告栏视图类，参数 kGADAdSizeBanner 是横幅标准广告栏尺寸。在 iOS 平台，AdMob 有几种不同的横幅广告尺寸，如表 22-2 所示。

表 22-2　iOS 平台 AdMob 横幅广告尺寸

尺　寸	适用范围	说　明	常　量
320x50	手机和平板电脑	标准横幅广告	kGADAdSizeBanner
300x250	平板电脑	IAB 中矩形	kGADAdSizeMediumRectangle
468x60	平板电脑	IAB 全尺寸横幅广告	kGADAdSizeFullBanner
728x90	平板电脑	IAB 页首横幅广告	kGADAdSizeLeaderboard
任意屏幕尺寸、任何屏幕方向	手机和平板电脑	智能横幅广告	kGADAdSizeSmartBannerPortrait kGADAdSizeSmartBannerLandscape

上述代码第③行是设置广告单元 ID。第④行是设置广告栏的委托对象为 self(当前的 AppController 对象)，由于设置了委托对象，当成功接收广告时会回调第⑪行的 adViewDidReceiveAd 方法，如果接收广告失败则会调用第⑫行的 adView: didFailToReceiveAdWithError 方法。第⑤行代码 self. adBanner. rootViewController = viewController 是将 viewController 变量设置为广告栏视图的 rootViewController 属性。第⑥行代码[viewController. view addSubview:self. adBanner]是把广告栏视图添加到 viewController 的视图上。第⑦行代码[self. adBanner loadRequest:[self request]]调用 request 方法加载广告请求对象。request 方法的定义在代码第⑧行。第⑨行代码 GADRequest * request = [GADRequest request]是创建请求对象。第⑩行代码是设置设备测试 ID，GAD_SIMULATOR_ID 是模拟器测试 ID，真实设备测试 ID 可以在程序运行的时候在控制台中找到，可以根据需要添加更多的设备测试 ID。

有关更多的 Objective-C 和 iOS 开发方面的知识可以参考其他的书籍，本书不深入地解释。

代码修改完成，就可以在 Xcode 中运行。运行结果如图 22-27 所示。

图 22-27　添加 AdMob 的运行结果

本章小结

本章是对上一章开发的迷失航线游戏的进一步完善，主要是添加广告展示。这里的广告选择了谷歌的 AdMob 广告，并分别介绍了如何在两个移动平台上添加 AdMob 广告。

第 23 章 把迷失航线游戏发布到 Google play 应用商店

当阅读到本章的时候，恭喜你已经学习了本书的大部分知识，已经使用 Cocos2d-JS 开发和测试了迷失航线手机游戏。现在应该考虑在各个应用商店发布这款游戏。

目前有很多应用商店可以发布应用和游戏，这里不可能全部介绍，只介绍两大移动平台官方的应用商店。这些应用商店是谷歌公司的 Google play 应用商店和苹果公司的 App Store 应用商店。

本章介绍如何将迷失航线游戏发布到 Google play 应用商店。

23.1 谷歌 Android 应用商店 Google play

Android 应用商店很多，也很混乱，Google play 应用商店是谷歌公司官方应用商店。下面重点介绍 Google play。

Google play 应用商店的前身是 Android Market，开发人员可以利用 Google play 应用商店的后台网站（https://play.google.com/apps/publish/）发布自己的应用，然后用户可通过内置在 Android 设备中的 Google play 应用商店购买下载应用、音乐、杂志、书籍、电影和电视节目，或通过 Google play 应用商店网站（https://play.google.com/）购买下载这些内容。图 23-1 所示是针对用户的 Google play 应用商店网站。

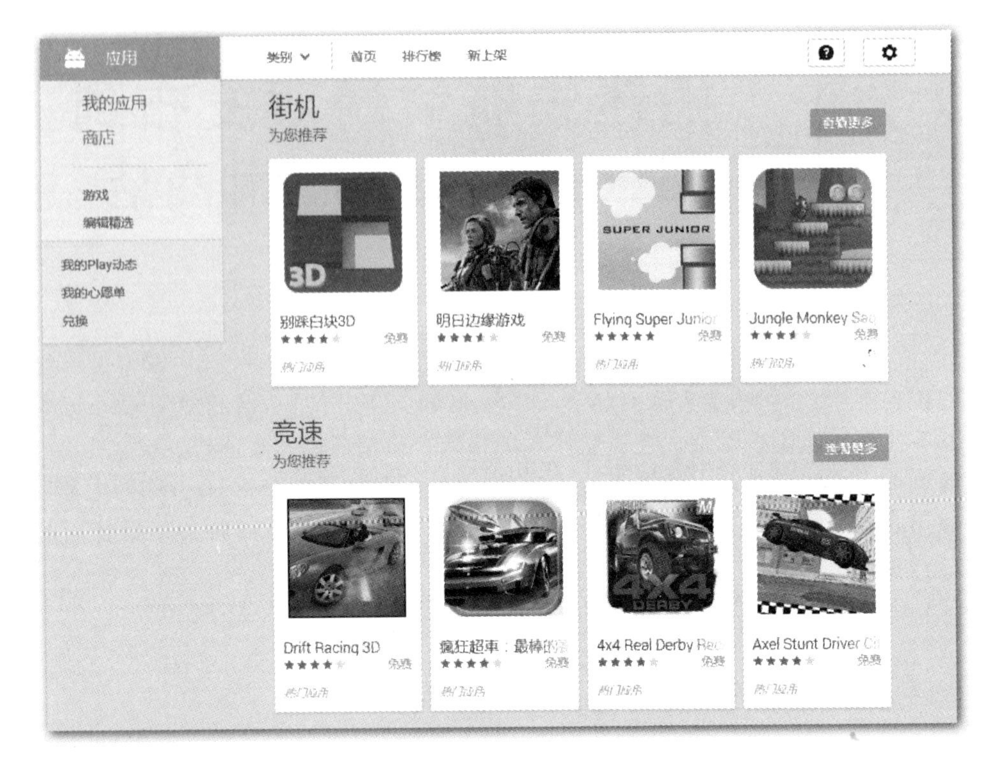

图 23-1　Google play 应用商店用户网站

23.2　还有“最后一千米”

设备测试完成后，在发布自己的应用之前，还有“最后一千米”的事情要做，包括 JS 文件编译、添加图标和应用程序打包。

23.2.1　JS 文件编译

为了防止被人看到源代码内容，以及新性能的需要，可以使用 cocos jscompile 工具把 JS 源代码文件编译为 JSC 字节码文件。

并不需要对 Cocos2d-JS 工程中的所有 JS 文件编译，编译的内容包括自己编写的<游戏工程目录>\src 目录下所有 JS 文件，<游戏工程目录>\frameworks\js-bindings\bindings\script 目录下所有 JS 文件。

具体步骤是通过 DOS 进入到要编译的工程的根目录下，执行命令如下：

```
cocos jscompile -s .\frameworks\js-bindings\bindings\
script -d .\frameworks\js-bindings\bindings\
script
del .\frameworks\js-bindings\bindings\script\*.js
```

```
cocos jscompile -s .\src -d .\src

del .\src\*.js
```

上面的命令同样适用于在 Mac OS X 的终端中执行。具体细节可参考 19.4.1 节。

23.2.2　添加图标

用户第一眼看到的就是应用的图标。图标是我们的“着装”，给人很好的第一印象非常重要。“着装”应该大方得体，图标设计也是如此，但图标设计已经超出了本书的讨论范围，这里只介绍 Android 图标的设计规格以及如何把图标添加到应用中。

考虑多种设备适配，这里提供 4 种 Android 应用规格：

(1) 32×32 像素，对应低分辨率，放在 drawable -ldpi 目录下。

(2) 48×48 像素，对应中分辨率，放在 drawable -mdpi 目录下。

(3) 72×72 像素，对应高分辨率，放在 drawable -hdpi 目录下。

(4) 96×96 像素，对应 720p 高清分辨率，放在 drawable -xhdpi 目录下。

此外，还有高清 1080p 分辨率，文件放到 drawable-xxhdpi 目录等。这些文件命名要统一，本例中统一命名为 icon.png。本例中只设计三个规格的图标，它们的目录结构如下：

```
<LostRoutes 工程目录>\frameworks\runtime-src\proj.android\res
├—drawable -hdpi
|        icon.png
├—drawable -ldpi
|        icon.png
└—drawable -mdpi
         icon.png
```

23.2.3　应用程序打包

在开发和调试阶段，使用 Cocos2d-JS 提供的工具 cocos 编译和运行，可以使用 cocos 工具发布打包，但是这种方式比较烦琐，推荐使用 Eclipse 并使用 ADT 插件进行发布打包。

在打包之前需要使用 cocos 工具编译 LostRoutes 工程，这样做会清除一下临时文件，生成新的 libcocos2djs.so 文件。具体命令如下：

```
cocos compile -p android
```

编译成功后<LostRoutes 工程目录>\frameworks\runtime-src\proj.android\assets 下所有被文件<LostRoutes 工程目录>\res 文件替换，libcocos2djs.so 文件被重新编写更新。

下面再来看看打包。在上一章介绍了迷失航线游戏项目在 Eclipse 下配置开发环境，并且在 Eclipse 中成功地导入了三个工程，如图 23-2 所示。

下面在这个基础上通过 Eclipse ADT 插件实现应用程序打包。

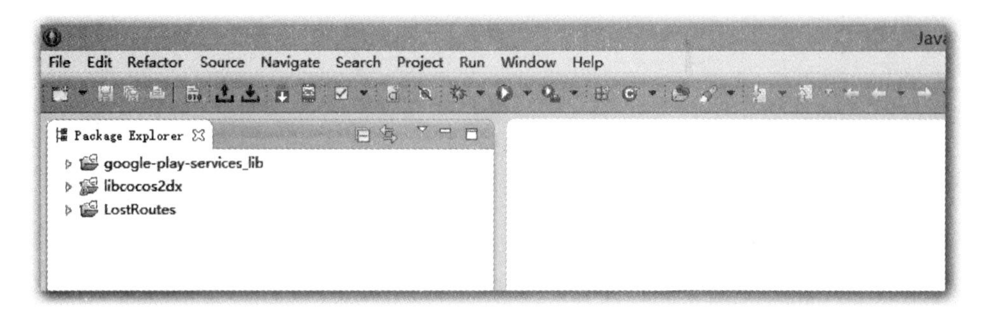

图 23-2 导入工程成功

在打包之前需要关闭 lint① 错误检查(lint error checking),真正检查将会发现忽略的错误和警告,事实上这些都不是什么问题,因为已经在设备上都调试过了。操作步骤是:选择 Window→Preferences 命令,弹出图 23-3 所示参数设置对话框,然后选择其中的 Android→Lint Error Checking 选项,单击 Ignore All 按钮,来忽略所有的警告和错误,最后单击 OK 按钮确定刚才的选择。

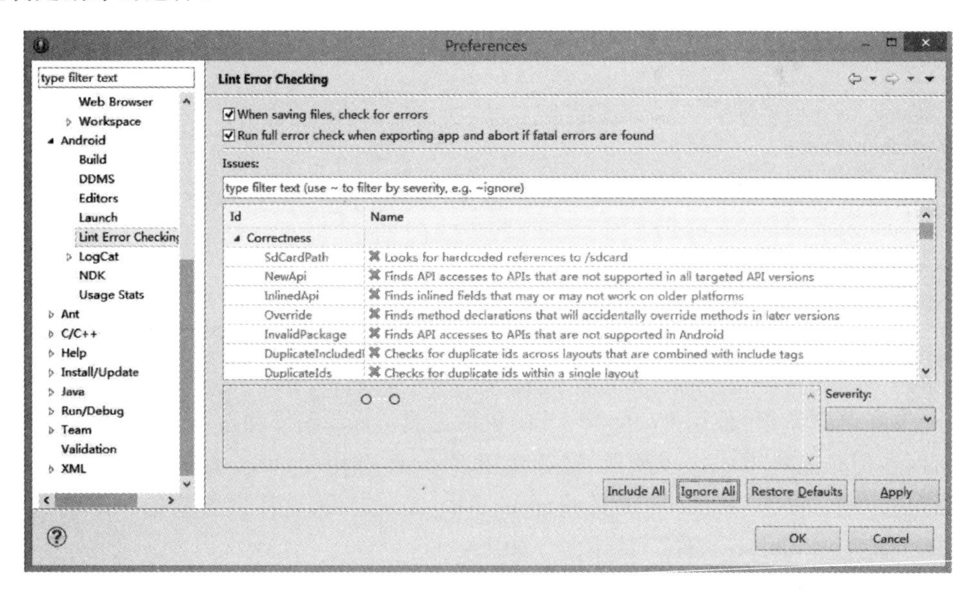

图 23-3 忽略 lint 错误检查

右击选择的工程 LostRoutes,在弹出的快捷菜单中选择 Android Tools → Export Signed Application Package 命令,弹出图 23-4 所示对话框。通过 Browser 按钮,可以重新

---

① lint 是一种工具程序的名称,它用来标记源代码中某些可疑的、不具结构性(可能造成 bug)的段落。它是一种静态程序分析工具,最早适用于 C 语言,在 UNIX 平台上开发出来。后来它成为通用术语,可用于描述在任何一种计算机编程语言中用来标记源代码中有疑义段落的工具。——引自于维基百科(http://zh.wikipedia.org/wiki/Lint)

选择要打包的工程。

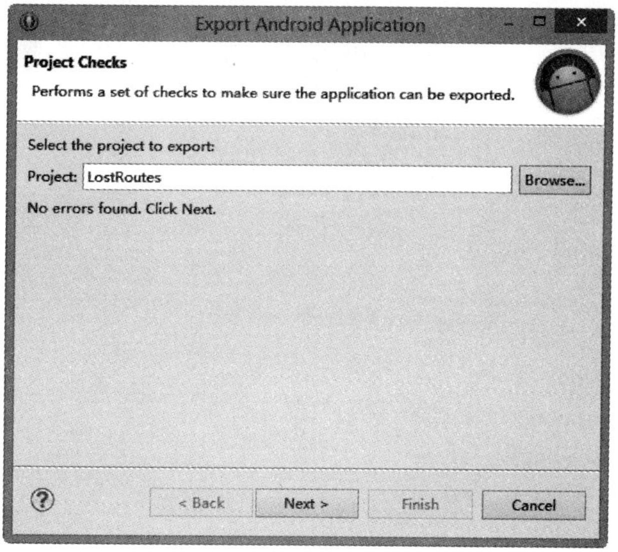

图 23-4　选择工程

在图 23-4 所示对话框中如果没有问题，可以单击 Next 按钮，进入图 23-5(a)所示对话框。可以在这里创建数字签名文件，它可以为应用程序包进行数字签名。选中 Create new keystore 单选按钮，然后在 Location 文本框中选择要保存的文件路径和文件名，再输入密码和密码确认，如图 23-5(b)所示。如果确认没有问题，则可以单击 Next 按钮，进入图 23-6 所示的对话框，需要在这里输入相关内容。

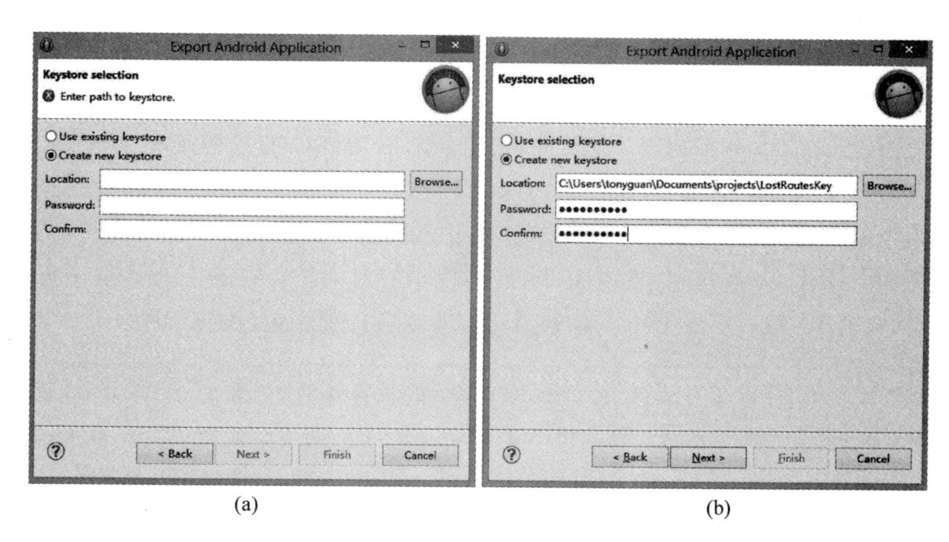

(a)　　(b)

图 23-5　创建数字签名文件

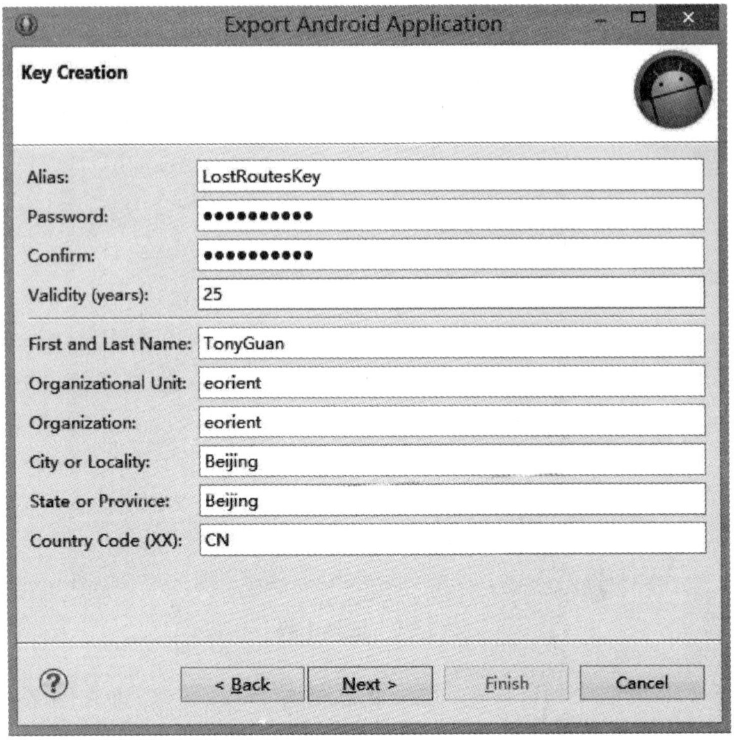

图 23-6 输入数字签名

在图 23-6 所对话框中输入完成后，单击 Next 按钮，会创建数字证书文件，并且弹出生成应用程序包(APK 文件)对话框。选择保存目录就可以生成 APK 文件。

另外，生成的数字证书文件要保管好，记住刚才设置的密码，所有应用都可以使用该文件进行数字签名。

如果上述的过程没有生成 APK 文件，则重新从右击弹出的快捷菜单中选择 Android Tools → Export Signed Application Package 命令，在图 23-7(a)所示对话框中选中 Use existing keystore 单选按钮，在 Location 文本框中选择刚才创建的数字证书文件，然后输入创建时的密码，单击 Next 按钮，进入图 23-7(b)所示的对话框。在这个对话框中可以选择文件包保存的位置，然后单击 Finish 按钮就可以生成应用程序包(APK 文件)。

提示 刚刚打包的 APK 文件是为了上传 Android 应用商店的，如果想在 Android 设备上安装测试一下，则可以使用 Android SDK 的 adb 命令，通过 DOS 或终端进入 <Android SDK 目录>\platform-tools 目录，然后输入命令 adb install <LostRoutes.apk 全路径>，保证 Android 设备连接到计算机，然后按 Enter 键就可以执行安装命令。安装成功后就可以在 Android 设备上找到刚刚安装的应用。

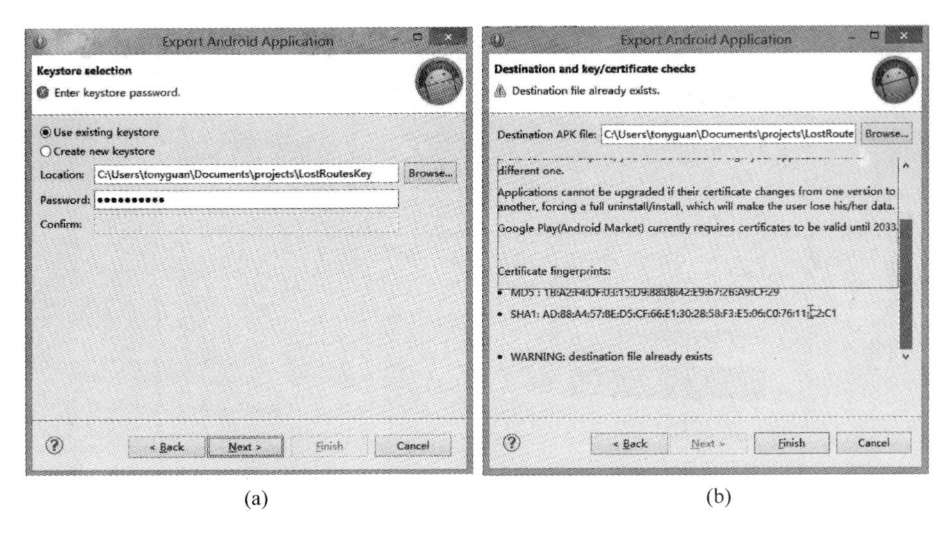

图 23-7　使用已经存在的数字证书文件打包

23.3　发布产品

程序打包后，就可以发布应用。发布应用在谷歌提供的 https://play.google.com/apps/publish/中完成，发布完成后等待审核，审核通过后就可以到 Google play Store 上销售。详细的发布流程分为三个阶段：上传 APK、填写商品详细信息、定价和发布范围。

23.3.1　上传 APK

使用申请的开发者账户登录 https://play.google.com/apps/publish/，会看到图 23-8 所示页面，单击“添加新应用”按钮，弹出图 23-9 所示对话框。在对话框中选择默认语言和名称，然后单击“上传 APK”按钮，页面会跳转到图 23-10 所示的页面。

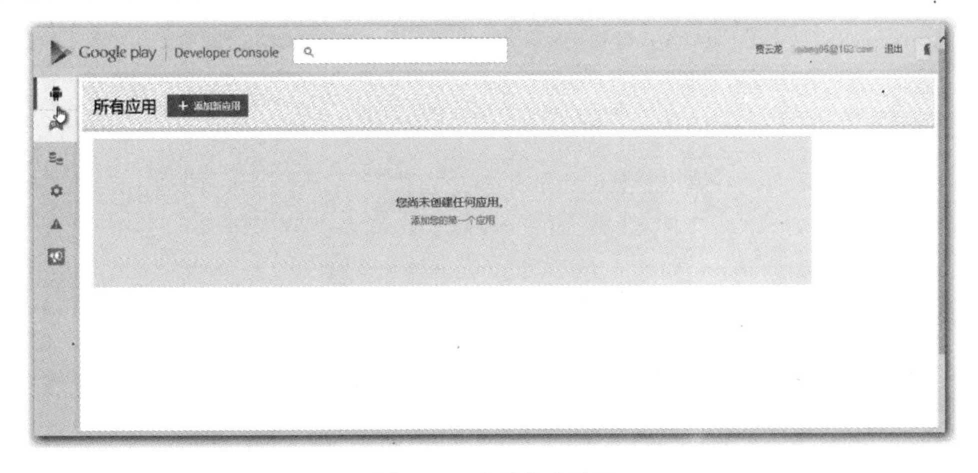

图 23-8　登录成功页面

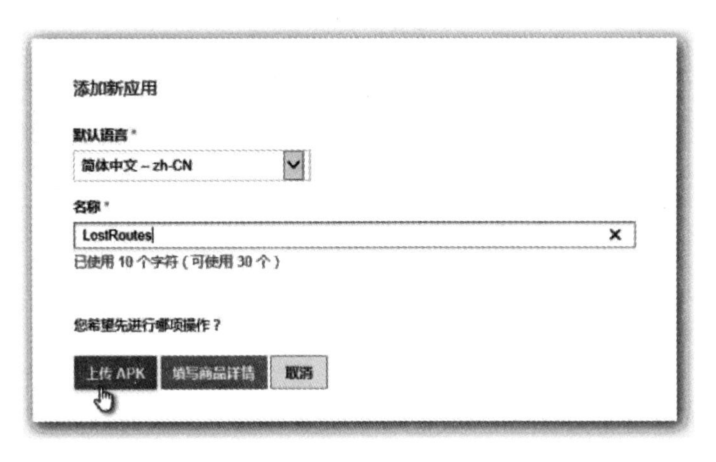

图 23-9 添加新应用对话框

图 23-10 上传 APK 文件

在图 23-10 所示页面中单击“上传您的第一个正式版 APK”按钮，则弹出文件选择对话框。选择刚刚创建的 APK 文件，然后上传就可以了。

提示 上传成功后会在后台对 APK 文件进行验证，这会与数字签名证书有关。如果证书有问题，或者证书过期，或者证书有效期未到，这些都是时间导致的证书问题，这可能与你制作证书时系统时间不准确有关，需要在操作系统中选择正确时区，然后通过 Internet 同步时间后，重新生成证书，生成 APK 包，再试一试。

23.3.2　填写商品详细信息

上传完 APK 后，可以添加商品详细信息，这里包括文字信息、图片信息和推广视频。单击左边的“商品详情”选项，打开图 23-11 所示的页面。这些输入项目中有星号的是必须要输入的，可以输入多种不同的语言，通过单击“添加翻译”按钮可以实现。

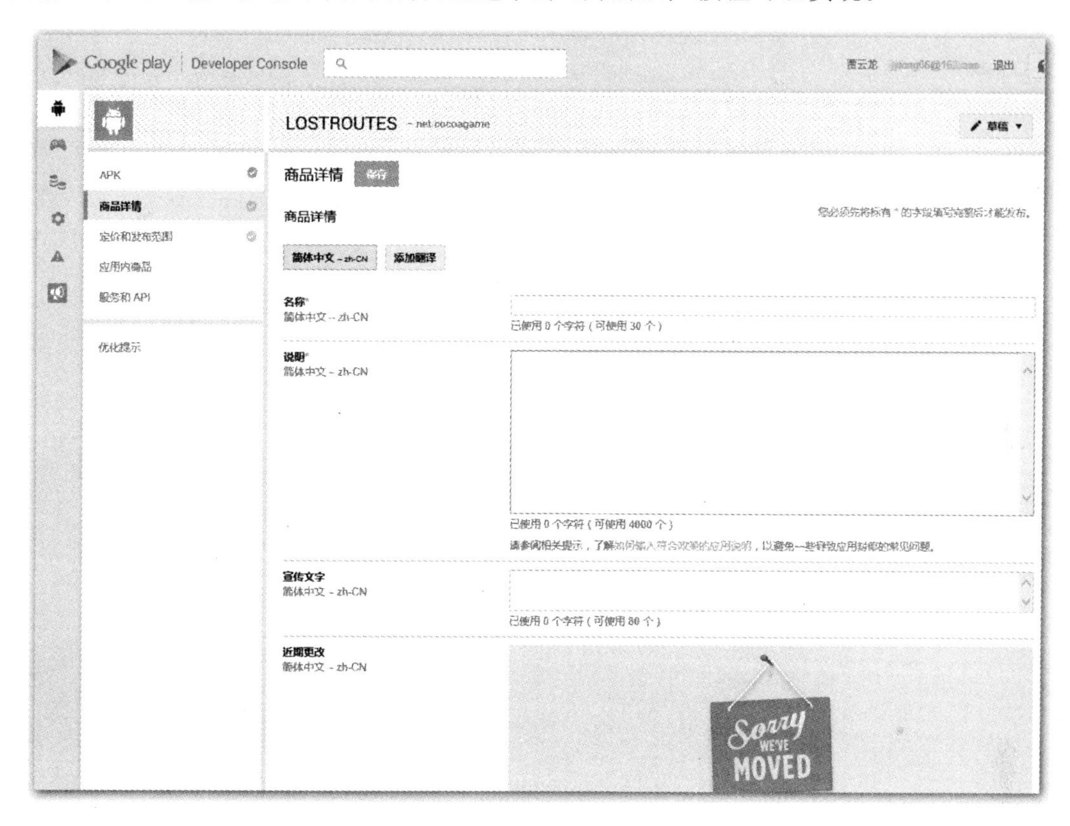

图 23-11　商品基本信息

如果将页面向下拖动，则会看到需要添加的图片和视频资源项目，如图 23-12 所示。从图中可见，屏幕截图部分分为手机、7 英寸平板电脑和 10 英寸平板电脑，需要按照页面中提示的规格提供真实的应用运行截图，不要有调试信息。在本例中应用只有手机版本，因此平板电脑部分的截图没有提供。屏幕截图部分的下面是高分辨率图标、精选应用图片和宣传图片，高分辨率图标是应用商店必须显示的图标，精选应用图片和宣传图片主要用于宣传，这里它们是可选的，需要按照页面中提示的规格设计提供图片。在图片的下面还有宣传视频，需要将录制好的视频上传到一些视频网站，然后将视频的网址添加到这里。

如果将页面向下拖动，则在页面的最下面是商品的分类等信息，如图 23-13 所示，可根据实际情况填写相关信息。

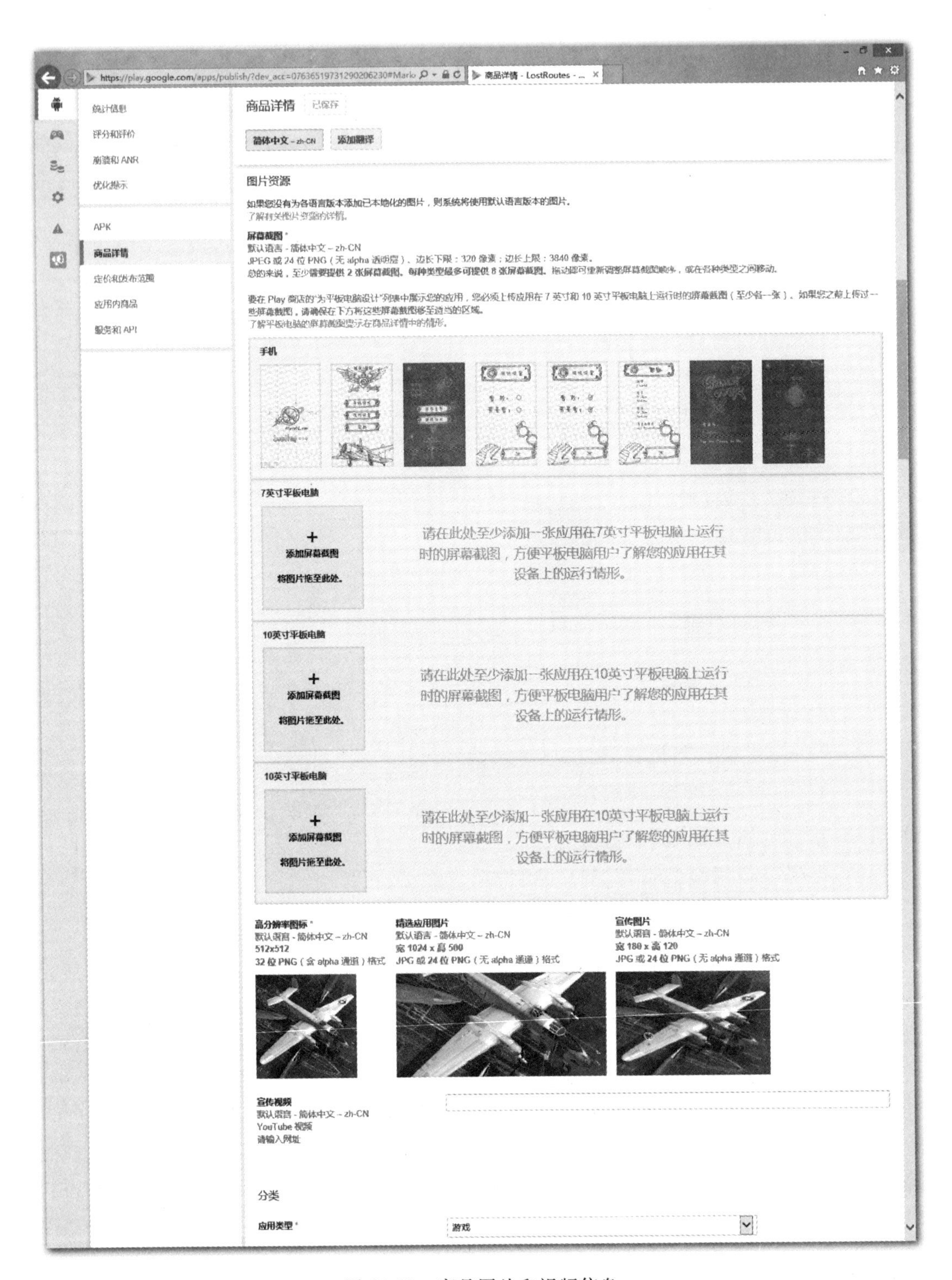

图 23-12　商品图片和视频信息

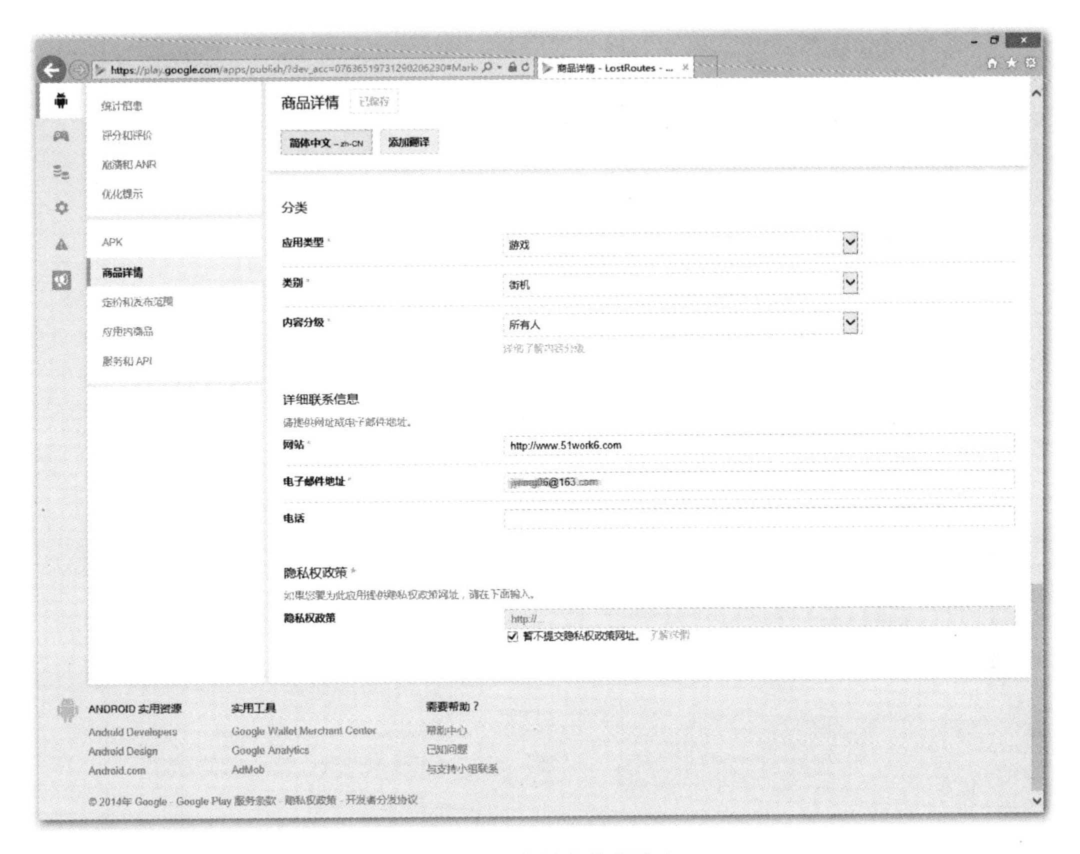

图 23-13　商品分类等信息

23.3.3　定价和发布范围

在添加完商品详细信息后，可以添加定价和发布范围，这里包括商品定价、发布国家和地区、法律协议。单击左边的“定价和发布范围”选项，打开图 23-14 所示的页面。

在“此应用是免费还是付费应用?”列表框中选择“免费”。然后根据销售策略选择发布国家和地区。最下面是三个法律协议，应该全部选择，否则就不能发布应用。

这些信息添加完成后单击页面上面的“保存”按钮，保存添加的信息。如果输入的信息没有问题，就可以单击右上角的“可以发布”按钮进行发布，如图 23-15 所示。如果发布成功，则回到管理页面的首页，会看到图 23-16 所示的已发布状态。

上述的流程完成之后，就意味着应用或游戏基本可以在 Google play 应用商店上线了，谷歌不会再对上传的应用或游戏进行审核，这一点与苹果和微软不同。但要能够在 Google play 应用商店看到，还需要几个小时。

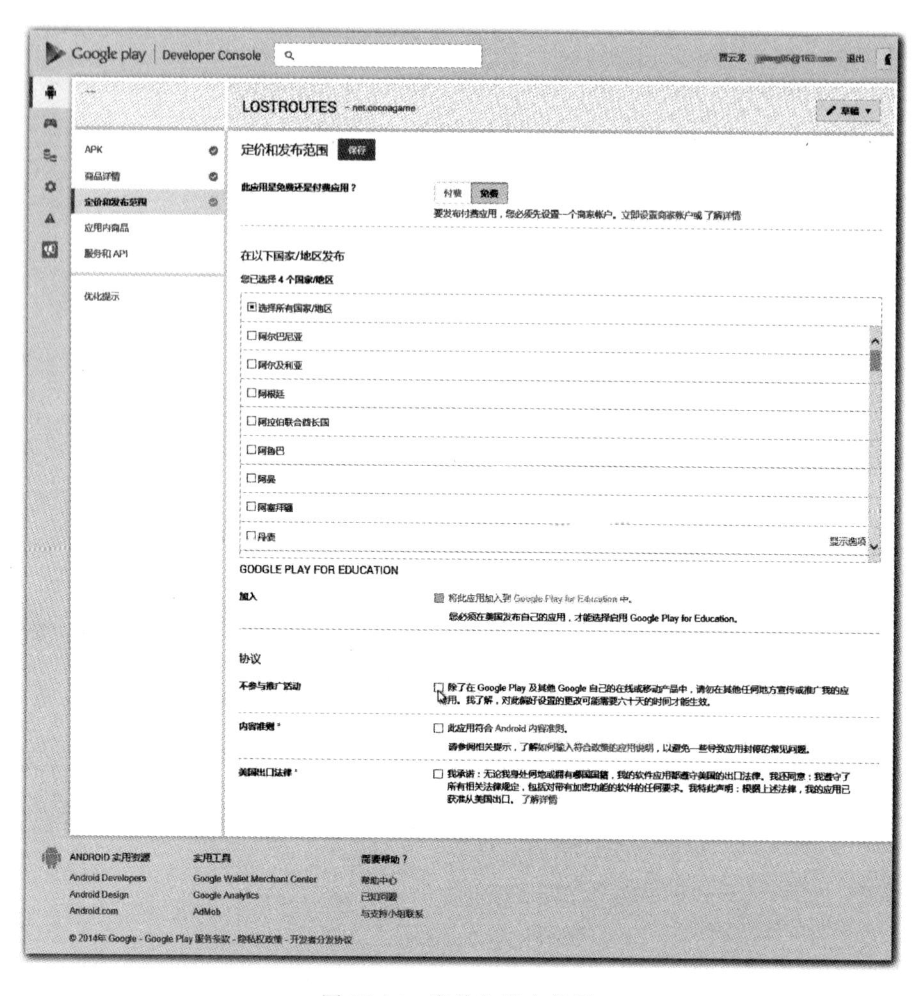

图 23-14　定价和发布范围

图 23-15　发布应用

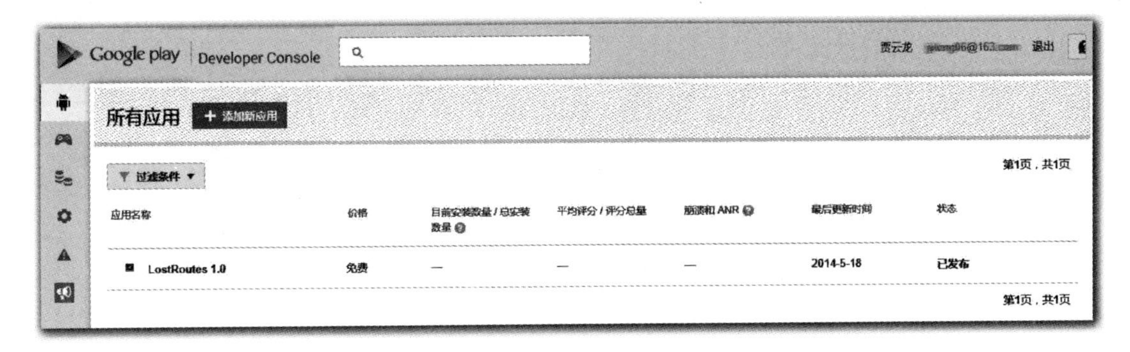

图 23-16　发布状态

本章小结

本章介绍了在 Google play 应用商店发布迷失航线游戏，以便了解在 Google play 应用商店应用发布流程，以及需要注意的问题。

第24章 把迷失航线游戏发布到苹果 App Store应用商店

在前一章中介绍了把迷失航线游戏发布到Google play应用商店。本章介绍如何把这款游戏发布到苹果的App Store应用商店。

24.1 苹果的App Store

iOS设备安装应用的渠道有两个：一个是企业开发账户发布的企业内应用；另一个是个人开发者账户在App Store发布的应用。除了测试版外，iOS设备只能够安装企业开发账户发布的企业的应用和个人开发者账户在App Store发布的应用，其他的方式是不能发布的。但是针对“越狱”的iOS设备①，可以在一些第三方应用商店或论坛安装应用，这种安装方式有很大的隐患。

苹果公司有两个应用商店：App Store和Mac App Store。App Store是为iOS设备提供应用软件的，可以单击Mac OS X中的iTunes图标进入，如图24-1所示。Mac App Store是为Mac OS X计算机提供应用软件的，可以单击Mac OS X中的App Store图标进入，如图24-2所示。

这里重点介绍App Store应用软件发布流程。

① iOS越狱(iOS Jailbreaking)是获取iOS设备的Root权限的技术手段。iOS设备的Root权限一般是不开放的。由于获得了Root权限，在越狱之前无法查看的iOS的文件系统也可查看。伴随着越狱，绝大多数情况下也会安装一款名为Cydia的软件。Cydia的安装也被视为已越狱设备的象征。——引自维基百科(http://zh.wikipedia.org/wiki/%E8%B6%8A%E7%8D%84_(iOS)

图 24-1　App Store 应用商店

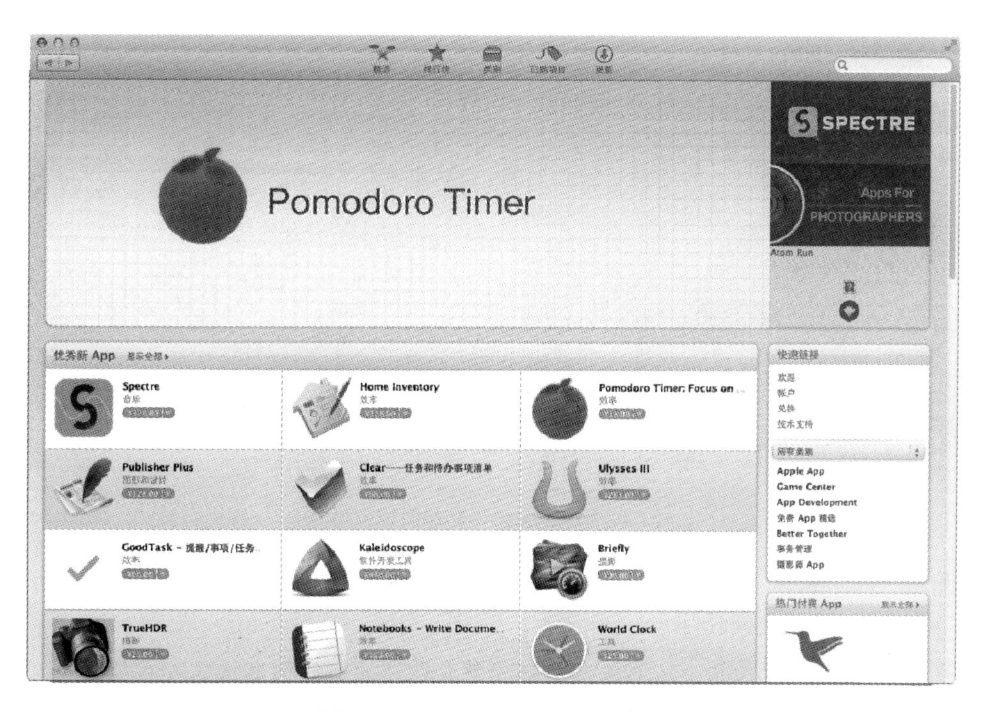

图 24-2　Mac App Store 应用商店

24.2 iOS 设备测试

所有的应用在发布之前一定要在 iOS 设备上测试，本节就来简要介绍一下。为了保证开发者和苹果的自身利益，防止非授权用户和设备使用，苹果对在 iOS 设备上调试或测试应用有着严格的限制，同时还需要一套复杂的操作。操作流程如图 24-3 所示。下面分别介绍一下该流程中的各环节。

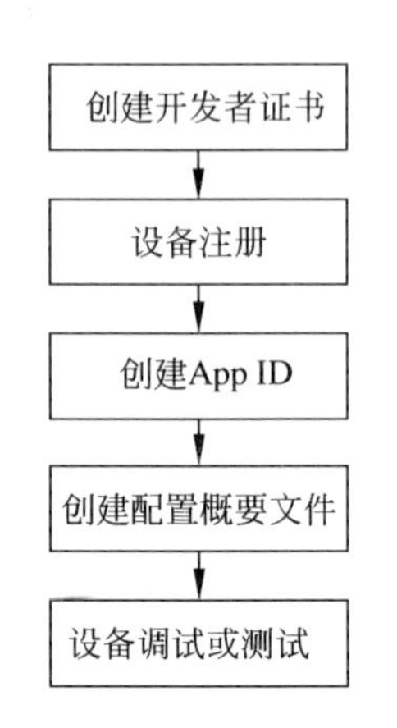

图 24-3 设备调试或测试流程

24.2.1 创建开发者证书

要想在 iOS 设备上调试应用程序，必须具有开发者证书。每个开发人员一次仅允许使用一个开发者证书。证书的管理可以登录 iOS 开发中心的配置门户网站（网址为 https://developer.apple.com/ios/manage/overview/index.action）。登录该网站时，需要苹果的 iOS 开发者账号。登录成功后的界面如图 24-4 所示。

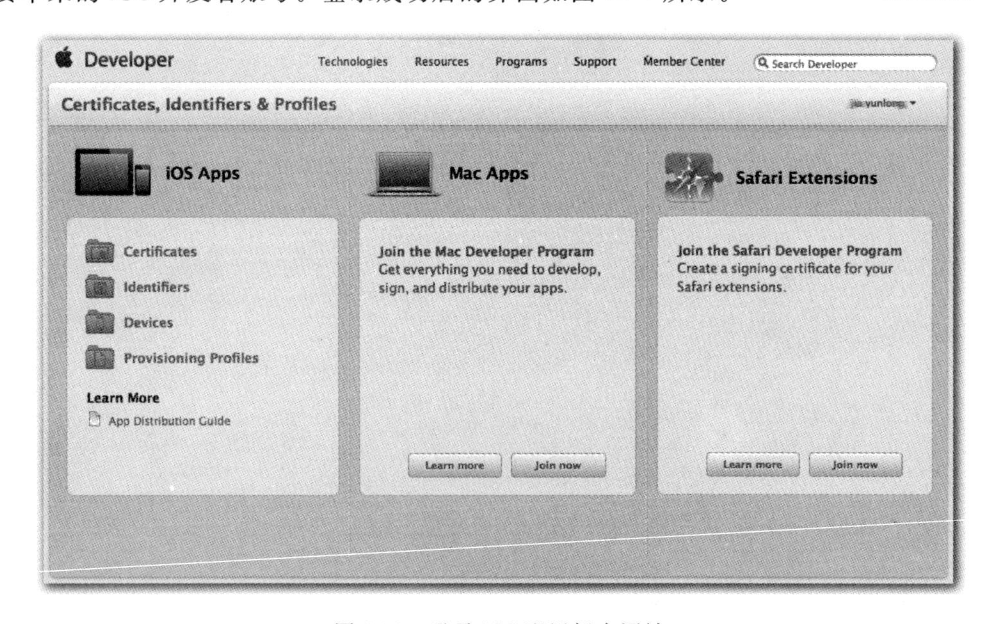

图 24-4 登录 iOS 配置门户网站

单击 iOS Apps 下的 Certificates(证书)导航菜单，得到的证书管理界面如图 24-5 所示。在此处可以下载证书和删除证书。

创建证书过程分成两步：生成证书签名公钥；提交证书公钥文件到配置门户网站。

1. 生成证书签名公钥

在安装有 Mac OS X 操作系统的苹果电脑中打开“应用程序”→“实用工具”→“钥匙串

访问”，得到的界面如图 24-6 所示。

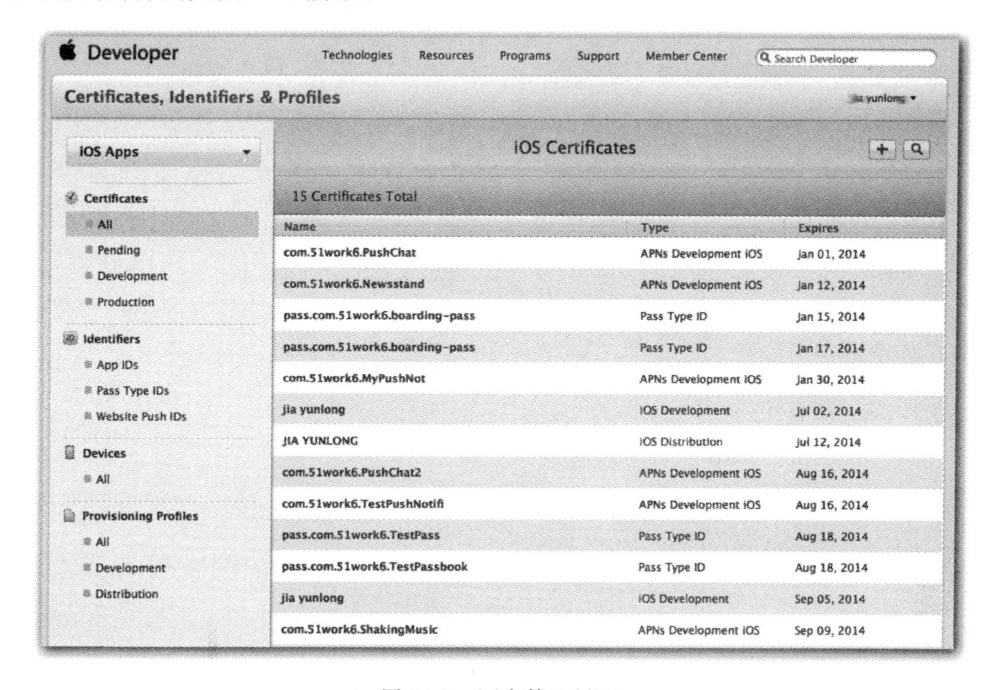

图 24-5　证书管理界面

图 24-6　钥匙串访问工具

选择“钥匙串访问”→“证书助理”→“从证书颁发机构请求证书”菜单项，此时弹出的对话框如图 24-7 所示。在“用户电子邮件地址”文本框中输入 eorient@sina.com，在“常用名称”文本框中输入 eorient，然后在“请求是”中选择“存储到磁盘”单选按钮。

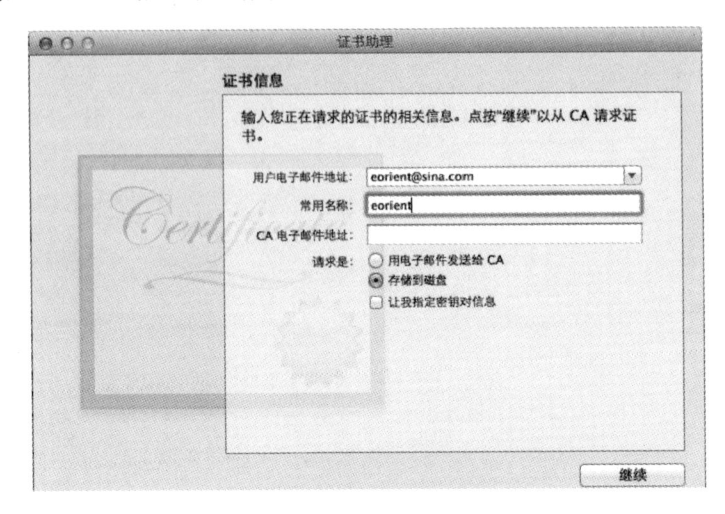

图 24-7　证书助理信息

在图 24-7 所示的页面中输入信息后，单击“继续”按钮，会弹出图 24-8 所示的证书签名公钥文件存储对话框。在这里可以修改文件名和存储位置。

图 24-8　证书签名公钥文件存储对话框

如果默认不修改，则单击“存储”按钮存储公钥文件，此时会在桌面上生成 CertificateSigningRequest.certSigningRequest 公钥文件。

2. 提交证书公钥文件到配置门户网站

生成 CertificateSigningRequest.certSigningRequest 公钥文件后，重新回到配置门户网站提交证书公钥文件。单击图 24-5 所示的页面右上角的添加按钮 + ，打开图 24-9 所示的证书类型选择页面。在这个页面中可以选择需要创建的证书。

在图 24-9 所示的证书类型选择页面中，有很多概念这里解释一下：

(1) Development。是给开发阶段使用的。

(2) Production。是给发布和团队测试阶段使用的。

(3) iOS App Development。为测试一般的应用使用的。

(4) App Store and Ad Hoc。为在 App Store 或 Ad Hoc 发布使用的，其中 Ad Hoc 也是为团队测试而使用的，允许应用安装到最多 100 个 iOS 设备上，这样可以通过 E-mail 或网站发布将要测试的应用分发给团队其他成员测试。

(5) Apple Push Notification service SSL (Sandbox)。给有推送通知应用测试使用的。

(6) Apple Push Notification service SSL (Production)。给有推送通知应用发布使

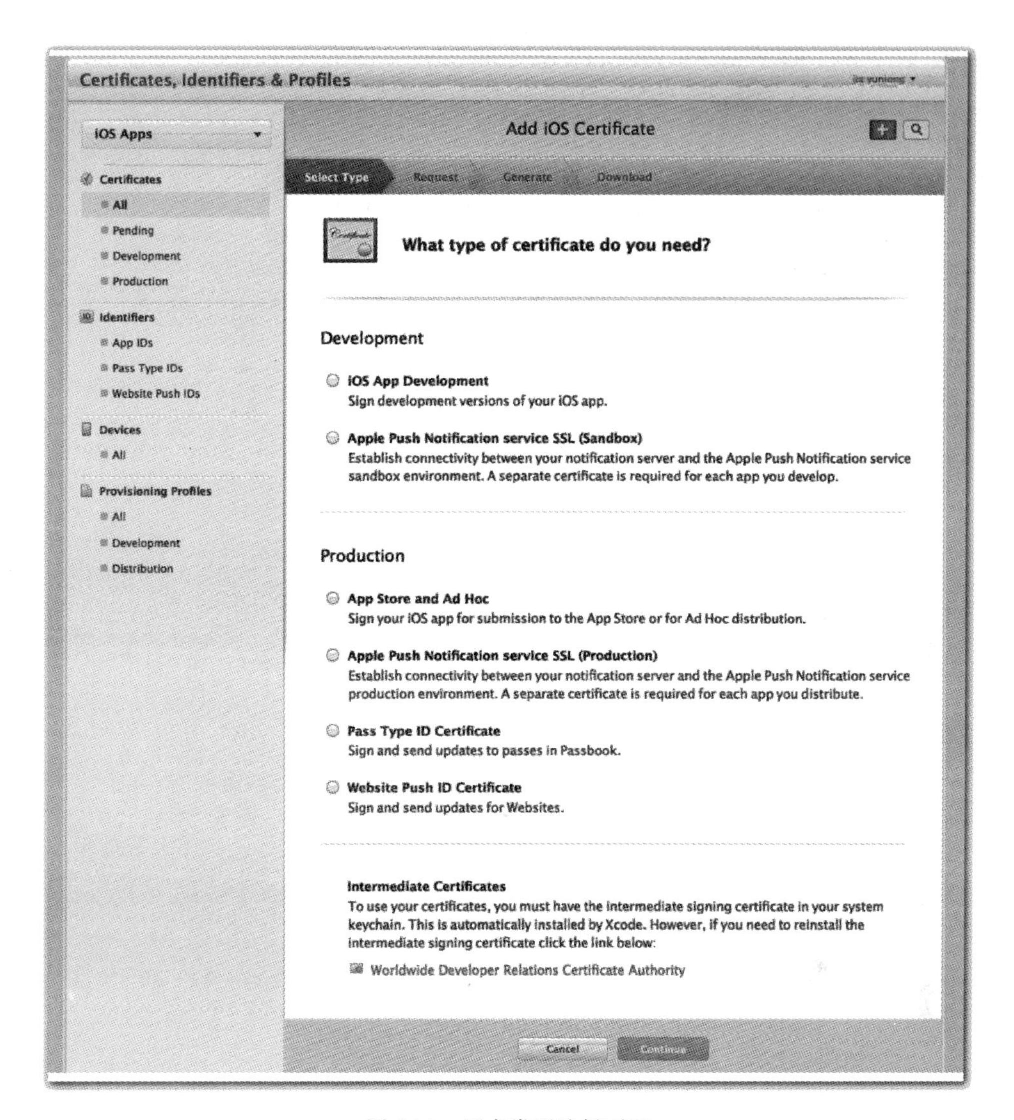

图 24-9　证书类型选择页面

用的。

(7) Pass Type ID Certificate。为 PassBook 中的 Pass 使用的。

(8) Website Push ID Certificate。为 Website 使用的。

当选中其中的一个类型，下面的 Continue 按钮就可用了，单击 Continue 按钮直到进入图 24-10 所示的上传证书签名请求文件页面。在页面的最下面找到 Choose File 按钮，选取桌面上的 CertificateSigningRequest.certSigningRequest 文件，然后单击 Generate 按钮就可以生成证书，生成后的页面如图 24-11 所示。

在这个页面中可以下载证书文件，用于测试或发布。

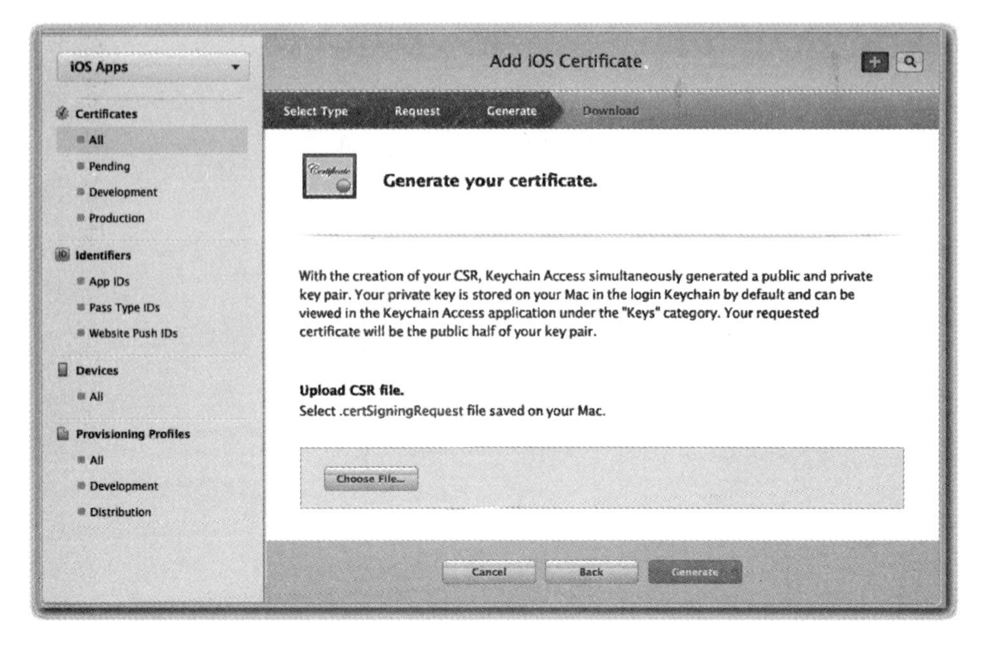

图 24-10　提交证书签名请求文件

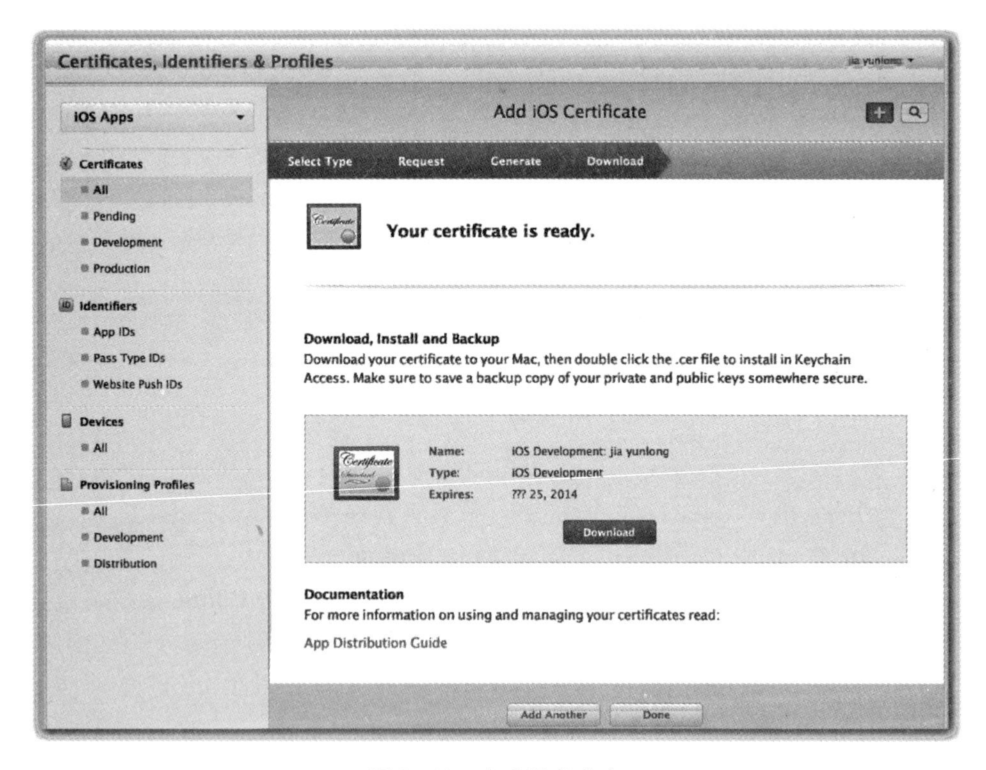

图 24-11　生成证书成功

24.2.2 设备注册

为了控制 iOS 设备的非法使用，苹果公司要求为调试的 iOS 设备进行注册。注册过程也是在配置门户网站完成的。单击左边的 Devices 导航菜单，如图 24-12 所示。

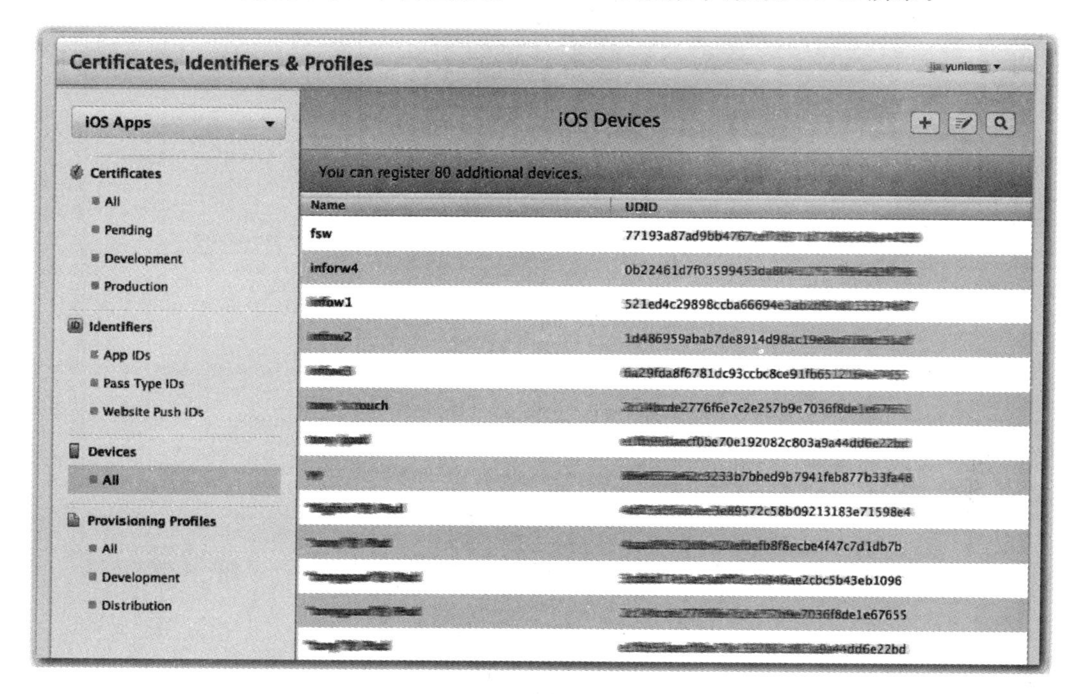

图 24-12　设备注册

单击页面右上角的添加按钮 + ，会打开图 24-13 所示的页面。如果是单个 iOS 设备，则可以在 Register Deviced 中输入设备名（Device Name）和设备 ID（Device ID）。如果是批量的设备注册，则可以通过 Register Multiple Devices 实现，Register Multiple Devices 可以上传一个固定格式设备列表文件，苹果公司为此提供了一个模板，可以通过 Download sample files 下载。

提示　如果想获得设备的 UDID，则把设备连接到 iTunes 即可。如图 24-14 所示，设备信息默认显示的是序列号。单击序列号，它就会变成标识符（UDID）显示，通过右击弹出的快捷菜单可以复制 UDID。

在图 24-13 所示的对话框中输入完信息后，单击 Continue 按钮则可进入图 24-15 所示的对话框。其中，tony's iPod touch 是刚才添加的设备，如果没有问题，则单击下面的 Register 按钮就可以进行注册。

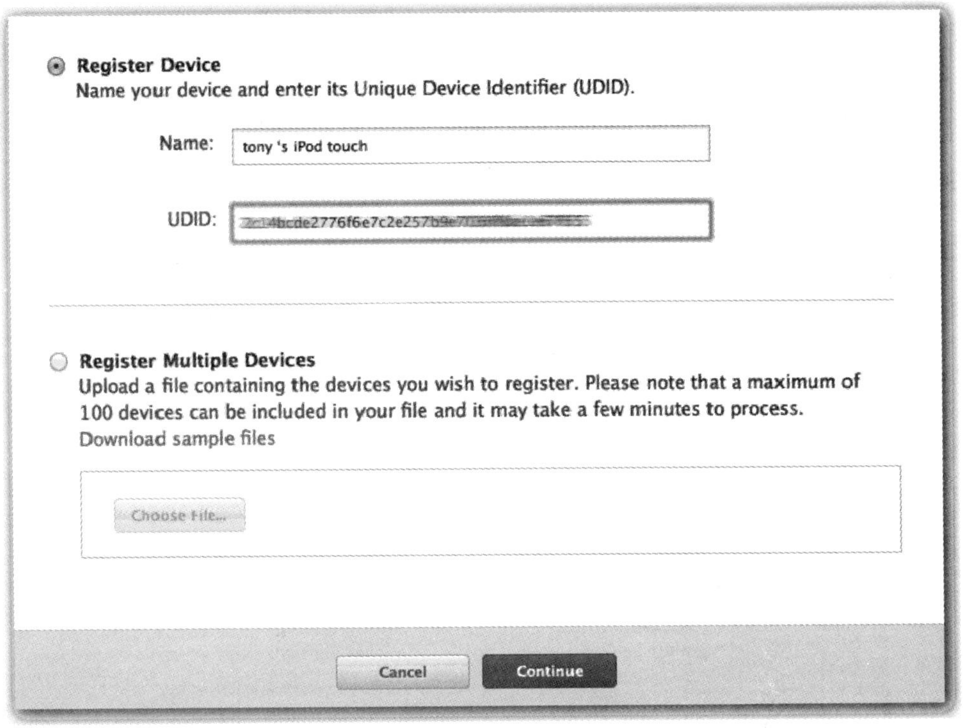

图 24-13　添加设备

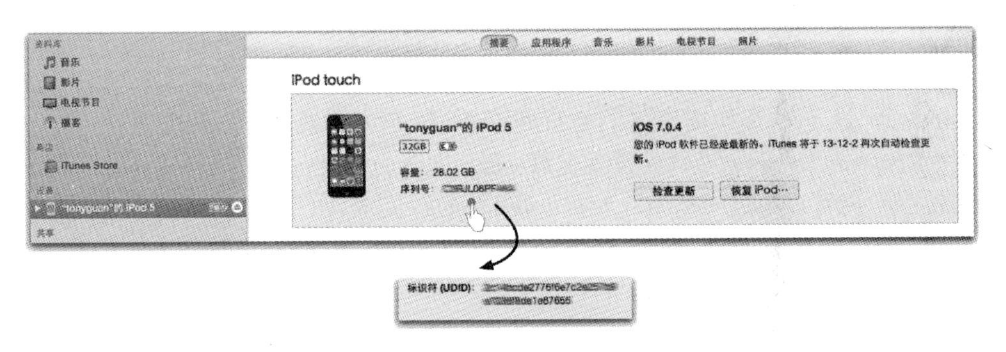

图 24-14　获得设备 UDID

24.2.3　创建 App ID

设备注册成功后，还需要为应用创建 App ID，该过程也是在配置门户网站完成的。单击左边的 Identifiers 导航菜单，得到的界面如图 24-16 所示。

单击页面右上角的添加按钮 + ，会打开图 24-17 所示的页面。下面简要介绍一下。

（1）App ID Description。描述，可以输入一些描述应用的信息。

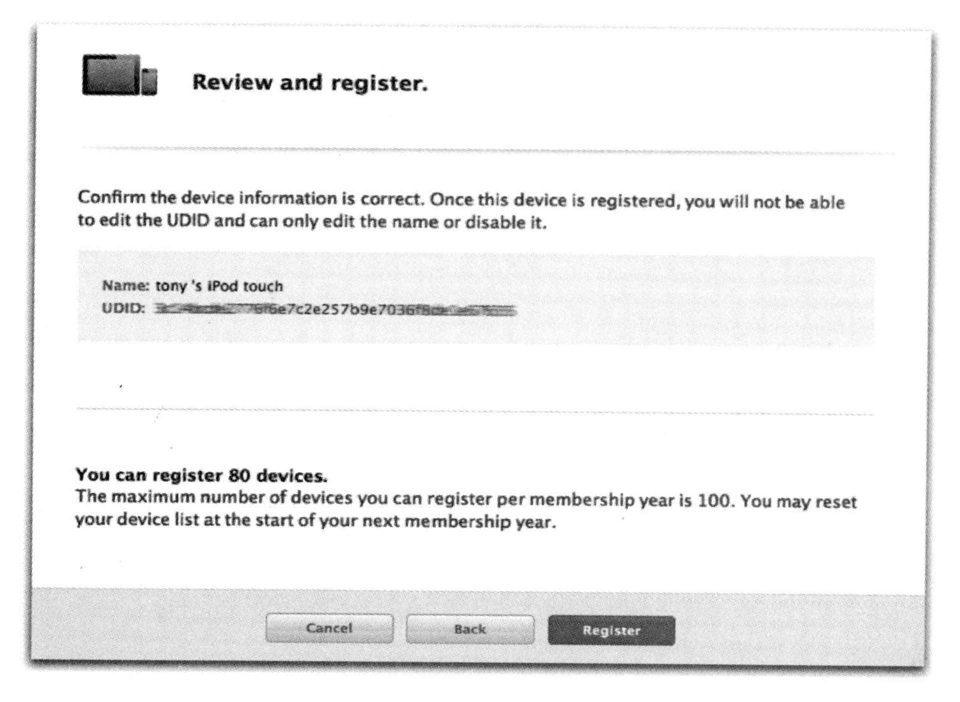

图 24-15　注册设备

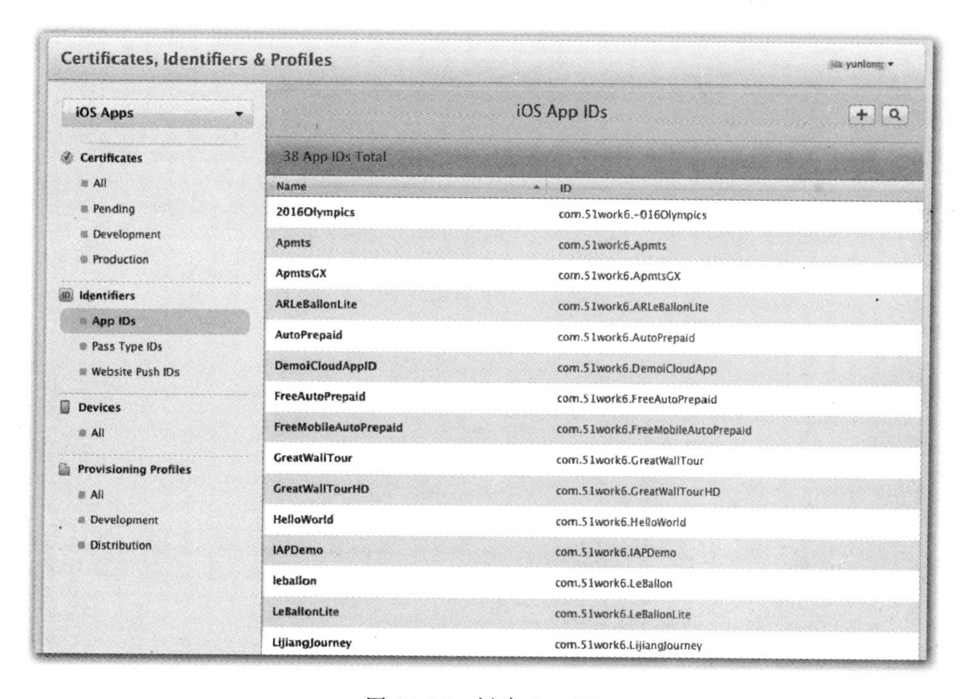

图 24-16　创建 App ID

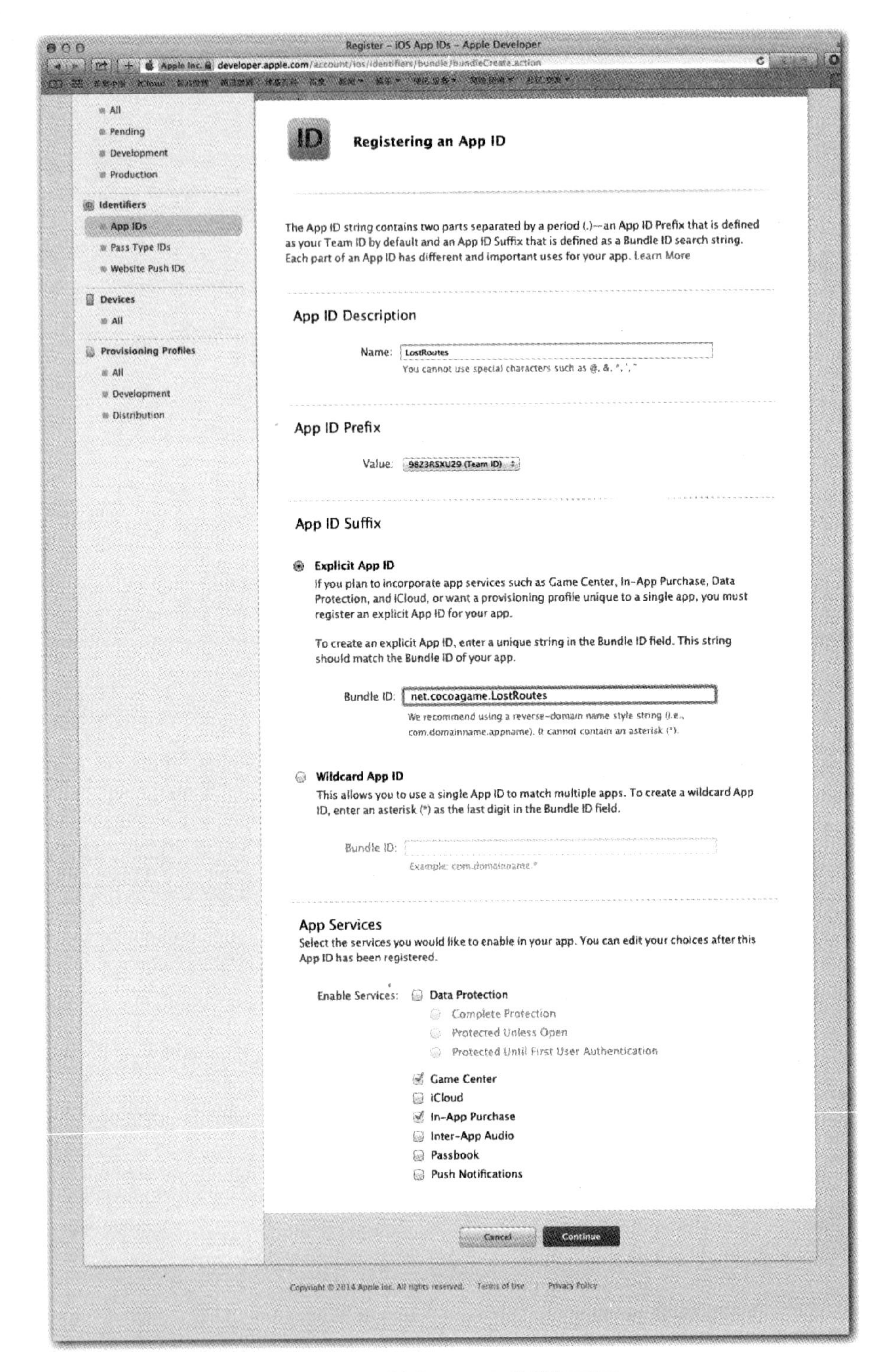

图 24-17 创建 App ID 的详细页面

(2) App ID Prefix。应用包种子 ID,它作为应用的前缀,所描述的应用共享了相同的公钥。

(3) App ID Suffix→Explicit App ID。适用于单个应用的后缀,苹果推荐使用域名反写。本例中输入的是 net. cocoagame. LostRoutes,与图 24-18 所示的应用程序 TARGETS 中设定的包标识符保持一致就可以了。

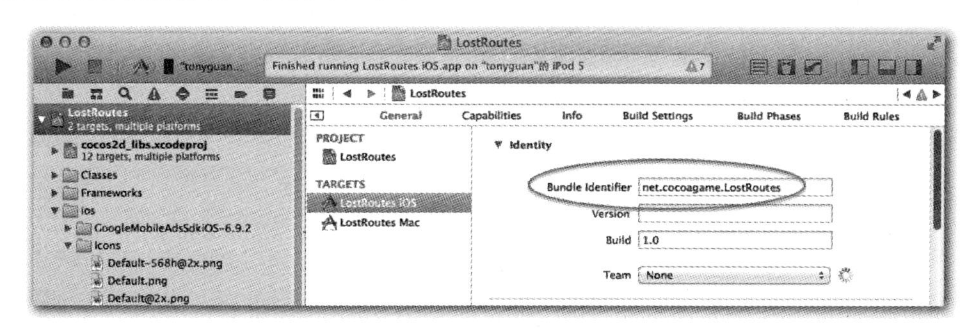

图 24-18　应用程序 TARGETS 中设定的包标识符

(4) App ID Suffix→Wildcard App ID。适用于多个应用的后缀,苹果推荐使用域名反写。

注意　默认情况下,Cocos2d-JS 模板生成的工程,它的 TARGETS 的包标识符是 org. cocos2d-x. LostRoutes-iOS。需要修改工程中的 Info. plist 文件,Info. plist 文件位于工程中的 iOS 下,修改 Info. plist 中的 Bundle identifier 项目,由 org. cocos2d-x. ${PRODUCT_NAME:rfc1034identifier}修改为 net. cocoagame. LostRoutes。

---

(5) App Services。可以选择应用中包含的服务。

在图 24-17 所示的界面中完成相应的信息输入后,单击 Continue 按钮提交信息,此时会跳转到创建 App ID 页面。在下面的 App ID 列表中,会发现刚刚创建的 App ID,如图 24-19 所示,单击 Submit 按钮确定创建。

24.2.4　创建配置概要文件

配置概要文件(Provisioning Profiles)是应用在设备上编译时使用的,分为开发配置概要文件和发布配置概要文件,分别用于开发和发布。管理配置概要文件的界面如图 24-20 所示。通过左边的 Provisioning Profiles 导航菜单进入,其中 Development 标签用于管理开发配置概要文件,Distribution 标签用于管理发布配置概要文件。本节简要介绍一下创建开发配置概要文件的过程,发布配置概要文件的创建与此类似。

在图 24-20 所示的界面中,单击右上角的添加按钮 + ,进入创建配置概要文件选择页面,如图 24-21 所示。选择需要的类型,单击下面的 Continue 按钮进入图 24-22 所示页面。在这个页面中可以选择前面创建好的 App ID。

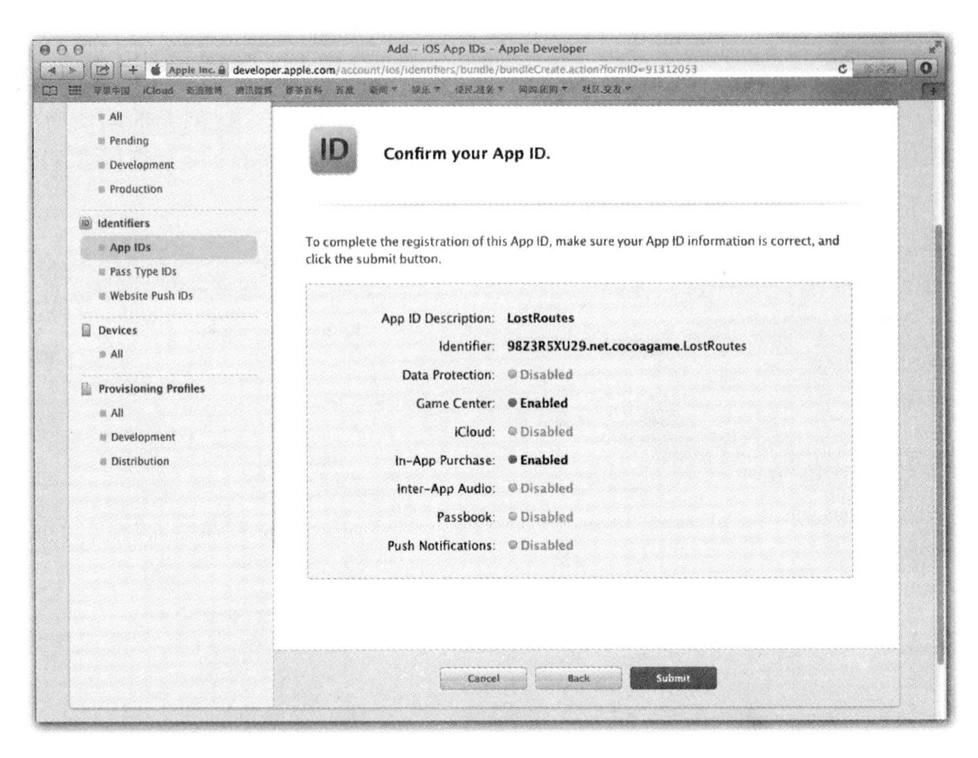

图 24-19 创建完成的 App ID

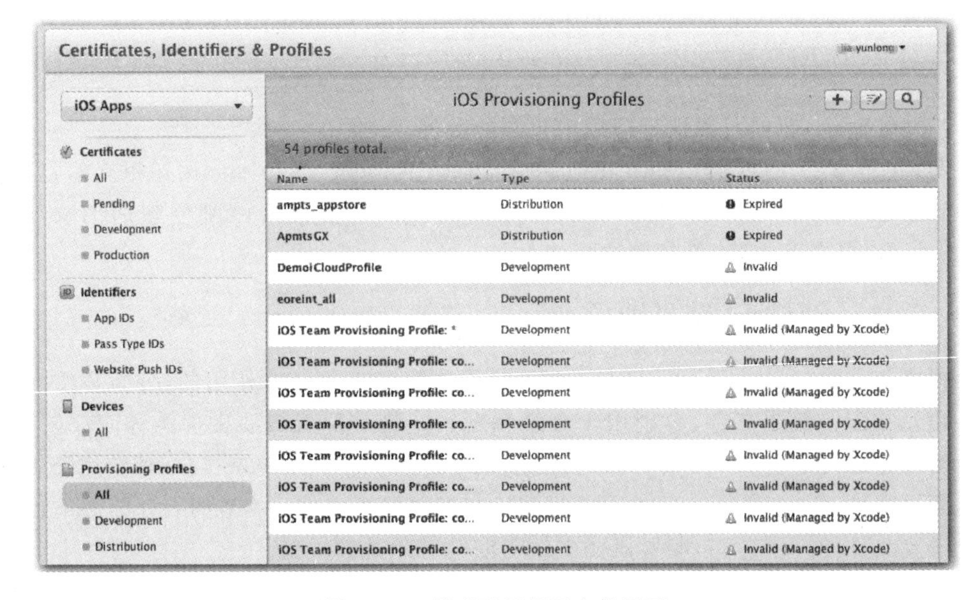

图 24-20 管理配置概要文件界面

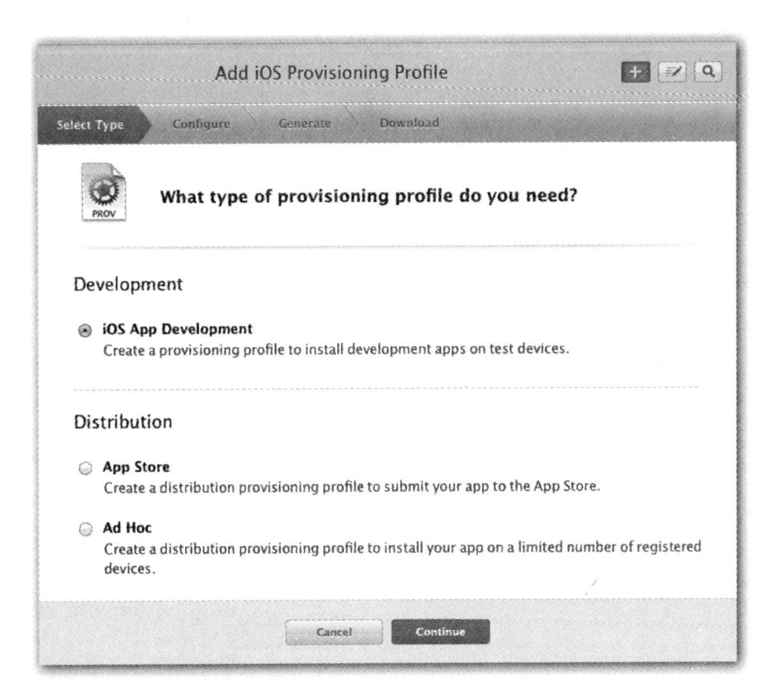

图 24-21　创建配置概要文件选择页面

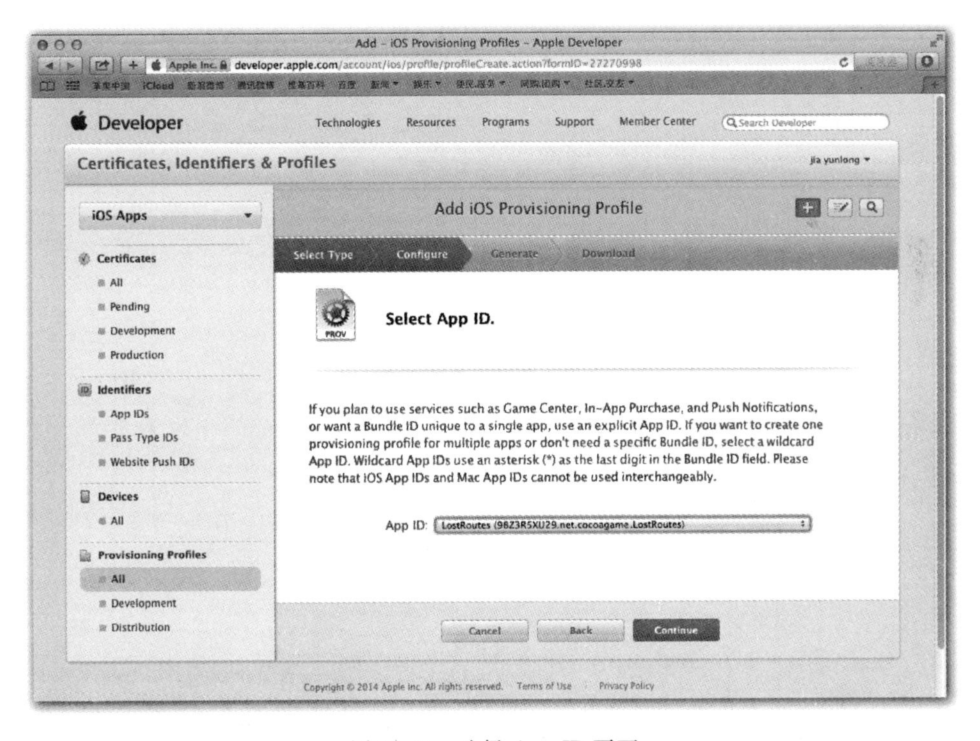

图 24-22　选择 App ID 页面

在图 24-22 所示页面单击 Continue 按钮进入图 24-23 所示页面，从中选择前面创建好的证书。然后在图 24-23 所示页面单击 Continue 按钮进入图 24-24 所示页面，从中选择已经注册的设备。只有这里能够选中的设备，应用才能在该设备上测试运行，所以这里很重要。

Add iOS Provisioning Profile
Select Type
Configure
Generate
Download
PROV
Select certificates.
Select the certificates you wish to include in this provisioning profile. To use this profile to install an app, the certificate the app was signed with must be included.
Select All
1 of 1 item(s) selected
jia yunlong (iOS Development)
Cancel
Back
Continue

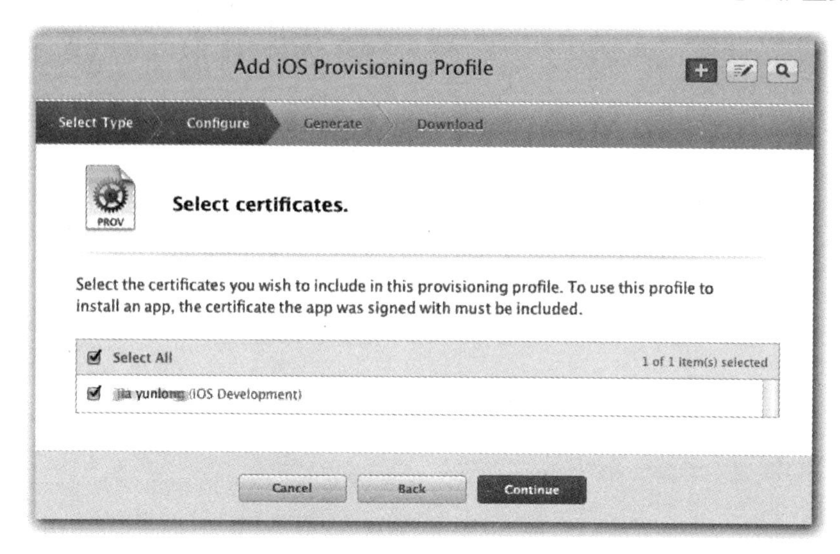

图 24-23　选择证书页面

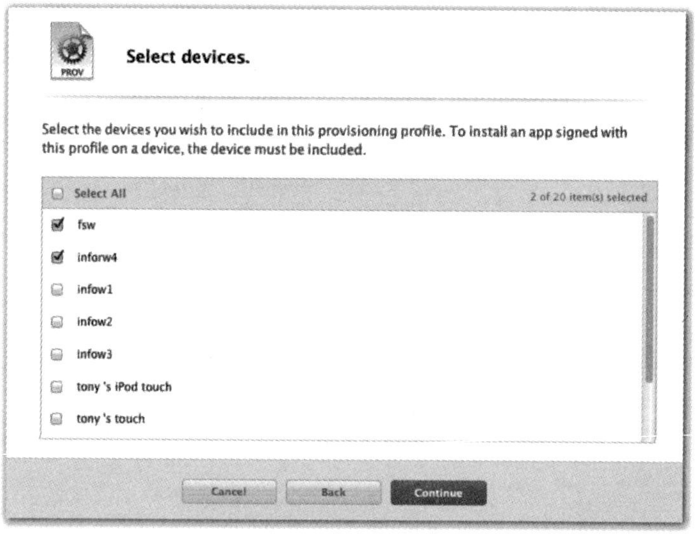

PROV
Select devices.
Select the devices you wish to include in this provisioning profile. To install an app signed with this profile on a device, the device must be included.
Select All
2 of 20 item(s) selected
fsw
inforw4
infow1
infow2
infow3
tony 's iPod touch
tony 's touch
Cancel
Back
Continue

图 24-24　选择注册设备页面

在图 24-24 所示页面单击 Continue 按钮进入图 24-25 所示页面，从中可以输入配置概要文件名。单击 Generate 按钮创建配置概要文件，创建完成后进入图 24-26 所示页面，在这个页面中可以下载配置概要文件到本地。

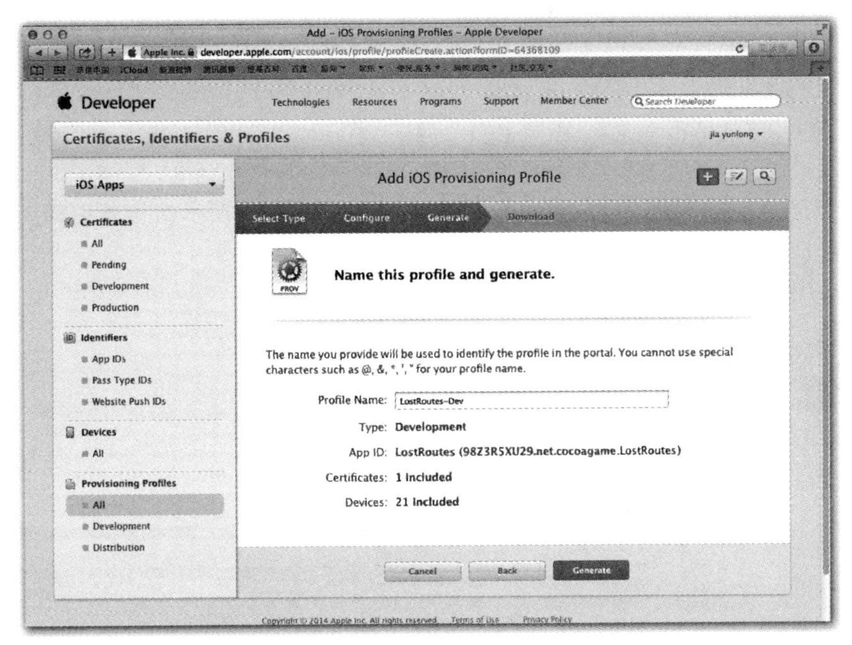

图 24-25　创建配置概要文件

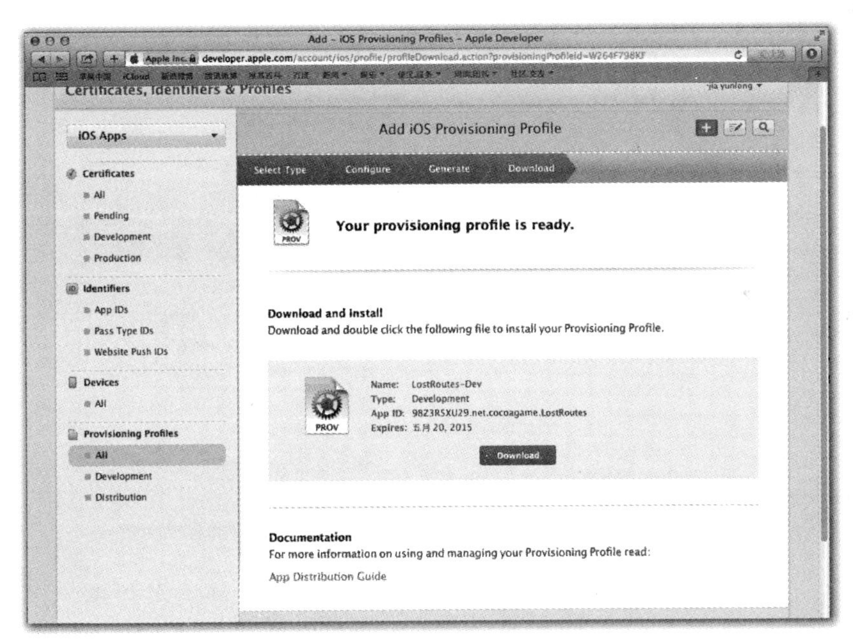

图 24-26　创建完成配置概要文件

24.2.5　设备上运行

为了能够实现设备调试，需要将配置概要文件导入 Xcode 中，双击下载的配置概要文件 net. cocoagame. LostRoutes. mobileprovision 就可以将文件导入 Xcode。

为了在设备上运行 LostRoutes 应用，首先需要在设备上编译 LostRoutes。在 Xcode 中选择 LostRoutes 工程中 TARGETS 下的 LostRoutes iOS，依次单击 Build Settings→Code Signing→Code Signing Identity，如图 24-27 所示，把 Debug 和 Release 的代码签名标识选择为 identities in Keychain→iPhone Developer：jia yunlong（XG3Y2ZN8PG）。然后选择 Scheme 为 LostRoutes iOS 的 tonyguan 的 iPod 5，如图 24-28 所示。接着编译工程，如果正常，则会编译成功。

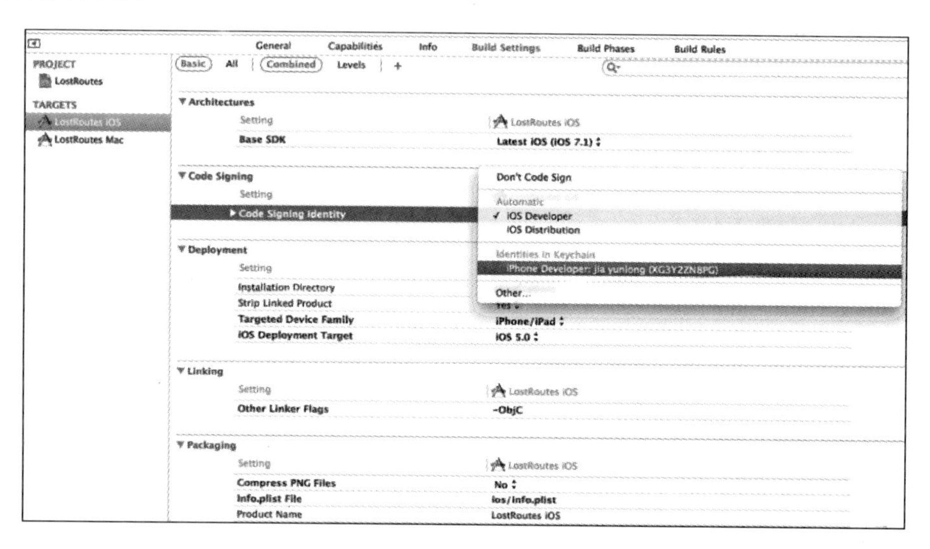

图 24-27 选择代码签名标识

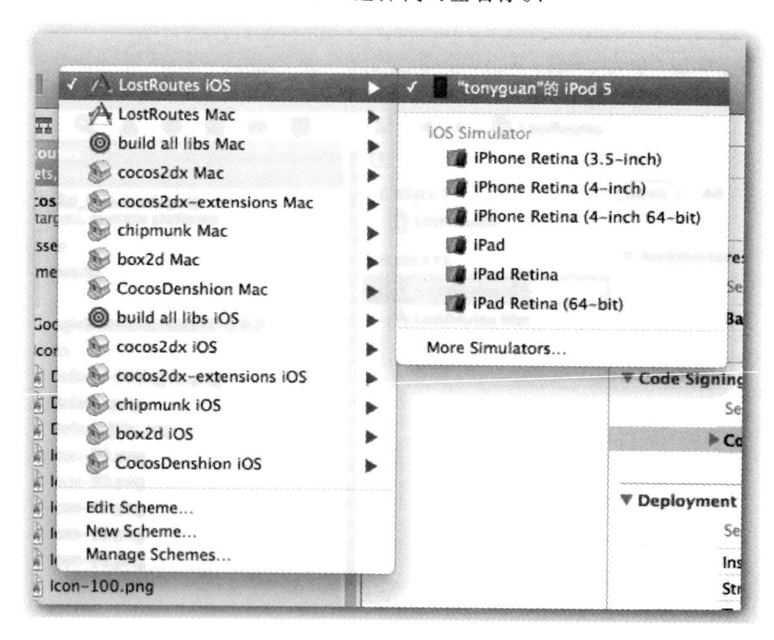

图 24-28 选择 Scheme

编译成功后，单击 Xcode 中的运行按钮，就可以在设备上运行应用。

24.3　还有“最后一千米”

与 Android 和 Windows Phone 类似，iOS 应用发布之前还有“最后一千米”的事情要做，包括添加图标、添加启动界面、修改发布产品属性、为发布进行编译和应用打包等工作。

24.3.1　添加图标

如果是一般的 iOS 应用，添加图标是很麻烦的事情，问题是需要设计很多不同规格的图标，并且记住它们是应用于哪些设备上的。在 Cocos2d-JS 的 iOS 工程模板中有很多命名好的图标，如图 24-29 所示。iOS 的 Icons 下面有 13 个图标(Icon 开头的)，其实不需要知道具体这些图标究竟是与哪个设备对应，可以请美工设计一个大图标，然后用一些图像处理软件缩小到它的规格，找到它们在 Finder 中的位置(＜游戏工程目录＞\frameworks\runtime-src\proj. ios_mac\ios)，然后替换它们。它们的命名有一个规律，如 Icon-29. png，后面的数字代表 24×29 像素大小。

替换完成后，就可以在设备上运行一下。在运行之前最好先将应用在设备上卸载，否则看不到图标的改变。

在替换图标之后，游戏无论在模拟器上还是在设备上运行都没有问题。但是采用 Cocos2d-JS 的 iOS 工程模板在图标的配置方面还是有问题的，这将导致上传应用时出错。在 Finder 中使用文本编辑工具打开工程中的 Info. plist 文件，找到 CFBundleIconFiles 和 CFBundleIconFiles～ipad 键，不难发现问题。

Info. plist 文件中 CFBundleIconFiles 和 CFBundleIconFiles～ipad 键如下：

```
<key>CFBundleIconFiles</key>
    <array>
        <string>Icon-29</string>                    ①
        <string>Icon-80</string>
        <string>Icon-58</string>
        <string>Icon-120</string>                   ②
        <string>Icon.png</string>                   ③
        <string>Icon@2x.png</string>                ④
        <string>Icon-57.png</string>
        <string>Icon-114.png</string>
        <string>Icon-72.png</string>
        <string>Icon-144.png</string>
    </array>
    <key>CFBundleIconFiles~ipad</key>
    <array>
```

```
        <string>Icon-29</string>              ⑤
        <string>Icon-50</string>
        <string>Icon-58</string>
        <string>Icon-80</string>
        <string>Icon-40</string>
        <string>Icon-100</string>
        <string>Icon-152</string>
        <string>Icon-76</string>
        <string>Icon-120</string>             ⑥
        <string>Icon.png</string>             ⑦
        <string>Icon@2x.png</string>          ⑧
        <string>Icon-57.png</string>
        <string>Icon-114.png</string>
        <string>Icon-72.png</string>
        <string>Icon-144.png</string>
    </array>
```

其中,代码第①~②行和第⑤~⑥行图标没有后缀,虽然这并不是导致上传应用出错的根本问题,但是规范上讲应该添加后缀“.png”。发生错误的根本是第③、④、⑦、⑧行代码,这些文件根本就不存在,需要删除它们。

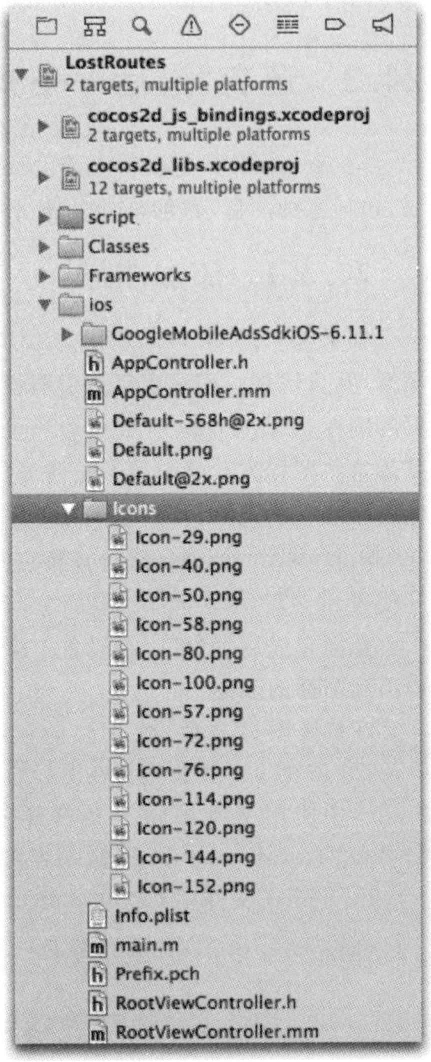

图 24-29　工程模板中的图标

24.3.2　添加启动界面

启动界面是应用启动与进入到第一个屏幕之间的界面。没有启动界面的应用进入第一个屏幕之前是黑屏,这会影响用户体验。虽然这在开发阶段没有什么影响,但是在应用发布前,还是需要添加启动界面的。

很多用户和开发人员希望启动界面“动起来”,把它当作Loading界面,但是启动界面毕竟只是一张图片,它无法完成“动起来”的任务。事实上,Loading场景已经完成了这个任务,但是如果没有这个文件,在进入Loading场景之前会出现黑屏。

苹果对于启动界面的设计有一些指导意见:启动界面应该与应用的第一屏幕非常相似,它能够使用户感觉到很快进入了应用,让用户没有感觉到等待。苹果公司的这种设计体现了“以用户体验为中心”的设计理念。在这个项目中也采用这种方式设计启动界面,图24-30所示是设计的启动界面,它就是第一场景的背景。

对于不同的 iOS 设备，启动界面的规格是不同的，可以参考图 24-29，在 icons 组下有 Default. png、Default@2x. png 和 Default-568h@2x. png 三个文件，Default. png 文件是为 iPhone 标准显示屏准备的，它的规格是 320 × 480 像素；Default@2x. png 文件是为 iPhone Retina 显示屏准备的，它的规格是 640 × 960 像素；Default-568h @ 2x. png 文件是为 iPhone 5 Retina 显示屏准备的，它的规格是 64 × 1136 像素。需要按照这个规定设计启动界面图片，然后在 Finder 里替换它们。

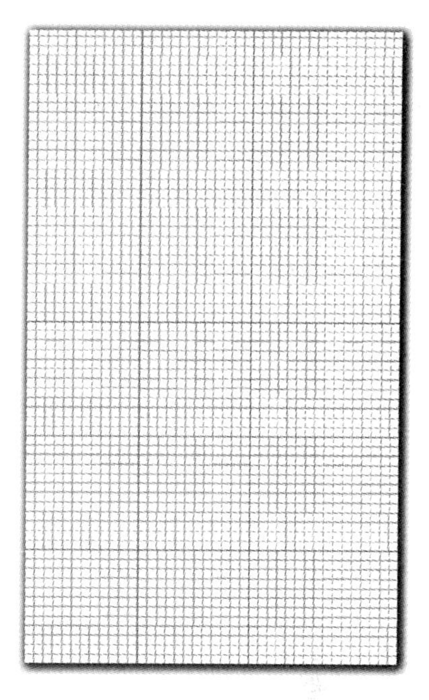

图 24-30　启动界面

替换完成后，就可以在设备上运行。在运行之前最好先将应用在设备上卸载。

24.3.3　修改发布产品属性

在编程过程中，有些产品的属性并不影响开发工作，即便这些属性设置不正确，一般也不会有什么影响。但是在产品发布时，正确地设置这些属性就很重要了。如果设置不正确，就会影响产品的发布。这些产品属性主要是 TARGETS 中的 Identity 和 Deployment Info 属性，如图 24-31 所示。

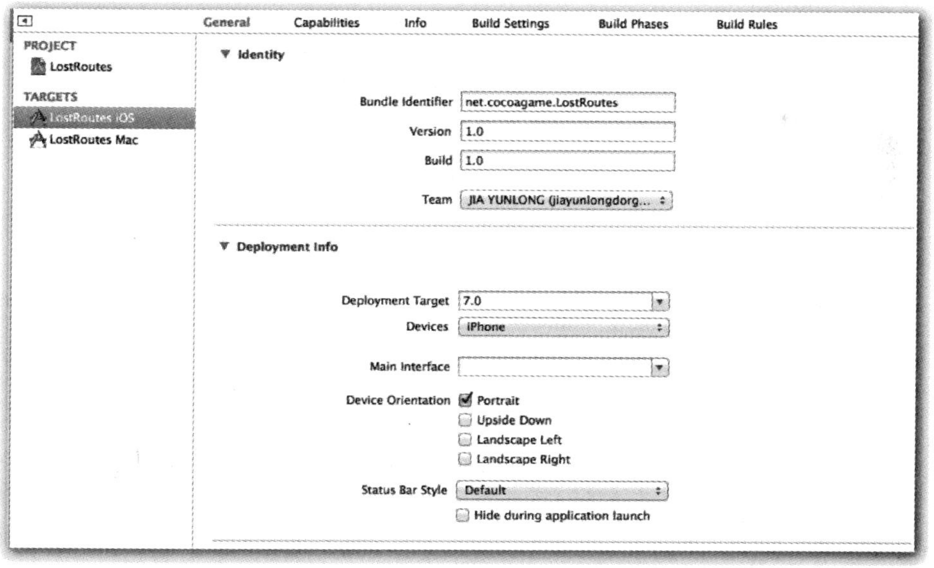

图 24-31　Identity 和 Deployment Info 属性

在这些属性中，Identity 部分主要包括 Bundle Identifier（包标识符）、Version（发布版

本)、Build(编译版本)和 Team(开发者账号)。在 Deployment Info 部分主要是 Deployment Target(部署目标)。下面分别介绍它们的含义和重要性。

(1) Bundle Identifier(包标识符)。包标识符在开发过程中似乎没有什么影响,但是在发布时非常重要。在 24.2.3 一节已经介绍过了它们之间的关系。

(2) Version(发布版本)。这个版本号看起来无关紧要,但是在发布时如果这里设定的版本号与 iTunes Connect 中设置的应用的版本号不一致,在打包上传时就会失败。

(3) Build(编译版本)。是编译时设定的版本号。

(4) Team(开发者账号)。这里可以选择开发者账号,前提是 Xcode 的使用偏好中设置了开发者账号的用户名和密码才可以看到,设置好这个属性,可以方便在设备上编译和发布。

(5) Deployment Target(部署目标)。选择部署目标是开发应用之前就要考虑的问题,这关系到应用所能够支持的操作系统。如果考虑到支持老版本的操作系统(如低于 5.0 版本),考虑到支持 64 位 ARM CPU 至少需要 iOS 7.0,本例中设置为 7.0。

24.3.4 为发布进行编译

从编写到发布应用会经历三个阶段: 在模拟器上运行调试、在设备上运行调试和发布编译。发布编译与设备调试(或测试)很多阶段是类似的,参考上一节,创建开发者证书和创建 App ID,创建配置概要文件也是非常相似的。不同的是,上一节创建的是开发类型的配置概要文件,而本节需要创建发布类型的配置概要文件。

首先创建发布配置概要文件。登录 iOS 开发中心的配置门户网站,选择左边的导航菜单 Provisioning Profiles,选择 Distribution 选项卡,如图 24-32 所示。

在图 24-32 所示的界面中单击右上角的添加按钮 + ,进入创建配置概要文件选择页面(如图 24-33 所示),单击下面的 Continue 按钮进入图 24-34 所示页面。这个页面中选择前面创建好的 App ID。

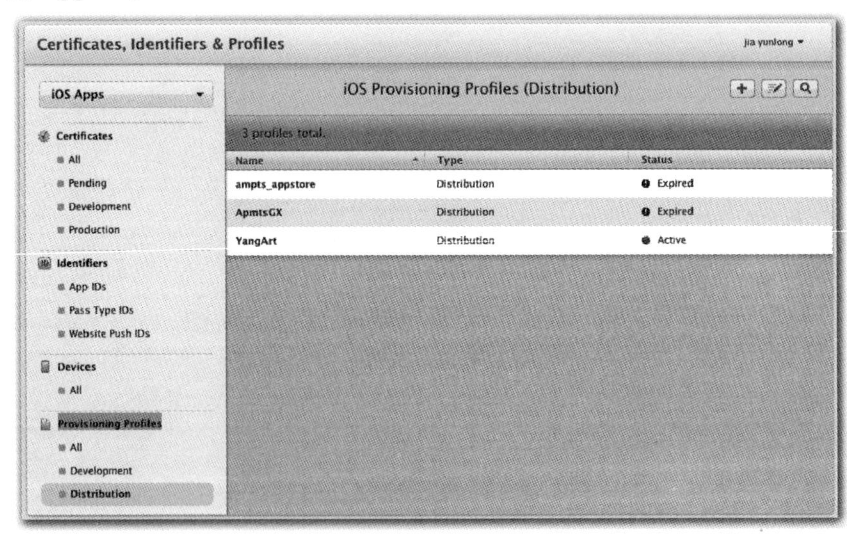

图 24-32 管理发布配置概要文件

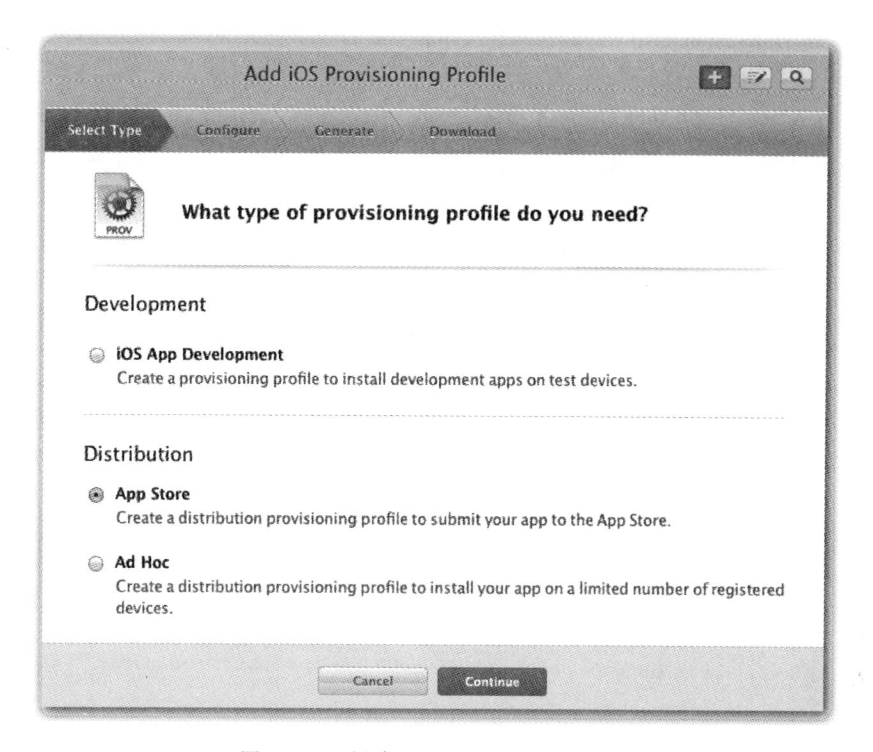

图 24-33　创建配置概要文件选择页面

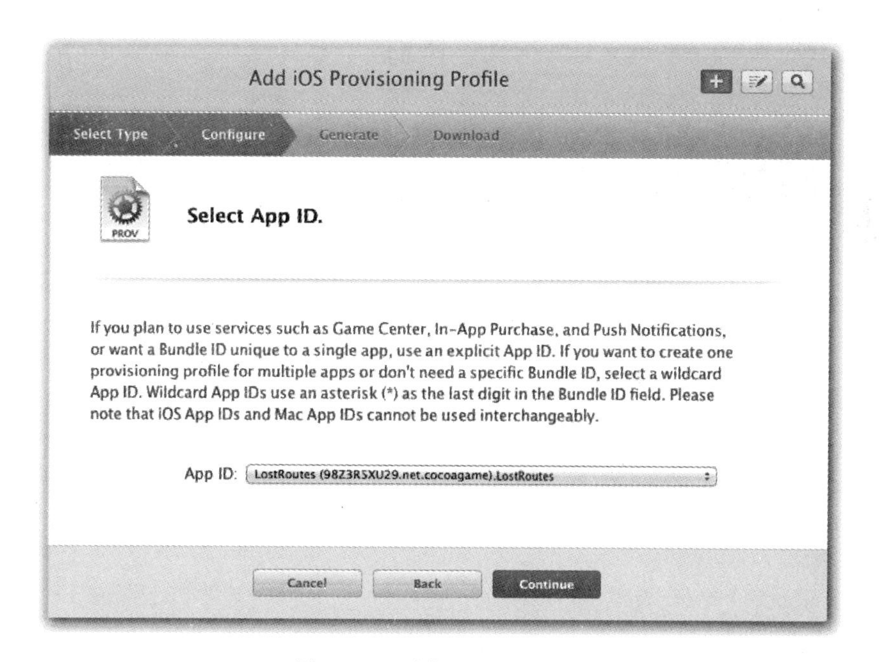

图 24-34　选择 App ID 页面

在图24-34所示页面单击Continue按钮进入图24-35所示页面，在这个页面中选择以前创建好的证书。然后在图24-35所示页面单击Continue按钮进入图24-36所示创建配置概要文件页面，这个页面中可以输入配置概要文件名。然后单击下面的Generate按钮创建配置概要文件，创建完成后进入图24-37所示页面。在这个页面中可以下载该配置概要文件到本地。

图24-35 选择证书页面

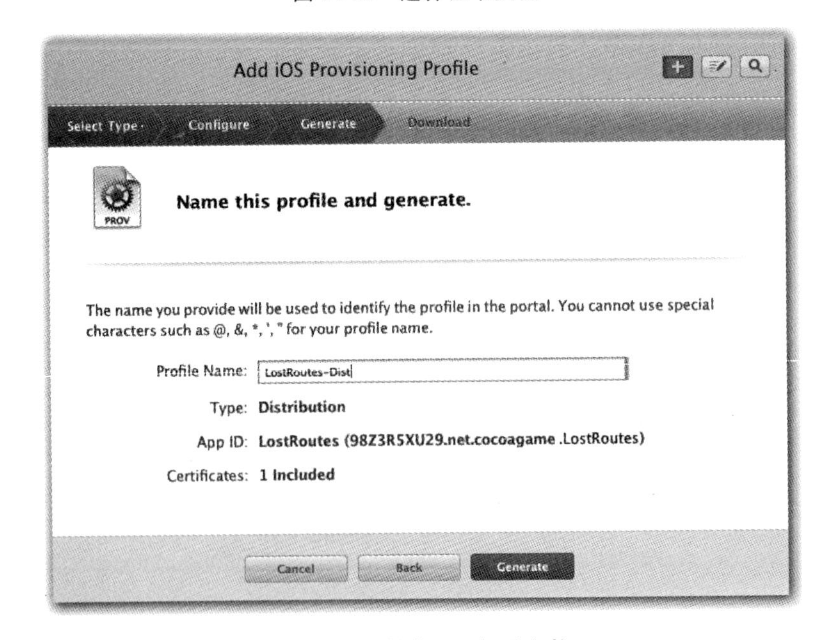

图24-36 创建配置概要文件

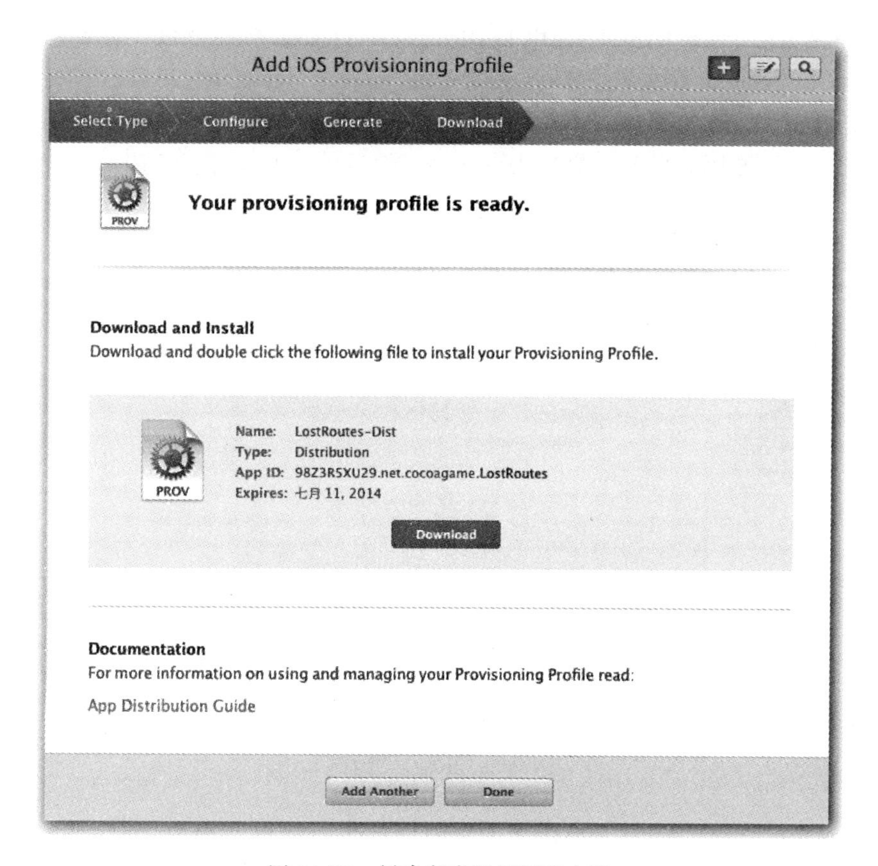

图 24-37 创建完成配置概要文件

在图 24-37 所示页面单击 Download 按钮，可以下载发布配置概要文件到本地。双击下载发布配置概要文件，把它导入 Xcode 工具。然后使用 Xcode 打开需要编译的工程或工作空间，选择工程的 PROJECT，再选择 Build Settings→Code Signing→Provisioning Profile，如图 24-38 所示，选择刚刚下载的 LostRoutes-Dist 文件，在 Code Signing Identity 中选择 iPhone Distribution：JIA YUNLONG(98Z3R5XU29)。

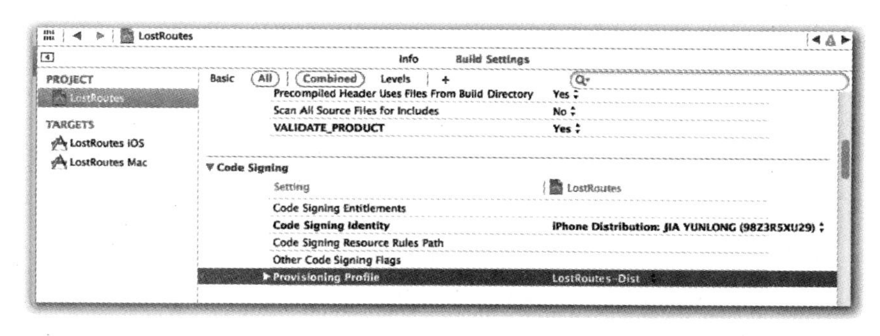

图 24-38 代码签名

使用同样的方法,选择 TARGETS 中 LostRoutes iOS 的,参考 PROJECT 设置 Code Signing。

由于默认的 Scheme 都是基于 Debug 编译的,可以将 Debug 编译修改为 Release 编译。选择工具栏中的 Edit Scheme,打开编辑 Scheme 对话框,如图 24-39 所示,将 Build Configuration 列表框中的 Debug 修改为 Release,然后单击 OK 按钮关闭对话框。

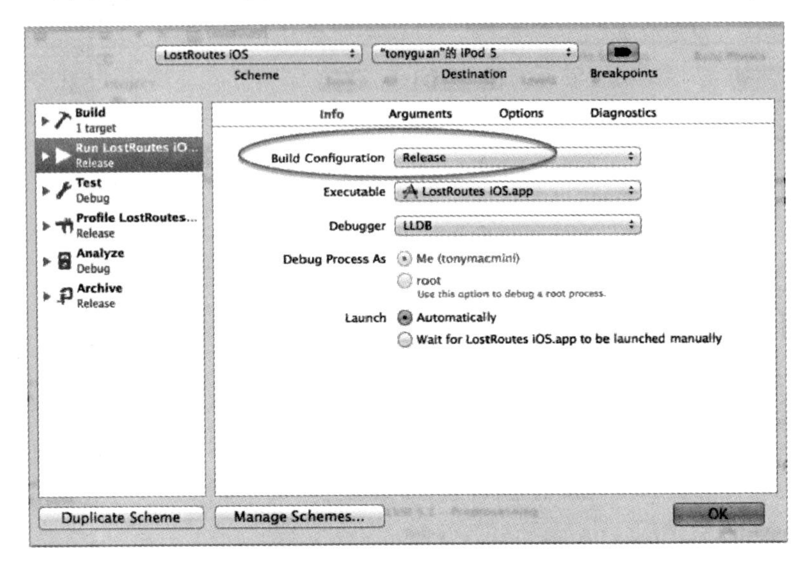

图 24-39 Release 编译

配置完成之后,即可 Release 编译。如果编译结果有错误或警告,则必须要解决,忽略警告往往也会导致发布失败。

在发布编译成功后,打开显示日志导航面板,此时会看到刚刚执行的编译已经成功,如图 24-40 所示。

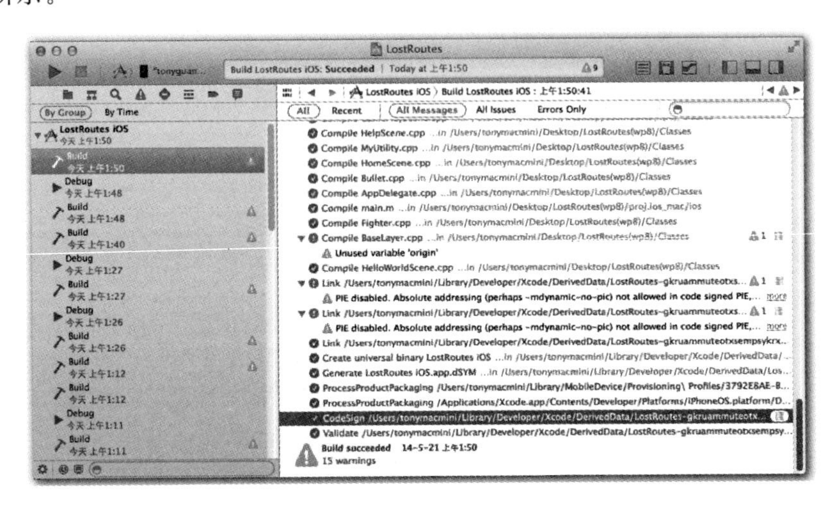

图 24-40 发布编译成功

此外，还需要将编译 iOS 平台版本修改一下。

24.3.5 应用打包

在把应用上传到 App Store 之前，需要把编译的二进制文件和资源文件打成压缩包，压缩格式是 ZIP。首先找到编译到什么地方，这个很重要也不太好找，可以看看图 24-40 所示的编译日志，找到其中的 Create universal binary LostRoutes…内容，然后展开内容。具体如下：

```
CreateUniversalBinary/Users/tonymacmini/Library/Developer/Xcode/DerivedData/LostRoutes -
gkruammuteotxsempsykrxepjuvr/
Build/Products/Release - iphoneos/LostRoutes\ iOS. app/LostRoutes\ iOS normal armv7\armv7s
\arm64
    cd "/Users/tonymacmini/Desktop/LostRoutes/proj. ios_mac"
      export  PATH  =  "/Applications/Xcode.  app/Contents/Developer/Platforms/iPhoneOS.
platform/Developer/usr/bin:/
Applications/Xcode.app/Contents/Developer/usr/bin:/usr/bin:/bin:/usr/sbin:/sbin"
     /Applications/Xcode. app/Contents/Developer/Toolchains/XcodeDefault. xctoolchain/usr/
bin/lipo  -  create  /Users/tonymacmini/Library/Developer/Xcode/DerivedData/LostRoutes  -
gkruammuteotxsempsykrxepjuvr/
Build/Intermediates/LostRoutes. build/Release  -  iphoneos/LostRoutes \ iOS. build/Objects -
normal/armv7/LostRoutes \ iOS  /Users/tonymacmini/Library/Developer/Xcode/DerivedData/Lost
Routes - gkruammuteotxsempsykrxepjuvr/
Build/Intermediates/LostRoutes. build/Release - iphoneos/LostRoutes\ iOS. build/Objects - normal/
armv7s/LostRoutes\ iOS /Users/tonymacmini/Library/Developer/Xcode/DerivedData/LostRoutes - gkru
ammuteotxsempsykrxepjuvr/
Build/Intermediates/LostRoutes. build/Release - iphoneos/LostRoutes\ iOS. build/Objects - normal/
arm64/LostRoutes\iOS - output /Users/tonymacmini/Library/Developer/Xcode/DerivedData/LostRoutes
 - gkruammuteotxsempsykrxepjuvr/
Build/Products/Release - iphoneos/LostRoutes\iOS. app/LostRoutes\iOS
```

-output 之后就是应用编译之后的位置，其中/Users/tonymacmini/Library/Developer/Xcode/DerivedData/LostRoutes-gkruammuteotxsemps、ykrxepjuvr/Build/Products/Release-iphoneos/是编译之后生成的目录，如图 24-41 所示，而 LostRoutes iOS. app 是包文件。

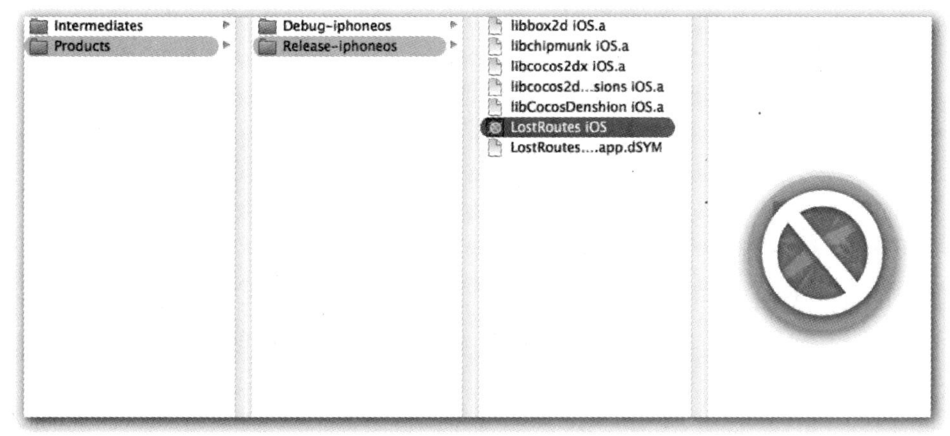

图 24-41 编译之后生成的目录

应用打包就是将 LostRoutes iOS. app 包文件打包成 LostRoutes iOS. zip，具体操作是右击 LostRoutes iOS. app 包文件，从弹出的快捷菜单中选择“压缩‘LostRoutes iOS’”命令，这样就会在当前目录下生成 LostRoutes iOS. zip 压缩文件。应将这个文件保存好，在后面会用到。

24.4 发布产品

程序打包后，就可以发布应用。发布应用在 iTunes Connect 中完成，发布完成后等待审核，审核通过后就可以在到 App Store 上销售。详细的发布流程如图 24-42 所示。其中，第 A 步、第 B 步、第 C 步和第 D 步主要在 iOS 开发中心的配置门户网站中完成，这在前面已经介绍过了。这里介绍其他几个流程，其中主要的流程是在 iTunes Connect 中完成的，而上传应用使用 Application Loader 工具实现。

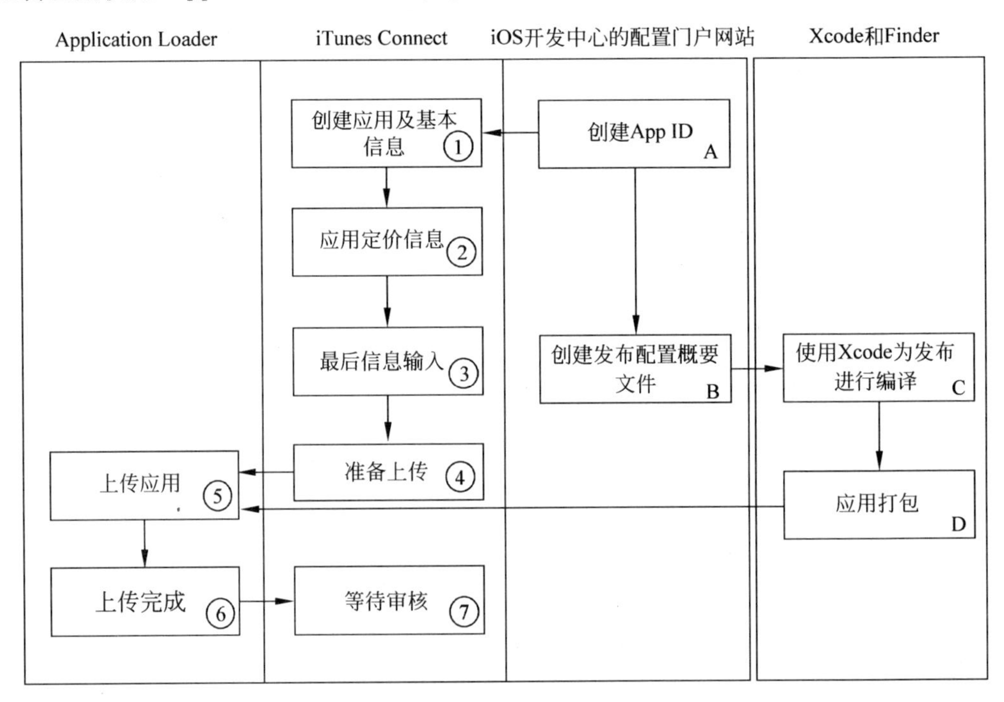

图 24-42 发布流程图

24.4.1 创建应用及基本信息

通过网址 https://itunesconnect.apple.com/WebObjects/iTunesConnect.woa 打开 iTunes Connect 登录页面，使用苹果开发账号登录。登录成功后的 iTunes Connect 页面如图 24-43 所示。

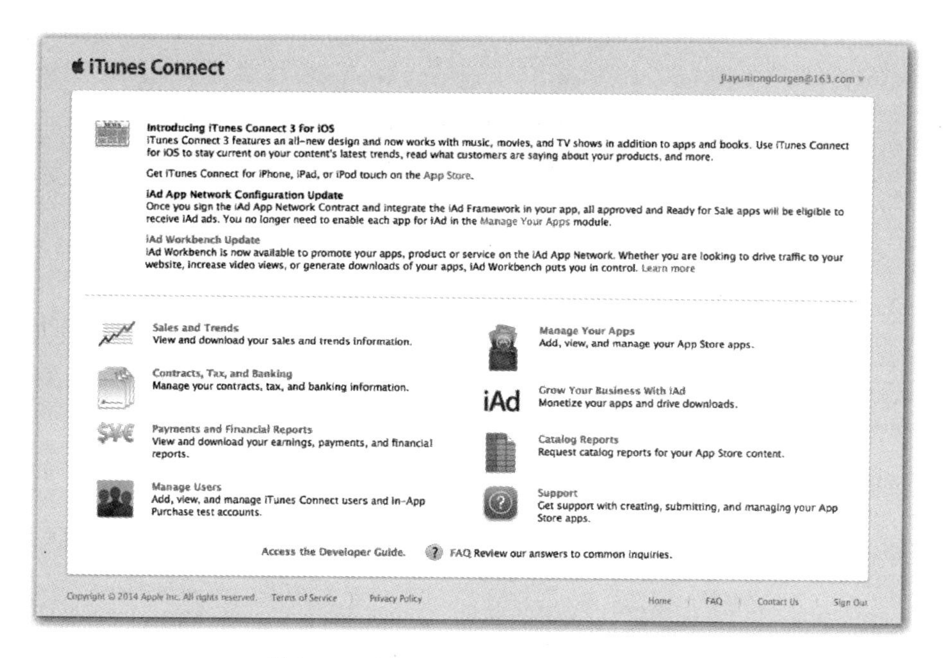

图 24-43　iTunes Connect 登录成功页面

单击 Manage Your App 图标，进入应用管理页面，如图 24-44 所示。在这里可以管理应用，其中显示审核中的、未通过的以及已经上线的所有应用。

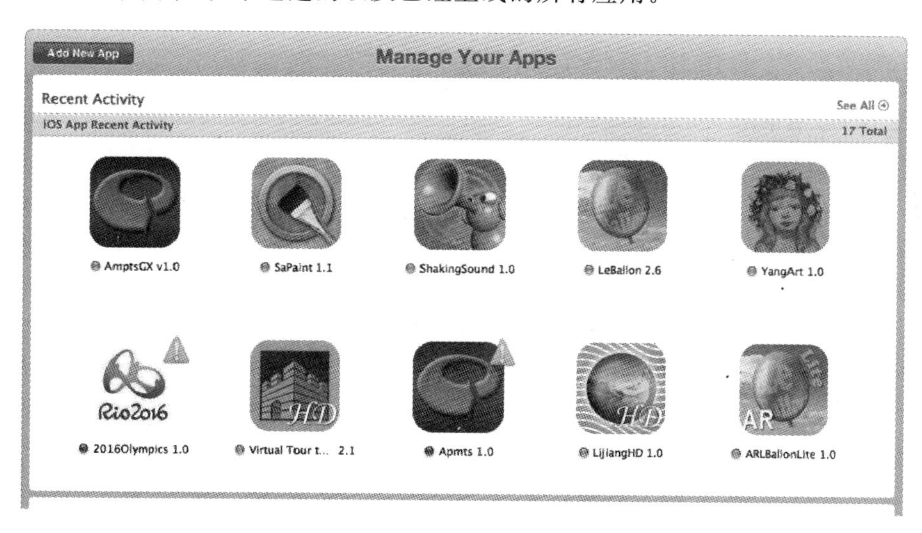

图 24-44　应用管理页面

单击左上角的 Add New App 按钮，进入添加新应用页面。在这里可以输入应用的信息，如图 24-45 所示。

在 Default Language 列表框中选择应用的默认语言。除了默认语言，还可以添加其他

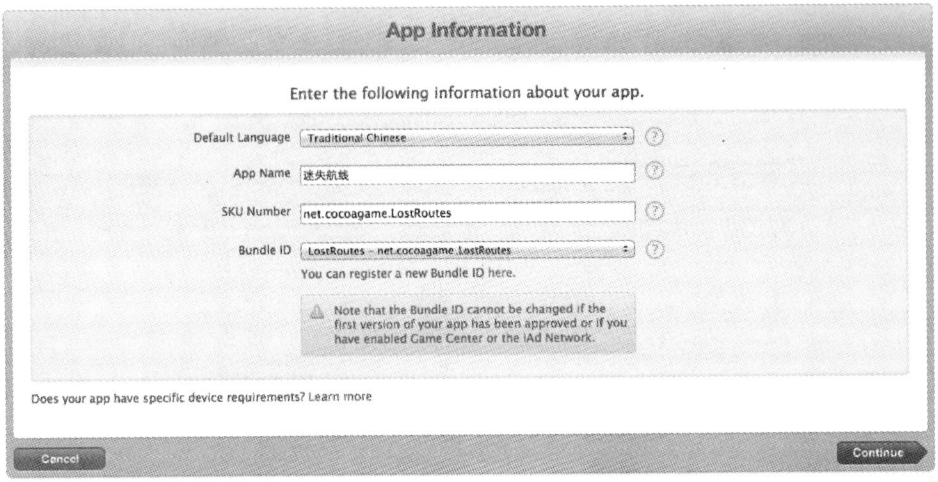

图 24-45 添加新应用页面

语言。在 App Name 文本框中输入应用的名称，这个名称是显示到 App Store 上面的名字，是不能重复的。在 SKU Number 文本框中输入应用的 SKU 号码。SKU 是应用程序编号，具有唯一性，因此建议使用公司的“域名反写＋应用名”，这里输入的是 net. cocoagame. LostRoutes。在 Bundle ID 中输入应用包标识符，它是在 iOS 开发中心的配置门户网站创建 App ID 时生成的，如果配置门户网站中有，则可以在列表框中找到。

24.4.2 应用定价信息

在图 24-45 中单击 Continue 按钮，进入选择发布日期和定价页面，如图 24-46 所示。其中，Availability Dates 是应用可以使用的日期，Price Tier 是应用的定价。这或许是最关心的了，定价只能选择不能输入，可以从 Free 到 Tier87 的 88 个收费档次选择，最高定价 Tier87 是 6498.00 元。理论上，可以定到这么高，是否能够卖得出就要看市场反馈了。这个定价很灵活，以后也可以修改。Discount for Educational Institutions 表示为教育机构打折，Custom B2B App 是自定义 B2B 应用，适用于批量购买的用户。

24.4.3 基本信息输入

在图 24-46 中单击 Continue 按钮，将进入基本信息输入页面，其中包含更加详细的部分，包括版本信息、元数据、应用审核信息、最终用户许可协议(EULA)以及上传应用图标和截图等。下面分别介绍一下。

1. 版本信息

版本信息输入页面如图 24-47 所示。Version Number 是应用的版本号，它必须与图 24-48 所示 Xcode 中应用 Target 中的 Version(应用版本号)一致，否则上传应用会失败。

Copyright 是版权信息，这里填上自己的版权信息就可以了。

图 24-46　选择发布日期和定价页面

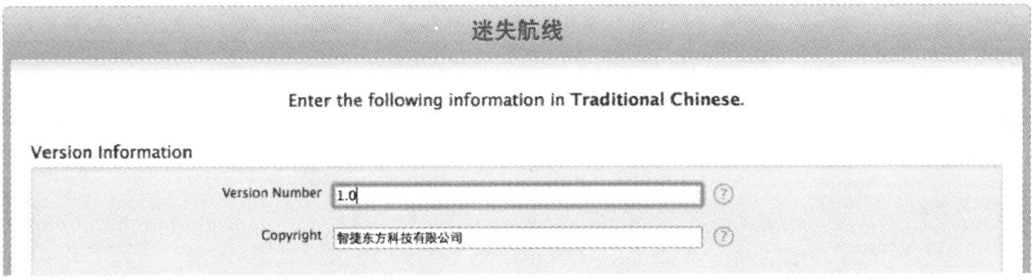

图 24-47　版本信息

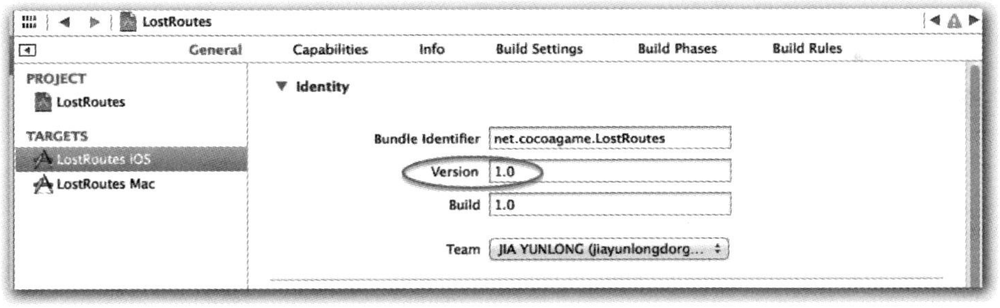

图 24-48　Xcode 中应用版本号

2. 分类信息

在版权信息的下面是分类信息，其中 Primary Category 用于选择应用的主分类，也就是应用会发布到哪个频道，如果选择游戏，还要进行细化分类，因为游戏是 App Store 中最多的应用，所以分得比较细。Secondary Category 是第二分类。这两个分类选项可以根据自己的应用进行填写，要求不是特别严格。这款游戏的分类信息如图 24-49 所示。

3. 等级信息

在分类信息的下面是等级信息(Rating),等级主要根据应用中含有色情、暴力等内容的程度进行分级。不同的等级标识了使用该应用的年龄段。同时,也会有一些国家根据这个等级高低来限制是否在本国销售。在这个选项中,开发者应该按应用的实际情况来填写。这里选择的内容如图 24-50 所示。如果与所描述的内容不符,苹果会拒绝审核通过。

图 24-49 分类信息

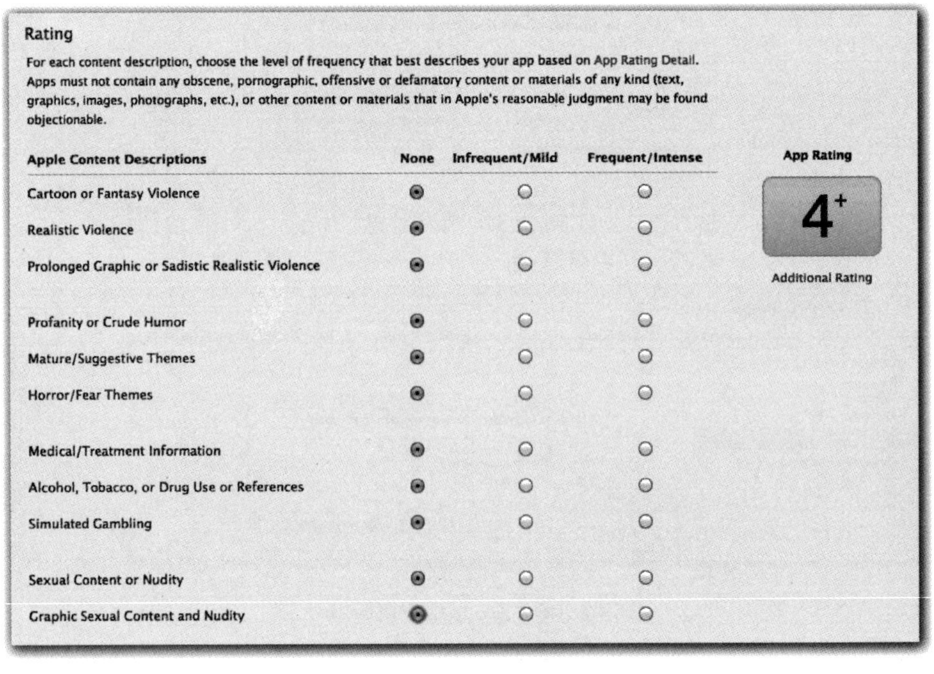

图 24-50 等级信息

4. 元数据(Metadata)

元数据就是一些基本信息,如图 24-51 所示。Description 是应用描述信息,这个描述对应用很重要,将出现在 App Store 的应用介绍中。用户购买应用时,主要通过这段文字来了解应用到底是做什么的,有什么用。因此,要认真、用心地准备这段文字,描述清楚应用的所有功能，体现出应用的特点、特色等，从而吸引用户来购买。

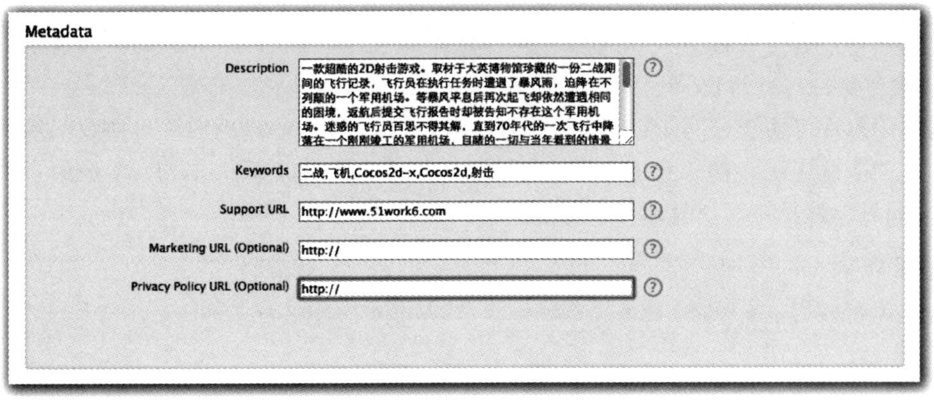

图 24-51 元数据信息输入页面

Keywords 是在 App Store 上查询该应用的关键词。Support URL 文本框中需要填写应用技术支持的网址，Marketing URL 文本框中填写应用营销的网址，主要是针对应用做进一步的介绍。由于 Description 描述的文字和图片数是有限制的，可能不会把应用介绍得很详尽，所以可以自己创建一个网页，更详细地介绍应用。Privacy Policy URL 文本框是填写隐私政策网址的地方，很多网站下面都有这个自己隐私政策的链接。

5. 联系信息

联系信息输入页面如图 24-52 所示。这里的信息主要是给苹果审核团队的工作人员看的。在 Contact Information 中填写开发者团队中负责与苹果审核小组联系的人员的信息，包括姓名、邮箱和电话号码等。

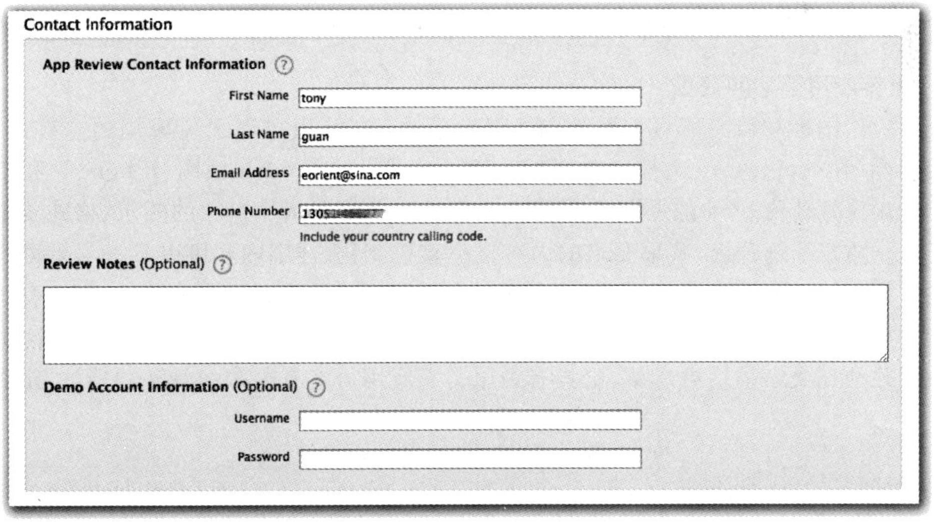

图 24-52 联系信息输入页面

在 Review Notes 中填写应用细节和一些特别的功能，帮助审核人员快速了解该应用。在 Demo Account Information 中填写应用中的测试账号和密码，提供给审核人员测试，以便于更加顺畅地通过审核。

6. 最终用户许可协议

最终用户许可协议(EULA)①输入页面如图 24-53 所示，最终用户许可协议只有在用户同意后才能下载应用。如果没有特别的要求，建议不要添加。EULA Text 是用户协议文本，从下面可以选择协议所针对的国家。

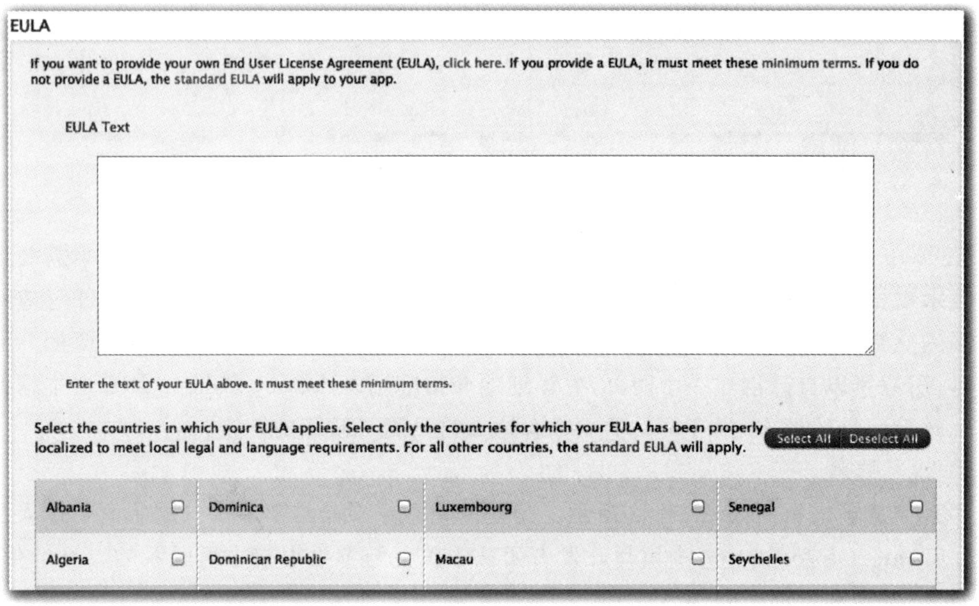

图 24-53　最终用户许可协议输入页面

7. 上传应用图标和截图

上传应用图标和截图填写页面如图 24-54 所示。在这里可以上传应用的一些图片，包括应用图标(在 App Store 上使用的图标)、iPhone 和 iPod touch 截图、iPhone 5 和第 5 代 iPod touch 截图以及 iPad 的一些截图等。这里要注意所有图片尺寸的要求、格式要求以及 DPI 要求。随着系统升级，苹果要求的内容也一直在变化，详细内容可以参考苹果说明。

关于图标设计和图片截取，一定要下点工夫。图标能够给用户带来第一印象的感受，所以一定要用心去设计。要让用户了解应用，除了上面提到的描述外，另一个就是这里的截图。截图往往比文字描述更形象、更具有说服力。应用可能有很多情景和功能，一定要挑选

---

① 最终用户许可协议(end-user license agreements，EULA)是指软件开发者或发行者授权用户使用特定软件产品时的规定，大多私有软件附带此协议，若不接受则无法安装。——引自于维基百科(http://zh.wikipedia.org/wiki/最终用户许可协议)

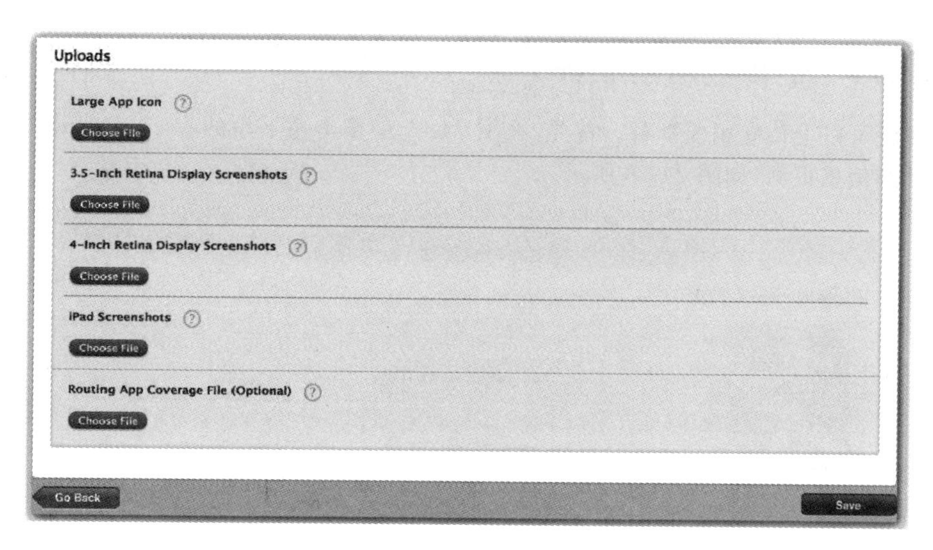

图 24-54　上传应用图标和截图页面

最具特色、最突出的功能截图。由于上传的截图不能超过 5 张，一定要把最好的图片放到前面，因为后面的图片需要向后滑动才能出现，这样才能吸引用户对应用产生兴趣，考虑购买应用。上传完成后，单击 Save 按钮，会进入图 24-55 所示的最后信息输入成功页面。

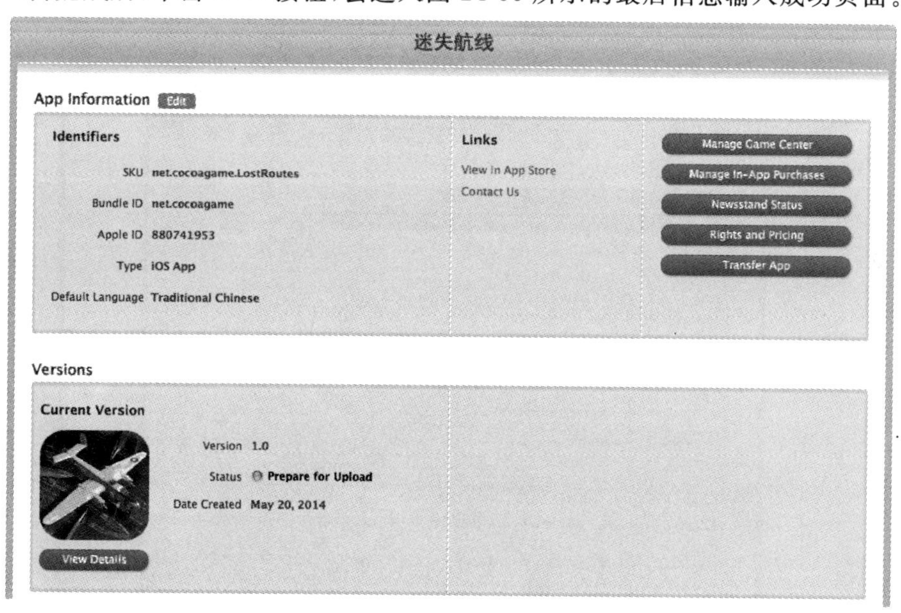

图 24-55　最后信息输入成功页面

完成这些工作后，就已经在 iTunes Connect 中创建了一个应用，这时应用的状态是 Prepare for Upload(准备上传)状态。在不同阶段，应用的状态是不同的，如等待上传、等待审核和等待销售等状态。

24.4.4 上传应用前准备

现在就可以上传应用前准备。首先，在图 24-55 中单击左下角的 View Details 按钮，进入应用详细信息页面，如图 24-56 所示。

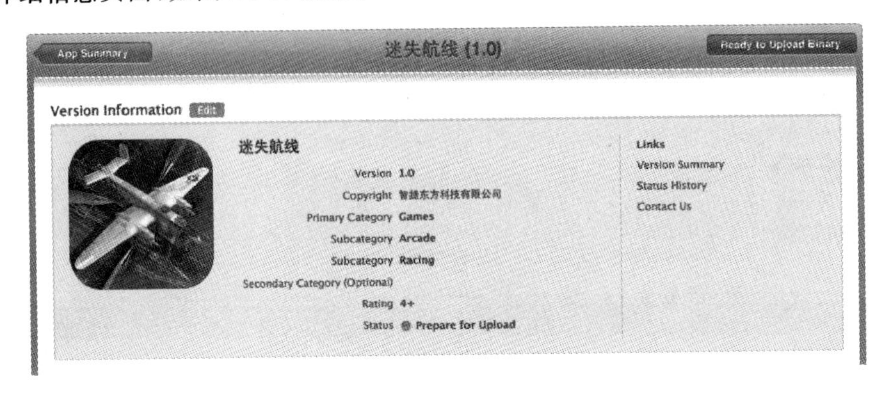

图 24-56 应用详细信息页面

单击右上角的 Ready to Upload Binary 按钮，进入图 24-57 所示页面。这个页面是上传应用前准备信息页面，其中包括美国出口规定、内容权利和广告标识。

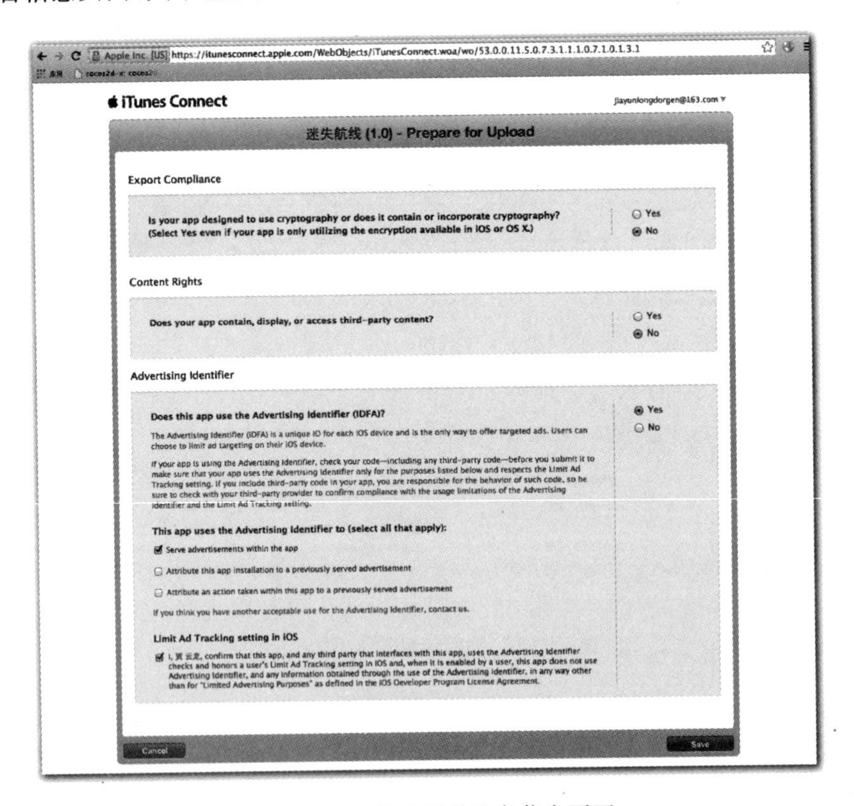

图 24-57 上传应用前准备信息页面

(1) 美国出口规定是询问代码中是否有加密算法，美国出口法律规定禁止任何加密的软件流向国外。这里选择 No 即可。

(2) 内容权利是询问应用中是否包含、显示和访问第三方内容。要根据事情情况诚实回答这个问题。这里选择 No。

(3) 广告标识是询问应用中是否使用 IDAF 进行广告跟踪，这里包括使用第三方的库。这个应用使用了谷歌的 AdMob，则需要选择 Yes，然后按照图 24-57 选项选择。这些选项很重要，很多应用开发者因为广告标识问题，应用被拒绝发布。

填写完成之后，单击 Save 按钮保存内容，进入内容确认页面，再单击 Continue 按钮，回到图 24-58 所示页面，此时应用处于 Waiting For Upload(等待上传)状态。也就是说，可以上传应用了。

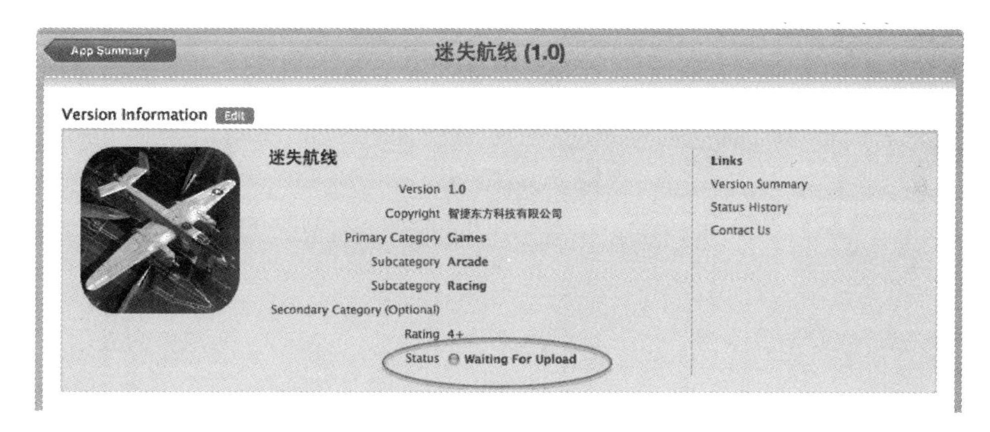

图 24-58 等待上传

24.4.5 上传应用

还记得前面生成的 LostRoutes iOS. zip 压缩文件吗？现在需要使用它了，使用 Application Loader 工具将其上传到 App Store 中。Application Loader 工具是与 Xcode 工具一起被安装的，在 Xcode 中它的位置是/Applications/Xcode. app/Contents/Applications/Application Loader. app。双击启动 Application Loader，同意软件许可后，进入欢迎界面，如图 24-59 所示。

然后输入 iTunes Connect 账号和密码，单击 Next 按钮，进入图 24-60 所示的界面。

接着单击“交付您的应用程序”按钮，打开选择应用对话框，如图 24-61 所示。最后单击“下一步”按钮，进入选择界面。在此可选择要上传的 ZIP 文件。

选择完文件后，将打开图 24-62 所示的界面，此时单击“发送”按钮就开始上传了。如果没有任何问题，接下来就是等待了。因为每天有很多程序要发布到 App Store 中，所以等待审核也要排队。

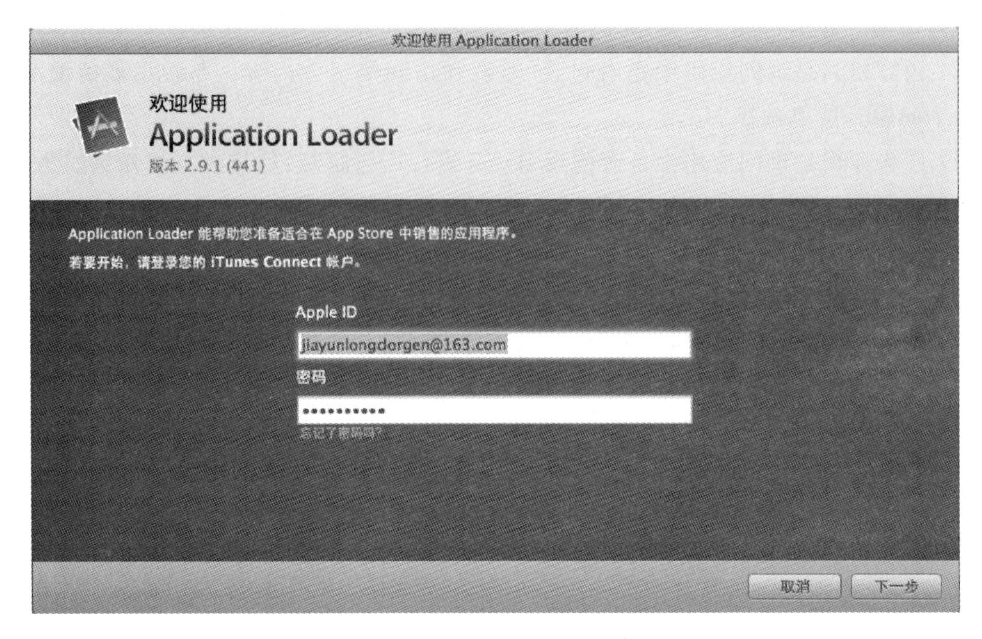

图 24-59　Application Loader 欢迎界面

图 24-60　Application Loader 提交应用界面

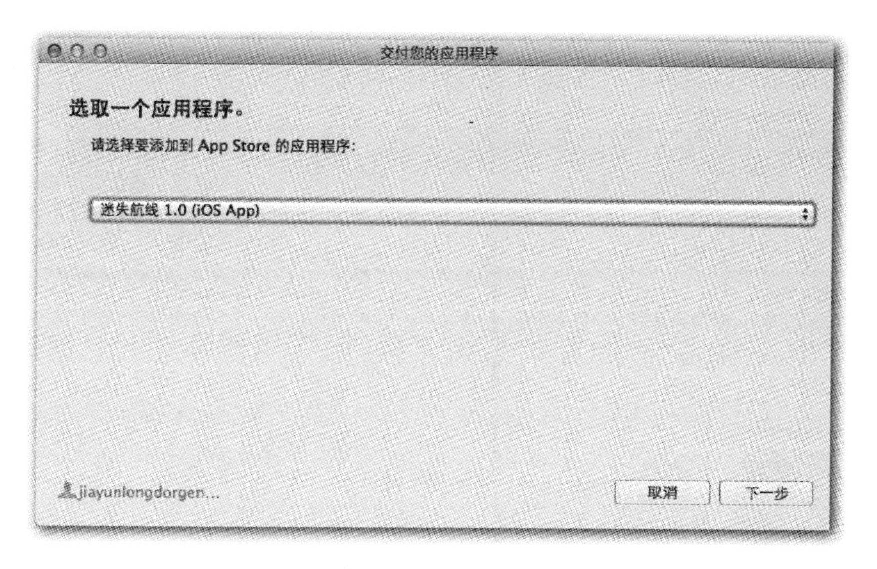

图 24-61　选择应用

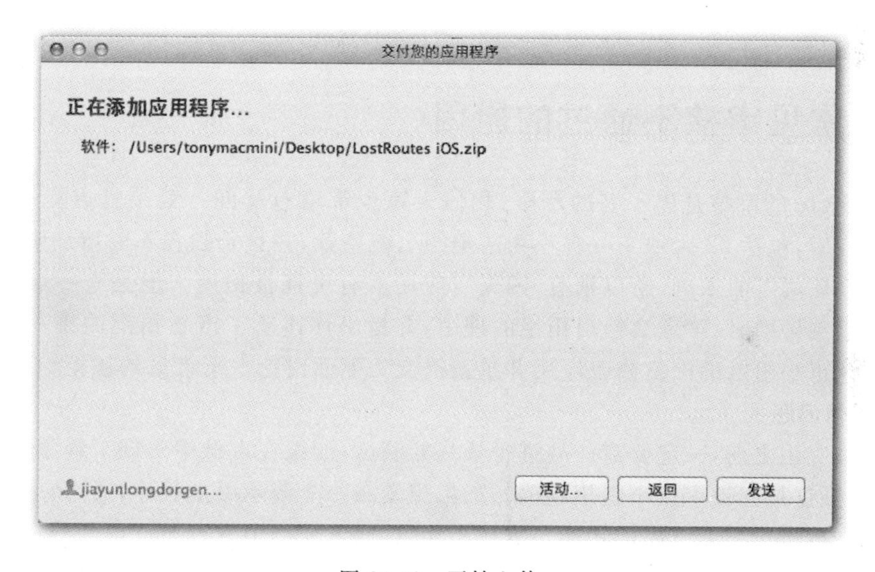

图 24-62　开始上传

在上传过程中 iTunes Connect 会对应用程序包进行各种有效性验证，因此，十之有九的开发人员在这里都会碰到一些问题，只有按部就班地按照前面几节介绍填写内容，才能减少很多麻烦。

如果上传成功，回到 iTunes Connect 打开应用管理页面，如图 24-63 所示，它的状态变成了 Waiting For Review(等待审核状态)，这样就上传成功了。苹果需要几个工作日的审核，如果审核通过，这里的状态会变为 Ready for Sale(可以销售)。

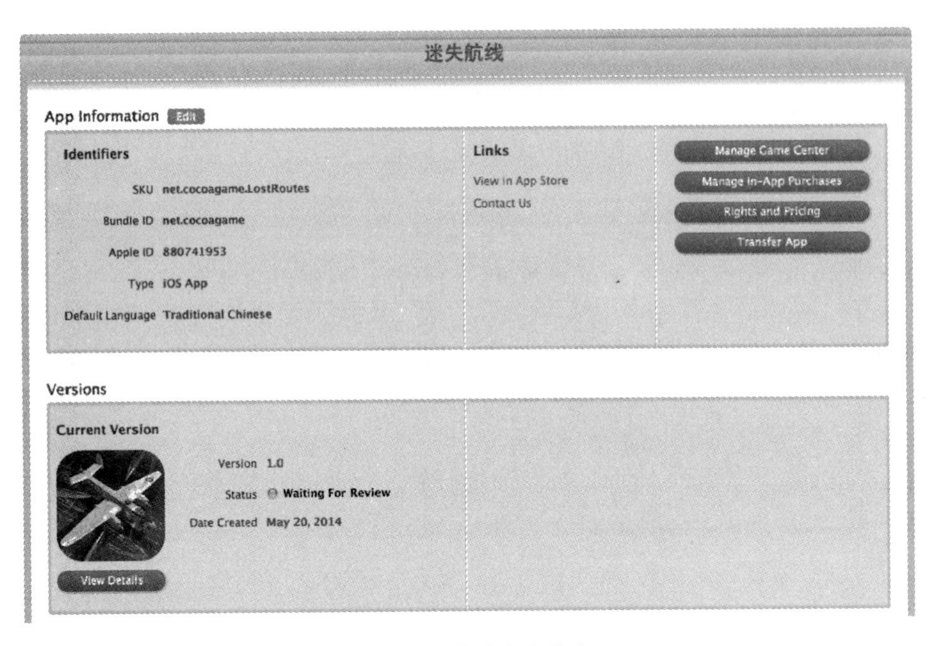

图 24-63 等待审核状态

24.5 常见审核不通过的原因

App Store 的审核是出了名的严格，相信大家也都略有耳闻。苹果官方提供了一份详细的审核指南，包括 22 大项 100 多小项的拒绝上线条款，并且条款在不断增加中。此外，还包含一些模棱两可的条例，所以稍有“闪失”，应用就有可能被拒绝。但是有一点比较好，那就是每次遭到拒绝时，苹果会给出拒绝的理由，并指出你违反了审核指南的哪一条，开发者可以根据评审小组给的回复修改应用并重新提交。下面讨论一下常见的被拒绝的原因。

1. 功能问题

在发布应用之前，一定要对产品进行认真的测试，如果在审核中出现了程序崩溃或者程序错误，无疑这是会被审核小组拒绝的。如果想发布一个演示版的程序，通过它给客户演示这也是不会被通过的。应用的功能与描述不相符，或者应用中含有欺诈虚假的功能，那么应用将被拒绝。例如，在应用中有某个按钮，但是单击这个按钮时没有反应或者不能单击，这样的程序是不会通过的。

苹果不允许访问私有 API，有浏览器的网络程序必须使用 iOS WebKit 框架和 WebKit JavaScript。还有几点比较头痛的规则，那就是如果 App 没有什么显著的功能或者没有长久娱乐价值，也会被拒绝。如果应用在市场中已经存在了，在相关产品比较多的时候也可能被拒绝。

2. 用户界面问题

苹果审核指南规定开发者的应用必须遵守苹果《iOS 用户界面指导原则》中解释的所有

条款和条件，如果违反了这些设计原则，就会被拒绝上线，所以开发者在设计和开发产品之前一定要认真阅读《iOS 用户界面指导原则》。这些原则中也渗透着苹果产品的一些理念，不仅是为了避免程序被拒绝而看，而且还为了让开发者设计出更好的 App。苹果不允许开发者更改自身按键的功能（包括声音按键和静音按键），如果开发者使用了这些按键并利用它们做一些别的功能，将会被拒绝。

3. 商业问题

在要发布的应用中，首先不能侵犯苹果公司的商标及版权。简单地说，在应用中不能出现苹果的图标，不能使用苹果公司现在产品的类似名字为应用命名，涉及 iPhone、iPad、iTunes 等相关或者相近的名字都是不可以的。苹果认为这会误导用户，认为该应用是来自苹果公司的产品。误导用户认为该应用是受到苹果的肯定与认可的，也是不行的。

私自使用受保护的第三方材料（商标、版权、商业机密和其他私有内容），需要提供版权认可。如果应用涉及第三方版权的信息，开发者就要仔细考虑考虑了。由于有些开发者的版权法律意识比较淡薄，总会忽视这一点，然而这一点是非常致命的。苹果处理这种被起诉的侵权应用，最轻的处罚是下架应用，有时需要将开发者账户里的钱转到起诉者账户。再严重的就是，起诉者将你告上法庭，除了自己账户中的钱被扣除外，还要另赔付起诉者相关费用。

4. 禁止内容

一些不合适、不和谐的内容，苹果当然不会允许上架的。例如，具有诽谤、人身攻击的应用，含有暴力倾向的应用，低俗、令人反感、厌恶的应用，赤裸裸的色情应用等。含有赌博性质的应用必须并且必须明确表示苹果不是发起者，也没有以任何方式参与活动。

5. 其他问题

关于宗教、文化或种族群体的应用或评论包含诽谤性、攻击性或自私性内容的应用不会被通过，使用第三方支付的应用会被拒绝，模仿 iPod 界面的应用将会被拒绝，怂恿用户造成设备损坏的应用会被拒绝。这里有个小故事，有一款应用，功能是比比谁将设备扔得高，最后算积分，这个应用始终没能上架，因为在测试应用的时候就摔坏了两部手机。此外，未获得用户同意便向用户发送推送通知，要求用户共享个人信息的应用都会被拒绝。

本章小结

通过对本章的学习，了解了如何在 App Store 上发布应用，发布之前需要处理哪些问题。发布者需要了解应用的发布流程，更应该熟悉应用审核不通过的一些常见原因，从而在开发时注意，以免等到审核时被拒绝，耽误了应用的上架时间。